普通高等院校环境科学与工程类系列规划教材

环 境 生 物 学

主 编 耿春女 高阳俊 李 丹
副主编 李 彬 庄榆佳

中国建材工业出版社

图书在版编目（CIP）数据

环境生物学 / 耿春女，高阳俊，李丹主编. — 北京：
中国建材工业出版社，2015.5（2021.8重印）
普通高等院校环境科学与工程类系列规划教材
ISBN 978-7-5160-1161-4

Ⅰ. ①环… Ⅱ. ①耿… ②高… ③李… Ⅲ. ①环境生
物学-高等学校-教材 Ⅳ. ①X17

中国版本图书馆 CIP 数据核字（2015）第 037792 号

内 容 简 介

本教材主要介绍环境生物学的理论基础与实验方法，它是编者在数十年教学实践的基础上，结合近年来环境生物学学科的发展而编写的。全书共分 9 章，分别为：绪论、生物学基础、生物和环境的互作、生物对污染物的响应和检测、环境质量的生物监测与生物评价、环境污染物的生物修复技术总论、环境污染物的生物修复——水环境、环境污染物的生物修复——大气、环境污染物的生物修复——污染场地。

本书可作为普通高等院校环境科学与工程类专业的本科教材使用，也可以供相关专业的学生和环境科学及环境工程的科学工作者学习参考。

环境生物学

主　编　耿春女　高阳俊　李　丹
副主编　李　彬　庄榆佳

出版发行：中国建材工业出版社
地　　址：北京市海淀区三里河路 1 号
邮　　编：100044
经　　销：全国各地新华书店
印　　刷：北京雁林吉兆印刷有限公司
开　　本：787mm×1092mm　1/16
印　　张：19
字　　数：468 千字
版　　次：2015 年 5 月第 1 版
印　　次：2021 年 8 月第 2 次
定　　价：60.00 元

前　言

　　环境科学是一门综合性学科，涉及自然科学、人文社会科学和工程技术等，由环境生物学、环境地学、环境化学、环境物理学、环境医学、环境经济学、环境管理学等学科共同构成环境科学。环境生物学是生物学家解决环境问题时逐步形成的一个边缘学科。因此，了解与掌握环境生物学的基本理论与方法，是环境类专业人才认识和解决环境问题所必须。本教材是为培养环境类专业人才编写的。

　　本教材主要介绍环境生物学的理论基础与实验方法。它是编者们在数十年教学实践的基础上，结合近年来在环境生物学学科的发展编写的。全书共分九章。

　　本书可供环境科学与工程专业的本科学生使用，也可以作为相关专业的学生和环境科学及环境工程的科学工作者学习参考。

　　本书由耿春女（第 1 章、第 6 章、第 9 章）、高阳俊（第 2 章、第 7 章、第 8 章）、李丹（第 3 章、第 4 章、第 5 章）、李彬（第 2 章、第 3 章）、庄榆佳（第 1 章、第 9 章）编写，由耿春女统稿。

　　由于编者水平和时间的限制，本教材可能存在疏漏和不足之处，真诚希望有关专家和老师及同学们指正。

耿春女

2015 年 3 月

目　录

中国建材工业出版社
China Building Materials Press

我们提供

图书出版、图书广告宣传、企业/个人定向出版、设计业务、企业内刊等外包、代选代购图书、团体用书、会议、培训，其他深度合作等优质高效服务。

编辑部	宣传推广	出版咨询	图书销售	设计业务
010-88364778	010-68361706	010-68343948	010-88386906	010-68361706

邮箱：jccbs-zbs@163.com   网址：www.jccbs.com.cn

发展出版传媒　服务经济建设

传播科技进步　满足社会需求

第1章 绪 论

学 习 提 示

本章主要介绍了环境生物学与环境科学和生物学的关系。重点掌握环境科学的研究对象、内容和方法。

1.1 环境科学概述

环境科学是 20 世纪 50 年代后,为了解决环境问题而诞生和发展的新兴学科,它经过 10 多年的奠基性的工作准备,到 70 年代初期,发展成一门研究领域广泛、内容丰富的学科。环境科学的发展异常迅速,可以说,它的产生既是社会的需要,也是 20 世纪 70 年代自然科学、社会科学相互渗透并向广度和深度发展的一个重要标志。

1.1.1 环境科学的研究内容

环境科学是研究和指导人类在认识、利用和改造自然中,正确协调人与环境相互关系,寻求人类社会可持续发展途径与方法的科学,是由众多分支学科组成的学科体系的总称。从广义上说,它是研究人类周围空气、大气、土地、水、能源、矿物资源、生物和辐射等各种环境因素及其与人类的关系,以及人类活动对这些环境要素影响的科学。从狭义上讲,它是研究由人类活动所引起的环境质量的变化以及改进环境质量的科学。

1.1.2 环境科学的发展历史

环境科学是在环境问题日益严重后产生和发展起来的一门综合性学科,目前这门学科的理论和方法仍在发展之中。纵观环境科学的发展历程,可以将其划分为:相关学科探索和环境科学作为一门综合性学科形成和发展两个阶段。

1. 相关学科的探索

环境问题的出现已影响到经济的发展和人类的生存。地学、生物学、化学、物理学、医学和一些工程技术等学科的学者分别从本学科的角度出发,研究如何认识和解决环境问题。1846 年德国植物学家弗拉斯在其《各个时代的气候和植物界》一书中论述人类活动影响到植物界和气候的变化;美国学者马什在 1864 年出版的《人与自然》一书中,从全球的观点出发论述了人类活动对地理环境的影响,特别是对森林、水、土壤和野生动植物的影响,呼吁开展保护运动。在工程技术方面,给排水工程是一个历史悠久的技术部门,1897 年英国就建立了污水处理厂,消烟除尘的技术在 19 世纪已有所发展。这些基础科学和应用技术的进展，为解决环境问题提供了原理和方法学支持。

2. 环境科学的形成与发展

环境科学作为一门独立的学科是在 20 世纪 50 年代环境问题成为全球性重大问题后形成的。当时许多科学家，包括生物学家、化学家、地理学家和社会学家对环境问题共同进行调查和研究。他们在各自学科的基础上，运用原有的理论和方法，研究环境问题，通过这种研究，逐步形成了一些新的边缘学科，如环境地学、环境生物学、环境化学、环境物理学、环境医学、环境工程学、环境经济学等。在这些分支学科的基础上，孕育着环境科学。最早提出"环境科学"的是美国学者，当时指的是研究宇宙飞船中的人工环境问题。

20 世纪 60 年代末，西方十国的 30 多位自然科学家、经济学家和工业家在意大利开会讨论人类当前和未来的环境问题，成立了罗马俱乐部，并先后发表了米多斯等人撰写的《增长的限度》和戈德史密斯的《生存的战略》。70 年代出版了以《环境科学》为书名的综合性专著。1972 年英国经济学家沃德和美国微生物学家杜博斯受联合国人类环境会议秘书长的委托，主编出版了《只有一个地球》一书，试图从整个地区以及社会、经济和政治的角度来探讨环境问题。这可以被认为是环境科学的一部绪论性质的著作，从而形成了环境科学相对独立的研究体系。

1992 年在巴西里约热内卢召开的联合国环境与发展大会上通过了《气候变化框架公约》和《生物多样性公约》，并在所通过的《里约环境与发展宣言》中提出了"可持续发展"的概念："人类应享有以与自然和谐的方式过健康而富有生产成果的生活权利，并公平地满足今世后代在发展与环境方面的需要"。这表明人类的发展观念和发展思想发生了深刻的改变，标志着人类即将步入可以被称为"环境文明"的新的历史时代。在"可持续发展"这一新的发展观的指导下，环境科学进入一个更高的新境界，它将从此发展成为一门崭新的、独立的科学。

1.2　生物学概述

1.2.1　生物学的定义

生物学（biology）就是研究生物的生命现象、本质和生活规律的科学。生物学又称生命科学（life science），是自然科学的基础学科之一，研究范围主要包括生物的形态结构和功能、发育规律、生物的物质与能量代谢、遗传变异和进化、生物多样性、分布规律及其与环境的相互关系等。

1.2.2　生物学的建立与发展

生物学的建立源于人类自身的需要，并随着生产实践活动的深入而不断发展。回顾其发展历程，可以大体分为以下几个时期。

1. 生物学建立的准备和奠基时期

16 世纪以前，人类对生物学的认识主要着重于在生产和医疗中的应用，并没有形成真正的科学体系，但为生命科学的建立奠定了坚实的基础。这时期的成果主要有：记载人体生理学和病理学知识的《内经》；总结我国古代对植物人工选择、人工杂交、嫁接和定向培育等科学原理的《齐民要术》；对动植物做详细分类的《本草纲目》及亚里士多德在对生命现象进行了深入的专题性的研究后所写的《动物志》等。

2. 生物学的建立和发展时期

生命科学的建立可以说是从形态学开始的。1543 年，比利时医生维萨里（Andreas Vesalius）在《人体的结构》一书中分别讲述骨骼、肌肉、循环、神经、腹部内脏和生殖、胸部内脏、脑及脑垂体和眼睛的解剖结构。1628 年，英国医生哈维（William Harvey）发表了他的名著《心血循环论》。他们的工作标志着解剖学和生理学的建立。

1665 年，英国人胡克（R. Hooke）用自制显微镜首先发现木栓细胞。1695 年，荷兰人列文虎克（A. van Leeuwenhoek）观察到了细菌的活动，从此开启人类认识微生物世界的大门。18 世纪，瑞典科学家林奈创立双名法，结束了生物分类的混乱状态。1839 年，德国生物学家施莱登（M. J. Schleiden，1804～1881）和施旺（T. Schwann，1810～1882）共同提出了细胞学说，揭示了所有的生物都是由细胞组成的，它们具有共同的起源。1859 年，达尔文发表《物种起源》，确立了生物进化的观点。

1865 年，奥地利学者孟德尔（G. Mendel）发表了《植物杂交试验》的论文，后经得弗里斯（DeVries）、萨顿（Sutton）和约翰逊（Johannsen）等人的进一步实验和细胞学观察，逐渐建立了染色体遗传学说。1926 年，美国学者摩尔根（T. H. Morgan）发表了基因论，阐明了遗传和变异的若干规律。1941 年，比德尔（Beadle）和塔特姆（Tatunm）又提出"一个基因一个酶"的学说，把基因与蛋白质的功能结合起来。1928 年，格里菲斯（F. Griffith）进行了肺炎双球菌实验，并经阿委瑞（O. T. Avery）等人的深入研究，终于在1944 年证明 DNA 是遗传物质。1953 年，克里克（F. Crick）和沃森（J. D. Watson）提出DNA 双螺旋分子结构模型，这直接导致了对生物"DNA-RNA-蛋白质"中心法则（central dogma）的揭示。中心法则的发现是 20 世纪分子生物学最重大的成就，开创了分子生物学的新纪元。

细胞学说、进化论和遗传学奠定了现代生物学的基础，对生物的认识统一到生物的个体发育和系统发育的主线上，推动了人类对生物从细胞—组织—器官生长发育规律、从低等生物到高等生物的演化规律的认识，自然分类系统的形成以及生物的形态结构、生长发育和生理代谢等都受制于遗传物质的认识。

3. 现代生命科学时期

20 世纪 50 年代以来，随着现代物理学、化学、数学、计算机新理论和新方法的快速发展，生命科学研究方法也产生了巨大的变革，生命科学已从静态的、定性描述性学科向动态的、精确定量学科转化。把化学和物理学的观念、理论和实验手段引入生物学是现代生物学研究的一个重要特点。早于 17～18 世纪，生物学家就尝试用物理和化学规律来解释生命现象。著名瑞典化学家柏齐里乌斯（J. J. Berzelius，1779～1848）就用催化作用的概念来阐明有机体的生物化学过程。同时，细胞内物质分解、合成以及细胞各种生命活动的发生都伴随着能量的产生、转换和释放，高能化合物——三磷酸腺苷（ATP）等作为能量代谢储转站的发现，使这些过程都可以从化学变化的角度得到阐述。随着研究的进展，分支越来越多，产生许多分支学科。同时，各学科之间相互渗透，相互融合，相互推动，表现为高度综合。

现代生命科学在以往研究的基础上有向微观和宏观两极发展的趋势。现代生物科学在微观领域探索的重点是生物分子的结构和功能，这使分子生物学得到了迅猛的发展并带动了整个生物科学的全面发展。20 世纪下半叶以来，生命科学是围绕分子生物学的发展而展开的，分子生物学在生命科学中处于主导地位。在宏观方面，现代生物科学对生态系统结构和功能的研究日益关注，对人与生物圈的关系问题特别重视。宏观研究与微观研究两者紧密结合，推动着生物科学的蓬勃发展。

1.3 环境生物学概述

1.3.1 定义

环境生物学（Environmental Biology）是研究生物与受人类干扰的环境之间相互作用规律及其机理的科学，是环境科学的一个分支学科。

1.3.2 研究对象

环境生物学是研究生物与受人类干扰的环境间的相互关系。这里的生物不只表示一个生物个体，而是指生物各级组构水平的总称。从微观到宏观依次是基因（gene）、细胞（cell）、组织/器官（tissue/organ）、个体（organism）、种群（population）、群落（community）、生态系统（ecosystem）及生物圈（biosphere）。人类干扰也包括两个方面：一是指人类活动对生物系统造成的污染；二是指人类活动对生物系统的影响和破坏，即对自然资源的不合理利用。

1.3.3 研究内容

1. 环境污染的生物效应

主要研究污染物在环境中的迁移、转化和积累的生物学规律及其对生物的影响和危害，从生物各级组构水平来探索污染效应的机理。在此基础上，研究环境污染的生物监测与生物评价的理论和方法。

2. 环境污染的生物净化

环境污染的迁移、转化会受到生物各级组构水平的直接或间接影响。因此环境生物学的第二个研究方向是：研究生物对环境污染净化与去除的原理、方法及其影响因素，通过生物学或者生态学的技术与方法进一步强化生物对环境污染的净化作用，包括具有高效净化能力的生物种类及菌株的筛选以及基因工程菌的构建；降解和去除污染物的机理及其降解动力学反应模型等。

3. 保护生态学

包括自然保护生物学和恢复生态学，自然保护生物学主要是研究生物多样性的保护、自然保护技术和自然保护区的建设，探索保护、增值和合理利用自然资源的规律，协调人类与自然环境的关系，使人与自然和谐相处；恢复生态学主要是研究生态系统的退化机理、物种进入和生长及群落聚集过程的限制因素、群落结构和生态系统的结构与功能之间的关系，制定退化生态系统的恢复方案，发展受损环境恢复的生物学或生态学技术。

1.3.4 研究方法

环境生物学研究的对象决定了它的研究方法。环境生物学主要的研究对象是生物和受人类干扰的环境。因此，生物学、生态学以及一般环境特征的研究方法在该学科中得到广泛的应用。由于它不是孤立地研究生物，而着重于生物与受干扰环境相互关系的研究，因此在学科发展过程中，结合环境的研究，也形成了许多特有的研究方法。同时由于环境科学是一门综合性很强的科学，涉及的学科范围很广，环境生物学研究在吸收传统学科知识的同时，也引进了其研究的方法和手段。环境生物学的研究方法主要有以下三类：

1. 野外调查和试验

野外调查和试验是环境生物学最主要、最常采用的研究方法。环境和生物是环境生物学研究的核心，通过科学详尽的野外调查和试验，才能确定环境污染因子类型、数量和强度等基本资料情况；开展受损生物种类和数量以及生物群落结构的现场调查，分析现场生物指数、污染指数和生物多样性指数等评价项目；探索环境中物理、化学或者生物因素对生物或生态系统影响的基本规律。这种试验可以以自然环境为试验对象，也可以根据研究目的的需要人工设计，以利于控制。

2. 实验室试验

通过实验室的试验手段，可以进行环境污染的生物效应和生物净化过程及其机理的研究。这种研究是在人工控制的条件下，具有较好的稳定性和可重复性。因此，可以从微观上探索环境污染与生物的相互关系。例如，在实验室内，控制介质为一定 pH 和温度，观察某种污染物在不同浓度下对生物体内的大分子、细胞、器官以及生物个体、种群和生态系统的结构与功能的影响，就能够确定该污染物在一定环境条件下对生物生长与繁殖的影响程度，为制定其环境排放标准提供科学依据。

3. 模拟研究

在系统分析原理的基础上，利用计算机和近代数学的方法，在输入有关生物与环境相互关系规律的作用参数后，根据一些经验公式或模型，进行运算，得到抽象的结果，研究者根据具体的专业知识，对其发展趋势进行预测，以达到进一步优化和控制的目的。这种研究方法称为模拟研究。环境生物学研究中常常应用数学模型来预测环境因素与生物相互作用规律或环境变化对生物作用的后果。

 复习思考题

1. 简述环境生物学与环境科学和生物学的关系。
2. 环境生物学的研究方法是什么？

第2章 生物学基础

学 习 提 示

本章主要介绍了微生物、植物、动物的分类、命名和在生物界中的地位。重点掌握生物分界的方法。

2.1 微生物

2.1.1 概述

1. 定义

微生物（microorganism，microbe）是对所有形体微小、单细胞或个体结构较为简单的多细胞，甚至无细胞结构的低等生物的总称，或简单地说是一切肉眼看不见或看不清的微小生物总称。但其中也有少数成员是肉眼可见的，例如1993年正式确定为细菌的 *Epulopiscium fishelsoni* 以及1998年报道的 *Thiomargarita namibiensis*，均为肉眼可见的细菌。

2. 微生物分类

从大到小，微生物的各级分类单位是界（kingdom）、门（phylum）、纲（class）、目（order）、科（family）、属（genus）、种（species）。其中，种是分类的基本单位，它是表型特征高度相似、亲缘关系极其接近、与其他种有明显差别的一群菌株的总称。菌株（strain）是指任何一个独立分离的单细胞（或单个病毒粒子）繁殖而成的纯种群体及其后代。种的特征常用一个指定的典型菌株（type strain）来代表。在两个主要分类单位之间，经常加进次要分类单位，如亚门（stbdivision）、亚目（suborder）、亚科（subfamily）、亚种（subspecies）、变种（variety）。

各类群微生物有各自的分类系统，如细菌分类系统、酵母分类系统、霉菌分类系统等。目前有3个分类系统比较全面：前苏联克拉西尼科夫所著的《细菌和放线菌鉴定》中的分类，法国普雷沃所著《细菌分类学》中的分类，美国细菌学家协会所属伯杰氏鉴定手册董事会组织各国有关学者写成的《伯杰氏鉴定细菌学手册》中的分类。

1969年魏泰克（Whittaker）提出生物五界分类系统：原核生物界（包括细菌、放线菌、蓝绿细菌）、原生生物界（包括蓝藻以外的藻类及原生生物）、真菌界（包括酵母菌和霉菌）、动物界和植物界。

我国王大耜教授在魏泰克的基础上提出生物系统的六界分类系统：病毒界、原核生物界、原生生物界、真菌界、动物界和植物界，微生物分属前面四界。

按照细胞结构来分，微生物的种类见表 2-1。

现代分子生物学使得科学家们能够通过分析某些基因片段的核苷顺序来研究生物之间的相互关系，这种信息被绘成树形图，说明微生物可以划分为 3 个主要种群：古细菌、细菌和真核生物。古细菌类和细菌类的生物，个体微小，原核，细胞内无核膜。真核生物类的生物为真核，即细胞内有核膜，个体有很微小的如原生动物，也有很大的如动物。生物处理中期作用的微生物属于古细菌和细菌类群，但原生动物和其他微型真核生物也有一定作用。

表 2-1　微生物的种类

细胞结构	核结构	微生物类群		
无细胞结构	无核	病毒		
		亚病毒	拟病毒	
			类病毒	
			朊病毒	
有细胞结构	原核	古细菌		
		真细菌		
		放线菌		
		蓝细菌		
	真核	酵母菌		
		霉菌		
		藻类		
		原生动物		

（1）细菌

以有机化合物作为电子供体和细胞合成的碳源的细菌称为异养型的细菌，简称异养菌。有机物的去除和稳定化是生物处理最重要的用途，因而异养菌在生物处理系统中占主导地位。以无机化合物作为电子供体，以二氧化碳作为碳源的细菌称为自养菌。生物处理中最重要的自养菌为利用氨氮和硝酸盐氮的细菌，称为硝化细菌。

生物处理中最重要的电子受体是氧。只能利用氧的细菌称为专性好氧细菌，简称专性好氧菌。另一类是只有在没有分子氧的情况下才发挥作用的，称为专性厌氧菌。在两个极端种类之间的细菌是兼性厌氧细菌，简称兼性菌，有氧时它们以氧作为电子受体，没有氧时就转而利用其他的电子受体。在生物处理中，兼性细菌常常是占主要地位的。

（2）古细菌

许多古细菌能在极端环境温度如高温、高盐、强还原条件下生长。古细菌广泛存在于各种环境中。古细菌目前在生物废水处理中的主要用途在于厌氧处理，在甲烷的生产中起着重要作用。产甲烷的古细菌，通常称为产甲烷菌，是专性厌氧微生物。它们通过产生溶解度低但能量高的甲烷气体，把有机物从水中去除，从而以可利用的形式获得污染物中的能量。由于产甲烷菌可利用的基质非常有限，它们需要在含有细菌的复杂微生物群中生长。细菌首先对污染物进行分解，并释放出发酵产物，作为产甲烷菌可利用的基质。

（3）真核生物

真菌虽然能够与细菌竞争溶解性有机物，但在正常条件下，它们在悬浮生长方式下竞争不过细菌，因此真菌通常不能构成微生物群的重要组分。另一方面，当氧和氮的供应不足或者 pH 值低时，真菌能够繁殖，造成与丝状菌所引起的相似问题。与悬浮生长方式相反，真菌在附着生长方式中常常起着重要作用，占微生物量的绝大部分。但是在某些条件下，附着生长式系统中的真菌也可能变得有害，因急剧生长而堵塞空隙和阻碍水流。

原生动物在悬浮生长方式中起着重要作用。它们能吞食胶体性有机物和游离细菌，降低沉降分离去除生物絮体过程的出水浊度。原生动物也有助于生物絮凝作用，但对生物絮凝的影响不如絮体细菌。有些原生动物虽然能够利用溶解性有机物进行生长，但它们不能有效地与细菌竞争，因此通常认为溶解性污染物的去除是由于细菌的作用。原生动物在附着生长式生物反应器中也起着重要的作用，其生物群落往往比悬浮生长式中的丰富。尽管如此，原生动物在附着生长式生物反应器中的作用与悬浮生长式中的作用相似。

在悬浮生长方式中，其他的真核生物通常有轮虫和线虫，但它们是否出现取决于培养生长的方式。这些生物虽然以原生动物和生物絮体颗粒为食，但它们对悬浮生长式生物处理的贡献在很大程度上还是未知的，这是因为处理系统的变化很少是由于这些生物的出现引起的。与此相反，附着生长式反应器为这类高级生物的捕食提供了界面。所以，这类反应器除了有轮虫和线虫外，通常还有高度发育的大型无脊椎动物群。这种动物群的性质主要取决于生物反应器的物理特性。在有些情况下，高级生物群的存在对系统性能没有不良影响。然而，在另外一些情况下，有捕食功能的摄食生物群能破坏负责去除污染物的初级生物的生长，引起系统性能下降。

3. 微生物的特点

不同微生物间有一些共同的特点，具体如下：

（1）个体微小、结构简单

微生物形体微小，必须借助显微镜甚至电子显微镜把它们放大几十到几万倍才能看到。测量微生物需用测微尺，细菌以微米为计量单位，病毒比细菌还小，用纳米为计量单位。在微生物界，个体最小的是类病毒和朊病毒，它们比病毒还小近 100 倍。

微生物结构简单，多数是单细胞生物，一个细胞就是一个生物个体；病毒没有细胞结构，由核酸和蛋白质组成；类病毒仅由核酸组成；朊病毒仅由蛋白质组成。

（2）分布广泛、种类繁多

微生物分布广泛。在土壤、水体、空气、植物、动物和人体内部或表面都存在大量微生物。上至 8 万多米的高空，下至 3000 多米的油井，冷至南北极地，热至几百度的深海火山口内，都有微生物的踪迹。

微生物种类繁多，包括细菌、古细菌、放线菌、真菌、藻类和原生动物等类群。每一类群又由相当可观的种类组成，现已发现的真菌有 10 多万种，细菌达 5000 多种，病毒有 4000 多种，原生动物和藻类有 10 万多种。

（3）繁殖迅速、容易变异

微生物具有极高的繁殖速度。在生长旺盛时，有些细菌每 20min 就能增殖一代，24h 可增殖 72 代。如果没有其他条件限制，经过一个昼夜 1 个细菌就可增至 4 万亿亿个。

微生物对环境条件敏感，容易发生变异。在外界条件出现剧烈变化时，多数个体死亡，少数个体可发生变异而适应新的环境。

（4）代谢活跃、类型多样

微生物代谢活跃。由于个体小，相应的比表面积很大，能迅速从环境中吸取各种营养物质，排出大量代谢产物。例如，乳酸杆菌每小时可产生其体重 1 千至 1 万倍的代谢产物乳酸。

微生物代谢类型多样，具体表现为：① 基质广泛，既能利用各种化学能作为能源，也能利用各种有机物质作为碳源；② 能源谱宽，既能利用太阳能，也能利用各种化学能作为能源；③ 适应性强，既可在有氧环境下生长，也可在无氧环境下生长；④ 代谢产物多样，既可产生无机产物，也可产生有机产物，既可产生小分子有机产物，也可产生大分子有机产物。

2.1.2 微生物的命名

命名（nomenclature）是按照国际命名法则，给每一个微生物类群或物种一个专有名称。每种微生物都有自己的名字，名字有俗名和学名两种。

俗名（common name）指普通的、通俗的、地区性的名字，具有简明和大众化的优点；但往往含义不确切，易于彼此重复，使用范围受到限制。例如，俗名"绿脓杆菌"指"铜绿假单胞菌"（*Pseudomonas aeruginosa*）。

学名（scientific name）是一个菌种的科学名称，它是按照国际学术界的通用规则命名的。学名采用拉丁词或拉丁化的词构成。在出版物中，学名应排成斜体。根据双名法规则，学名通常由一个属名加一个种名构成。出现在分类学文献上的学名，在双名之后往往加上首次定名人、现名定名人和现名定名年份，即

学名＝属名＋种名＋（首次定名人）＋现定名人＋现名定名年份

必要（斜体）　　　　　　　　　　　可省略（正体）

例如，大肠埃希氏菌（简称大肠杆菌）：*Escherichia coli*（Migula）Castellani et Chalmers 1919。

在少数情况下，当某菌株为一个亚种［subspecies，简写 subsp.（正体）］或变种［variety，简写 var.（正体）］时，学名应按"三名法"构成，即

学名＝属名＋种名＋（subsp. 或 var.）亚种或变种名

必要（斜体）　可省略（正体）　　必要（斜体）

例如，苏云金芽孢杆菌蜡螟亚种：*Bacillus thuringiensis* subsp. *galleria*.

2.1.3 微生物在生物界中的地位

生物分类工作是在 200 多年前 Linnaeus（1707～1778）的工作基础上建立的。他将生物划分为动物界和植物界，二者在概念上是十分明确的。自从发现了微生物后，科学家习惯把它们分别归入动物和植物的低等类型。例如，原生动物没有细胞壁，能运动，不能进行光合作用，而被归入动物界。藻类有细胞壁，能进行光合作用，则被归入植物界。

但是有些微生物具有动物和植物共同特征，将它们归入动物界或植物界都不合适。因此，在 1866 年，Haechel 提出三界系统，把生物分为动物界、植物界和原生生物界，他将那些既非典型动物，也非典型植物的单细胞微生物归属于原生生物界中。在这一界中，包括细菌、真菌、单细胞藻类和原生动物，并把细菌称为低等原生生物，其余类型则称为高等原生生物。

到了 20 世纪 50 年代，人们利用电子显微镜观察微生物细胞的内部结构，发现典型细菌的核和其他原生生物的核有很大不同，前者的核物质不被核膜包围，后者全部有核膜，并进一步揭示两类细胞在其他方面也有不同，随后提出了原核生物与真核生物的概念。在此认识基础上，1969 年 Whittaker 提出生物分类的五界系统，其中包括原核生物界、原生生物界、

真菌界、植物界和动物界。微生物分别归属于五界中的前三界，其中原核生物界包括各类细菌，原生生物界包括单细胞藻类和原生动物，而真菌界包括真菌和黏菌。虽然无细胞结构的病毒不包含在这五界中，但微生物学家一直在研究它们。

五界系统没有反映出非细胞生物阶段。我国著名昆虫学家陈世骧（1979）提出 3 个总界六界系统，即非细胞总界（包括病毒界）、原核总界（包括细菌界和蓝藻界）、真核总界（包括植物界、真菌界和动物界）。有些学者认为不必成立原生生物界，把藻类和原生动物分别划归植物界和动物界，成为比较紧凑的四界系统。另一些学者主张扩大原生生物界，把真菌划归在内成为另一种四界系统。由于病毒是一类非细胞生物，究竟是原始类型还是次生类型仍无定论，因此，将病毒列为最初生命类型能构成一界的观点，学者们尚有争议。

近年有学者提出与上述六界不同的六界系统，将古细菌另立为界，即真细菌界、古细菌界、原生生物界、真菌界、植物界和动物界。还有学者提出八界系统，将原核生物分为古细菌界、真细菌界，将真核生物分为古真核生物和后真核生物两个超界，前一超界只含一个界，即古真核生物界，后一超界包括原生动物界、藻界、植物界、真菌界、动物界。有学者认为这一分界系统是较为合理和清楚的。

2.2 植　　物

2.2.1 概述

地球上已知植物约有 50 万余种，它们组成了复杂的植物界。植物在地球上的分布极为广泛，从赤道到两极，从高山到平原，从陆地、沙漠到海洋、湖泊，几乎每个角落都有它们的踪迹。根据其特征，可分为藻类、菌类、地衣、苔藓、蕨类和种子植物。各类植物大小、形态结构、寿命长短、生态习性、营养方式等多种多样，千差万别。

结构最简单的植物只有一个细胞，如衣藻、小球藻，继而出现多细胞的群体类型，如实球藻等；而后演化成多细胞的初级和高级类型。种植植物具有发达的根、茎、叶等器官，并能产生种子进行繁殖，是结构最复杂的高等植物，如松树、苹果树、小麦等。从营养方式来看，绝大多数植物体内都含有叶绿素，是能够进行光合作用的自养型植物；另一类植物，如细菌（少数能自养的细菌除外）和真菌，其体内不含叶绿素，不能进行光合作用，称为异养型植物。此外，从生态习性上，还可以将植物分为陆生植物和水生植物、阳地植物和耐阴植物、砂生植物、盐生植物等。植物界组成了地球上最壮观的自然景色。

植物分类的重要任务就是将自然界的植物分门别类，鉴别到种，并给植物以名称和描述。植物分类学所总结的人们对植物进行分类的经验和规律，已成为人们认识植物和发掘植物资源的有力工具。

人们对植物界的认识和分门别类有一段漫长的历史。早在公元前 300 年，古希腊被称为植物学之父的切奥弗拉斯特便开始根据植物的经济用途或生长习性等方面，对当时所知道的植物进行分类。我国明代的李时珍和清代的吴其濬也很著名。

每种植物在系统中都有一定的地位和归属。为了方便，按植物类群的等级各给一定的名称，即分类单位（或分类阶层），基本上有七级，有时在各级单位下再设亚门、亚纲等。例如表 2-2 为小麦的分类。

表 2-2　植物分类单位（以小麦为例）

	小麦
界 Regnum	植物界 Plantae
门 Diviso	被子植物门 Angiospermae
纲 Class	单子叶植物纲 Monocotyledoneae
目 Order	莎草目 Cyperales
科 Family	禾本科 Poaceae
属 Genus	小麦属 Triticum
种 Species	小麦 Triticum aestiyum L.

在以上分类单位中，种是生物分类的最基本单位，它是具有一定自然分布区和一定的生理、形态特征的生物类群；同种类的个体间具有相同的遗传性状，而且彼此杂交可以产生能育的后代，但与另一个种的个体杂交，一般不产生后代，即是生殖隔离的。一个物种是由若干个居群所组成，一个居群又由同种的许多个体（植株）所组成，而各个居群总是不连续地分布于一定的区域内（即种的分布区）。种内个体间视变异的大小可再分为亚种、变种、变型等。农业、园艺上所谓的品种不属于自然的分类单位，它是人们在农业和园艺生产实践中培育出来的那些经济或社会效益较大和形态上有差别的类型，表现在大、小、色、香、味等方面的不同，例如牡丹的"姚黄"、"魏紫"等品种。

2.2.2　命名

每种植物都有名称，可归为俗名（土名）和学名两大类。同一种植物生活在不同的国家或地区有不同的名称。例如马铃薯，我国北方叫土豆，南方称为洋芋，豫西有称芋头，英语则为 Potato。同样，同一名称可以是不同种植物甚至不同科属的植物，如民间称为冬青的植物可以是卫矛、女贞、大叶黄杨等植物。因而有同物异名、同名异物的现象，造成在认识和利用植物、交流经验上发生困难。学名应需要而产生，世界各地均以学名相互交流。

学名即以双名法给植物起名。国际公认的双名法是由植物分类学大师林奈首创的。双名法是指一个学名由两个拉丁字组成，第一个为属名，名词，且第一个字母大写，第二个字为种名，形容词，字母小写，最后附以命名人的姓氏或缩写，如月季的学名为"*Rosa chinenisis* Jacq."，其中"*Rosa*"指蔷薇属，表示月季花所从属的分类单位，"*chinenisis*"为中国的，"Jacq."为命名人荷兰植物学家 Jacquin 的姓名缩写。种下等级如亚种、变种或变形的命名用三名法，即除属名和种名外，分别写上亚种（subspecies）的缩写"ssp."（或"subsp."）或变种（variety）的缩写"var."或者变形（forma）的缩写"f."，然后再加上亚种或变种或变形的名称，最后同样写上命名人的姓氏或姓氏缩写。例如栽培的芹菜的学名为"*Apium graveloens* L. var. dule DC."。为了避免命名上的混乱，必须遵循《国际植物命名法规》。

2.2.3　植物在生物界中的地位

绿色植物是自然界的初级生产力。它们的叶绿素能利用太阳光能，把简单的无机物合成复杂的有机物——糖类，这个过程称为光合作用。光合作用合成的有机物，还能在植物体内进一步同化为脂类、蛋白质等。这些物质除供植物本身生命活动的消耗和作为构成躯体结构物质之外，大部分以贮藏物的形式储存于细胞中。太阳能也被转变为化学能储存于这些物质之中。给类生物取食绿色植物，从中得到食料，获得生命活动必不可少的能源。

绿色植物光合作用释放氧气，补充了因动植物呼吸、物质燃烧和分解所消耗的氧量，保持了大气下层氧气比例的稳定平衡。没有这种氧的补偿，大气中的含氧量将逐渐减少，以至于完全消失，自然界中大部分生物将窒息而死。因此，地球上几乎全部生命都是依靠绿色植物而生存的。

和绿色植物同时并存的还有非绿色植物，例如细菌、真菌等，在其生活过程中进行着将复杂有机物分解为无机物质的过程，即矿化作用。此过程对于构成生物有机体的主要物质，如碳、氮、氢、氧、硫、磷、铁、钙、钾等元素在自然界中的循环起了极大的作用。没有这个过程，动植物的遗体将不能腐烂分解，无机物质不能归还于自然界，不但绿色植物会缺乏矿质元素，而且整个地球必然变成尸体堆积如山的死世界。

绿色植物和非绿色植物，通过光合作用和矿化作用，不断进行物质的吸收、合成、分解和释放，二者既相互对立又互为依存，这种矛盾的统一，促进了自然界和生物界不断运动和发展。

2.3 动 物

2.3.1 概述

据动物学家统计，目前地球上已知的动物大约有150万种。动物可分为脊椎动物和无脊椎动物两大类，脊椎动物身体背部都有一根由许多椎骨组成的脊柱，一般个体较大；无脊椎动物的身体没有脊柱，多数个体很小，但种类却很多，占整个动物种数的90%以上。例如苍蝇、蚊子、蚂蚱、蝴蝶等昆虫都是无脊椎动物。脊椎动物又可分为鱼类、两栖类、爬行类、鸟类和兽类五大类群。鱼类是脊椎动物中最多的一个类群，包括海水鱼和淡水鱼。两栖类有2000余种，如青蛙等。爬行类有3000余种，如蛇、龟、鳄鱼等。鸟类有9000种，如鸽子、麻雀。兽类有4500多种，如马、牛、狮子、虎等。

动物分类的知识是学习和研究动物学必需的基础。现在所用的动物分类系统，是以动物形态或解剖的相似性和差异性的总和为基础的。根据古生物学、比较胚胎学、比较解剖学上的许多证据，基本上能反映动物界的自然亲缘关系，称为自然分类系统。

动物分类系统由大而小分为界、门、纲、目、科、属、种等几个重要的分类等级。任何一个已知的动物均可归属于这几个等级中（表2-3）。

表 2-3 动物分类单位

	狼	意大利蜜蜂
界 Kingdom	动物界 Animal	动物界 Animal
门 Phylum	脊索动物门 Chordata	节肢动物门 Arthropoda
纲 Class	哺乳纲 Mammalia	昆虫纲 Insecta
目 Order	食肉目 Carnivora	膜翅目 Hymenoptera
科 Family	犬科 Canidae	蜜蜂科 Apidae
属 Genus	犬属 Canis	蜜蜂属 Apis
种 Species	狼 lupus	意大利蜂 mellifera

以上两种动物在动物系统中各自的地位还可以从这个体系中相当精确地表示出来。有时，为了更精确地表达种的分类地位，还可将原有的阶元进一步细分，并在上述阶元之间加入另一些阶元，以满足这种要求。加入的阶元名称，常常是在原有阶元名称之前或之后加上总或亚而形成。于是就有了总纲、亚纲、总目、亚目等名称。

2.3.2　命名

国际上除了订立了上述共同遵守的分类阶元外，还统一规定了种和亚种的命名方法，以便于生物学工作者之间的交流。目前统一采用的物种命名法为"双名法"。它规定每一个动物都应有一个学名。这一学名是由两个拉丁字或拉丁化的文字所组成。前一个字是该动物的属名，后面一个字是它的种本名。例如狼的学名为 *Canis lupus*，意大利蜂的学名是 *Apis mellifera*。属名用主格单数名词，第一个字母要大写；后面的种本名用形容词或名词，第一个字母不需要大写。学名之后，还附加当初命名人的姓氏，例如 *Apis mellifera* Linnaeus 就是表示意大利蜜蜂这个种是由林奈定名的。写亚种的学名时，须在种名之后加上亚种名，构成通常所称的三名法。例如北狐是狐的一个亚种，其学名为 *Vulpes vulpes schiliensis*。

2.3.3　动物在生物界中的地位

生物间的关系错综复杂，但它们对于生存的基本要求都不外是摄取食物获得能量、占据一定的空间和繁殖后代。生物解决这些问题的途径是多种多样的。在获取营养方面，凡能利用二氧化碳、无机盐及能源合成自身所需食物的称为自养生物，绿色植物和紫色细菌是自养生物。植物是食物的生产者，生物间的食物联系由此开始。动物则必须从自养生物那里获取营养，植物被植食性动物所食，后者又是肉食性动物的食料，故动物属于掠夺摄食的异养型，在生物界中是食物的消费者。真菌为分界吸收营养型，处于还原者的地位。这些都显示出三界生物是最基本的，在进化发展中在营养方面相互联系，具有整体性和系统性，生物在生态系统中相互协调，在物质循环和能量流动过程中起着各自的作用。

 复习思考题

1. 微生物在生物界中的地位是什么？
2. 植物在生物界中的地位是什么？
3. 动物在生物界中的地位是什么？

第3章　生物和环境的互作

学 习 提 示

　　环境生物学是普通生物学和环境科学的分支，研究受人类活动干预或破坏的环境与生物之间相互作用规律及机理是环境生物学理论和应用的基础。环境是诸多因素组成的一个复杂系统，其中单一因子改变都会给地球上生物带来变化。本章以不同种类的生物为对象，系统分析微生物、植物、动物与胁迫环境之间的相互关系。

　　生物是地壳发展到一定阶段的产物。生物的生长方式由两个要素所决定：其一是由存在于生物自身体内的内部因素——基因所决定的，即遗传因素；另一个是从生物体外部对生物施加影响的客观存在的外观因素即环境因素决定的。环境因素对每一种生物起着不同的作用，因而生物的生长和活动等也各有差异。然而遗传因素却具有把生物体的生长和活动控制在一定范围内，即作为控制生物体具有共同形态特征的作用。如肥沃土地上的榉树和贫瘠土地上榉树的大小、枝条形状和叶子数量等均有不同，但总是具有特定的榉树形状，因此马上就能把它与其他物种区别开来。一般认为遗传因素使生物不发生变化，具有使物种稳定的性质；而环境因素因其自身的差异，即由于基因的改变而出现叫做突变的变种现象。由突变产生的变种有的因不能适应生长环境而被淘汰，偶尔也有的变种对某一生长环境有特殊的适应能力，生长正常并能留下后代，这样就产生了新的物种。

　　环境绝不可能是一成不变的。它随时间的推移也经常发生变化，不能适应环境变化的生物，则转移到他处另寻生息。不但动物是这样，植物也是如此，生物不论在什么地方失去了赖以生存的环境，它都会死亡。

3.1　微生物和环境的互作

　　微生物和所有其他生物一样，在生命活动过程中需要一定的生活条件，包括营养、温度、pH 值、渗透压等。只有当外界环境条件适宜时，微生物才能很好地生长发育，如环境条件变得不适应时，微生物的生长发育就要受到抑制，甚至死亡。本节将讨论微生物对环境因子的反应、互作与抗性，以及人类凭借环境因子利用和制约微生物的重要措施及其机理。

3.1.1　影响微生物生长繁殖的环境要素

1. 温度

微生物在一定的温度下生长，温度低于最低或高于最高限度时，即停止生长或死亡。就微生物总体而言，其生长温度范围很宽，但各种微生物都有其生长繁殖的最低温度、最适温度、最高温度，称为生长温度三基点。各种微生物也有它们各自的致死温度。

最低生长温度是指微生物能进行生长繁殖的最低温度界限。处于这种温度条件下的微生物生长速率很低，如果低于此温度则生长可完全停止。最适生长温度是微生物以最大速率生长繁殖的温度。这里要指出的是，微生物的最适生长温度不一定是一切代谢活动的最佳温度。最高生长温度是指微生物生长繁殖的最高温度界限。在此温度下，微生物细胞易于衰老和死亡。若环境温度超过最高温度，便可杀死微生物。这种在一定条件下和一定时间内（例如 10min）杀死微生物的最低温度称为致死温度。在致死温度时杀死该种微生物所需的时间称为致死时间。在致死温度以上，温度越高，致死时间越短。用加压蒸汽灭菌法进行培养基灭菌，足以杀死全部微生物，包括耐热性最强的芽孢（表 3-1）。

表 3-1　各种细菌的芽孢在湿热中的致死温度和致死时间

温度（℃）　时间(min)　菌种	100	105	110	115	121
炭疽芽孢杆菌	5～10	—	—	—	—
枯草芽孢杆菌	6～17	—	—	—	—
嗜热脂肪芽孢杆菌	—	—	—	—	12
肉毒梭状芽孢杆菌	330	100	32	10	4
破伤风梭状芽孢杆菌	5～15	5～10	—	—	—

根据微生物生长温度范围，通常把微生物分为嗜热型(thermophiles)、嗜温型（mesophiles）和嗜冷型(psychrophiles)三大类，它们的最低、最适、最高生长温度及其范围见表 3-2。

表 3-2　三大类微生物最低、最适、最高生长温度及其范围

温度范围　微生物类型	生长温度（℃）		
	最低温度	最适温度	最高温度
嗜冷型	0 以下	15	20
兼性嗜冷型	0	20～30	35
嗜温型	15～20	20～45	45 以上
嗜热型	45	55～65	80
超嗜热或嗜高温型	65	89～90	100 以上

嗜热型微生物的最适生长温度在 55～65℃。温泉、堆肥、厩肥、秸秆堆和土壤都有高温菌存在，它们参与堆肥、厩肥和秸秆堆高温阶段的有机质分解过程。芽杆孢菌和放线菌中多高温性种类，霉菌通常不能在高温中生长发育。嗜热型微生物为什么能在如此高的温度下生存和生长，可能是由于菌体内的酶和蛋白质较为抗热，同时高温性微生物的蛋白质合成机构核糖体和其他成分对高温也具有较大的抗性。而且细胞膜中饱和脂肪酸含量较高，从而使膜在高温下能保持较好的稳定性。嗜温型微生物的最适生长温度在 15～45℃，其中腐生性微生物的最适温度为 20～45℃，哺乳动物寄生性微生物的最适温度为 37℃左右。嗜冷型微生物又称嗜冷微生物，其最适生长温度 10～18℃，包括水体中的发光细菌、铁细菌及一些常见于寒带冻土、海洋、冷泉、冷水河流、湖泊以及冷藏仓库中的微生物。它们对上述水域中有机质的分解起着重要作用，冷藏食物的腐败往往是这类微生物作用的结果。冷藏食品腐败的原因至少可以认为，嗜冷性微生物细胞内的酶在低温下仍能缓慢而有效地发挥作用，同时细胞膜中不饱和脂肪酸含量较高，可推测为它们在低温下仍保持半流动液晶状态，从而能进行活跃的物质代谢。

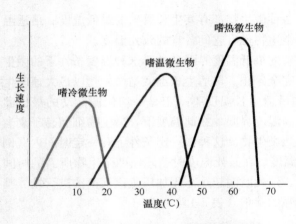

图 3-1 温度对微生物生长速率影响的规律

微生物在适应温度范围内，随温度逐渐提高，代谢活动加强，生长、增殖加快；超过最适温度后，生长速率逐渐降低，生长周期也延长。微生物生长速率在适宜温度范围内随温度而变化的规律如图 3-1 所示。在适应温度界限以外，过高和过低的温度对微生物的影响不同。高于最高温度界限时，引起微生物原生质胶体的变性，蛋白质和酶的损伤、变性，失去生活机能的协调、停止生长或出现异常形态，最终导致死亡。因此，高温对微生物具有致死作用。各种微生物对高温的抵抗力不同，同一种微生物又因发育形态和群体数量、环境条件不同而有不同的抗热性。细菌芽孢和真菌的一些孢子和休眠体，比它们的营养细胞的抗热性强得多。大部分不生芽孢的细菌、真菌的菌丝体和酵母菌的营养细胞在液体中加热至 60℃ 时经数分钟即死亡，但是各种芽孢细菌的芽孢在沸水中数分钟甚至数小时仍能存活。高温对微生物的致死作用，现已广泛用于消毒灭菌。高温灭菌的方法分为干热与湿热两大类。在同一温度下，湿热灭菌法比干热灭菌法的效果好。这是因为蛋白质的含水量与其凝固温度成反比（表 3-3）。

表 3-3 蛋白质含水量与其凝固温度的关系

蛋白质含水量（%）	蛋白质凝固温度（℃）	灭菌时间（min）
50	56	30
25	74～80	30
18	80～90	30
6	145	30
0	160～170	30

2. 氢离子浓度（pH 值）

微生物的生命活动受环境酸碱度的影响较大。每种微生物都有最适宜的 pH 值和一定的 pH 值适应范围。大多数细菌、藻类和原生动物的最适宜 pH＝6.5～7.5，在 pH＝4.0～10.0 之间也能生长。放线菌一般在微碱性，即 pH＝7.5～8.0 最适宜。酵母菌和霉菌在 pH＝5～6 的酸性环境中较适宜，但可生长的范围在 pH＝1.5～10.0 之间。有些细菌可在很强的酸性或碱性环境中生活，例如有些硝化细菌则能在 pH＝11.0 的环境中生活，氧化硫硫杆菌能在 pH＝1.0～2.0 的环境中生活（表 3-4）。

表 3-4 多种微生物的最低、最适与最高 pH 值范围

微生物	最低	最适	最高
圆褐固氮菌	4.5	4.7～7.6	9.0
大豆根瘤菌	4.2	6.8～7.0	11.0
亚硝酸细菌	7.0	7.8～8.6	9.4
氧化硫硫杆菌	1.0	2.0～2.8	4.0～6.0
嗜酸乳酸杆菌	4.0～4.6	5.8～6.6	6.8
放线菌	5.0	7.0～8.0	10.0
酵母菌	3.0	5.0～6.0	8.0
黑曲霉	1.5	5.0～6.0	9.0

各种微生物处于最适 pH 值范围时酶活性最高，如果其他条件适合，微生物的生长速率也最高。当低于最低 pH 值或超过最高 pH 值时，将抑制微生物生长甚至导致死亡。pH 值影响微生物生长的机制主要有以下几点：（1）氢离子可与细胞质膜上与细胞壁中的酶相互作用，从而影响酶的活性，甚至导致酶的失活。（2）pH 值对培养基中有机化合物的离子化有影响，因而也间接地影响微生物。酸性物质在酸性环境下不解离，而呈非离子化状态。非离子化状态的物质比离子化状态的物质更易渗入细胞（图 3-2）。碱性环境下的情况正好相反，在碱性 pH 值下，它们能离子化，离子化的有机化合物相对不易进入细胞。当这些物质过多地进入细胞，会对生长产生不良影响。

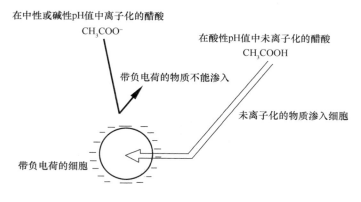

图 3-2　pH 值对有机酸渗入细胞的影响

pH 值还影响营养物质的溶解度。pH 值低时，CO_2 的溶解度降低，Mg^{2+}、Ca^{2+}、Mo^{2+} 等溶解度增加，当达到一定的浓度后，对微生物产生毒害；当 pH 值高时，Fe^{2+}、Ca^{2+}、Mg^{2+} 及 Mn^{2+} 等的溶解度降低，以碳酸盐、磷酸盐或氢氧化物形式生成沉淀，对微生物生长不利。微生物在基质中生长，由于代谢作用而引起的物质转化，也能改变基质的氢离子浓度。例如乳酸细菌分解葡萄糖产生乳酸，因而增加了基质中的氢离子浓度，酸化了基质。尿素细菌水解尿素产生氨，碱化了基质。为了维持微生物生长过程中 pH 值的稳定，在配制培养基时，不仅要注意调节培养基的 pH 值，以适合微生物生长的需要。某些微生物在不同 pH 值的培养液中培养，可以启动不同的代谢途径、积累不同的代谢产物，因此，环境 pH 值还可调控微生物的代谢。例如酿酒酵母（*Saccharomyce cerevisiae*）生长的最适 pH 值为 4.5～5.0，并进行乙醇发酵，不产生甘油和醋酸。当 pH 值高于 8.0 时，发酵产物除乙醇外，还有甘油和醋酸。因此，在发酵过程中，根据不同的目的，采用改变其环境 pH 值的方法，以提高目的产物的生产效率。某些微生物生长繁殖的最适生长 pH 值与其合成某种代谢产物的 pH 值不一致。例如丙酮丁醇梭菌（*Clostridium acetobutylicum*），生长繁殖的最适 pH 值是 5.5～7.0，而大量合成丙酮丁醇的最适 pH 值却为 4.3～5.3。

3. 湿度

湿度一般是指环境空气中含水量的多少，有时也泛指物质中所含水分的量。一般的生物细胞含水量在 70%～90%。湿润的物体表面易长微生物，这是由于湿润的物体表面常有一层薄薄的水膜，微生物细胞实际上就生长在这一水膜中。放线菌和霉菌基内菌丝生长在水溶液或含水量较高的固体基质中，气生菌丝则曝露于空气中，因此，空气湿度对放线菌和霉菌等微生物的代谢活动有明显的影响。如基质含水量不高、空气干燥，胞壁较薄的气生菌丝易失水萎蔫，不利于甚至可终止代谢活动，空气湿度较大则有利于生长。酿造工业中，制曲的曲房要接近饱和湿度，促使霉菌旺盛生长。长江流域梅雨季节，物品容易发霉变质，主要原因是空气湿度大（相对湿度在70％以上）和温度较高。细菌在空气中的生存和传播也以湿度较大为合适。因此，环境干燥可使细胞失水而造成代谢停止乃至死亡。人们广泛应用干燥方法保存谷物、纺织品与食品等，其实质就是夺细胞之水，从而防止微生物生长引起的霉腐。必须强调，微生物生长所需要的水分是指微生物可利用之水，如微生物虽处于水环境中，但如其渗透压很高，即便有水，微生物也难于利用。这就是渗透压对微生物生长的重要性之根本原因所在，因此，水活度是明显影响微生物生长的极为重要因子。

4. 氧和氧化还原电位

氧和氧化还原电位与微生物的关系十分密切，对微生物生长的影响极为明显。研究表明，不同类群的微生物对氧要求不同，可根据微生物对氧的不同需求与影响，把微生物分成如下几种类型：

（1）专性好氧菌（obligate or strict aerobes）：这类微生物具有完整的呼吸链，以分子氧作为最终电子受体，只能在较高浓度分子氧（0.2Pa）的条件下才能生长，大多数细菌、放线菌和真菌是专性好氧菌。如醋杆菌属（*Acetobacter*）、固氮菌属（*Azotobacter*）、铜绿假单胞菌（*Pseudomonas aeruginosa*）等属种为专性好氧菌。

（2）兼性厌氧菌（facultative anaerobes）：兼性厌氧菌也称兼性好氧菌（facultative aerobes）。这类微生物的适应范围广，在有氧或无氧的环境中均能生长。一般以有氧生长为主，有氧时靠呼吸产能；兼具厌氧生长能力，无氧时通过发酵或无氧呼吸产能。如大肠杆菌（*Escherichia coli*）、产气肠杆菌（*Enterobacter aerogenes*）等肠杆菌科（*Enterobacteriaceae*）的成员，地衣芽孢杆菌（*Bacillus lichenifornus*）、酿酒酵母（*Saccharomyces cerevisiae*）等。

（3）微好氧菌（microserophilic bacteria）：这类微生物只在非常低的氧分压，即0.01～0.03Pa下才能生长（正常大气的氧分压为0.2Pa）。它们通过呼吸链，以氧为最终电子受体产能。如发酵单胞菌属（*Zymontonas*）、弯曲菌属（*Gampylobacter*）、氢单胞菌属（*Hydrogenomonas*）、霍乱弧菌（*Vibrio cholerae*）等属种成员。

（4）耐氧菌（aerotolerant anaerobes）：它们的生长不需要氧，但可在分子氧存在的条件下进行发酵性厌氧生活，分子氧对它们无用，但也无害，故可称为耐氧性厌氧菌。氧对其无用的原因是它们不具有呼吸链，只通过发酵经底物水平磷酸化获得能量。一般的乳酸菌大多是耐氧菌，如乳酸乳杆菌（*Lactobacillus lactis*）、乳链球菌（*Streptococcus lactis*）、肠膜明串珠菌（*Leuconostoc mesenteroides*）和粪肠球菌（*Enterobacter faecalis*）等。

（5）厌氧菌（anaerobes）：分子氧对这类微生物有毒，氧可抑制生长（一般厌氧菌）甚至导致死亡（严格厌氧菌）。因此，它们只能在无氧或氧化还原电位很低的环境中生长。常见的厌氧菌有梭菌属（*Clostridium*）成员，如丙酮丁醇梭菌（*Clostridium acetobutylicum*）、双歧杆菌属（*Bifidobacterium*）、拟杆菌属（*Bacteroides*）的成员，着色菌属（*Chromatium*）、硫螺旋菌属（*Thiospirillum*）等属的光合细菌与产甲烷菌（为严格厌氧菌）等。氧气对厌氧性微生物产生毒害作用的机理主要是厌氧微生物在有氧条件下生长时，会产生有害的超氧基化合物和过氧化氢等代谢产物，这些有毒代谢产物在胞内积累而导致机体死亡。例如微生物在有氧条件下生长时，通过化学反应可以产生超氧基（O_2^-）化合物和过氧化氢。这些代谢产物相互作用可以产生毒性很强的自由基，即：

$$O_2 + e^- \xrightarrow{\text{氧化}} O_2^-$$

$$2O_2^- + 3H_2O_2 \longrightarrow 3O_2 + 2OH^- + 2H_2O$$

超氧基化合物与 H_2O_2 可以分别在超氧化物歧化酶（superoxide dismutase，SOD）与过氧化氢酶（catalase）作用下转变成无毒的化合物，即：

$$2O_2^- + 2H^+ \xrightarrow{\text{超氧化物歧化酶}} H_2O_2 + O_2$$

$$2H_2O_2 \xrightarrow{\text{过氧化氢酶}} O_2 + 2H_2O$$

好氧微生物与兼性厌氧细菌细胞内普遍存在着超氧化物歧化酶和过氧化氢酶，而严格厌氧细菌不具备这两种酶，因此严格厌氧微生物在有氧条件下生长时，有毒的代谢产物在胞内积累，引起机体中毒死亡。耐氧性微生物只具有超氧化物歧化酶，而不具有过氧化氢酶，因此在生长过程中产生的超氧基化合物被分解去毒，过氧化氢则通过细胞内某些代谢产物进一步氧化而解毒，这是决定耐氧性微生物在有氧条件下仍可生存的内在机制。不同的微生物对生长环境的氧化还原电位有不同的要求。环境的氧化还原位（用 Eh 值表示）与氧分压有关，也受 pH 值的影响。pH 值低时，氧化还原电位高；pH 值高时，氧化还原电位低。通常以 pH 中性时的值表示。微生物生活的自然环境或培养环境（培养基及其接触的气态环境）的 Eh 值是整个环境中各种氧化还原因素的综合表现。一般说，Eh 值在 +0.1V 以上好氧性微生物均可生长，以 +0.3～+0.4V 时为宜。-0.1V 以下适宜厌氧性微生物生长。不同微生物种类的临界 Eh 值不等。产甲烷细菌生长所要求的 Eh 值一般在 -330mV 以下，是目前所知的对 Eh 值要求最低的一类微生物。培养基的氧化还原电位受诸多因子的影响，首先是分子态氧的影响，其次是培养基中氧化还原物质的影响。例如平板培养是在接触空气的条件下，厌氧性微生物不能生长，但如果培养基中加入足量的强还原性物质（如半胱氨酸、硫代乙醇等），同样接触空气，有些厌氧性微生物还是能生长。这是因为在所加的强还原性物质的影响下，即使环境中有些氧气，培养基的 Eh 值也能下降到这些厌氧性微生物生长的临界 Eh 值以下。另一方面，微生物本身的代谢作用也是影响 Eh 值的重要因素，在培养环境中，微生物代谢消耗氧气并积累一些还原物质，如抗坏血酸、H_2S 或有机硫氢化合物（半胱氨酸、谷胱苷肽、二硫苏糖醇等），导致环境中 Eh 值降低。例如，好氧性化脓链球菌在密闭的液体培养基中生长时，能使培养液的最初氧化还原电位值由 +0.4V 左右逐渐降至

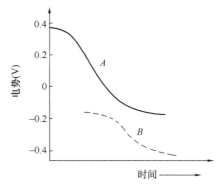

图 3-3　培养基在微生物生长过程中的氧化还原电位变化

A—好氧；B—厌氧

-0.1V 以下，因此，当好氧性微生物与厌氧性微生物生活在一起时，前者能为后者创造有利的氧化还原电位（图 3-3）。在土壤中，多种好氧、厌氧性微生物同时存在，空气进入土壤，好氧性微生物生长繁殖，由于好氧性微生物的代谢，消耗了氧气，降低了周围环境的 Eh 值，创造了厌氧环境，为厌氧性微生物的生长繁殖提供了必要条件。

5. 氧以外的其他气体

氮气对绝大多数微生物种类是没有直接作用的，在空气中，氮气只起着稀释氧气的作用，而对固氮微生物，氮气却是它们的氮素营养源。空气中的 CO_2 是自养微生物利用光能或化能合成细胞自身有机物不可缺少的碳素养料。有些微生物有氢化酶，能吸收利用空气中的 H_2 作为电子供体。虽然空气中的氢含量很低，并不是影响微生物生长的重要环境因子，但

在特殊环境中，如沼气池、沼泽、河底、湖底、瘤胃等厌氧环境中，其中大部分严格厌氧的产甲烷细菌能吸收利用氢气（由沼气池内其他的产 H_2 细菌产生）作为电子供体，将 CO_2 转化为 CH_4，利用 CO_2 合成有机物。

6. 辐射

辐射是电磁波，包括无线电波、可见光、X-射线、γ-射线和宇宙线等。大多数微生物不能利用辐射能源，辐射往往对微生物有害。只有光能营养型微生物需要光照，波长在 $800\sim1000\mathrm{nm}$ 的红外辐射可被光合细菌利用作为能源，而波长在 $380\sim760\mathrm{nm}$ 之间的可见光部分被蓝细菌和藻类用作光合作用的主要能源。虽然有些微生物不是光合生物，但表现一定的趋光性。例如一种闪光须霉（*Phycomyces nitens*）的菌丝生长以明显的趋光性，向光部位比背光部位生长得快而旺盛。一些真菌在形成子实体、担子果、孢子囊和分生孢子时，也需要一定散射光的刺激，例如灵芝菌在散射光照下才长有具有长柄的盾状或耳状子实体。太阳光除可见光外，尚有长光波的红外线和短光波的紫外线。微生物直接曝晒在阳光中，由于红外线产生热量，通过提高环境中的温度和引起水分蒸发而致干燥作用，间接地影响微生物的生长。短光波的紫外线则具有直接杀菌作用（图 3-4）。

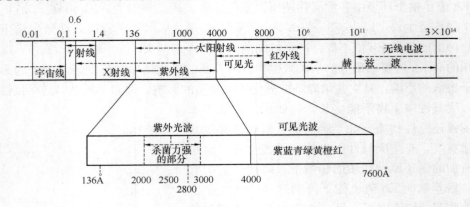

图 3-4　光线波长图

紫外线是非电离辐射，其波长范围为 $13.6\sim390\mathrm{nm}$。它们使被照射物的分子或原子中的内层电子提高能级，但不引起电离。不同波长的紫外线具有不同程度的杀菌力，一般以 $250\sim280\mathrm{nm}$ 波长的紫外线杀菌力最强，可作为强烈杀菌剂，如在医疗卫生和无菌操作中广泛应用的紫外杀菌灯管。紫外线对细胞的杀伤作用主要是由于细胞中 DNA 能吸收紫外线，形成嘧啶二聚体，导致 DNA 复制异常而产生致死作用。微生物细胞经照射后，在有氧情况下，能产生光化学氧化反应，生成的过氧化氢（H_2O_2）能发生氧化作用，从而影响细胞的正常代谢。紫外线的杀菌效果，因菌种及生理状态不同，照射时间的长短和剂量的大小而有差异，干细胞比湿细胞对紫外线辐射抗性强，孢子比营养细胞更具抗性，带色的细胞能更好地抵抗紫外线辐射。经紫外线辐射处理后，受损伤的微生物细胞若再暴露于可见光中，一部分可恢复正常，此称为光复活现象。高能电磁波如 X-射线、γ-射线、α-射线和 β-射线的波长更短，有足够的能量使受照射分子逐出电子而使之电离，故称为电离辐射。电离辐射的杀菌作用除作用于细胞内大分子，如 X-射线、γ-射线能导致染色体畸变等外，还间接地通过射线引起环境中水分子和细胞中水分子在吸收能量后产生自由基而起作用，这些游离基团能与细胞中的敏感大分子反应并使之失活。水分解为游离基的变化如下：

$$H_2O \xrightarrow{\text{辐射}} H_2O^+ + e^-$$
$$e^- + H_2O \longrightarrow H_2O^-$$
$$H_2O^+ \longrightarrow H^+ + OH^+$$
$$H_2O^- \longrightarrow H^- + OH^-$$

电离辐射后所产生的上述离子常与液体内存在的氧分子作用，产生一些具强氧化性的过氧化物如 H_2O_2 与 HO_2^- 等而使细胞内某些重要蛋白质和酶发生变化，如果这些强氧化性基团使酶蛋白质的－SH 氧化，从而使细胞受到损伤或死亡。氧与上述离子作用产生一些具强氧化性基团的过程如下：

$$O_2 + e^- \longrightarrow O_2^-$$
$$O_2^- + H^+ \longrightarrow HO_2$$
$$O_2 + 2e^- \longrightarrow O_2^{2-}$$
$$O_2^{2-} + 2H^+ \longrightarrow H_2O_2$$

放射源 Co-60 可发射出高能量的 γ-射线，γ-射线具有很强的穿透力和杀菌效果，在食品与制药等工业上，常将高剂量 γ-射线（300 万伦琴）应用于罐头食品、不能进行高温处理的药品的放射灭菌。合适照射剂量的紫外线、X-射线或 γ-射线能诱导基因变异，因而，它们也用作微生物诱变获得突变基因与育种的高效诱变剂。

7. 超声波

超声波是超过人能听到的最高频（20000Hz）的声波，在多种领域具有广泛的应用。适度的超声波处理微生物细胞，可促进微生物细胞代谢。强烈的超声波处理可致细胞破碎，因此，在获取细胞内含物的有关研究中，方法之一是用超声波破碎细胞。这种破碎细胞作用的机理是超声波的高频振动与细胞振动不协调而造成细胞周围环境的局部真空，引起细胞周围压力的极大变化，这种压力变化足以使细胞破裂，而导致机体死亡。另外超声波处理会导致热的产生，热作用也是造成机体死亡的原因之一。故在超声波处理过程中，通常采用间断处理和用冰盐溶液降温的方式避免产生热失活作用。所以几乎所有的微生物细胞都被超声波破坏，只是敏感程度有所不同。超声波的杀菌效果及对细胞的其他影响与频率、处理时间、微生物种类、细胞大小、形状及数量等均有关。杆菌比球菌、丝状菌比非丝状菌、体积大的菌比体积小的菌更易受超声波破坏，而病毒和噬菌体较难被破坏，细菌芽孢具更强的抗性，大多数情况下不受超声波影响。一般来说，高频率比低频率杀菌效果好。

8. 消毒

某些化学消毒、杀菌剂与化学疗剂对微生物生长有抑制或致死作用。如饮用水的消毒，则杀伤水中的微生物；化学疗剂如各类抗生素对微生物具有强烈的抑菌或杀菌作用。农作物病虫害的防治所施用的化学农药，部分残留在土壤中，对于土壤中的许多微生物有毒害作用等。各种化学消毒剂、杀菌剂与化学疗剂对微生物的抑制与毒杀作用，因其胞外毒性、进入细胞的透性、作用的靶位和微生物的种类不同而异，同时也受其他环境因素的影响。有些消毒与杀菌剂在高浓度时是杀菌剂，在低浓度时可能被微生物利用作为养料或生长刺激因子。对微生物的杀伤或致死具有广谱性和在实践中常用的化学消毒剂、杀菌剂和与微生物关系密切的化学疗剂及其抑菌或杀菌机制如下：

（1）氧化剂

高锰酸钾、过氧化氢、漂白粉和氟、氯、溴、碘及其化合物都是氧化剂。通过它们的强烈氧化作用可以杀死微生物。高锰酸钾是常见的氧化消毒剂，一般以 0.1% 溶液用于皮肤、水果、饮具、器皿等消毒，但需在应用时配制。碘具有强穿透力，能杀伤细菌、芽孢和真菌，是强杀菌剂。通常用 $3\%\sim7\%$ 的碘溶于 $70\%\sim83\%$ 的乙醇中配制成碘酊。氯气可作为饮用水或游泳池水的消毒剂。常用 $0.2\sim0.5\mu g/L$ 的氯气消毒。氯气在水中生成次氯酸，次氯酸分解成盐酸和初生氧。初生氧具有强氧化力，对微生物起破坏作用。$Cl_2+H_2O\longrightarrow HCl+HClO$（次氯酸）；$HClO\longrightarrow HCl+[O]$（初生氧）。漂白粉也是常用的杀菌剂，它含次氯酸钙，在水中生成次氯酸并分解成盐酸和初生氧和氯。$Ca(OCl)_2+2H_2O\longrightarrow Ca(OH)_2+2HClO$（次氯酸）；$2HClO\longrightarrow H_2O+OCl_2$；$OCl_2\longrightarrow[O]+Cl_2$。初生氧和氯都能强烈氧化菌体细胞物质，以致死亡。$5\%\sim20\%$ 次氯酸钙的粉剂或溶液常用作食品及餐具、乳酪厂的消毒。

（2）还原剂

如甲醛是常用的还原性消毒剂，它能与蛋白质的酰基和巯基起反应，引起蛋白质变性。商用福尔马林是含 $37\%\sim40\%$ 的甲醛水溶液，5% 的福尔马林常用作动植物标本的防腐剂。福尔马林也用作熏蒸剂，每 $1m^3$ 空间用 $6\sim10mL$ 福尔马林加热熏蒸就可达到消毒目的，也可在福尔马林中加 $1/5\sim1/10$ 高锰酸钾使其汽化，进行空气消毒。

（3）表面活性物质

具有降低表面张力效应的物质称为表面活性物质。乙醇、酚、煤酚皂（来苏儿）以及各种强表面活性的洁净消毒剂，如新洁尔灭等都是常用的消毒剂。乙醇只能杀死营养细胞，不能杀死芽孢。70% 的乙醇杀菌效果最好，超过 70% 以至无水乙醇效果较差。无水乙醇可能与菌体接触后迅速脱水，表面蛋白质凝固形成了保护膜，阻止了乙醇分子进一步渗入胞内。浓度低于 70% 时，其渗透压低于菌体内渗透压，也影响乙醇进入胞内，因此这两种情况都会降低杀菌效果。酚（石炭酸）及其衍生物有强杀菌力，它们对细菌的有害作用可能主要是使蛋白质变性，同时又有表面活性剂的作用，破坏细胞膜的透性，使细胞内含物外泄。5% 的石炭酸溶液可用作喷雾以消毒空气。微生物学中常以酚作为比较各种消毒剂杀菌力的标准。各种消毒剂和酚的杀菌作用的比较强度，称为消毒剂的"酚价"。甲酚是酚的衍生物，市售消毒剂煤酚皂液就是甲酚与肥皂的混合液，常用 $3\%\sim5\%$ 的溶液来消毒皮肤、桌面及用具等。新洁尔灭是一种季铵盐，能破坏微生物细胞的渗透性，0.25% 的新洁尔灭溶液，可以用作皮肤及种子表面消毒。

（4）重金属盐类

大多数重金属盐类都是有效的杀菌剂或防腐剂，其作用最强的是 Hg、Ag 和 Cu。它们易与细胞蛋白质结合使其变性沉淀，或能与酶的巯基结合而使酶失去活性。汞的化合物如二氯化汞（$HgCl_2$），又名升汞，是强杀菌剂和消毒剂。0.1% 的 $HgCl_2$ 溶液对大多数细菌有杀菌作用，用于非金属器皿的消毒。红汞（汞溴红）配成的红药水则用作创伤消毒剂。汞盐对金属有腐蚀作用，对人和动物亦有剧毒。银盐为较温和的消毒剂。医药上常有用 $0.1\%\sim1.0\%$ 的硝酸银消毒皮肤，用 1% 硝酸银滴入新生婴儿眼内，可预防传染性眼炎。铜的化合物如硫酸铜对真菌和藻类的杀伤力较强，常用硫酸铜与石灰配制的溶液来抑制农业真菌、螨以及防治某些植物病害。

（5）其他消毒与杀菌剂

如无机酸、碱能引起微生物细胞物质的水解或凝固，因而也有很强的杀菌作用。微生物在 1% 氢氧化钾或 1% 硫酸溶液中 $5\sim10min$ 大部分死亡。毒性物质如二氧化硫、硫化氢、一氧化碳和氰化物等可与细胞原生质中的一些活性基团或辅酶成分特异性结合，使代谢作用中断，从而杀死细胞。染料特别是碱性染料，在低浓度下可抑制细菌生长。结晶紫、碱性复红、亚甲蓝、孔雀绿等都可用作消毒剂，1∶100000 的结晶紫能抑制枯草杆菌、金黄色葡萄球菌以及其他革兰氏阳性细菌的生长。但其浓度需达 1∶5000 时才能抑制大肠杆菌等革兰氏阴性菌生长。一些常用的表面消毒剂，使用浓度和应用范围见表 3-5。

表 3-5　表面消毒剂使用浓度和应用范围

类别	实例	常用浓度	应用范围
醇	乙醇	70%	皮肤消毒
酸	食醋	$3\sim5\,mL/m^3$	熏蒸消毒空气
碱	石灰水	1%～3%	粪便消毒
酚	石炭酸	5%	空气消毒
	来苏儿	3%～5%	皮肤消毒
醛	福尔马林（原液）	$6\sim10\,mL/m^3$	接种箱、厂房熏蒸
重金属盐	升汞	0.1%	植物组织等外表消毒
	硝酸银	0.1%～1%	新生婴儿眼药水等
	红溴汞	2%	皮肤小创伤消毒
氧化剂	$KMnO_4$	0.1%～3%	皮肤、水果、茶杯消毒
	H_2O_2	3%	清洗伤口
	氯气	$0.1\sim1\,mL/m^3$	自来水消毒
	漂白粉	1%～5%	洗刷培养室、饮水机消毒
表面活性剂	新洁尔灭（季铵盐表面活性剂）	0.25%	皮肤消毒
染料	龙胆紫（紫药水）	2%～4%	外用药水

（6）化学疗剂

化学疗剂的种类较多，与微生物关系最为密切的是抗生素（antibiotics）与磺胺类抗代谢药物（antimetabolites）等。

① 抗生素

抗生素是一类在低浓度时能选择性地抑制或杀灭其他微生物的低分子量微生物次生代谢产物。通常以天然来源的抗生素为基础，再对其化学结构进行修饰或改造的新抗生素称为半合成抗生素（semisynthetic antibiotics）。随着医药学科发展，抗生素的概念有所拓宽，抗生素已不仅仅限于"微生物代谢产物"，还常可见"植物抗生素产物"之类的术语。抗生素的功能范围也不局限于抑制其他微生物生长，而将能抑制肿瘤细胞生长的生物来源次生代谢产物也称为抗生素，一般把这类抗生素冠以定词，称抗肿瘤抗生素。自 1929 年 A. Fleming 发现第一种抗生素青霉素以来，被新发现的抗生素已约 1 万种，大部分化学结构已被确定，分子量一般在 150～5000 之间。但目前临床上常用于治疗疾病的抗生素尚不足 100 种。主要原因是大部分抗生素选择性差，对人体与动物的毒性大。每种抗生素均有抑制特定种类微生物的特性，这一制菌范围称为该抗生素的抗菌谱（antibiogram），抗微生物抗生素可分为抗真菌抗生素与抗细菌抗生素，而抗细菌抗生素又可分为抗革兰氏阳性菌、抗革兰氏阴性菌或抗分枝杆菌等抗生素。有的抗生素仅抗某一类微生物，如仅对革兰氏阳性细菌有作用，这些抗生素被称为窄谱抗生素。而有的抗生素对阳性细菌及阴性细菌等均有效，则被称为广谱抗生素。

一般抗生素有极性基团与微生物细胞的大分子相互作用，使微生物生长受到抑制甚至致死。抗生素抑制微生物生长的机制，因抗生素的品种与其所作用的微生物的种类的不同而异，一般是通过抑制或阻断细胞生长中重要大分子的生物合成或功能而发挥其功能。抗生素在抑制敏感微生物生长繁殖过程中的作用部位被称为靶位。抗生素可根据它们的结构不同被分为多种类型，但分类原则多种多样，一般把具有相同基本化学结构的天然或化学半合成的抗生素被分为一个组。根据这一组中第一个被发现的或其基本化学性质来定名，同一组的不同抗生素常常具有类似的生物学特性，因此，在实践中显其方便与实用性。

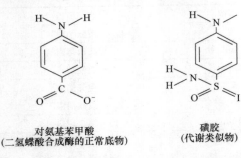

对氨基苯甲酸
（二氢蝶酸合成酶的正常底物）

磺胺
（代谢类似物）

图 3-5 对氨基苯甲酸与磺胺分子机构比较

② 抗代谢药物

抗代谢药物又称代谢类似物或代谢拮抗物，它是指其化学结构与细胞内必要代谢物的结构很相似，可干扰正常代谢活动的一类化学物质。抗代谢物具有良好的选择毒力，故是一类重要的化学治疗剂。抗代谢物的种类很多，一般是有机合成药物，如磺胺类、5-氟代尿嘧啶、氨基叶酸、异烟肼等。常用的抗代谢物是磺胺类药物（Sulphonamides，sulfa drugs），可谓"价廉物美"。研究揭示，磺胺类药物的磺胺（sulfanilamide），其结构与细菌的一种生长因子，即对氨基苯甲酸（para-amino benzoic acid，PABA）高度相似（图 3-5）。

许多致病菌具有二氢蝶酸合成酶，该酶以对氨基苯甲酸（PABA）为底物之一，经一系列反应，自行合成四氢叶酸（tetrahydrofolic acid，THFA）。THFA 是一种辅酶，其功能是负责合成代谢中的一碳基转移，而 PABA 则为该辅酶的一个组分。一碳基转移是细菌中嘌呤、嘧啶、核苷酸与某些氨基酸生物合成中不可缺的反应。当环境中存在磺胺时，某些致病菌的二氢蝶酸合成酶在以二氢蝶啶和 PABA 为底物缩合生成二氢蝶酸的反应中，可错把磺胺当作对氨基苯甲酸为底物之一，合成不具功能的"假"二氢蝶酸，即二氢蝶酸的类似物。二氢蝶酸是二氢蝶啶和 PABA 为底物最终合成四氢叶酸的中间代谢物，而"假"二氢蝶酸导致最终不能合成四氢叶酸，从而抑制细菌生长。即磺胺药物作为竞争性代谢拮抗物或代谢类似物（metabolite analogue）使微生物生长受到抑制，从而对这类致病菌引起的病患具有良好的治疗功效。

3.1.2 环境对微生物生长的影响

1. 环境污染对微生物新陈代谢的影响

微生物广泛存在于环境中，其中以土壤中分布比较多，是大自然中数量和种类庞大的分解者。微生物的代间短，繁殖快，代谢活跃，在物质循环中起重要的作用，是生态环境中不可或缺的一部分，污染物也能对微生物产生很大影响。

（1）污染对土壤酶活性的影响

土壤酶是存在于土壤中、具有生物酶催化功能的蛋白质体系。土壤酶部分来源于植物根系分泌和土壤中的有机残体，但主要来源于微生物的生命活动，土壤酶根据功能可归为氧化还原酶类、转移酶类、水解酶类和裂合酶类等几种，是土壤物质转化中起关键性作用的酶库，所以污染物对微生物的影响能影响到土壤酶的活性。

人们研究发现大多数污染物能使土壤酶活性水平下降。Votes 等在 1974 年发现使用莠去津的果园土壤磷酸酶、β-葡萄糖苷酶、蔗糖酶和尿酶活性下降 50% 以上，他们认为是覆盖纸被缺少导致这些酶分泌减少。但是在 1976 年，Cole 发现莠去津对土壤微生物数量虽然没有太大影响，但土壤中纤维素酶的活性却降低了 70%，从而证实莠去津对土壤酶的抑制作用。重金属对土壤酶活性的影响多表现为抑制作用，其抑制机制可能是重金属与酶分子中的活性位点结合，使酶失活，或产生了与底物竞争性的抑制作用，或通过抑制土壤微生物的生长和繁殖，减少体内酶的合成和分泌，从而导致了酶活性的下降。油类污染物对土壤中脲酶有明显的抑制作用，但是对蔗糖酶、磷酸酶、过氧化氢酶和蛋白酶抑制作用较小，因此可以得出，污染物对土壤酶的影响因土壤酶的种类而异。同时，这种影响还受到土壤类型等因素的制约。有些污染物能刺激某些土壤酶的活性水平。有研究表明土壤中石油烃类存在的量与土壤蔗糖酶的活性密切相关，石油烃残留量增加，则土壤蔗糖酶的活性增加；残留量降低，则土壤蔗糖酶的活性降低。

（2）污染对硝化作用和反硝化作用的影响

微生物把土壤中有机残体分解后，释放出 NH_4^+，在硝化作用下能转化为 NO_2^- 和 NO_3^-，这个过程是硝化过程。另外，土壤中无机离子 NO_2^- 和 NO_3^- 也能通过反硝化作用和氨化作用而转化成 NH_4^+。土壤中污染物的存在能影响微生物的这些活动，对土壤硝化和反硝化作用的效应依赖于微生物种类、污染物种类，同时还受土壤环境因素的制约。

土壤中具有硝化作用的微生物有土壤杆菌、芽孢杆菌、曲霉和青霉等，它们硝化和反硝化作用的活动受环境 pH 值的影响。而有些污染物的影响也与环境 pH 值有关。一方面，一些污染物能直接改变土壤的环境 pH 值，从而直接影响其活动。另一方面，环境 pH 值能影响一些污染物对微生物活动的影响效应。例如，杀虫剂对硝化作用的抑制一般发生在偏酸性（pH<7）的土壤中，原因是杀虫剂对生长于酸性环境中的起硝化作用的微生物有选择性抑制。Smith 于 1974 年发现西玛津和 4-羟基-3，5-二碘苯甲腈，在碱性土壤中阻碍硝化作用，在酸性土壤中却能促进硝化作用，一方面证明土壤环境条件对硝化过程的影响，另一方面也提示人们在不同的酸碱条件下，在土壤硝化作用中起主导作用的可能是不同的微生物种类。

大多数杀虫剂和除草剂在正常施用的情况下对微生物的硝化作用影响较小，但是有些杀真菌剂和熏蒸剂能强烈地抑制这个过程。Goring 和 Laskowski 认为大多数农药在推荐田间施用量范围内对氮的矿化和硝化作用没有影响，高于推荐施用剂量时有时能产生低于 25% 的抑制；而溴甲烷和三氯硝基甲烷等土壤熏蒸剂对硝化作用有显著影响。部分有机污染物（如五氯酚）对土壤硝化作用的抑制非常明显，在五氯酚浓度高于 40×10^{-6} mg/L 时就能产生显著的抑制作用。污染物对土壤反硝化作用的影响与对其硝化作用的影响相类似。大多数杀虫剂对反硝化过程无持久的抑制作用，只有在高剂量时才产生抑制，但是西维因在低浓度下就能产生显著抑制。

重金属等无机污染物对土壤硝化和反硝化过程有显著影响。McKenney 和 Vriesacker 研究 Cd 对黏土和砂质土反硝化作用的影响发现，NO_3^- 和 NO^- 的减少与 N_2O 的生成均不受影响，但是当 Cd 的浓度达 $54.1 \sim 61.7$ mg/kg 时土壤中 NO 明显累积，因此从 NO_2^- 转化为 NO^- 的过程比 NO_3^- 的减少更为敏感。在 Cd、Cu、Zn 和 Pb 中，Cd 对反硝化作用的抑制最为明显，而 Pb 几乎没有影响。

（3）污染对土壤呼吸作用的影响

土壤中各种物质的生物转化是以呼吸作用提供能量作为保证的。污染物对土壤微生物呼吸作用的影响因污染物和微生物种类而异。杀虫剂对呼吸作用几乎没有抑制作用，在一定条件下甚至起促进作用，Tu（1970）发现土壤微生物的氧气消耗速率随有机磷浓度的增加而增加。广谱杀真菌剂能在短时间内强烈抑制呼吸作用，但是经过一定时期后，随土壤中污染物浓度的降低，土壤呼吸作用可以较快地恢复，Agmihotri（1971）和 Domsch（1970）对克菌丹进行的研究也证明了这一点。

2. 环境污染对微生物种类和数量的影响

（1）污染对微生物生物量的影响

土壤中重金属能导致土壤微生物生物量的降低。研究表明低浓度的铜（50mg/kg）能促进微生物生物量的提高，但是当铜浓度逐渐升高，土壤微生物的生物量呈显著下降的趋势。Brookes 和 McGrath 用熏蒸法测定了连续 20 年施用含重金属的干污泥的农田土壤微生物的生物量，发现比施用粪肥的土壤低得多，这也与测定土壤 ATP 含量的结果相对应。

（2）污染对微生物种类的影响

不同污染环境中，微生物的种类会有很大差异。有的污染导致环境偏酸，这时环境中以嗜酸微生物为主。这时嗜酸微生物常常有大量的嗜酸细菌和嗜酸真核微生物。嗜酸细菌有氧化硫硫杆菌、氧化亚铁硫杆菌，它们都是极端嗜酸菌，能通过氧化硫或含硫化合物获得能量。嗜酸真核微生物中，分布和应用广的是嗜酸酵母。头孢霉是抗酸能力最强的微生物，能在 1.25mol/L 的硫酸溶液中生长。反之，如果污染导致环境呈现碱性，则碱性微生物类群增加。嗜碱微生物有芽孢杆菌的某些菌种，如巴氏芽孢杆菌（*Bacillus pasteurii*）、坚强芽孢杆菌（*Bacillus firmus*）和嗜碱芽孢杆菌（*Bacillus alcalophilus*）。

环境中 pH 值不同，存在的微生物种类也有所不同，数量也不同。但往往在环境比较温和时，微生物种类最丰富，所以污染不仅引起环境微生物种类不同，而且种类和数量明显会减少。有的污染物虽然不改变环境的 pH 值，但是对微生物有毒害作用，所以同样会影响微生物的数量和种类。Ruhling 研究发现土壤中 Cu^{2+} 浓度小于 100mg/kg 时，土壤中真菌的种类为 35 种，而中等污染土壤（Cu 浓度为 1000mg/kg）为 25 种，在重污染条件下（Cu 浓度为 10000mg/kg）为 13 种。当土壤中 As、Cd、Cu、Pb 和 Zn 等的总浓度小于 $8\mu mol/g$ 时，每 $100m^2$ 土地中平均约有真菌 4.4 种；当总浓度为 $8\sim20\mu mol/g$ 时，为 3.2 种；当大于 $50\mu mol/g$ 时，发现大真菌只有 1.3 种。

3.1.3 微生物对环境的适应与抗性

微生物在适宜的环境条件下可正常生长与繁殖，而在不利的环境中，生长与繁殖受到抑制，甚至死亡，这是环境对微生物作用的一个方面。而另一方面，微生物在与其所处环境的复杂的相互作用过程中，通过基因突变与环境对突变的选择，以及在其他各种水平上的适应，表现出与原先难以甚至不能生存的环境"和谐相处"或避害趋利的生物性能。

1. 微生物的趋向性

微生物对环境变化可作出多种适应性反应，如趋向运动就是其中一种。当环境中存在某种有利于微生物生长的因子时，它们可以向着这种因子源的方向运动，成为正趋向性。当环境中存在某种不利于微生物生长的因子时，微生物可以背向运动避开这种因子源，成为负趋向性。这就是微生物在特定环境中为求得生存而作出的一种适应性反应。最简单的例子是可以从显微镜下观察到微生物对氧的反应。将一滴细菌悬液置于盖玻片下培养，可以看到好氧性微生物向靠近盖玻片边缘聚集，因为此处氧浓度大。微好氧性微生物则在离边缘一定距离的盖玻片下聚集，而厌氧微生物则常聚集在盖玻片的中央位置。又如生长在液体培养基试管中的微生物，它们可以根据自身的生理特性，在适合于自己的区域中生长，好氧性微生物生

长在液体培养基试管的顶层，因为液柱顶层中溶解氧含量相对较高〔图
3-6（a）〕；而厌氧性微生物生长在液体培养基试管底层，这时由于底层培
养基中溶解氧含量低〔图3-6（b）〕，这是微生物的趋氧与避氧性的表现。

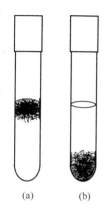

　　根据引起微生物趋向性诱发因子的不同，趋向性可以分为趋化性、
趋光性、趋磁性与趋电性等多种类型。不同种类的化学物质或不同浓度
的化学物质溶液对微生物所产生的向性或背向性的运动称为趋化性
（chemotaxis）。细菌细胞表面存在着感受不同浓度梯度的化学物刺激作用
的受体，当环境中存在着不同浓度的化学物质时，相应受体产生相应的
感受反应，反应能力的大小依赖于细菌表面受体的数量及受体对化学物
质的亲和力，受体多、亲和力强，反应能力也强；反之则弱。

（a）　　（b）

图 3-6　微生物的
趋氧与避氧性
生长现象

　　不同菌体对同一化合物的趋向性不一样，同一菌体对不同化合物的
趋向性也不同。大肠杆菌对麦芽糖有趋向性而对乳糖却无趋向性，对丝
氨酸有很强的趋向性，而对丝氨酸的分解代谢产物丙酮酸则无趋向性。
　　光合细菌表现出明显的趋光性（phototaxis）。光合细菌在一个有光照的培养液中培养，
当它偶尔离开光照区时，菌体会停住并改变运动方向回到具有光线的区域。

2. 微生物的抗逆性

　　抗逆性（stress resistance）是指微生物对其生存生长不利的各种环境因素的抵抗和忍耐
能力的总称。当微生物处于对其生存生长不利的逆境（environmental stress）时，由于微生
物不像动物那样可通过远距离运动逃离逆境（即使某些微生物有一定的运动能力，其运动距
离也十分有限），所以微生物的抗逆主要通过自身生理与遗传适应机制来实现。微生物的抗
性，研究较多的主要是与人类实践关系密切的抗性，如抗药性、抗热性、耐高渗透压、耐
酸、耐重金属离子等。

　　（1）抗药性

　　微生物对以抗生素为主的药物的抗性简称为抗药性。当某种抗生素长期作用于一些敏感
（病原）微生物时，微生物通过遗传适应，对特定抗生素表现出抗药性。研究表明，微生物
抗药性的获得是由于发生了特定的基因突变，与药物是否存在并无直接关系。但环境中较高
的抗生素浓度对获得抗药性的突变菌株起到了筛选和保留作用，使该突变株能在含抗生素的
环境中幸存并进而蔓延扩散成为优势群体。微生物还可以通过抗药性质粒的输入与遗传重组
等途径获得抗药性。

　　（2）微生物对高温的抗性

　　在温泉、堆肥以及锅炉排水处等高温环境中，也生长着微生物。按照它们所生长的最高
温度又可以将其分为两种类型：生长的最高温度在75℃以上的嗜高温细菌（也称高度好热
菌），和生长最高温在55～75℃的嗜亚高温菌（也称中度嗜热菌）。后一类菌种又可分为在
37℃以下环境中不能生长的专性嗜亚高温菌及在37℃以下也能生长的兼性嗜亚高温菌。高
温菌及其生长最高温度见表3-6。

表 3-6　高温菌及其生长最高温度

菌名	温度（℃）
嗜高温菌	
嗜热栖热菌 HB8（*Thermus thermophilus*）	85

续表

菌名	温度（℃）
黄色栖热菌 AT 62（*Thermus flavus*）	81
水生栖热菌 YT1（*Thermus aquaticus*）	80
玫瑰红嗜热菌（*Thermomicrobium roseum*）	85
热溶芽孢杆菌 YT-P（*Bacillus caldolyticus*）	82
热自养甲烷杆菌（*Methanobacterium thermoautotrophicum*）	80
酸热硫化叶菌（*Sulfolobus acidocaldarius*）	85
嗜酸破火山口菌（*Calderia acidophila*）	80
嗜亚高温菌	
酸热芽孢杆菌（*Bacillus acidocaldarius*）	70
短芽孢杆菌（*Bacillus brevis*）	60
凝结芽孢杆菌（*Bacillus coagulans*）	60
嗜热脂肪芽孢杆菌（*Bacillus stearothermophilus*）	75
酒石酸梭菌（*Clostridium tartarivorum*）	60
致黑脱硫肠状菌（*Desulfotomaculum nigrificans*）	70
嗜热乳杆菌（*Lactobacillus thermophilus*）	65
普通小单孢菌（*Micromonospora vulgaris*）	62
蓝灰小单孢菌（*Micropolyspora caesia*）	65
干草小多孢菌（*Micropolyspora jaeni*）	65
嗜热链球菌（*Streptococcus thermophilus*）	55
热紫链霉菌（*Streptomyces thermoviolaces*）	60
糖高温放线菌（*Thermoactinomyces sacchari*）	70
弯曲高温单孢菌（*Thermomonospora curvata*）	65
嗜酸热原体（*Thermoplasma acidophila*）	65
嗜热硫杆菌（*Thiobacillus thermophilica*）	75

（3）微生物对极端 pH 的抗性

一般微生物在 pH 中性左右的范围内生长时，如环境 pH 值稍有变化，微生物可以通过自身代谢调节维持细胞内 pH 值的相对稳定。如合成一定的氨基酸脱羧酶或氨基酸脱氨酶，催化部分氨基酸分解生成有机胺或有机酸，对环境起到一定的缓冲作用，以免 pH 值的剧烈变化。在极端 pH 条件下（pH<4.0 或 pH>9.0）一般微生物的生长受到抑制甚至死亡，而有些耐酸细菌或耐碱细菌仍能继续生长。例如，嗜酸热源体（*Thermoplasma acidophila*）生长要求 pH=0.5～3，环状芽孢杆菌（*Bacillus circulaus*）能在 pH=11.0 的环境中生长，但这两种细菌细胞内 pH 值是中性的，胞内的酶只有在 pH 中性左右时才有活性。

（4）微生物对重金属离子毒害的抗性

在微生物正常生长中仅需要微量重金属离子，一般在 0.1mg/L 或更少量就可以满足，过量会产生毒害作用。但在一些重金属离子含量甚高的环境中，也有微生物生长。例如，在一些含铜量达到 68000mg/L 的泥炭沼泽地的土壤中或含铜量达 100mg/L 的水和泥土里仍有真菌生长；在含有砷、锑的酸性矿泉水中，虽然它们的浓度大大超过对生物产生毒性的水平，也仍然有由藻类、真菌、原生动物和细菌组成的微生物群落存在。

3.1.4　生物性污染对环境的影响

1. 微生物生物性污染定义和来源

微生物的生物性污染（biotic pollution）是指病原微生物排入水体后，直接或间接地使人感染或传染各种疾病。衡量指标主要有大肠菌类指数、细菌总数等。生活污水，特别是医院污水和某些工业废水污染水体后，往往可以带入一些病原微生物。

2. 水源生物性污染

水源的生物性污染常常是造成疾病传播和流行的主要原因，其中由病原细菌和原虫污染而导致的人类疾病早已受到各国的重视，且绝大多数的国家都制订有水体的细菌学卫生标准。

（1）水环境生物污染的种类

水环境的生物污染又叫病原微生物污染，生活污水、医院污水以及屠宰等工业废水，含有各类病毒、细菌、寄生虫等病原微生物，排入水环境会传播各种疾病。

病菌：引起疾病的细菌，如大肠杆菌、痢疾杆菌、沙门氏菌和绿脓杆菌等。

病毒：没有细胞结构，但有遗传、变异、共生、干扰等生物现象的微生物，如麻疹病毒、流行感冒病毒和传染性肝炎病毒等。

寄生虫：动物寄生虫的总称，如疟原虫、血吸虫和蛔虫等。

（2）水环境生物污染源

病原微生物污染主要来自城市生活污水、医院污水、垃圾及下雨时地面上汇集的污水等方面，是一种污染历史最久的污染类型。洁净的天然水一般细菌的含量很少，病原微生物更少，采用在城市水厂常用的消毒方法或煮沸后就可消除危害。受病原微生物污染后的水体，微生物激增，其中许多是致病菌、病虫卵和病毒，它们往往与其他细菌和大肠杆菌共存，所以通常由细菌总数、大肠杆菌指数等指标来衡量病原微生物污染的程度。常见的致病菌是肠道传染病菌。每升生活污水中细菌总数可达几百万个以上，其中包括霍乱、伤寒、痢疾等病菌。

水环境生物污染是有害生物进入水体或某些水生物繁殖过程引起的一种水污染现象。水体生物污染是由于水体接纳了医院、畜牧场、屠宰场和生物制品厂等的污水以及城市污水和地表径流而引起的。这些污水含有大量的病原微生物（病原菌、病毒和霉菌）、寄生虫或卵。病原微生物水污染危害的历史最久，至今仍威胁着人类健康。病原微生物数量大、来源多、分布广；病原微生物在水中存活时间长短与微生物种类、水质、水温等环境因素有关，在水中存活时间长的，人畜感染机率大；有些病原微生物不仅在生物体内（包括水生生物），而且在水中也能繁殖；有些病原微生物抗药性很强，一般水处理和加氯消毒的效果不佳。

钩端螺旋体、病毒和寄生虫及卵等常与病原菌共存而污染水体。钩端螺旋体来源于带菌宿主——猪和鼠类的尿液，它以水为媒介，经破损的皮肤或黏膜进入人体，引起血性钩端螺旋体病。水中常见病毒有：脊髓灰质炎病毒、柯萨基病毒、腺病毒、肠道病毒和肝炎病毒等。世界各地广泛传播的传染性肝炎，主要是水体受污染后所引起的。水中柯萨基病毒和人肠细胞病变为幼儿病毒侵入人体后，在咽部和肠道黏膜细胞内繁殖，进入血液形成病毒血症，可引起脊髓灰质炎、无菌性脑膜炎等疾病。常见寄生虫有阿米巴、麦地那龙线虫、血吸虫、鞭毛虫、蛔虫等，这些寄生虫通过卵或幼虫直接或经中间宿主侵入人体，使人患寄生虫病，其卵和幼虫在水中可以长期生存。传播疾病的昆虫，如蚊、纳、舌蝇等，其生活史中某一阶段必须在水中度过，它们传播多种疾病（如疟疾、尾丝虫病等），对人类健康危害很大。此外，某些藻类在水中营养元素（如氮、磷等）过剩时，会大量繁殖，改变水体感官特征，使水体带霉烂气味，严重时可危及鱼类等生存。大坝、水库等水利工程的兴建，使原来流动的水体成为静水水体，消失区和较浅的淹没区可能成为传播疾病的昆虫幼虫和某些寄生虫中间宿主适宜生存繁殖的场所。

19 世纪，欧洲一些大城市因污水污染了地表水与地下水，造成多次霍乱暴发和蔓延。1832～1833 年，英国伦敦霍乱暴发，死亡 6779 人。后来还暴发过多次，仅 1854 年下半年就死亡 10675 人。实际上，世界各国都有过此类水污染危害的惨痛教训。

3. 大气生物性污染

大气中因生物因素造成的对生物、人体健康以及人类活动的影响和危害，就是大气的生物污染。由许多飘浮在大气中的微生物所造成的直接污染，这些微生物种类繁多，包括各种细菌、真菌、病毒。空气虽然不是微生物生长繁殖的良好场所，但土壤、水体、各种腐烂的有机物以及人和动物、植物体上的微生物，都可随着气流的运动被携带到空气中去。空气中的微生物分布很不均匀，人口稠密地区上空的微生物数量较多。空气中的微生物主要有各种球菌、芽孢杆菌、产色素细菌以及对干燥和射线有抵抗力的真菌孢子。在人口稠密、污染严重的城市，尤其是在医院或患者的居室附近，空气中还可能有较多的病原菌。空气中微生物的数量直接取决于空气中尘埃和地面微生物的多少，空气中的微生物附着在尘埃上，所以尘埃越多的空气，微生物数量也越多。

（1）室外空气生物性污染

空气中微生物以气溶胶形式存在，胶体由分散系和分散质组成，气溶胶即固态或液态微粒悬浮在气体介质中的分散体系。空气中悬浮的带有微生物的尘埃、颗粒物或液体小滴，就是微生物气溶胶。所以空气中的尘埃和水汽对微生物的存在有很大影响，空气中微生物的多少是空气质量的重要标准之一。

每年有数百万吨的灰尘、水和人造污染物进入到大气中，通过大气急流在不同大陆之间穿梭。现在，发表在 PNAS 上的一项新研究证实，一些微生物会与它们成行，数以十亿计的细菌和其他微生物在太空播种，甚至可能影响天气。这些在高空中生存的微生物，能在地球表面上空形成一个活跃的生态系统。乔治亚理工学院的一个研究团队利用 NASA 的飞机收集了漂浮在 10km 高空对流层中的微生物样本。他们发现，平均每立方米空气有 5100 个细菌细胞。他们的样本包含了 314 种不同的细菌家族，超过六成的细菌仍然活着。

大气微生物污染会对人们的健康带来很大危害。有 20% 的呼吸道疾病是因大气微生物污染引起的。世界上最主要的 41 种重大传染性疾病，其中有 14 种是由空气中的微生物传播的。呼吸系统的疾病一般都是通过空气和飞沫传染的，如结核、非典、腮腺炎、流感、普通感冒、麻疹等。

近年来一些大的公共卫生事件的发生，都和大气微生物污染有很大关系。如香港发生的导致几名儿童死亡的流感，以及同样导致儿童死亡的手足口病。2003 年 SARS 在世界上许多国家，尤其在中国肆虐。当年全球累计报告病例 8098 例，774 人死亡，中国累计感染就达 5327 例，349 人死亡。2009 年以来，甲型 H_1N_1 病毒在全世界蔓延，目前已经有上千人死亡，直至目前该病毒还没有得到有效控制。因为大气中的微生物传播介质是空气，而空气又是无处不在的，因此就导致了有害微生物的传播有相当大的爆发性和破坏性。同时生物性污染不同于物理化学等的污染，其一大特点是空气中的微生物还可能随着生存环境的变化，随时发生变异，这就使得我们对它的治理又增加了很大的难度。所以说空气的微生物污染一旦恶性产生，通过空气的传播给人类带来的危害将是相当巨大的。

（2）室内空气生物性污染

室内的空气环境是空气微生物污染的一部分，对人类来说大部分时间是活动在室内的，如果室内气体被污染了，那么我们的生活也会受到很大的影响。室内生物性污染的来源，一般是由室内的特殊环境造成的，我们说空气湿度和空气中的灰尘数量对空气中的微生物含量有很大的影响。比如我们的宿舍，卫生间安排在室内，还有室内的洗浴设施，这就造成了卫生间里有大量的微生物和相当的空气湿度，人的排泄物中的微生物会附着在液滴上进入到空气中，进而向外部扩散，增加了室内空气微生物的数量。

空气中的微生物是影响空气质量的重要因素之一。室内空气中大量悬浮的生物，特别是其中的有害物质，当空气中致病性物质达到感染剂量时，往往会引起流感、皮炎、肺炎等急性疾病，并且还会随着患者打喷嚏、咳嗽等生理活动形成二次生物气溶胶并加以传播。这时室内空气中的一些细菌、病毒、真菌等微生物，可能造成人类的一些疾病比如流感哮喘疾病、过敏性肺炎等。室内空气生物性污染治理的最为简单、有效的方法就是室内的通风换气，因为充分的室内通风换气可以迅速地稀释和降低污染物（病原体）的室内浓度；另一种切断疾病传播途径的有效方法是室内空气的净化消毒。可以采用各种消毒措施和方法，如化学消毒剂、紫外线灭菌灯、臭氧消毒器等，使室内空气中的病原体（微生物）降低到不致病的水平，当然还有就是加强锻炼增强免疫力使自己的身体可以抵抗这些病原体的侵害。

大气微生物污染研究成果表明，影响大气微生物污染的因素很多，其中主要包括：人的因素（人流、车流）、气象（气温、湿度、风速）、环境（绿化、地理位置、水、化学污染）。控制大气微生物污染的途径主要从以下几个方面考虑：① 加强环境卫生管理，控制污染源。在农田喷灌区，污水要先经氯化处理后灌溉，这样可大大减少气溶胶中的病原菌。做好城市垃圾的收集和处理工作，初步采取箱式收集，密闭清运，经堆积消化、筛分后用作肥料或进行卫生填埋；② 在旧区改造、新区建设时，应综合考虑，总体规划，合理安排城市布局，生活区、商业区与病源区、污染区区分开来；③ 加强城市绿化，推行以绿化为主的生态环境建设，提高城市绿地覆盖率，对人类活动比较频繁、车流量较多的闹市区、交通区、生活区增加绿化面积，尤其增加特殊植物的种植。植物对空气中微生物有吸附和阻碍其扩散的作用，有的植物还具有杀灭微生物的作用。谢慧玲等研究表明，许多植物能分泌杀灭空气中微生物的分泌物，按杀菌效果明显程度排序为龙柏＞银杏＞腊梅＞圆柏＞芭蕉＞侧柏＞碧桃等。城市生态平衡，风调雨顺，就能充分发挥降雪降雨对大气微生物的净化作用，充分利用森林、喷泉、瀑布周围产生的负离子对大气微生物的作用；④ 制定切实可行的大气微生物污染指标，使监测大气微生物的污染有据可依；⑤ 通过清洁生产、控制汽车尾气等办法减少大气中的化学污染物，让太阳光更好地发挥其紫外线杀菌作用。对于特殊的环境，要加强对大气中微生物的监测，准确掌握其污染情况，及时采取防治措施，以防传染疾病的流行。

4. 土壤生物性污染

一个或几个有害的生物种群，从外界环境侵入土壤，大量繁衍，破坏原来的动态平衡，对人体健康或产生不良的影响。造成土壤生物污染的污染物主要是未经处理的粪便、垃圾、城市生活污水、饲养场和屠宰场的污物等。其中危险性最大的是传染病医院未经消毒处理的污水和污物。土壤生物污染分布最广的是肠道致病性原虫和蠕虫类造成的污染。全世界约有一半以上的人口受到一种或几种寄生性蠕虫的感染，热带地区受害尤其严重。欧洲和北美较温暖地区以及某些温带地区，人群受某些寄生虫感染，有较高的发病率。

土壤生物污染是传播寄生虫病的潜在因素。土壤中致病的原虫和蠕虫进入人体主要通过两个途径：① 经消化道进入人体。例如人蛔虫、毛首鞭虫（*Tri-churis trichiura*）等一些线虫的虫卵，在土壤中需要几周时间发育，然后变成感染性的虫卵通过食物进入人体。② 穿透皮肤侵入人体。例如十二指肠钩虫（*Anclostoma duodenale*）、美洲钩虫（*Necator ameri-can*）和粪类圆线虫（*Stronloides stercoralis*）等虫卵在温暖潮湿土壤中经过几天孵育变为感染性幼虫，再通过皮肤穿入人体。

传染性细菌和病毒污染土壤后对人体健康的危害更为严重。一般来自粪便和城市生活污水的致病细菌属于：沙门氏菌属、志贺氏菌属、芽孢杆菌属拟杆菌属（*Bac-teroides*）、梭菌属、假单孢杆菌属、丝杆菌属（*Sphae-rophorus*）、链球菌属、分枝杆菌属等。另外，随患病动物的排泄物、分泌物或其尸体进入土壤而传染至人体的还有炭疽、破伤风、恶性水肿、丹毒等疾病的病原菌。

目前在土壤中已发现有 100 多种可能引起人类致病的病毒，例如脊髓灰质炎病毒（*Po-lioviruses*）、人肠细胞病变孤儿病毒（*Echo virus*）、柯萨奇病毒（*Coxsackie-viruses*）等，其中最为危险的是传染性肝炎病毒（*Viru-ses of infections hepatitis*）。土壤传染的植物病毒有烟草花叶病毒、烟草坏死病毒、小麦花叶病毒和莴苣大脉病毒等。

土壤生物污染不仅可能危害人体健康，而且有些长期在土壤中存活的植物病原体还能严重地危害植物，造成农业减产。例如，某些植物致病细菌污染土壤后能引起番茄、茄子、辣椒、马铃薯、烟草、颠茄等百余种茄科植物和茄科以外的植物的青枯病，能引起果树的细菌性溃疡和根癌病。某些致病真菌污染土壤后能引起大白菜、油菜、芥菜、萝卜、甘蓝、荠菜等一百多种栽培的和野生的十字花科蔬菜的根肿病，引起茄子、棉花、黄瓜、西瓜等多种植物的枯萎病，菜豆、豇豆等的根腐病，以及小麦、大麦、燕麦、高粱、玉米、谷子的黑穗病等。此外，甘薯茎线虫，黄麻、花生、烟草根结线虫，大豆胞囊线虫，马铃薯线虫等都能经土壤侵入植物根部引起线虫病。而剑线虫属（*Xiphinema*）、长针线虫属（*Lonidorus*）和毛线虫属（*Trichodorus*）还能在土壤内传播一些植物病毒。广义来说，这些都属于土壤生物污染引起的病害。研究和掌握这些病害感染的基本规律是轮作防治的基础。

3.1.5　微生物与生物环境间的相互关系

在自然界，各种不同类群的微生物能在多种不同生境中生长繁殖。它们互相之间，它们与其他生物之间彼此联系、相互影响，一般说来，这些关系可归纳为共生、互生、寄生和拮抗四类。

1. 共生（Symbiosis）

两种生物生活在一起，双方相互依存，彼此得益，甚至不能分开独立生活，形态上形成特殊的共生体，生理上形成一定分工。共生关系在自然界相当普遍，其中有许多不仅对参与者，而且对生态系中其他生物都有重要的生态学意义。

（1）微生物与微生物共生

最典型的例子是地衣（*lichen*）——真菌与藻类的共生体紧紧连结在一起的真菌菌丝中包埋着藻细胞。许多种真菌都能参与形成地衣，能形成地衣的藻是真核绿藻或原核蓝绿藻（即蓝细菌），两者相互为对方提供有利条件，又彼此受益，双方取长补短，共同抵抗不良环境条件，所以地衣能在极其不利的条件下，甚至在裸露的岩石上生长，故而有"拓荒尖兵"

的称号。构成地衣的共生真菌与共生藻，是在逆境中处于共生联合状态下渡过长期的生存斗争与演化过程而形成的共生体。在优越的条件下，共生体即遭到破坏，要它们重新结合，只有使它们处于饥饿条件下才能实现。微生物与无脊椎动物共生在营养贫乏的环境里，有共生藻的无脊椎动物生存时间比无共生藻的长得多。

（2）微生物与高等植物共生

① 根瘤菌（Rhizobium）

无论根瘤菌或豆科植物，两者单独均不能利用大气氮。然而，在根瘤菌侵入豆科植物的根后，含菌细胞获得利用大气氮的能力，使 N_2 成为根瘤菌和豆科植物生长所需的营养，并且增进土壤肥力。

根瘤菌侵入豆科植物根细胞并在其中迅速繁殖，后转变成类菌体，在形成类菌体的过程中，根瘤内出现豆血红蛋白。只有同时含有类菌体和血红蛋白的根瘤才有固氮能力。

② 弗兰克氏菌（Frankia）

弗兰克氏菌是能与非豆科植物共生的放线菌。它仅与木本双子叶植物共生结瘤固氮，这类植物亦称放线菌结瘤植物。放线菌结瘤植物分布广，种类多，抗逆性强。弗兰克氏菌与这些植物共生固氮，能有效利用大气氮素，供给宿主植物氮素需要，并通过它们的固氮作用培肥土壤，供给其他树木以营养。因而此共生体系在固沙造林、水土保持、植被恢复、绿化造林和改善生态环境等方面均有重要作用。

弗兰克氏菌对宿主的侵染有一定的广延性，一些菌种具有跨越科、属、种宿主的侵染能力。侵染方式有的从根毛侵入，有的从细胞间侵入，还有既可从根毛侵入，又可从细胞间侵入。弗兰克氏菌的菌丝分枝有横隔，在菌丝顶端或菌丝间形成孢子囊，囊内含孢子。具有固氮功能的顶囊（vesicle）着生于顶囊柄上，再与菌丝相连。弗兰克氏菌较根瘤菌易生长，固氮酶活性高，固氮持续时间长。

③ 菌根菌

真菌与植物根系结合形成特殊共生体称为菌根，该真菌谓菌根菌。菌根是自然界一种普遍的植物生长现象，是 19 世纪中期由法、德、俄的一些学者先后发现的。目前已知 80％以上的植物有菌根，其中包括被子植物、裸子植物和蕨类植物。菌根菌是这些植物正常生长所必需的。例如，豆科植物的种子若无菌根菌就不能萌发，杜鹃花科植物的幼苗没有菌根菌就不能存活。

（3）微生物与动物共生

外共生：微生物可以在动物细胞外生活。微生物在动物所处的环境中生活如切割树叶的蚂蚁与丝状真菌的合作关系。大群生活的蚂蚁把树叶碎片带进窝内，真菌在这些碎片上生长。蚂蚁的粪便排泄在碎树叶上，促进真菌生长。蚂蚁排泄物中含有消化树叶蛋白质的酶，还含有可以用作真菌氮源的氨基酸。真菌一方面被蚂蚁食取，一方面又长出新的真菌。实际上，蚂蚁培养真菌作为自己的主要食物来源。

微生物在动物体内、肠道内、唾液中生活，如棘胫小蠹有一特殊器官叫贮菌器，内存真菌孢子。这种钻木昆虫在建造孔道时把孢子接种到孔道壁上，孢子萌发生长，昆虫就以真菌菌丝体为主要食料。

内共生：10％以上（种类）的昆虫经常具有细胞内微生物，尤其在直翅目、同翅目、鞘翅目中常见。若除去共生微生物，昆虫的发育就很差。

（4）微生物与反刍动物共生

反刍动物的瘤胃为瘤胃微生物（包括纤维素分解菌、淀粉分解菌、产甲烷菌等）提供了良好的生活环境（营养，厌氧，恒温，适宜的 pH），反刍动物吃进草料后，与唾液混合进入瘤胃，瘤胃内的纤维素分解菌将纤维素水解，水解产物被其他微生物利用，生成脂肪酸等，脂肪酸可被瘤胃吸收利用；当微生物细胞随同未分解的物质进入后两个胃后，被胃蛋白酶消化，产生氨基酸、维生素等营养物质供动物利用。

2. 互生 （Syntrophism）

两种可单独生活的微生物，在共同生活时，一方为另一方或相互为对方提供有利条件，这种关系称为互生。如好氧菌与厌氧菌互生，在一些好氧生境中，好氧微生物进行代谢活动，消耗氧气，造成厌氧微环境，其中就有厌氧菌生存。同样，在自然界当一种微生物排出的代谢产物能被另一种微生物作为营养而利用时，就存在互生关系。由于微生物间的互生关系，复杂有机物得以彻底降解，成为简单的无机物，供生产者利用。某些微生物的有毒代谢产物，也可由于这种互生关系而得以消除，使高等生物不致受到危害。

微生物间的互生现象也被应用于生产实践，如在辉铜矿生产中，氧化亚铁硫杆菌和拜氏固氮菌（*Azotobacter beijerinckii*）互相促进，可提高铜的浸出率。再如将固氮芽孢杆菌（自生固氮菌）接种于食用菌的培养基（含碳量高，缺氮）中，可大大提高食用菌的产量和质量。

微生物与人和动物也有互生关系。人和温血动物肠道中微生物从消化的食物取得营养，进行生长繁殖，而它们合成的硫胺素、核黄素、烟酸、VB_{12}、VK、生物素以及多种氨基酸，则是人和动物维持正常生命活动所不可缺少的。人还可通过微生物从空气中获得蛋白质。研究发现，人在呼吸过程中，通过肺吸收大气中的氮气，这些氮气在适宜的条件下，可通过人体肠壁内的某些固氮细菌合成蛋白质，以供人体需要，从而部分地取代了通过食物摄取营养。同时，科学家们还发现，人体肠壁里的固氮细菌，它们的生存能力很弱，很易被人服用的某些化学药物杀死，但若经常食用未经热加工的新鲜蔬菜和水果，人肠壁里就会保持一种适合于固氮细菌生存繁殖的环境，从而使空气中的氮气在人体内转化成蛋白质，为人体所吸收。

3. 寄生 （Parasitism）

寄生不同于共生和互生，是一方得益而另一方受害。得益者为寄生物，受害者是寄主（或称宿主）。

（1）微生物之间的寄生

噬菌体：例如，利用侵染铜绿假单胞菌的噬菌体，可治愈大面积的创伤感染。伤口或创面受铜绿假单胞菌感染后，常常产生绿脓（该菌故而又称绿脓杆菌），严重者引起败血症。

蛭弧菌（*Bdellovibrio*）：该菌小，弧状，鞭毛较粗，为一般鞭毛的 3～4 倍（因为有鞘），且很长，能快速运动，寄生或在复杂的有机质上自营生长，不能利用糖类，但能水解蛋白质。

蛭弧菌一个突出的特征是能附着、侵入其他细菌，并在其内繁殖，导致寄主裂解（图 3-7），对致病的沙门氏菌、志贺氏菌、变形杆菌、霍乱弧菌及钩端螺旋体等均有很强的裂解活性，对大豆疫病假单胞菌、水稻白叶枯病黄单胞菌等植物病原菌有较强的感染力，对某些病毒亦有良好的破坏力，所以蛭弧菌能消除病源，改善水域环境。

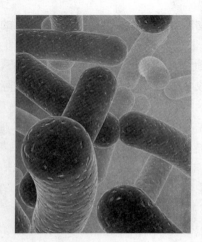

图 3-7 蛭弧菌寄主裂解

菌生真菌：早在 200 多年以前，真菌学家们就发现真菌中的某些种类可生长或者寄生在其他真菌的菌丝上或菌丝内。近年来，人们对这类真菌的认识不断提高，发现的菌生真菌种类越来越多，菌生真菌的形态学、细胞学和生理学，真菌与真菌之间的相互作用机理及其应用等方面的研究正逐步深入。真菌寄生于有害微生物可用来以菌治菌，从而大大降低用于保护农作物的成本，同时避免施用农药对环境造成污染和危害。

（2）微生物寄生于植物

1971 年第一次从患马铃薯纺锤块茎病的薯块中分离提纯的病原菌是类病毒。某些真菌能对杂草造成极大危害，同时又能丝毫不犯农作物。与传统的化学除草剂相比，真菌除草剂具有独特的优点：更具选择性，没有持续性，只要其寄主一旦死亡，它也就销声匿迹。

（3）微生物寄生于昆虫

冬虫夏草：它是子囊菌寄生于鳞翅目幼虫而形成的。冬季，虫体蛰伏在土中，真菌孢子侵入虫体，并生长发育，使虫体内充满菌丝，幼虫死亡。来年温暖潮湿时，自幼虫的头部长出棒状子实体露出土面，形似野草，故谓"冬虫夏草"。在我国云南、青海、西藏等地均有出产。冬虫夏草是与人参、鹿茸齐名的中国三大滋补品之一，有益肺肾、补精髓、止血化痰及抗癌等功效。

病毒杀虫剂：美国农业部的科学家们发现一种新型杀虫剂，是由芪族化合物和病毒组合而成，前者对后者有保护效应，并使后者对鳞翅目昆虫幼虫的杀灭效率大大提高，为生物防治害虫开拓了新途径。

细菌杀虫剂：苏云金杆菌（*Bacillus thuringiensis*）能形成伴孢晶体，产生蛋白质晶体毒素等多种杀虫毒素，可毒杀 570 多种鳞翅目的昆虫，还可感染一些鞘翅目、双翅目、膜翅目及直翅目的昆虫，被称为"广谱昆虫病原菌"或"广谱杀虫菌"，而它对田间益虫是安全的。蜡状芽孢杆菌（*Bacillus cereus*）不形成蛋白质伴孢晶体毒素，但能产生足够数量的解朊酶和磷脂酶 C，破坏寄主的肠壁细胞，从而有助于菌体进入昆虫体腔，引起败血症。它能侵染鳞翅目、鞘翅目和膜翅目的多种昆虫。

真菌杀虫剂：白僵菌对危害农作物和人工草场的玉米螟、松毛虫、大豆食心虫等有较强的自然感染力，因而有很好的防治效果。

（4）微生物寄生于动物和人体

众所周知，细菌、真菌和病毒可引起人和动物的各种疾病。近期在西欧引起恐慌的人畜共患病疯牛病和羊痒病的病原体，即是朊病毒。

4. 拮抗（Antagonism）

（1）营养竞争和空间竞争

生态系统中的优势菌，是营养竞争的胜利者。在营养贫乏的水体中，柄细菌能很好地生长，是由于它们在物体表面进行空间与营养竞争的能力强。在平皿内营养丰富的肉汁陈琼脂平板上和平板中长出的菌落，是同为好氧和厌氧或兼性厌氧菌的营养与空间竞争的优胜者。

（2）抗生素和毒物

分泌抗生素的微生物，能很快杀死其他微生物；某些细菌产生细菌素，杀死其近缘菌；嗜杀酵母产生的嗜杀毒素，杀死其他酵母菌；酵母菌发酵葡萄糖生成乙醇，乳酸菌生成乳酸，乙醇、乳酸之类的代谢产物，抑制其他微生物生长等。

（3）捕食

原生动物捕食细菌；食藻细菌捕食藻类；真菌捕食原生动物，线虫也常被真菌特殊分化的附属物或菌丝所捕食。在自然水体中，细胞型微生物捕食病毒；土著菌假单胞菌捕食外来的大肠杆菌。

（4）正常菌群对常见致病菌的拮抗作用

人体皮肤上的常住菌痤疮丙酸杆菌和表皮葡萄球菌等对常见的致病菌如金黄色葡萄球菌、绿脓杆菌和条件致病菌大肠杆菌（*Escherichia coli*）等都有明显的拮抗作用，而皮肤常住菌之间则有协同作用，这对于皮肤的自净及维持皮肤的微生态平衡具有重要意义。

3.2 植物和环境的互作

自然环境总的温度、光照、水、空气和土壤等方面因素是植物生存生长的必要条件，本节从微观方面探讨自然非生物因子对植物生长的影响。

3.2.1 影响植物生长的环境要素

1. 温度因子

植物种子的发芽、生长发育和开花结果，都有它的最适温度、最高温度与最低温度，超过这个界限，它的生长发育、开花、结果和其他一切生命活动都会受到影响。一般说来，随着温度的增高而加快生长发育。但当温度超过所要求的最高或最低温度的限度时，生长就会停止，或者死亡。只有在最适的温度条件下，植物才能迅速而健壮的生长发育、开花结果。

通常根据对温度的不同要求与适应范围植物可分为四类：

最喜温树种：这类树种大多原生在热带，生长过程中需要很高的温度，否则就会冻死。如橡胶、椰子等。

喜温树种：这类树种大多原生在亚热带，生长过程中不能忍受零度以下的低温。如杉木、毛竹等。

耐寒树种：这类树种大多原生在温带或寒温带，能够忍受一定的低温。如毛白杨、刺槐等。

最耐寒树种：这类树种大多原生在寒带，能够忍受长时期的低温。如落叶松、樟子松等。

另外，各种植物的遗传性不同，对温度的适应能力有很大差异。有些种类对温度变化幅度的适应能力特别强，因而能在广阔的地域生长、分布，对这类植物称为"广温植物"或"广布树"；对一些适应能力小，只能生活在很狭小温度变化范围的种类称为"狭温植物"。

2. 水分因子

水分是决定树木生存、影响分布与生长发育的重要条件之一。不同树种对水分的需要与适应不同。

（1）依树种对土壤水分的适应性分类

旱生树种：通常在土壤水分少、空气干燥的条件下生长的树种，具极强的耐旱能力，这类树种的根系通常极为发达，其叶常退化为膜质鞘状或叶面具发达的角质层、蜡质及绒毛，如沙枣、梭梭树、木麻黄、沙棘等。旱生树种根据形态和适应环境的生理特性又可分为少浆植物或硬叶植物、多浆植物或肉质植物、冷生植物或干矮植物。

湿生树种：需要生长在潮湿环境中的树种，在干燥的环境下常致死亡或生长不良。这类树种的根系短而浅，在长期淹水条件下，树干基部膨大，具有呼吸根。如池杉、落羽杉、水松等。湿生树种据其对光照的要求又可分为阳性湿生树种和阴性湿生树种。

中生树种：介于两者之间，绝大多数树都属此类，这类树种多生于温润的土壤上，如麻栎、枫杨、油松等。不少树种对水分条件的适应性很强，如旱柳、树柳、紫穗槐，在干旱与低湿条件下均能正常生长。另一些树种如杉木、白玉兰，既不耐干旱又不耐水湿，对水分条件要求很严格。在园林绿化建设中，掌握树木的耐旱、耐涝能力是十分重要的。

（2）耐旱树种和耐淹树种

① 耐旱树种

根据耐旱能力的强弱共分为 5 级。

耐旱力最强的树种：经受 2 个月以上的干旱和高温，其间未采取任何抗旱措施而生长正常或略缓慢的树种有：雪松、黑松、响叶杨、加杨，垂柳、枫香、桃、枇杷、石楠、光叶石楠、火棘、山槐、合欢等。

耐旱力较强的树种：经受 2 个月以上的干旱高温，未采取抗旱措施，树木生长缓慢，有叶黄落及枯梢现象者有：马尾松、油松、赤松、侧柏、毛竹、棕榈、毛白杨等。

耐旱力中等的树种：经受 2 个月以上的干旱和高温不死，但有较重的落叶和枯梢现象者有：罗汉松、日本五针松、白皮松、落羽杉、刺柏、钻天杨、杨梅、八仙花、海桐、杜仲、悬铃木、木瓜、樱桃、樱花、海棠、郁李、梅等。

耐旱力较弱的树种：干旱高温期在一个月以内不致死亡，但有严重落叶枯梢现象，生长几乎停止，如旱期再延长而不采取抗旱措施就会逐渐枯萎死亡者有：金钱松、柳杉、鹅掌揪、玉兰、八角茴香、蜡梅、大叶黄杨、油茶、结香、四照花等。

耐旱力最弱的树种：旱期一月左右即死亡，在相对湿度降低，气温高达 40℃ 以上时死亡最为严重者，有：银杏、杉木、水杉、水松、日本花柏、日本扁柏、白兰花，檫木、珊瑚树等。

② 耐淹树种

根据耐淹力分为 5 级。

耐淹力最强的树种：能耐长期（3 个月以上）的深水浸淹，当水退后生长正常或略见衰弱，树叶有黄落现象，有时枝梢枯萎；又有洪水虽没顶但生长如旧或生势减弱而不致死亡者有：垂柳、旱柳、龙爪柳、椰榆、桑、柘、豆梨、杜梨、柽柳、紫穗槐、落羽杉等。

耐淹力较强的树种：能耐较长期（2 个月以上）深水浸淹，水退后生长衰弱，树叶常见黄落，新枝、幼茎也常枯萎，但有萌芽力，以后仍能萌发恢复生长。此类有水松、棕榈、栀子、麻栎、枫杨、榉树、山胡椒、沙梨、枫香、悬铃木属 3 种，紫藤、楝树、乌柏、重阳木、柿、葡萄、白蜡、凌霄等。

耐淹力中等的树种：能耐较短时期（1～2 个月）的水淹，水退后必呈衰弱，时期一久即趋枯萎，即使有一定萌芽力也难恢复生势。此类有：侧柏、千头柏、圆柏、龙柏、水杉、水竹、紫竹、竹、广玉兰、夹竹桃、杨类 3 种，木香、李树、苹果、槐树、臭椿、香椿、卫矛、紫薇、丝绵木、石榴、喜树、黄荆、迎春、枸杞、黄金树等。

耐淹力较弱的树种：仅能忍耐 2～3 周短期水淹，超过时间即趋枯萎，一般经短期水淹后生长也显然衰弱。此类有罗汉松、黑松、刺柏、樟树、冬青、小蜡、黄杨、胡桃、板栗、白榆、朴树、梅、杏、合欢、皂荚、紫荆、南天竹、溲疏、无患子、刺揪、三角枫、梓树、连翘、金钟花等。

耐淹力最弱的树种：最不耐淹，水仅浸淹地表或根系一部至大部时，经过不到 1 周的短暂时期即趋枯萎而无恢复生长的可能。此类有马尾松、杉木、柳杉、柏木、海桐、枇杷、百楠、桂花、大叶黄杨、女贞、构树、无花果、玉兰、木兰、腊梅、杜仲、桃、刺槐、盐肤木、栾树、木芙蓉、木槿、梧桐、泡桐、楸树、绣球花等。

3. 光照因子

光是树木生长发育的必要条件。根据植物对光照强度的关系,可分为三种生态类型。

阳性树种:正常生长要求全光照,在水分和温度适合的情况下,不存在光照过强的问题的树种。如悬铃木、樟树、麻栎、银杏等。

阴性树种:在较弱的光照条件下比在强光下生长良好,且在气候干旱的环境下,常不能忍受过强的光照的树种。如洒金东瀛珊瑚、八仙花、八角金盘、红豆杉、云杉等。

中性树种:在充足光照下生长最好,但稍受荫蔽时也能生长的树种。如杜鹃、鸡爪槭桧柏、侧柏等。

另外,每日的光照时数与黑暗时数的交替对植物开花的影响称为光周期现象。按此反应可将植物分为三类:

长日照植物:植物在开花以前需要有一段时期,每日的光照时数大于14h的临界时数称为长日照植物。如果满足不了这个条件则植物将仍然处于营养生长阶段而不能开花。反之,日照愈长开花愈早。

短日照植物:在开花前需要一段时期每日的光照时数少于12h的临界时数的称为短日照植物。日照时数愈短则开花愈早,但每日的光照时数不得短于维持生长发育所需的光合作用时间。有人认为短日照植物需要一定时数的黑暗而非光照。

中日照植物:只有在昼夜长短时数近于相等时才能开花的植物。

中间性植物:对光照与黑暗的长短没有严格的要求,只要发育成熟,无论长日照条件或短日照条件下均能开花。

4. 空气因子

(1) 氧气

氧气是呼吸作用必不可少的,但在空气中它的含量基本上是不变的,所以对植物的地上部分而言不形成特殊的作用。但是植物根部的呼吸以及水生植物尤其是沉水植物的呼吸作用则靠土壤中和水中的氧气含量了。

如果土壤中的空气不足,会抑制根的伸长以致影响到全株的生长发育。因此,在栽培上经常要耕松土壤避免土壤板结,在黏质土地上,有的需多施有机质或换土以改善土壤物理性质;在盆栽中经常要配合更换具有优良理化性质的培养土。

(2) 二氧化碳

二氧化碳是植物光合作用必需的原料,以空气中CO_2的平均浓度为320ppm计,从植物的光合作用角度来看,这个浓度仍然是个限制因子,据生理试验表明,在光强为全光照1/5的实验室内,将CO_2浓度提高3倍时,光合作用强度也提高3倍,但是如果CO_2浓度不变而仅将光强提高3倍时,则光合作用仅提高一倍。因此在现代栽培技术中有对温室植物施用CO_2气体的措施。CO_2浓度的提高,除有增强光合作用的效果外,据试验尚有促进某些雌雄异花植物的雌花分化率效果,因此可以用于提高植物的果实产量。

(3) 风

空气的流动形成风,低速的风对植物有利,高速的风会使植物受到危害。各种树木的抗风力差别很大,可分以下几级:

抗风力强的树种:马尾松、黑松、圆柏、榉树、胡桃、白榆、乌桕、樱桃、枣树、葡萄、臭椿、朴、栗、槐树、梅树、樟树、麻栎、河柳、台湾相思、大麻黄、柠檬桉、假槟榔、桄榔、南洋杉、竹类及柑桔类等。

抗风力中等的树种：侧柏、龙柏、杉木、柳杉、檫木、楝树、苦槠、枫杨、银杏、重阳木、榔榆、枫香、凤凰木、桑、梨、柿、桃、杏花红、合欢、紫薇、木绣球、长山核桃、旱柳等。

抗风力弱受害较大的树种：大叶桉、榕树、雪松、木棉、悬铃木、梧桐、加杨、钻天杨、泡桐、垂柳、刺槐、杨梅、枇杷、苹果等。

（4）常见的空气污染物质和抗污染树种

城市环境中常见的主要空气污染物质有二氧化硫、光化学烟雾、氯及氯化氢、氟化物等。现将我国各地抗污染树种列成表格以作介绍，见表 3-7、表 3-8 和表 3-9。

表 3-7　我国北部地区（包括华北、东北、西北）的抗污树种

有毒气体	抗性	树种
二氧化硫 （SO$_2$）	强	构树、皂荚、华北卫矛、榆树、白蜡、沙枣、桂树、臭椿、旱柳、侧柏、小叶黄杨、紫穗槐、加杨、枣、刺槐
	较强	梧桐、丝棉木、槐、合欢、麻栎、紫藤、板栗、杉松、柿、山楂、桧柏、白皮松、华山松、云杉、杜松
氯气 （Cl$_2$）	强	构树、皂荚、榆、白蜡、沙枣、桂树、臭椿、侧柏、杜松、枣、五叶地锦、地锦、紫薇
	较强	梧桐、丝棉木、槐、合欢、板栗、刺槐、银杏、华北卫矛、杉松、桧柏、云杉
氯化氢 （HF）	强	构树、皂荚、华北卫矛、榆、白蜡、沙枣、桂树、臭椿、云杉、侧柏、杜松、枣、五叶地锦
	较强	梧桐、丝棉木、槐、桧柏、刺槐、杉松、紫藤、构树、臭椿、华北卫矛、榆、沙枣、桂树、丝棉木、槐、刺槐

表 3-8　我国中部地区（包括华北、东北、西南部分地区）的抗污树种

有毒气体	抗性	树种
二氧化硫 （SO$_2$）	强	大叶黄杨、海桐、蚊母、棕榈、青冈栎、夹竹桃、小叶黄杨、石栎、绵槠、构树、无花果、凤尾兰、构桔、枳橙、蟹橙、柑桔、金桔、大叶冬青、山茶、厚皮香、冬青、构骨、胡颓子、樟叶槭、女贞、小叶女贞、丝棉木、广玉兰
	较强	珊瑚树、梧桐、臭椿、朴、桑、槐、玉兰、木槿、鹅掌楸、紫穗槐、刺槐、紫藤、麻栎、合欢、泡桐、樟、梓、紫薇、板栗、石楠、石榴、柿、罗汉松、侧柏、楝、白蜡、乌桕、榆、桂花、栀子、龙柏、皂荚、枣
氯气 （Cl$_2$）	强	大叶黄杨、青冈栎、龙柏、蚊母、棕榈、构桔、枳橙、夹竹桃、小叶黄杨、山茶、木槿、海桐、凤尾兰、构树、无花果、丝棉木、胡颓子、柑桔、构骨、广玉兰
	较强	珊瑚树、梧桐、臭椿、女贞、小叶女贞、泡桐、桑、麻栎、板栗、玉兰、紫薇、朴、楸、梓、石榴、合欢、罗汉松、榆、皂荚、刺槐、栀子、槐
氟化氢 （HF）	强	大叶黄杨、蚊母、海桐、棕榈、构树、夹竹桃、构桔、枳橙、广玉兰、青冈栎、无花果、柑桔、凤尾兰、小叶黄杨、山茶、油茶、茶、丝棉木
	较强	珊瑚树、女贞、小叶女贞、紫薇、臭椿、皂夹、朴、桑、龙柏、樟、榆、楸、梓、玉兰、刺槐、泡桐、梧桐、垂柳、罗汉松、乌桕、石榴、白蜡
氯化氢 （HCl）		小叶黄杨、无花果、大叶黄杨、构树、凤尾兰
二氧化氮 （NO$_2$）		构树、桑、无花果、泡桐、石榴

表 3-9 我国南部地区（包括华南及西南部分地区）的抗污树种

有毒气体	抗性	树种
二氧化硫 （SO₂）	强	夹竹桃、棕榈、构树、印度榕、樟叶槭、楝、扁桃、盆架树、红昔桂、松叶、牡丹、小叶驳骨丹、杧果、广玉兰、细叶榕
	较强	菩提榕、桑、鹰爪、番石榴、银桦、人心果、蝴蝶果、森麻黄、蓝桉、黄槿、蒲桃、阿珍榄仁、黄葛榕、红果仔、米仔兰、树菠萝、石粟、香樟、海桐
氯气 （Cl₂）	强	夹竹桃、构树、棕榈、樟叶槭、盆架树、印度榕、松叶牡丹、小叶驳骨丹、广玉兰
	较强	高山榕、细叶榕、菩提榕、桑、黄槿、蒲桃、石粟、人心果、番石榴、木麻黄、米仔兰、蓝桉、蒲葵、蝴蝶果、黄葛榕、鹰爪、扁桃、杧果、银桦、桂花
氟化氢 （HF）		夹竹桃、棕榈、构树、广玉兰、桑、银桦、蓝桉

5. 土壤因子

（1）依土壤酸度而分的植物类型

自然界中的土壤酸碱度是受气候、母岩及土壤中的无机和有机成分、地形地势、地下水和植物等因子所影响的。

依植物对土壤酸度的要求，可以分为三类，即：

酸性土植物：在呈或轻或重的酸性土壤上生长最好、最多的种类。土壤 pH 值在 6.5 以下。例如杜鹃、乌饭树、山茶、油茶、马尾松、石南、油桐、吊钟花、马醉木、栀子花、大多数棕榈科植物、红松、印度橡皮树等，种类极多。

中性土植物：在中性土壤上生长最佳的种类。土壤 pH 值在 6.5～7.5 之间。例如大多数的花草树木均属此类。

碱性土植物：在呈或轻或重的碱性土上生长最好的种类。土壤 pH 值在 7.5 以上。例如柽柳、紫穗槐、沙棘、沙枣（桂香柳）、杠柳等。

（2）依土壤中的含盐量而分的植物类型

我国海岸线很长，在沿海地区有相当大面积的盐碱土地区，在西北内陆干旱地区中在内陆湖附近以及地下水位过高处也有相当面积的盐碱化土壤，这些盐土、碱土以及各种盐化、碱化的土壤均统称为盐碱土。植物在盐碱土上生长发育的类型可分为以下几种：

喜盐植物：喜盐植物以不同的生理特性来适应盐土所形成的生境，喜盐植物可以吸收大量可溶性盐类并积聚在体内，如黑果枸杞、梭梭等，高浓度的盐分对这类植物来说已成为其生理上的需要了。

抗盐植物：亦有分布于旱地或湿地的种类。它们的根细胞膜对盐类的透性很小，所以很少吸收土壤中的盐类，其细胞的高渗透压不是由于体内的盐类而是由于体内含有较多的有机酸、氨基酸和糖类所形成的，如田菁、盐地风毛菊等。

耐盐植物：亦有分布于干旱地区和湿地的类型。它们能从土壤中吸收盐分，但并不在体内积累而是将多余的盐分经茎、叶上的盐腺排出体外，即有泌盐作用。例如柽柳、大米草、二色补血草以及红树等。

碱土植物：能适应 pH 达 8.5 以上和物理性质极差的土壤条件，如一些藜科、苋科等植物。从园林绿化建设来讲，在不同程度的盐碱土地区，较常用的耐盐碱树种有：柽柳、白榆、加杨、小叶杨，食盐树、桑、杞柳、旱柳、枸杞、楝树、臭椿、刺槐、紫穗槐、白刺花、黑松、皂荚、国槐、美国白蜡、白蜡、杜梨、桂香柳、乌桕、杜梨、合欢、枣、复叶槭、杏、钻天杨、胡杨、君迁子、侧柏、黑松等。

（3）依对土壤肥力的要求而分的植物类型

绝大多数植物均喜生于深厚肥沃而适当湿润的土壤，但从绿化来考虑需选择出耐瘠薄土地的树种，特称为瘠土树种，例如马尾松、油松、构树、木麻黄、牡荆、酸枣、小檗、小叶鼠李、金老梅、锦鸡儿等。与此相对的有喜肥树种如梧桐、胡桃等多种树种。

（4）沙生植物

能适应沙漠半沙漠地带的植物，具有耐干旱贫瘠、耐沙埋、抗日晒、抗寒耐热、易生不定根、不定芽等特点。如沙竹、沙柳、黄柳、骆驼刺、沙冬青等。

6. 地理因子

（1）海拔高度

海拔由低至高则温度渐低、相对湿度渐高，光照渐强，紫外光线含量增加，这些现象以山地地区更为明显，因而会影响植物的生长与分布。山地的土壤随着海拔的增高，温度渐低湿度增加，有机质分解渐缓，淋溶和灰化作用加强，因此 pH 值渐低。由于各方面因子的变化，对于植物个体而言，生长在高山上的树木与生长在低海拔的同种个体相比较，则有植株高度变低、节间变短、叶的排列变密等变化。

（2）坡向方位

不同方位山坡的气候因子有很大差异，例如山南坡光照强，土温、气温高，土壤较干，而山的北坡则正相反。在北方，由于降水量少，所以土壤的水分状况对植物生长影响极大，因而在北坡可以生长乔木，植被繁茂，甚至一些阳性树种亦生于阴坡或半阴坡，在南坡由于水分状况差，所以仅能生长一些耐旱的灌木和草本植物，但是在雨量充沛的南方则阳坡的植被就非常繁茂了。此外，不同的坡向对植物冻害、旱害等亦有很大影响。

（3）地势变化

地势的陡峭起伏、坡度的缓急等，不但会形成小气候的变化而且对水土的流失与积聚都有影响，因此可直接或间接地影响到树木的生长和分布。

坡度通常分为六级，即平坦地<5°，缓坡为 6°～15°，中坡为 16°～25°，陡坡为 26°～35°，急坡为 36°～45°，险坡为 45°以上。在坡面上水流的速度与坡度及坡长成正比，而流速越大、径流量越大时，冲刷掉的土壤量也越大。

山谷的宽、狭与深浅以及走向变化也能影响植物的生长状况。

7. 生物因子和人为因子

在植物生存的环境中，尚存在许多其他生物，如各种低等、高等动物也包括人类，它们与植物间是有着各种或大或小的、直接或间接的错综复杂的相互影响。其中，人类对植物与环境的影响是最巨大的，既体现在对它们的破坏上，也体现在对它们的建树上。因此，我们应该持有正确的态度，始终从环保与生态的角度去考虑问题，为植物的生存创造良好的条件。

3.2.2　污染物对植物新陈代谢的影响

土壤、大气和水体中污染物的广泛存在，使植物生存环境发生变化，直接或间接地影响植物的新陈代谢。污染物对植物新陈代谢的影响很多，这里主要以光合作用、水分代谢、营养吸收和作物的品质为例，说明这个问题。

1. 对光合作用的影响

光合作用（photosynthesis）是植物叶绿体内部光合色素和一系列酶共同作用下把光能转化为化学能，储存在合成的糖类中的过程，这也是把水分解产生氧气的过程。光合作用的产物葡萄糖（$C_6H_{12}O_6$）中的能量是植物其他新陈代谢活动所需要能量的源泉。污染物影响植物光合作用，使植物转换太阳能的能力降低，高能化合物的合成减少，影响其他很多的生理代谢。所以污染物对光合作用的影响是植物受害的主要根源。

从 20 世纪 80 年代开始，人们开始深入研究污染物对植物光合作用的影响。各种各样的污染物对光合作用的影响作用和程度各不相同。这里以 SO_2、重金属、农药为例，阐述污染物对光合作用的影响机制。

（1）SO_2 对植物光合作用的影响

SO_2 对植物的影响原因在于当通过气孔进入植物体内后，以 SO_3^{2-} 的形式存在，其对植物体产生较大的毒性作用。

研究结果表明，SO_3^{2-} 一方面能抑制二磷酸核酮糖羧酸化酶的活性，阻止 CO_2 的固定；另一方面使光系统 II 和非光合磷酸化受阻，影响 ATP 的合成，使光合速率降低。此外，SO_3^{2-} 能改变细胞液的 pH 值，使叶绿素失去 Mg^{2+} 而抑制光合作用。

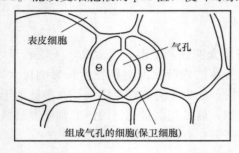

图 3-8　保卫细胞的结构图

还有研究表明，SO_3^{2-} 在低浓度时，就能抑制光呼吸中的乙醇酸氧化酶的活性。SO_3^{2-} 进入叶肉细胞后，能与植物同化作用过程中有机酸分解所产生的 α-醛结合，生成羟基磺酸，生成的羟基磺酸是一种抑制剂，能抑制乙醇酸代谢中的乙醇酸氧化酶，阻止气孔开放（图 3-8），影响 CO_2 固定和光合磷酸化。同时对光合作用和呼吸作用中 ATP 形成、H^+ 和 Cl^- 的跨膜运输都有抑制作用。有研究表明，SO_2 及其衍生物能影响光合色素的含量（表 3-10）。

表 3-10　SO_2 衍生物对油菜叶片叶绿素含量的影响

SO_2 衍生物浓度	叶绿素含量 （mg/gFW）	
（mmol/L）	总叶绿素	叶绿素 a/b
0	1.589±0.01	3.16
0.5	1.566±0.02	3.19
1	1.527±0.002	3.25
5	1.462±0.01	3.57
10	1.128±0.05	3.33
20	0.531±0.01	2.83
50	0.326±0.02	3.11
100	0.125±0.01	2.91

（2）重金属对光合作用的影响

重金属对光合作用的影响是多方面的，主要有以下几个方面。

破坏叶绿体的超微结构，进而影响光合作用。叶绿体具有完整的外膜，基粒片层清晰，叠垛有序，层次多，贯穿其间的基质片层密布，与基粒片层形成连续的膜系统。但经过镉、铅污染后，叶绿体结构发生明显变化。

重金属进入叶内，与蛋白质上的－SH 基等活性基团结合或取代其中的 Fe、Zn、Cu、Mg 离子，直接破坏叶绿体的结构和功能。

重金属通过拮抗作用干扰植物对 Fe、Zn、Cu、Mg 等生命元素的吸收、转移，阻断营养元素向叶部的输送，阻碍叶绿素的合成。

重金属使叶绿素活力增加，加速叶绿素分解。

（3）农药对光合作用的影响

我国人多地少，粮食生产满足自给面临挑战，我国农业生产上必须引入高新技术提高粮食产量，同时杜绝浪费，找回无形良田，而减少病、虫、草三大危害是农业生产的最重要环节。农药主要包括除草剂、杀虫剂、除螨剂、灭菌剂等。目前市场上出售的除草剂中40％～50％是光合作用抑制剂，对光系统 II（PSII）抑制剂的报道已有很多。而植物蒸腾受环境因子的影响和土壤水分供应的限制，气孔阻力、光合作用也是影响作为蒸腾作用的生理性原因。气孔导度对环境因子的变化十分敏感，凡是影响植物光合作用和叶片水分状况的各种因素都有可能对气孔导度造成影响。一般来说，气孔导度越大，蒸腾速率越快。

草甘膦是一种内吸传导性灭生性除草剂，对于不同植物，其用量也不尽相同。通过原向阳等试验的研究表明，草甘膦对抗草甘膦大豆并非绝对安全，在超过一定剂量时，也会对抗草甘膦大豆造成伤害；并且随农达 41％ 水剂剂量的增加，抗草甘膦大豆（RR2）叶片的蒸腾速率和气孔导度总的呈增长趋势；而随草甘膦 10％ 水剂剂量的增加，RR2 大豆叶片的蒸腾速率和气孔导度呈先增加后降低的趋势，但蒸腾速率各水平均低于对照值。

莠去津又称阿特拉津（atrazine），也是世界范围内广泛使用的除草剂之一，在曾经使用莠去津的地区的水体中均检测到莠去津的残留。近年来又发现莠去津有内分泌干扰作用，属于内分泌干扰物，长期暴露在该有机污染物的环境中，势必对各种生物产生不良影响。

2. 对水分代谢的影响

水是活的植物细胞中含量最大的组成成分，是制约陆生植物分布和生长情况的主要环境因子之一。植物的水分代谢是指植物从土壤中吸收水分，在植物体内运转，最后散失到大气中的过程，也就是植物与环境不断进行水分交换并加以利用的过程。

植物吸收的水分，大部分作为植物吸收和运输物质的溶剂。各种无机营养物质只有溶解在水中后才能被根部主动和被动的吸收，并运输到植株各处。一部分水进入细胞液泡并储存，能创造和调节适宜的内环境（如 pH、温度、离子的生理浓度等），然而可在干旱或灼热阳光照射下却会伤害植物体幼嫩的分生组织及其他组织；另一部分作为植物体组织的组成成分；还有一些是作为合成及水解等生理生化反应的参与物（如光合作用等）。

污染物影响植物的水分代谢主要表现在以下几个方面：

（1）降低土壤水分的有效性，降低植物对水分的有效吸收。在很多污染环境中，土壤环境中溶质离子浓度远远大于植物体内离子浓度，则根部的水分外渗。高离子浓度时能够使细胞大量失水，发生质壁分离，甚至能使细胞膜破裂。另外，pH 值升高或降低也能影响根部对水分的吸收。

（2）影响植物的呼吸作用，使植物水分吸收能力下降，引起生理性干旱。实验表明，植物对水分的吸收是需要能量的，很多污染物能显著抑制植物的呼吸作用，从而使能量的产生能力和产生水平降低，使植物根系不能有效地吸收土壤中的水分。如氰化物、大多数重金属离子都能通过抑制呼吸作用而引起植物对水分吸收能力的下降。

（3）损害叶片，降低蒸腾作用。植物主要靠根压和蒸腾拉力来吸水，但当空气中 SO_2 等气体过多时，将灼伤叶片，或使保卫细胞失水而关闭，减少甚至停止蒸腾作用。

3. 对植物营养吸收的影响

植物是地球上唯一能够利用和同化光能、吸收无机营养并进而转变为有机化合物的自养生物，而根系是植物吸收无机养分的主要器官。环境污染影响植物对营养的吸收，其中一个重要的方面就是影响根对无机养分的吸收。

污染物对植物吸收营养的影响主要表现在以下几个方面。

污染物改变土壤环境的 pH，降低植物对营养吸收的平衡性和有效性。通常在土壤环境中的 pH 低于 4 或高于 9 的酸碱条件下，植物的正常代谢过程受到破坏，影响根系对矿质的吸收。一方面，pH 值的改变影响根表面所带电荷而使离子吸收受到影响。pH 值较低时，土壤溶液中 H^+ 浓度增加，影响根表面羧基的解离，而使正电荷加强，阴离子吸收量增多；土壤溶液 pH 值较高时，则根表面的负电荷加强，阳离子吸收量增多，阴离子吸收量减少。另一方面，pH 值的改变对植物吸收养分存在间接的影响。土壤 pH 值的改变影响溶液中氧分的溶解和沉淀。N、P、K、S、Ca 及 Mg 在土壤 pH 值为中性时有较大的有效性。一般作物生育最适 pH＝6～7，某些作物例外。

绝大多数污染物均能影响环境的 pH 值，特别是 SO_2、NO_x、HF 等酸性物质，将显著地降低环境的 pH 值，而很多有机污染物则显著地增加 pH 值，如大多数阳离子、有机农药。

（1）污染物改变土壤微生物的活性，且影响酶的活性，从而影响无机营养的可利用性。实验表明，土壤酶活性与添加铅浓度呈显著的负相关，如蛋白酶、蔗糖酶、β-葡萄糖苷酶、淀粉酶等。由于土壤微生物和酶活性的变化，从而影响土壤中某些元素的释放态和可给态含量。

（2）污染物抑制植物根系的呼吸作用。有些营养元素的吸收是靠主动运输获得的，这是一个需能的过程，而能量靠根部细胞呼吸作用获得。污染物通过影响根系的吸收能力，间接影响养分的吸收。研究证明，镉能明显影响玉米对 N、P、K、Ca、Mg、Fe、Mn、Zn、Cu 的吸收。镉能使玉米幼苗体内 N、P、Zn 的含量降低；Ca 的含量增加，都达到极相关的水平；Mn、Cu 含量略有降低。

（3）重金属通过元素之间的拮抗作用影响植物对某些元素的吸收。大量研究表明，Zn、Ni、Co 等元素能严重妨碍植物对 P 的吸收；Al 能使土壤中 P 形成不溶性的铝-磷酸盐，影响植物对 P 的吸收；As 能影响植物对 K 的吸收。据报道，Pb 在培养基或根表面会使 P 难溶解，从而阻碍 P 的吸收。山根等人研究表明，由于 As 的化学行为与 P 类似，能妨碍二磷酸腺苷（ADP）的磷酸化，抑制三磷酸腺苷（ATP）的生成，使 K 的吸收也受到抑制。此外，还查明了 Cu、Mn 过剩会降低 Zn 的吸收，MnO_4^{2-} 则能抑制 SO_4^{2-}、PO_4^{3-} 和 Cu 的吸收；随着磷肥使用量的增加，砷超累积植物蜈蚣草地上部分砷含量呈先增加后减少的趋势。

4. 对作物品质的影响

进入植物体的污染物，如农药、重金属硝酸盐等对人畜有害的物质，能沉积在作物的可食部分，降低农产品的内在质量。另外，污染物还影响植物体内各种维生素、蛋白质的合成及淀粉等糖的合成。

人们将小麦、玉米等暴露在 SO_2 气体下，植物受 SO_2 污染后，总氮和蛋白质含氮量均下降。其中蛋白质中氮的下降更明显，其下降率随处理时间的延长而增加。

实验证明，当镉在种子中积累量从 1.15mg/kg 增加到 2.16mg/kg 时，蛋白质含量由 25.22％降到 23.48％。而关于镉对氨基酸、蛋白质合成的影响比较复杂，据推测，Cd 既可能与氨基酸、蛋白质相结合而对其合成产生直接作用；也可能通过干扰蛋白质合成系统的 Mg 和 K 而对其合成产生间接的作用；还可能直接以 DNA 为靶，限制其复制、转录和表达，从而影响蛋白质的合成。种子中 Cd 的积累也影响淀粉的含量。Cd 阻碍了蔗糖转化为腺二磷酸葡萄糖（ADPG）或尿二磷酸葡萄糖（UDPG）的淀粉合成途径，从而使植物果实、根部的淀粉含量减少。如在 Cd 污染下，蚕豆淀粉含量下降，使叶片部分可溶性蔗糖的含量增加，不仅如此，Cd 也阻碍了叶片部分的可溶性糖的运输，阻止了多糖淀粉的合成。这在高等水生植物中尤为明显。在低于 5mg/kg 浓度的镉处理下，镉能刺激植物体内必需氨基酸含量的增加，但是当 Cd 处理浓度大于 5mg/kg 之后，必需氨基酸含量随处理浓度的增加呈现负相关变化，而且含量低于对照。

3.2.3　污染物对植物生命活动的影响

污染影响了生物的生理生化过程，干扰了生物的新陈代谢活动，致使植物的组织受损，生长发育变缓甚至停滞，生命期缩短或导致植物死亡。

1. 细胞器受损，细胞的功能丧失

细胞是组成生物体结构和功能的基本单位，细胞器是构成细胞的功能实体。在污染物作用下植物细胞的膜系统受到损害，细胞膜失去了正常的通透性（大部分情况是增大），细胞膜的渗透压内外就失去平衡，从而使得植物所需的水分和营养元素不能正常转运和吸收，细胞代谢发生紊乱。受影响严重时，细胞器发生崩溃，细胞内丧失了应有的分割作用，整个生化反应难以进行，最终导致细胞功能丧失，细胞坏死。

叶绿体是高等植物进行光合作用的场所。正常植物的叶绿体外被双层膜，内有一系列由基粒、基质、基粒片层、基质片层、类囊体构成的一个完整的膜系统。重金属进入植物细胞，经过转运进入叶绿体后，使膜的透性发生改变。这种改变是由于重金属同叶绿体膜蛋白结合，改变了膜蛋白的空间结构，造成了膜的破裂，以至于透性发生改变。由于膜系统的改变，相应地使电子传递空间位置发生了变化，从而影响到光能的吸收、转化以及膜系统上的电子传递。如在 Cd 的作用下，低浓度使类囊体数目减少，随着浓度的升高，类囊体膨胀以致最后完全破裂。同时，Cd 也使间质类囊体及基粒类囊体发生变异。除了结构上发生变化外，在电镜下还发现 Cd 使叶绿体内脂类小球增大、增多，形成一种额外的脂类贮存库。这种在正常生理条件下很少的脂类小球的增多，可能是膜系统被破坏后，发生细胞器内膜系统的自溶或降解的缘故。

用 Pb 和 Cd 处理 5d 后的植物叶片都出现叶绿体基粒肿胀，基质片层断裂；随着处理浓度的增大，基粒缺乏、混乱，基质片层少见，而后类囊体内出现空泡，脂类小球增多，甚至叶绿体皱缩成圆球形，不再有叶绿体膜系统。

2. 组织和器官受损

植物的不同组织对污染物的毒性有着不同的反应。根系直接接触受污染的土壤，在土壤中的污染物就直接影响根系从土壤中吸收生长发育所必需的营养元素。叶片暴露在污染环境中相对其他组织较多，因此受到污染物的侵袭也较为明显和直接。

不管是植物的根系还是叶片，或是其他植物组织器官，受污染物的毒性作用都有可见和不可见两种类型。在可见类型中，有的中毒症状非常明显突出。例如：由于大气污染导致叶片出现斑点、卷曲或干枯等，甚至有的叶片全部坏死，花或果实全部脱落；由于土壤的污染导致植物的根尖坏死，甚至植物的疏导组织萎缩而使整株植物死亡。在可见类型中，有的中毒症状虽然不明显突出，但危害至深。例如：有的植株看似仅为局部的组织坏死、缺氧等，仍可继续生长，但实质已开始早衰最终导致植物的整个生物量的降低。特别是有的污染物对植物的外表不产生任何影响，但由于对植物酶系统的破坏作用，同样阻碍和抑制了植株体内的生理功能和生化过程，从而使植物的品质降低甚至死亡。

3. 自由基清除能力降低，加速了植物的老化

植物生命活动过程中时时刻刻都将产生大量的自由基，植物体内的过氧化物酶（POD）、过氧化氢酶（CAT）、超氧化物歧化酶（SOD）的协同作用，可以使植物体酶催化过程中生成的一些自由基消除或维持在最低水平。但在污染条件下，这种协同作用被破坏，无法将产生的自由基消除。已有资料表明，自由基是导致植物老化和衰老的重要成因。

4. 个体发生异常生长反应

在污染物作用下，植物个体的生长反应和过程发生异常。主要表现为：生长发育缓慢、受阻，花果非正常脱落和凋谢，叶茎由绿变黄甚至枯萎死亡等。有数据统计表明，不同浓度的 Hg^{2+} 对水稻种子胚根生长有明显的抑制作用，特别是 Hg^{2+} 浓度为 $15\mu g/g$ 和 $20\mu g/g$ 时，强烈抑制水稻种子胚根的纵向生长。1，2，4-三氯苯对水稻的生长发育也有抑制作用（表3-11）。从表中看出，当1，2，4-三氯苯的剂量超过 $150\mu g/g$ 时，水稻植株死亡。当其剂量低于这个浓度时，虽然植株不会死亡，但株高和穗长都受到不同程度的影响。金属 Cd 对水生植物根的生长也具有抑制作用，即根的增加和增长随着 Cd 浓度的增加而相应减少和降低。这是由于 Cd 的存在使水生植物根尖的细胞分裂受阻所致。

表3-11 污染物1，2，4-三氯苯对水稻株高和穗长的影响

剂量	株高（cm）			穗长（cm）		
	平均值	标准差	P	平均值	标准差	P
CK	78.46	7.04	—	17.64	1.9	—
10	76.96	6.12	<0.05	18.00	1.93	<0.05
20	72.28	4.42	<0.005	17.32	1.86	<0.005
40	62.63	5.77	<0.005	15.83	1.69	<0.005
50	52.08	8.63	<0.005	12.86	2.05	<0.005
150	26.83	5.88	<0.0005	6.53	1.84	<0.0005

3.2.4 植物对污染物的排出

植物向体外排泄体内多余的物质和代谢废物常常是以分泌的形式进行的。所以，在植物界，排出与分泌之间的界限一般是很难划分清楚的。研究植物的排出不得不涉及植物的分泌结构。

分泌是一种将物质从原生质体分离或将原生质体的一些部分分开的复杂现象。分泌的物质可能是一些盐类物质的过剩离子，过剩的同化物质（如糖类），生理上有用或无用的代谢最终产物（如植物碱、丹宁、树脂及各种结晶），一些分泌后具某种功能的物质（酶、激素），以及一些不再参加细胞的代谢作用而除去的物质（即排泄物）。因此，分泌作用是一个内涵相当广泛的概念。此处，我们仅涉及分泌概念中从植物体除去过剩外来物质及其代谢废物（排泄物）的内容。

有一类植物称为泌盐植物，如柽柳、瓣鳞花、红砂、生于海边盐碱滩上的大米草、滨海的各种红树植物，以及草原盐碱滩上的补血草等。这类植物能在含盐量较高的土壤中生长，它们的根细胞对于环境中的盐类有很高的通透性，能吸收大量的盐。这些过量的盐并非是其所需要的，所以是多余的。这些植物吸收进体内的盐分不蓄积在体内，而是通过茎、叶表面密布的分泌腺（盐腺）将过多的盐排出体外。

根系分泌作用和叶缘蒸发作用（吐水现象）对某些酸性除草剂从体内消除有一定的作用。根系分泌作用也能将植物体内的重金属排出体外。例如，有人用同位素 ^{65}Zn、^{109}Cd、^{54}Mn 和 ^{57}Co 研究了重金属在小麦和白羽扇豆体内的重分布和释放。结果发现这些根系预先吸收、在植物体内重分布的重金属进入根际和根际以外的土壤。进入韧皮部的重金属可能经体内重分布进入新生根系，并随根系生长从水平和纵深两方向进入土壤。

挥发性物质被植物吸收后，经体内代谢，可以经地上部分挥发而排出体外。当植物含有较高含量的硒时，植物体可以挥发二甲基硒的形式排出多余的硒。植物体内高含量的汞也可以挥发形式排出体外。进入植物体内的硫化物经代谢转化后可以 H_2S 及其他挥发态硫化物排出体外，含氮化合物则以 NH_3 排出体外。当植物暴露在高浓度大气 SO_2 环境中，可以排出大量 H_2S 气体，这可能是植物体对 SO_2 的一种解毒机制。生长在硫酸盐含量较高的土壤中的植物，也能够经气孔排出大量挥发态硫化物（如 SO_2），而且其挥发量随土壤硫酸盐含量增加而增加。

植物从环境中吸收大量外来物质（如污染物）之后，经体内运输而分布到某些组织器官。当这些外来物质的含量超过一定的限度，就会对该组织器官产生毒性作用，进而使其生长发育异常甚至死亡。如果这些组织器官是可再生的，植物体可以离弃那些含有大量外来物质的组织器官、重新长出新器官的方式排出这些外来物质。这虽非一种正常的排出途径，但确是一种很有效的方式。据大量调查和试验，许多植物在大气污染环境中能脱落蓄积了较高污染物从而受到损害的叶片，继而长出新叶片代替之。

3.2.5　植物对环境的适应与抗性

1. 植物与环境的适应性

适应（adaptation）是指植物在生长发育和系统进化过程中为了应对所面临的环境条件，在形态结构、生理机制、遗传特性等生物学特征上出现的能动相应和积极调整。适应是一种结果。现存的植物是历经亿万年、一代复一代地适应当时的环境条件，传承到今天所呈现的一种适应结果。能够存活下来的生物，都在一定程度上表明：它越过了环境对它的挑战，它的形态结构、生理生化功能、分子生物学机制，以至于它的个体特征，以及在种群、群落和生态系统中的行为，对经历过的环境都是合适的。衡量植物适应性的终极标准是保持生命延续的能力大小。在正常环境中，适应性往往强调竞争力、生活力、生长势，获取的资源越多，则能够保持繁殖性能、维持生命延续的机会就越多；在污染环境中往往强调抵抗性以及对不利环境的忍耐极限。任何植物的生态适应都要同时具备在正常环境中保持较好的生长势头、在恶劣环境中维持生命延续的两种基本能力。

植物对环境的适应程度可以用适合度来衡量。任何植物对环境因子的适应性都有一定的界限范围，对某环境因子能够忍耐的最小剂量为下限临界点（low critical point），而其忍耐的最大剂量则为上限临界点（upper critical point），植物适合度最大时环境因子的状况为最适合点（optimum point），这就是植物的"三基点"（图 3-9）。植物适应的上限和下限之间的环境范围就是植物的适应范围，又称为植物的生态幅（ecological amplitude）。植物长期

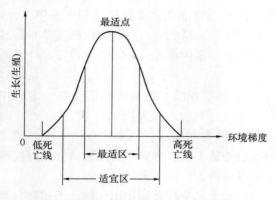

图 3-9　植物对环境适应性的"三基点"

适应环境使其形成了较为稳定的生态幅，在该生态幅之间的环境区域就是植物的分布区。

植物对某个环境因子的适应范围，是在其他环境因子相对稳定情况下界定的。当其他环境因子发生变化时，植物的生态幅将发生变化。例如，当环境的湿度发生变化时，植物对温度的适应范围也将发生变化。当有多种植物共同存在一特定的环境中时，因植物之间的竞争会使很多植物的生态幅变小。这时，我们可以把没有其他植物竞争时植物的分布区称为生理分布区，而竞争条件下植物的分布区称为生态分布区。

环境污染是一种人为导致的新环境，是绝大多数植物从来没有经历过的环境。目前污染物已经在全球范围内扩散，形成了影响和限制植物生存和发育的生态因子。污染条件下植物的生态幅曲线如图 3-10 所示。从这个生态幅曲线中可以看出，它属于单尾曲线，在很小剂量条件下适合度会略有升高，随后便快速下降。这是由于较低浓度的污染物能够刺激植物的生长，甚至有的物质本身就是植物需要的微量营养元素。

2. 环境污染不同于"常规的"极端环境

在人类没有左右地球环境的时候，植物面对的极端环境主要有干旱、极端温度、土壤贫瘠等极端自然环境。而在人类全球王国时代，植物面临的极端环境加上了污染物质、生态破坏等人为极端环境。如果说，生态破坏对植物的影响在本质上类似于自然极端环境的作用，而环境污染特别是大量的化学污染物，则是对大多数植物在系统发育过程中从未经历过的环境因子。包括植物在内的地球上现存的所有生物，均受控于这种"全新的"和"业已存在"的极端环境，唯有同时适应这两种极端环境的植物才能获得生存和发展。

应对污染是植物在进化中面临的全新挑战，植物没有应对污染的遗传贮备，即使有某个基因刚好是抵抗污染的有效基因，也往往因为这种基因在正常情况下是一种遗传负担而在基因库中存在的频率极低。适应污染并不是"正常"植物所必需的能力，所以能够适应污染的植物及其适应能力是有限的。鉴于绝大多数化学污染物是植物从来没有接触过的，其毒害和危险对于这些生物无疑是致命的；越是珍稀濒危的生物对环境污染的敏感性越高，在污染条件下灭亡的可能性越大。污染已经是导致当今生物多样性丧失和物种大灭绝的最重要成因。

3. 植物对污染环境的抗性和适应

即使在污染比较严重的地方，可能依然有植物的存活，说明植物对污染有一定的抗性和适应性。植物对污染的抗性表现主要有以下几个方面。

（1）植物对污染物的拒绝吸收

植物有多种途径和方法阻止污染物进入生物体内，例如：关闭气孔阻止气态污染物进入体内；分泌有机物质如糖类、氨基酸类、维生素类、有机酸类等到根际，通过改变根际环境（pH 和 Eh 值）来改变污染物的理化性质和形态，由游离态转变为络合态或螯合态，使污染物的可移动性降低，减少根的吸收；增厚植物的外表皮或在根周围形成根套等。应该注意的是，植物拒绝吸收污染物的同时，也降低了自身获取资源的能力，对污染的适应也是要付出代价的。

（2）植物对污染物的结合与钝化

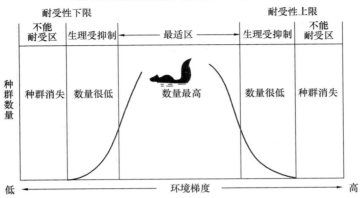

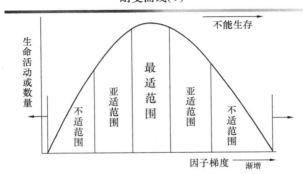

生物对环境因子的耐受曲线

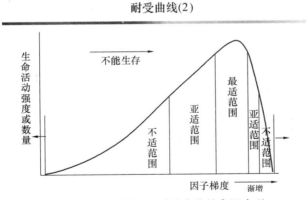

生物对环境因子耐受曲线的实际表现

图 3-10　生物种的耐受性限度图解（仿 Smith，1980）

　　当植物不能拒污染物于体外时，还可以通过结合钝化污染物，使进入体内的污染物变成低毒、安全的复合物，尽可能使污染物不能到达敏感分子或器官，不影响新陈代谢。植物细胞内有大量的糖类、氨基酸、蛋白质、脂类、核酸等，均含有极性键或活性基团，可以与大量的污染物结合形成络合物或螯合物。

　　（3）植物对污染物的分解与转化

不少污染物进入植物体后，通过生物体内酶促反应，可以转化为低毒或无毒物质，或转化为水溶性物质而利于排出体外。生物对外来毒物的这种防御机制称为解毒作用。植物对污染物的分解转化方式主要有：氧化、还原、水解、脱烃、脱卤、羟基化、异构化、环裂解、缩合、共轭等作用，逐步将污染物代谢成毒性较低或完全无毒的物质。如植物对有机污染物酚、氰等分解能力较强，可以降解为 CO_2 和 H_2O；大量研究表明，植物的存在明显增加了蒽和菲在土壤环境中的去除。

（4）植物对污染物的隔离作用

隔离（compartmentalization）是植物将污染物运输到体内特定部位，以多种方式结合、固定下来，使污染物不能达到生物体内的敏感位点(靶细胞、靶组织或活性靶分子)，以至于污染物对生物体的毒性很小或没有毒性影响，这是生物产生抗性和适应性的又一途径，也可称为生物的屏蔽作用（sequestration）。很多超积累植物体内含有大量的有毒重金属元素，但对植物的影响较小，重要的原因就是这些有害元素主要集中在液泡中被隔离起来了。

4. 污染条件下植物的分化与进化

在污染条件下植物会出现快速的分化，并发生微进化。利用分子钟理论研究发现，污染条件下植物的分化速度远远超过了在"自然条件"下的分化速度。例如，曼陀罗 20 年左右的污染经历达到的遗传分化水平，在自然条件下需要 20 万年才能完成。

污染条件下生物的快速适应与进化是有其原因的。任何植物要在污染条件下保持存活，必须要对这种环境进行快速应答。这时植物必然要调动可能的方式、动员大量的资源来减少污染产生影响。没有这种能力的植物被淘汰，而有这种潜力的植物保存下来，并快速在种群中扩展，使整个植物种群发生了快速的重建。在重建过程中，种群的遗传结构发生变化，抗性基因的频率发生定向的提高。这种现象就是群体水平上的适应进化。

3.2.6 植物及其产物对环境的影响

植物是地球上的一类重要生物，也是组成生态环境的主要成员。但是有些植物本身或其代谢产物可对环境产生污染影响。

1. 植物可疯长、挤压其他植物

自然界中有个别植物可以异常疯长，如原产于中、南美洲的"薇甘菊"，20 世纪 80 年代初期由香港侵入深圳，现已形成了灾难性肆虐。该植物生存和生长能力特强，节枝落地生根，茎缘生长特快，遇到攀缘或遇草覆盖有恃无恐，造成成片树林枯萎死亡而形成灾害性后果，成灾面积至今已超过 $3000hm^2$，有人称之为"植物杀手"，而且至今尚无有效手段遏制这一杀手植物的疯狂。水花生、水葫芦、水浮莲等水生植物在营养条件丰富的水域中，也可发生过度繁茂，脱落的根叶、死亡后的残体造成生长水域 COD 含量很高，溶解氧浓度下降，水质严重恶化。水花生在陆地生长时，也具有明显的生长繁殖优势，挤压甚至阻抑其他植物生长。

2. 植物可产生特异气味

许多植物如花卉在开花期间可产生令人愉悦的芬芳香味，但某些植物本身可以产生一些特异异味，如臭味，或其他令人不愉快的气味，如番茄、大蒜等。

3. 植物产生过敏物质引发人畜过敏

许多植物可以产生过敏物质，这些过敏物或散发于空气中或累积于食用部位或其他部位。如春暖花开时许多植物花粉散发于空气中，导致部分人群发生花粉过敏、咳嗽、哮喘、局部或全身发痒，起红斑疹块。漆树、荨麻、番茄、芒果等都可因产生特殊物质而导致部分人群过敏。如漆树汁液是我国传统的高质量的生漆原料，许多人一旦接近甚至较远距离接近漆树，或其汁液或生漆，或接近使用生漆的油漆工场时就可发生过敏、全身发痒、红斑疹块、皮肤发热、脱皮、溃烂，并伴有发烧之类的全身症状。芒果也是极易引发部分人群发生过敏的植物，过敏人群如碰到芒果树枝、树叶、汁液，或采摘时果实的浆液，甚至吃芒果等都会引发芒果皮炎，出现红色皮疹，时有少量黄水，瘙痒难忍，皮炎主要发生在皮肤接触处，如手、口和其他裸露部位。

4. 植物产生各种有毒物质污染食物或中草药物

许多植物可以产生各种有毒物质，有毒物质包括下列各类：① 苷类，如强心苷、氰苷类等；② 生物碱类，如颠茄类生物碱、乌头类生物碱、毒芹碱、雷公藤定碱、吲哚类生物碱、苦参碱、士的宁生物碱、槟榔碱、石榴皮碱、秋水仙碱、木兰花碱等；③ 毒蛋白类，如相思子毒蛋白、巴豆毒素、蓖麻毒素、油桐毒性皂苷；④ 含酚类化合物，如漆酚、大麻酚、大麻二酚；⑤ 毒鱼酮类，如鱼藤酮；⑥ 含萜和内酯类，如莽草毒素、莽草亭、黄酮苷、羟基芫花素、大戟苷、大戟素。还有一些难以归类的有毒物质，如含羞草产生的含羞草碱，为一种与络氨酸结构相似的毒性氨基酸，可与利用氨基酸的酶系统相竞争而抑制络氨酸利用或取代蛋白质中的络氨酸位置而导致毛发脱落。甜瓜果蒂中含有瓜蒂毒素，可反射性引起呕吐中枢兴奋，导致剧烈呕吐，最后可使呼吸中枢完全麻痹而死。

这些产生毒素物质的植物，由于各种机会，可能进入人、畜食物系统或医疗药物系统，使食物污染或药物污染而使人、畜中毒、致病、致死。

3.3 动物和环境的互作

3.3.1 影响动物生长的环境因素

1. 温度因子

太阳辐射使地表受热，产生气温、水温和土温的变化，温度因子存在周期性变化，称节律性变温。不仅节律性变温对动物有影响，而且极端温度对动物的生长发育也有十分重要的意义。

（1）温度因子的生态作用

生物生长的"三基点"同样适用于动物的生存生长，一旦温度超过动物的耐受能力，动物体内的酶的活性就将受到制约，高温将使蛋白质凝固，酶系统失活；低温将引起细胞膜系统渗透性改变、脱水、蛋白质沉淀以及其他不可逆转的化学变化。

在一定的温度范围内，动物的生长速率与温度成正比，动物的鳞片、耳石都记录动物生长快慢与温度高低的联系。一般地说，生长在低纬度的动物高温阈值偏高，而生长在高纬度的动物低温阈值偏高。

温度与动物发育存在密切的关系，要完成生命周期，不仅要生长而且还要完成个体的发育阶段，并通过繁衍后代种族得以延续。图 3-11 是地中海果蝇发育历程与温度的关系。它表示在发育的温度内，温度与发育历程成双曲线关系，温度越高，发育历程越短；温度越低，发育速度越慢。

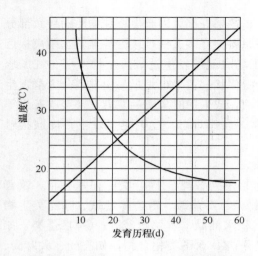

图 3-11 地中海果蝇发育历程与温度的关系

（2）生物对极端温度的适应

长期生活在低温环境中的动物通过自然选择，在形态、生理和行为方面表现出很多明显的适应。生活在高纬度地区的恒温动物，其身体往往比生活在低纬度地区的同类个体大。因为个体大的动物，其单位体重散热量相对较少，这就是贝格曼（Bergman）规律。表 3-12 为中国南北方几种兽类颅骨长度的比较。另外，恒温动物身体的突出部分如四肢、尾巴和外耳等在低温环境中有变小变短的趋势，这也是减少散热的一种形态适应，这一适应常被称为阿伦（Allen）规律。例如北极狐的外耳明显短于温带的赤狐，赤狐的外耳又明显短于热带的大耳狐（图 3-12）。恒温动物的另一形态适应是在寒冷地区和寒冷季节增加毛或羽毛的数量和质量或增加皮下脂肪的厚度，从而提高身体的隔热性能。

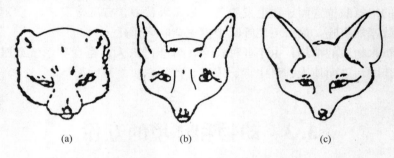

图 3-12 不同温度带几种狐的耳壳
（a）北极狐；（b）赤狐；（c）非洲大耳狐

表 3-12 中国南北方几种兽类颅骨长度的比较

种类（北方）	颅骨长（mm）	种类（南方）	颅骨长（mm）
华南虎	331～345	华南虎	273～313
华北赤狐	148～160	华南赤狐	127～140
东北野猪	400～472	华南野猪	295～354
雪兔	95～97	华南兔	7～86
东北草兔	85～89		

在生理方面，动物靠增加体内产热量来增强御寒能力和保持恒定的体温。但寒带动物由于有隔热性能良好的毛皮，往往能使其在少增加（雷鸟、红狐）甚至不增加（北极狐）代谢产热的情况下，就能保持恒定的体温，从图 3-13 中可以看出，动物对低温环境的适应主要表现在热中性区宽、下临界点温度低和在下临界点温度以下的曲线斜率小等几个方面。

动物对高温环境的适应也表现在形态、生理和行为 3 个方面。其中一个重要适应就是适当放松恒温性，使体温有较大的变幅，这样在高温炎热的时刻身体就能暂时吸收和储存大量的热并使体温升高，而后在环境条件改善时或躲到阴凉处时再把体内的热量释放出去，体温也会随之下降。沙漠中的啮齿动物对高温环境常常采取行为上的适应对策，即夏眠、穴居和白天躲入洞内晚上出来活动。有些黄鼠（*Citellus*）不仅在冬季进行冬眠，还要在炎热干旱的夏季进行夏眠。昼伏夜出是躲避高温的有效行为适应，因为夜晚温度低，可大大减少蒸发散热失水，特别是在地下巢穴中，这就是所谓夜出加穴居的适应对策。

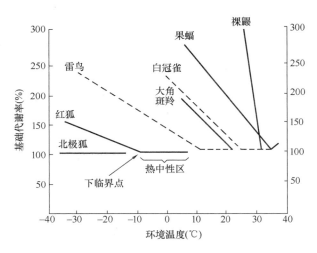

图 3-13　恒温动物的代谢率与温度关系

（3）温度与动物的地理分布

温度对动物的分布，有时可起到直接的限制作用。例如，各种昆虫的发育需要一定的总热量，若生存地区有效积温少于发育所需的积温时，这种昆虫就不能完成生活史。在气温 15℃ 以上的日子少于 70d 的地区，玉米螟不能持久地生存；苹果蚜向北分布的界限是 1 月等温线 3～4℃ 的地区，低于此界限，则无法生存。就北半球而言，动物分布的北界受低温限制。例如，喜热的珊瑚和管水母只分布在热带水域中，在水温低于 20℃ 的地方，它们是无法生存的。

一般来说，暖和地区生物种类多，寒冷的地区生物种类较少。例如，我国两栖类动物，广西 51 种，福建 41 种，浙江 40 种，江苏 20 种，山东、河北各 9 种，内蒙古 8 种。爬行动物也有类似情况：广东 121 种，广西 110 种，海南 104 种，福建 101 种，浙江 78 种，江苏 47 种，山东、河北小于 20 种，内蒙古只有 6 种。

（4）物候节律

研究生物的季节性变化与环境季节性变化关系的科学叫做物候学（Phenology）。动物对不同季节食物条件的变化以及对热能、水分和气体代谢的适应，导致生活方式与行为的周期性变化。例如，活动与休眠、繁殖期与性腺静止期、定居与迁移等。这种周期性现象以复杂的生理机制为基础，气候的周期变化可能是动物体内生理机能调整的外来信号。动物的周期性节律变化及其准确性说明，生物体内存在巧妙的测时机制——生物钟。尽管对生物钟的机制尚未完全了解，但它的生态意义是应该肯定的，而且对决定其生理过程起着重要的作用。

（5）休眠

休眠指生物的潜伏、蛰伏或不活动状态，是抵御不利环境的一种有效生理机制。进入休眠状态的动物可以忍耐比其生态幅宽得多的环境条件。例如，草原上的啮齿类动物，许多具有冬眠或蛰伏（torpro）习性；甲壳纲丰年虫（*Chirocephalus*）的卵可以休眠很多年；很多昆虫在不利气候条件下常进入滞育（dispause）状态，其代谢率下降到非滞育时的 1/10。休眠能使动物最大限度地减少能量消耗，对囊虫（*Perognathus calfornicus*）的研究表明，它进入蛰伏状态 2.9h，每克体重消耗 6.5ml 氧气，如其正常生活 2.9h，每克体重要消耗 11.9ml 氧气。可见，即使短时间蛰伏或休眠，也能使动物节省不少能量。动物的休眠伴随很多生理变化。哺乳动物在冬眠开始之前体内先要贮备特殊的低熔点脂肪；冬眠时心跳速率大大减缓（如黄鼠冬眠期间的心跳速率是 7～10 次/min，而在正常活动时是 200～400 次/min）；血流速度变慢，为防止血凝块的产生，血液化学亦会发生相应变化。变温动物在冬季滞育时，体内水分大大减少以防止结冰，而新陈代谢几乎下降到零；在夏季滞育时，耐干旱的昆虫可使身体干透以忍受干旱，或者在体表分泌一层不透水的外膜以防止身体变干。

2. 水分因子

（1）水因子的生态作用

水是生物体的组成部分。动物体内含水量比植物更高。例如，水母含水量高达95%，软体动物达80%～92%，鱼类达80%～85%，鸟类和兽类达70%～75%。水对动物有较重要的影响。在水分不足时，可以引起动物的滞育或休眠。例如，降雨季节在草原上形成一些暂时性水潭，其中生活着一些水生昆虫，其密度往往很高，但雨季一过，它们就进入滞育期。此外，许多动物的周期性繁殖与降水季节密切相关。例如，澳洲鹦鹉遇到干旱年份就停止繁殖；羚羊幼兽的出生时间，正好是降水和植被茂盛的时期。

（2）动物对水因子的适应

动物按栖息地划分可以分为水生和陆生两大类。水生动物的媒质是水，而陆生动物的媒质是大气。因此，它们的主要适应特征也有所不同。

水生动物对水因子的适应：水生动物生活在水的包围之中，似乎不存在缺水问题。其实不然，因为水是很好的溶剂，不同类型的水溶解有不同种类和数量的盐类，水生动物其体表通常具有渗透性，所以也存在渗透压调节和水分平衡的问题。不同类群的水生动物，有着各自不同的适应能力和调节机制。水生动物的分布、种群形成和数量变动都与水体中含盐量的情况和动态特点密切相关。渗透压调节可以限制体表对盐类和水的通透性，通过逆浓度主动地吸收或排出盐类和水分，改变所排出的尿和粪便的浓度和体积，例如，淡水动物体液的浓度对环境是高渗性的，体内的部分盐类既能通过体表组织弥散，又能随粪便、尿液排出体外，当体内盐类有降低的危险时，它们会使排出体外的盐分降低到最低限度，并通过食物和鳃，从水中主动吸收盐类。海洋生活的大多数生物体内的盐量和海水是等渗的（如无脊椎动物和盲鳗），有些比海水低渗（如七腮鳗和真骨鱼类），低渗使动物易于脱水，于是在喝水的同时又将盐吸入，它们对吸入多余的盐类排出的方法是将其尿液量减少到最低限度，同时鱼的鳃可以逆浓度梯度向外分泌盐类。

陆生动物对水因子的适应：主要影响陆生动物水分平衡的是环境中的湿度。陆生动物的适应特征在以下几个方面：① 形态结构的适应。不论是低等的无脊椎动物还是高等的脊椎动物，它们各自以不同的形态结构来适应环境湿度，保持生物体的水分平衡。昆虫具有几丁质的体壁，防止水分的过量蒸发；生活在高山干旱环境中的烟管螺可以产生膜以封闭壳口来适应低湿条件；两栖类动物体表分泌黏液以保持湿润；爬行动物具有很厚的角质层；鸟类具有羽毛和尾脂腺；哺乳动物有皮脂腺和毛，都能防止体内水分过分蒸发，以保持体内水分平衡。② 行为的适应：沙漠地区夏季昼夜地表温度相差很大，因此，地面和地下的相对湿度和蒸发力相差也很大。一般沙漠动物（如昆虫、爬行类等）白天躲在洞内，夜里出来活动，更格卢鼠能将洞口封住，这便体现了动物的行为适应。另外，一些动物白天躲藏在潮湿的地方或水中，以避开干燥的空气，而在夜里出来活动。③ 生理适应。许多动物在干旱的情况下具有生理上的适应特点。例如，"沙漠之舟"骆驼可以17d不喝水，身体脱水达体重的27%，仍然照常行走。它不仅具有贮水的胃，驼峰中还储藏有丰富的脂肪，在消耗过程中产生大量水分，血液中具有特殊的脂肪和蛋白质，不易脱水。

3. 光照因子

光是一个十分复杂而重要的生态因子，包括光强、光质和光照长度。光因子的变化对生物有着深刻的影响。

光照强度与很多动物的行为有着密切的关系。有些动物适应于在白天的强光下活动，如灵长类、有蹄类和蝴蝶等，称为昼行性动物；另一些动物则适应于在夜晚或早晨黄昏的弱光下活动，如蝙蝠、家鼠和蛾类等，称为夜行性动物或晨昏性动物；还有一些动物既能适应于弱光也能适应于强光，白天黑夜都能活动，如田鼠等。昼行性动物（夜行性动物）只有当光照强度上升到一定水平（下降到一定水平）时，才开始一天的活动，因此这些动物将随着每天日出日落时间的季节性变化而改变其开始活动的时间。

可见光对动物生殖、体色变化、迁徙、毛羽更换、生长、发育等都有影响。将一种蛱蝶分别养在光照和黑暗的环境下，生长在光照环境中的蛱蝶体色变淡了；而生长在黑暗环境中的，身体呈暗色。其幼虫和蛹在光照与黑暗的环境中，体色也有与成虫类似的变化。光质对于动物的分布和器官功能的影响目前还不十分清楚，但色觉在不同动物类群中的分布却很有趣。在节肢动物、鱼类、鸟类和哺乳动物中，有些种类色觉很发达，另一些种类则完全没有色觉。哺乳动物中，只有灵长类动物才具有发达的色觉。

由于地球的自转和公转所造成的太阳高度角的变化，使能量输入成为一种周期性变化，从而使地球上的自然现象都具有周期性。如大多数动物活动表现出昼夜节律，即24h循环一次的现象。有些动物夜间活动而白天休息，如猿总是在太阳降落后才出洞；有些浮游生物，夜间浮向水面，白天游向深水处。在实验条件下即使不存在昼夜交替，这种特性也会保存一段时间，如人的睡眠（时差问题）、活动与休息的交替。

由于太阳高度角变化所造成的昼夜长短在各地市不同的。昼夜长短不同于其他因子，它在一定地区和一定季节是固定不变的，属原初周期性因子。动物和许多周期现象是受日照长短控制的，光周期是生命活动的定时器和启动器，如日照长度对哺乳动物的换毛和生殖的影响。很多野生哺乳动物（特别是生活在高纬度地区的种类）都是随着春天日照长度的逐渐增加而开始生殖的，如雪貂、野兔和刺猬等，这些种类可称为长日照兽类。还有一些哺乳动物总是随着秋天短日照的到来而进入生殖期，如绵羊、山羊和鹿，这些种类属于短日照兽类，它们在秋季交配刚好能使它们的幼仔在春天条件最有利时出生。

3.3.2　动物多样性及其在生态系统中的作用

1. 动物的多样性

动物是生物界的重要组成部分，地球上现存的动物达 150 万种，物种的多样性和对环境的适应性比之植物更加明显。由于动物种类繁多，不同动物对环境的要求不一样，因此学者将动物界分成 30 余门，其中主要的有 10 个门，下面对不同门的动物生存环境展开分析。

（1）原生动物门（Protozoa）

原生动物为单细胞生物，是动物界中最原始、最低等的一个类群。个体非常微小，大小一般在 $10\sim20\mu m$。细胞内具有原生质特化形成的各种胞器完成相关的功能。如鞭毛和纤毛为运动器官，胞口和胞咽为摄食器官。营养方式有自养型和异养型，生殖方式分为无性生殖和有性生殖。大多数原生动物在环境恶劣的条件下能形成孢囊，以抵抗和度过不良的环境。原生动物约 3 万种，分布广泛，生活在不同的生境中，遍布于海洋、淡水环境和潮湿的土壤，还有不少种类在动物体内寄生，可分为四个主要类群：鞭毛虫纲（*Mastigophora*）、肉足虫纲（*Sarcodina*）、孢子虫纲（*Sporozoa*）、纤毛虫纲（*Ciliata*）。

（2）海绵动物门（Spongia）

海绵动物又称多孔动物（*Porifera*），是多细胞动物中最原始、最简单的类群。约有5000多种，绝大多数栖息于海水中，少数为淡水种类。该类动物体型多数不对称，形状各种各样，成体营固着生活，多形成群体，附着于岩石和动植物上。其细胞分化简单，无明确组织分化。身体的体壁由内外两层细胞组成。体表多孔，与体内特有的水沟系相通。海绵动物常见种类如浴海绵，吸收液体能力强，加工后医学上可用以吸收药液、血液和脓汁，也可用于沐浴，具有一定经济意义。其他海绵动物如毛壶、白枝海绵等。

（3）腔肠动物门（Coelenterate）

腔肠动物是真正的两胚层多细胞动物的开始。在动物界的系统计划上占有很重要的地位，其他所有的后生动物，都可以看作是经过这个阶段发展起来的。

腔肠动物的体制为原始的辐射对称，身体出现了两胚层和原始的消化腔。有明显的组织分化，由内外胚层分化出许多形态和功能不同的细胞，如上皮肌肉细胞（epithelio-muscular cell）、间细胞（interstitial cell）、神经细胞、刺细胞（cnidoblast）和腺细胞等。

腔肠动物约1万种，大多海生，少数生活在淡水中。按形态特点和世代交替现象，可分为三个纲。常见的如水螅（*Hydra*），生活在水质洁净的池塘或小溪中，附着于水草、落叶或石块上。其他种类如海月水母（*Aurelia aurita*）和钩手水母。海蜇的营养价值较高，在我国沿海产量很大，有较大的经济意义。珊瑚是固着型个体组成的群体，共同分泌的外骨骼形成珊瑚石，珊瑚石的不断堆积可形成珊瑚岛和珊瑚礁。

（4）扁形动物门（Platyhelminthes）

扁形动物的身体背腹扁平，两侧对称（bilateral symmetry）。动物体明显地区分出前后、左右和背腹，动物的不同部位产生了生理分工，对环境有了更广泛的适应性。

中胚层的出现，使动物的器官系统得到了进一步的分化和发展。中胚层形成的肌肉和表皮构成皮肤肌肉囊，使动物的运动和保护能力加强。中胚层形成的实质组织，填充于体壁和消化道之间，可储藏营养和水分，提高了动物的抗干旱和耐饥饿能力，为在陆地生活提供了物质基础。

扁形动物为梯状神经系统，消化道仍简单，有口无肛门，原肾型排泄系统。

扁形动物约7000种，生活方式有自由生活和寄生。涡虫纲（*Turbellaria*）的动物多自由生活，如常见的淡水种类真涡虫（*Euplanaria gonocephala*）。吸虫纲（*Trematoda*）和绦虫纲（*Cestoidea*）为寄生种类，适应寄生生活，如体表被角质膜，有吸盘，生殖系统发达，有更换宿主现象等。常见种类如华支睾吸虫（*Clonorchis sinensis*），成虫寄生于人、猫、狗的肝管和胆囊，引起肝脏疾病；其他如日本血吸虫（*Schistosoma japonica*）和猪绦虫（*Taenia soelom*）等，对人、动物危害极大。

（5）原体腔动物门（Protocoelomate）

原体腔动物又称假体腔动物（Pseudocoelomata）。身体一般呈线形或圆桶形，体表被角质膜，体壁和消化道之间具原体腔，消化道完全，具肛门。

本门动物种类较庞杂，各类群间形态差异较大，其中比较重要的有线虫纲（*Nematoda*）和轮虫纲（*Rotifera*）。线虫类有1万种以上，在原体腔动物中种类最多、分布最广。多数生活于水和潮湿的土壤中，一些种类寄生在人和动物体内，如危害人类健康的常见种类人蛔虫（*Ascaris lumbricoides*）、蛲虫、钩虫和血丝虫，一些寄生于植物，如小麦线虫（*Anguillulina tritici*）。轮虫类动物体型微小，体前段有纤毛围成的轮器，大多数淡水生活，是鱼类的重要饵料，与渔业关系密切。

（6）环节动物门（Annelida）

环节动物身体分节，具次生体腔，有刚毛和疣足，出现闭管式循环系统、链状神经系统，排泄系统为后肾管型。

环节动物总共约 35000 种，通常分为三个纲。多毛纲（Polychaeta）动物海产，如沙蚕（Nereis）。寡毛纲（Oligochaeta）动物生活于土壤或淡水中，如各种蚯蚓，可松动土壤，增加肥力，也可用来作为家禽饲料或提取药物供医用。水生种类是鱼类的重要饵料。蛭纲（Hirudinea）动物生活于淡水或陆地上，前后端有吸盘，半寄生生活，如蚂蟥（Whitmania），能吸入人畜血液，蛭在医学上可用来提取抗凝血剂。

（7）软体动物门（Mollusca）

软体动物种类繁多，分布广泛，生活于海水、淡水和陆地，现存生物约 10 万种，是动物界中仅次于节肢动物的第二大门。软体动物身体柔软，不分节，有外套膜和贝壳，身体一般可分为头、足和内脏团三部分。真体腔退化，多为开管式循环，有专门的呼吸器官，发育过程中经过担轮幼虫期。

该门动物共分 8 纲，有 10 余万种，如无板纲（Aplacophora）、多板纲（Polyplacophora）、掘足纲（Scaphopoda）、瓣鳃纲（Lamellibranchia）、喙壳纲（Rostroconchia）、腹足纲（Gastropoda）、头足纲（Cephalopoda）。其分布广泛，从寒带、温带到热带，从海洋到河川、湖泊，从平原到高山，到处可见。

软体动物中，原始种类的神经系统无神经节的分化，仅有围咽神经环及向体后伸出的一对足神经索（pedal cord）和一对侧神经索（pleural cord）；较高等种类的神经系统由 4 对神经节和与之联络的神经构成：脑神经节（cerebral ganglion）1 对；足神经节（pedal ganglion）1 对；侧神经节（peural ganglion）1 对；脏神经节（visceral ganglion）1 对。各对神经节之间有横的神经联合，各不同神经节之间亦有神经连索，这些神经节的排列和神经联合以及神经连索的长短随类别不同而异。原始的种类没有明显的神经节，如单板纲。软体动物已分化出触角、眼、嗅检器及平衡囊等感觉器官，感觉灵敏。软体动物的消化系统包括口、食道、胃、肠、肛门和附属的腺体。水生软体动物用鳃呼吸。鳃是由外套膜内面的上皮伸展形成的。鳃的形态各异，包括鳃轴和鳃丝。

鲍鱼、宝贝、田螺、蜗牛、蚶、牡蛎、文蛤、章鱼、乌贼等都属于软体动物。由于软体动物大多数贝壳华丽，肉质鲜美，营养丰富，又较易捕获，因此远在上古渔猎时期，就已被人类利用，其中不少可供食用、药用、农业用、工艺美术业用，也有一些种类有毒，能传播疾病，危害农作物，损坏港湾建筑及交通运输设施，对人类有害。

（8）节肢动物门（Arthoropoda）

节肢动物门是动物界最大的一门，通称节肢动物，包括人们熟知的虾、蟹、蜘蛛、蚊、蝇、蜈蚣以及已绝灭的三叶虫等。全世界约有 110～120 万现存种，占整个现有生物种数的 75%～80%。节肢动物生活环境极其广泛，无论是海水、淡水、土壤、空中都有它们的踪迹。有些种类还寄生在其他动物的体内或体外。

节肢动物门两侧对称，异律分节，可分为头、胸、腹 3 部，或头部与胸部愈合为头胸部，或胸部与腹部愈合为躯干部，每一体节上有一对附肢。体外覆盖几丁质外骨骼，又称表皮或角质层。附肢的关节可活动。生长过程中要定期蜕皮。循环系统为开管式。水生种类的呼吸器官为鳃或书鳃，陆生的为气管或书肺或兼有。神经系统为链状神经系统，有各种感觉器官。多雌雄异体，生殖方式多样，一般卵生。生活环境极广泛。全世界约有 100 万余种，可分5亚门：三叶虫亚门（*Trilobitomorpha*）、螯肢亚门（*Chelicerata*）、甲壳亚门（*Crustacea*）、六足亚门（*Hexapoda*）、多足亚门（*Myriapoda*），其中昆虫纲（*Insecta*）就有100万种，约占动物界总种数80%。

（9）棘皮动物门（Echinodermata）

棘皮动物门属后口动物，在无脊椎动物中进化地位很高，全为海产。外观差别很大，有星状、球状、圆筒状和花状。成体为五放辐射对称，由管足排列表现出来。内部器官，包括水管系、神经系、血系和生殖系均为辐射对称，只有消化道除外。身体有口面和反口面之分。骨骼很发达，由许多分开的碳酸钙骨板构成，各板均由一单晶的方解石组成。多为雌雄异体，生殖细胞释放到海水中受精，幼体在初发生时形状相同，以后则随纲而异，少数种类可行无性裂体繁殖。分布世界各海洋，从潮间带到万米深的海沟均有，多为狭盐性动物，对水质污染很敏感，再生力一般很强。底栖，自由生活的种类能够缓慢移动。现生已知有5纲1200余属6000余种。

（10）脊索动物门（Chordata）

脊索动物门（Chordata）是动物界最高等的一门动物，共同特征是在其个体发育全过程或某一时期具有脊索、背神经管和鳃裂（即脊索动物门的三大特征）。脊索动物门包括尾索动物、头索动物和脊椎动物，次要特征为：密闭式的循环系统（尾索动物除外），心脏如存在，总是位于消化管的腹面；肛后尾，即位于肛门后方的尾，存在于生活史的某一阶段或终生存在；具有胚层形成的内骨骼。至于后口、两侧对称、三胚层、真体腔和分节性等特征则是某些无脊椎动物也具有的。脊索动物门动物已知约7万多种，现生的种类有4万多种，分3个亚门：尾索动物亚门（*Urochorda*），如异体住囊虫（*Oikopleura dioica*）、柄海鞘（*Styela clava*）；头索动物亚门（*Cephalochordata*），如文昌鱼（*Branchiostoma belcheri*）；脊椎动物亚门（*Vertebrata*），为此门最重要和最多的类群，包括圆口纲（*Cyclostomata*）、软骨鱼纲（*Chondrichthyes*）、硬骨鱼纲（*Osteichthyes*）、两栖纲（*Amphibia*）、爬行纲（*Reptilia*）、鸟纲（*Aves*）和哺乳纲（*Mammalia*）。

2. 动物分布的广泛性

（1）动物分布的水平格局

在地球的每一个角落，从高山到平原，从海洋到陆地，从炎热的赤道地区到冰天雪地的南极和北极，从干旱少雨的沙漠到雨水充沛的热带雨林，都有动物的存在。

热带雨林的降雨量充足，全年的温度变化不大，占优势的植物多是高大的常绿乔木，热带雨林的层次结构复杂，群落生产力很高，为种类繁多的动物提供了优良的栖息和生活条件，树栖动物尤其丰富。热带雨林中的代表动物有长臂猿、猩猩、眼镜猴、懒猴，还有象、犀牛、豪猪、食果大蝙蝠等。鸟类有鹦鹉、蜂鸟、犀鸟、极乐鸟和咬鹃等。

热带萨王纳是具有稀疏乔木、灌木的高原草地，它通常出现在海拔中等、具有季节性干旱的地区。在非洲的稀树草原上有大量的大型食草型哺乳动物及其捕食性兽类，那里的代表性动物有：斑马、大角斑羚、大羚羊、角马、长颈鹿、白犀牛、黑犀牛、狮子、猎豹和非洲鸵鸟等。

荒漠和半荒漠主要出现在海拔中等，纬度在30°～40°之间的副热带无风地区，尤其在离海洋较远的大陆中心。荒漠和半荒漠的平均年降水量低于250mm，没有多年生植物，一般来说只有稀疏的灌木。就是在这样恶劣的条件下却存在丰富的动物种类，而且某些种类比典型的草原还要丰富。有一些专门适应荒漠生境的动物，如欧亚大陆荒漠上的三趾鼠亚科、沙鼠科和啮齿动物；鸟类中有白灵、鹰、猫头鹰等。在北美荒漠则有棉尾兔、更格卢鼠、小囊鼠和荒漠白足鼠。南美荒漠有犰狳、美洲驼鸟。在荒漠动物中，于冬季和夏季休眠的种类特别多，还有很多动物有储存大量食物以备越冬的习性，大沙鼠便是其中一种。荒漠中的啮齿类中，夜出活动的种类所占比例也很高。这种特性是对于干热气候的一种适应。

温带草地出现于中等程度干燥、较冷的大陆性气候地区。这种草地在北美、南美和欧洲大陆都有。在欧亚大陆的温带草地上有许多典型的代表动物，如高鼻羚羊、黄羊、野驴、野马、骆驼等，此外还有小型的黄鼠、仓鼠、跳鼠等。

冻原又称苔原，出现在高纬度和高海拔的气候寒冷的地区，分布于欧亚大陆和北美北部沿海地区中，也包括北冰洋中的岛屿。在我国只有高山冻原，位于青藏高原上。冻原的优势植物是低矮的多年生灌木、苔草、禾草、苔藓和地衣，植被的高度只有几厘米，但却很茂密。冻原的典型动物有驯鹿、旅鼠、北极狐、北极黄鼠。在美洲还有麝香牛，鸟类中有雷鸟和雪鸮等。由于冻原在夏季的光照时间特别长，所以许多鸟类都迁移到这里来繁殖。

骆驼、非洲沙漠的大羚羊和大角斑羚是在沙漠环境中能忍受干热的大型哺乳动物。在寒冷的北极则生活着北极狐和红狐，在临近冬季也在地面活动，它们的毛皮和皮下脂肪的隔热性能都特别好。

在广阔的海洋中，更是存在着数量众多的鱼类、贝类、哺乳动物等。

（2）动物分布的垂直结构

在群落的每一层次中，往往栖息着一些在不同程度上可作为各层特征的动物，换言之，动物在群落中也有分层现象。一般来说，群落的分层越多，动物的种类也越多。虽然大多数鸟类可同时利用几个不同的层次，但是，每一种鸟都有一个自己所最喜欢的层次。林鸽喜欢在林冠层，青山雀、长尾山雀、旋木雀和煤山雀喜欢在乔木层，沼泽山雀、大山雀和戴菊喜欢在灌木层，而乌鸫、红胸鸲和鹪鹩则多在草被层或地面活动。在昆虫中，有许多不同种属的昆虫栖息于地下层，如步行虫科、叩头科、拟步行虫科、象科、金龟亚科等。很多昆虫的成虫也生活在土壤中，如蝼蛄、某些蚜虫和蚁科昆虫的成虫。在地被层上植物的枯枝落叶之间，栖息着某些弹尾目昆虫、纺足目昆虫、某些步行虫科和蚁科的昆虫。往上，则是栖息在草被层、灌木层和乔木层中的各种昆虫。甚至在一株树木的不同高度上也可以看到不同种类的昆虫。如在冷杉树干的下部，居住着云杉八齿小蠹，而云杉的中部居住着云杉小四眼小蠹，细小蠹定居在云杉的上部。从事昆虫研究的人都知道，为害树冠的多为食叶性的鳞翅目与同翅目的昆虫，为害树干的则是蛀茎的鞘翅目、膜翅目的昆虫，而蚂蚁、跳虫、隐翅虫、步行虫与螨类则主要在阴湿的地表枯枝落叶层中活动。

水生动物的成层现象也是很明显的。一般可分为漂游生物、浮游生物、游泳生物、底栖生物、附底动物和底内动物等。如小体鲟（*Acipenser ruthenus*）属潜底鱼类，生活在海底，海梭鱼（*Lucioperoa marina*）和拟鲤（*Rutilus rutilus*）属底栖鱼类，而勃氏西鲱（*Alosa brashinikovi*）生活在上层。在我国淡水养殖业中的一条重要传统经验就是利用适应不同水层和以不同食物为饵料的鱼类进行混养，以达到提高单产的效果。如在水池中同时放养鲢、鳙、鲤、青等鱼，就可以充分地利用水域。因为鲢、鳙在上层，主要吃浮游生物，而青和鲤是底栖鱼，前者吃螺蛳，后者是杂食性，把它们养在一起可以各行其是，各得其所。

（3）动物分布的时间格局

因为很多环境因素具有明显的时间节律如昼夜节律、季节节律，所以动物的群落结构也不是不变的，它们随时间而有明显的变化。群落昼夜相的例子很多。在一块农田中，白天活动的昆虫有蝶类、蜂类和蝇类，而到了夜间，夜蛾类、螟蛾类便取而代之。在一个森林中，每逢白天，常可以看到许多鸟类，一到夜里，猫头鹰和夜莺便出来了。在哺乳类中也有类似的情况，松树在白天活动，林姬鼠等则在夜间活动。动物的季节相也是十分明显的，在温带落叶阔叶林中，到了冬季，那里的树木光秃秃的，草被枯黄，很多迁徙性候鸟飞到南方去越冬，居留的只有留鸟和迁来的冬候鸟，大多数变温动物进入休眠状态。

3. 动物在生态系统中的作用

动物的多样性及其分布格局是动物在亿万年的进化中形成的，经历了不同进化阶段的适应辐射，使同一类动物分化为多种不同类型，显示着自然竞争的优势，创造了丰富多彩的动物世界。动物几乎参与了所有的生态系统及其形成的生态过程，在维持生态平衡中起着极其重要的作用。动物多样性是人类生存的基础，也是经济发展的强大支持力量。它通过参与各种生物地球化学循环来维持人类生存所必需的生存环境。动物多样性在维持生态平衡、生物防治和农业生产等方面起着重要作用，此外还直接为人类提供必需的各种食物、药物等，并在保健、轻工原料、遗传资源和科学研究等方面发挥重要作用。作为资源动物，主要有：珍贵特产类、食用类、药用类、工业用类、观赏类、实验类、天敌类、有毒类等资源动物。

3.3.3 动物受污染环境影响的机制

污染物透过体膜而进入血液的过程叫吸收。环境中的污染物质可以通过呼吸道、消化道和皮肤吸收等途径进入动物（高等动物）体内。其中主要靠消化道吸收，其次是呼吸道吸收，主要是气态污染物、粉尘及空气中的微生物等。皮肤吸收只占很少一部分，如一些脂溶性物质（有机农药、甲基汞等），可以从皮肤进入动物体内。

1. 消化道吸收

环境中大多数有毒有害物质是通过消化道进入动物体内，其中消化道的小肠吸收作用最大。动物的小肠黏膜具有环状皱壁，并拥有大量指状突起，叫做小肠绒毛，绒毛使小肠吸收面积增加了 3～18 倍。根据电子显微镜观察，每个绒毛上皮细胞的游离面上一般有 1000～3000 根微绒毛，这使上皮细胞的吸收面积又增大了 20～30 倍，小肠吸收面积共增加了 600 倍以上，可见小肠黏膜具有非常大的吸收面积，有利于物质的吸收。

污染物质经食物、饮水等途径摄入。此外，由呼吸道吸收的灰尘、金属等沉积于呼吸道后，经呼吸道表面纤毛作用消除，最后也可进入消化道，再被吸收到机体内。肠道对有毒有害物质的吸收量因物质的形态不同而异。以镉和汞为例：甲基汞和乙基汞等有机汞化合物，由于它们是脂溶性的，能随脂质物质而被消化和吸收。因此，甲基汞和乙基汞被肠道吸收量占投入量的 95％以上，但肠道对无机汞的离子型和金属汞的吸水率在 20％以下。如镉进入消化道后，小鼠、大鼠肠道吸收率为 2％，猴子是 5％，人是 12％～29％，肠道吸收率也因镉的化学形态及环境温度的不同而有变化。

物质被消化道吸收与物质的脂溶性有关。脂溶性大的物质易被吸收，水溶性物质不易被吸收，即与脂/水分配系数有关。水溶性物质易离解，因此不利于物质的吸收，当然难溶于水的物质也不易被吸收。毒物在消化道吸收的多少与浓度也有关，浓度越高，吸收越高。消化道各段的 pH 值相差很大，唾液为微酸性，胃液为酸性，肠液为碱性，许多酸碱性毒物在不同的 pH 值环境中的离解度不同，因此各部位吸收也有差异。如弱酸（苯酸）在胃内（pH＝2）主要呈不离解状态，脂溶性很大，故易被胃所吸收；而小肠内（pH＝6）不易被吸收（易离解）。弱碱（苯胺）在胃内呈解离状态，不易吸收，在小肠内呈脂溶状态，易被吸收。肠道的活动状态也可影响吸收，一般认为小肠蠕动可降低毒物的吸收量，减少小肠的蠕动有利于增加吸收量。因为小肠近端的 1/4 约占膜总面积的 1/2，故毒物停留在小肠上部的时间长，吸收量较大；反之较少。

由以上可以看出，进入消化道的有毒物质，并不完全吸收到血液（或淋巴）中，因为食物对毒物有稀释作用。同时，肠道又因有选择性吸收作用等，能降低对毒物的吸收。即使进入肠上皮细胞的有毒物质也往往因为肠上皮细胞的脱落而与粪便一起排出体外。部分进入血液中的有毒物质也可以进入肝脏，经肝脏生物转化后危害性降低。

2. 呼吸道吸收

大气中的污染物质主要经呼吸道进入动物体内，呼吸道各部分由于结构不同，对污染物的吸收液不同，其中肺泡的吸收量最大。肺泡总面积为 55m²，是皮肤表面积的 40 倍，肺泡壁上有丰富的毛细血管网，有害物质长期停留在肺部，有毒危害较小如铁等。有害物质在肺部停留时间长可使致敏、纤维化或产生致癌的危害。固态污染物质进入呼吸道后，沿气管进入肺部，其中直径大于 $10\mu m$ 者，因重力作用会迅速下沉。吸入呼吸道后，大部分被黏附在上呼吸道表面（通常把呼吸道的鼻、咽、喉称上呼吸道，气管和支气管称下呼吸道），如鼻毛可阻挡颗粒大的物质进入深部呼吸道。$5\sim10\mu m$ 的污染物则大部分阻留在气管和支气管。$1\sim5\mu m$ 的污染物一部分可穿过肺泡被吞噬细胞吞食，一部分可沉积在气管和支气管的表面。小于 $1\mu m$ 可很容易出入肺泡。沉积在气管和支气管表面的污染物，由于气管表面纤毛运动而使其逆向运动，排至喉部由痰咳出或咽入消化道，由于纤毛的运动，1h 内可消除呼吸道黏膜上沉积物达 90% 以上。进入肺泡的固态物质可以经以下途径消除：（1）直接从肺泡进入血液；（2）从气管转至胃肠道；（3）游离的或吞噬细胞吞食的颗粒可透过肺间质进入淋巴系统。

气态污染物被吸收的量取决于每种气体的血/气分配系数。所谓血/气分配系数是指当某气体在肺泡内的吸收达到平衡（饱和）时，该气体物质在血液中的浓度与肺泡中的浓度之比。每种气体的血/气分配系数是定值。此系数越大，气体越易进入血液。如乙醇的分配系数为 1300，乙醚为 15，则乙醇远比乙醚易进入血液。另外，一部分气态污染物也可随呼吸而直接排除。

3. 皮肤吸收

皮肤是机体的保护机构，一般情况下能防止异物进入机体内，但某些毒性物质也能闯过皮肤进入体内，从而引起动物中毒，如有机汞、有机氯和有机磷化合物以及四乙基铅等。

毒物经皮肤进入机体，主要靠表皮及皮肤表面的毛囊、汗腺和皮脂腺，其中主要是表皮细胞的吸收。经表皮吸收的毒物，受以下三种结构的影响：（1）皮质角质层，阻止分子量在300 以上的物质通过；（2）连接角质层，能阻止水、电解质及某些水溶性的物质通过，但脂溶性的物质可通过；（3）基膜，也能阻止某些物质通过。有毒物质经毛囊、汗腺、皮脂腺吸收不经过表皮障碍，可直接进入真皮。

皮肤对污染物质的吸收量取决于物质的脂溶性大小，脂溶性大，易经皮肤吸收。擦伤及温热、灼伤及酸碱等物质的化学损伤使污染物易于吸收。皮肤潮湿也可增加皮肤的吸收量，特别是气态污染物，因为在溶液状态比非溶液状态易于侵入机体。

3.3.4 污染物对动物新陈代谢的影响

存在于水体、大气、土壤中的污染物能通过食物链、呼吸作用及动物体表面等途径进入动物体。污染物进入动物体内后，会使动物的生理生化受阻，影响其健康甚至致死。这里以呼吸作用、物质吸收为例说明污染对动物新陈代谢的影响。

1. 对呼吸作用的影响

呼吸作用（respiration）是一个把能量从高能化合物里释放出来的过程，是生命活动的能量来源。污染物能抑制呼吸作用，主要体现在对氧气的运输、糖酵解过程、三羧酸循环及电子呼吸链的能量传递转化几个方面。

（1）氧气运输的影响

在一般高等动物中，向组织细胞运输 O_2 的是红细胞。红细胞的血红蛋白，是能与 O_2 结合的含铁蛋白。而污染物能与一些高等动物的红细胞结合，改变其结构，或与 O_2 竞争，降低血液的输氧能力，导致细胞和组织缺氧。例如，当鱼类受到 Pb、Hg、Zn 的毒害时，能抑制鱼类血红蛋白的合成，使 O_2 和血红蛋白曲线发生改变，影响鱼类的输氧能力。用亚致死剂量的镉处理鲽鱼（pleurohetes flecus），有明显的贫血反应。硝酸铅能使血浆中 Na^+ 和 Cl^- 明显增加，血糖降低；甲基汞使红细胞、血浆中的 Na^+ 和 Cl^- 明显增加；硝酸盐进入人体后，能转变为 NO_2^-，NO_2^- 能和血红蛋白中的 Fe^{2+} 变成 Fe^{3+}，血红蛋白失去携带 O_2 的能力，使机体缺氧。

Pb 等重金属能干扰亚螯合酶，使细胞和线粒体对 Fe 的摄取量和利用率下降，这将干扰卟啉对铁的螯合，抑制血红素的合成，使血液向机体输 O_2 的能力降低，呈缺 O_2 的趋势。

（2）干扰糖酵解的过程

有的污染物能干扰糖酵解过程中的酶，使糖酵解受阻。糖酵解是生物进行糖类代谢从而获得能量的初始起点，不需要 O_2 的参与，但是需要很多酶的催化才能进行。重金属和类重金属能抑制糖酵解过程中的一些酶的活性，使糖酵解过程受到抑制。Cd^{6+} 能使小鼠肝脏内葡萄糖-6-磷酸酶的活性受到抑制，阻断了后面的反应。而用 As^{3+} 作用于小鼠的实验显示，糖酵解过程中，各个反应步骤的产物中，以丙酮酸的含量比正常时明显低很多，表明 As^{3+} 能明显抑制丙酮酸氧化酶的活性。污染物对糖酵解的抑制，能间接地影响到后面的无氧呼吸以及有氧呼吸的三羧酸循环（TCL）等过程。

（3）对三羧酸循环中底物和酶的干扰

TCL 是有氧呼吸中的主要部分，是糖类彻底释放能量并存储在 $NADH_2$、$FADH_2$、GTP 中的过程，其中很多反应都是酶促反应过程。污染物能对 TCL 循环中的底物和酶产生干扰，影响 $NADH_2$、$FADH_2$、GTP 这些高能化合物的产出。而且，由于 TCL 循环是糖类、脂肪和蛋白质等多种重要生命物质代谢的中心环节，所以对 TCL 的影响也间接地影响了这些重要的代谢过程。Cr^{6+} 对小鼠实验中，该重金属能导致小鼠肝脏内琥珀酸脱氢酶活力显著下降，影响 TCL 循环的进一步进行。As^{3+} 也能影响 TCL 循环中的琥珀酸脱氢酶的活性，使 $FADH_2$ 的产出量大大减少，从而影响到最终的 ATP 的生成。

（4）对电子呼吸链的阻断效应

有的污染物如叠氮化合物、氰化物等能阻断电子呼吸链，影响 $NADH_2$、$NADPH_2$、$FADH_2$ 等产生 ATP 的过程，使机体中各种代谢反应缺少能量支持而受到影响。

2. 对营养元素代谢的影响

动物生命活动需要很多元素的参与，污染条件下能影响动物对营养元素的吸收、转运和分配，从而影响动物的生理生化机能。

有机氯农药能使许多鸟类蛋壳变薄，例如 DDE 能抑制输卵管内的碳酸酐酶与 ATP 酶的活性，阻碍 $CaCO_3$ 在卵壳上的累积。原因是输卵管内钙的贮量有限，要靠 ATP 酶的作用，使钙能从血液中得到补充；同时输卵管内壳腺放出的 CO_2 与水结合，经过碳酸酐酶的作用变成为 H_2CO_3，再与 Ca^{2+} 作用和成 $CaCO_3$。如果 ATP 酶和碳酸酐酶被抑制，$CaCO_3$ 的形成将受到障碍。

Cd^{2+} 等二价重金属离子能破坏钙泵，影响 Ca 的沉积，或取代 Ca，部分沉积在动物体骨骼等部位，导致骨痛病。以骨质软化症为主的骨痛病是主要病例，还有骨质疏松症。Cd 影响骨代谢，也可能影响骨芽细胞形成障碍。

3. 对神经系统的影响

神经系统是动物区别于植物、能够灵敏感应外界环境的功能体系，构成这个功能体系最重要的物质基础就是神经递质。污染物对神经递质的影响人们关注由来已久。长期的污染将引起神经系统严重受损。

乙酰胆碱是神经突触传递信息的一种神经递质，在动物体内维持着一定的水平。由于环境中污染物进入动物体，抑制胆碱酯酶的作用，从而影响神经系统的功能。例如，有机磷农药对胆碱酯酶的抑制作用，是因为有机磷农药分子中具有亲电子性磷原子和带有正电荷的部分，其正电荷部分与胆碱酯酶的氨基酸残基的侧链结合，亲电子性磷原子与活性中心酯解部分（丝氨酸残基的羧基）结合，形成磷酰化胆碱酯酶，因而使酶失去分解乙酰胆碱的作用，引起一系列的神经系统中毒。

化工废物中的汞或农药中的汞，如果以有机汞的形式被人体吸收，则能随血液循环进入脑部，并在脑部积累。进入脑部的甲级汞衰减缓慢，能引起神经系统的损伤及运动的失调等，严重时能疯狂痉挛致死。主要原因是甲基汞能抑制神经细胞膜表面的 Na^+-K^+-ATP 酶活性，这种酶受到抑制后将导致膜去极化，从而影响神经细胞之间的神经传递。另外，甲基汞也能使有髓神经纤维出现鞘层脱节和分离，影响神经电信息传递的进度和速度。此类中毒的事件中典型的有日本的水俣病事件。

DDT 等有机氯污染物可以作用于神经轴索膜，使膜对 Na^+ 和 K^+ 的通透性发生改变，因此 DDT 的毒性作用与神经膜的离子通透性改变有关。

3.3.5　污染物对动物生命活动的影响

污染物对动物生命活动的影响十分普遍，也十分多样。

1. 污染物对动物的组织器官和内脏的破坏作用

污染物 Pb、Cd 能使鱼的脊椎弯曲。Cd^{2+} 能干扰动物肝脏的 B_{12} 正常储存。重金属元素常常黏积在鱼鳃的表面，使鱼鳃的上皮和黏液细胞发生贫血和营养失调，从而严重破坏鱼类的呼吸器官，影响鱼对氧的呼吸及血液中输送氧的能力。

由于重金属元素的作用，还会使鱼类血液中的呼吸色素浓度降低，导致红血球量异常（减少）。比如：只要向鲽鱼体内加入亚致死剂量的重金属 Cd，即会发生贫血反应。甲基汞也会增加鱼血浆中的 Na^+ 和 Cl^- 浓度，使血红蛋白成分改变导致贫血。

在大气污染环境中，很多动物经常出现呼吸道受损，呼吸急促，常因大脑供氧不足而昏厥，严重的因窒息而死亡。

在农药等有机污染环境中，动物经常肝脏肿大，肾脏功能衰竭，常出现蛋白尿，心肺过速，常因脏器受损而致死。

2. 污染物对动物生长发育的干扰

在污染环境中，动物经常营养严重不良，个体偏小，体重偏轻，很多动物不能进入发情期，产生的后代数量少，质量低，生物种群往往不断走向衰退。鱼类、水鸟、哺乳动物等，如果生存的环境被有机氯类的农药所污染，这些动物的繁殖率和繁殖质量将会受到严重的影响。许多鸟蛋的蛋壳变薄、变软，幼鸟的繁殖成活率低。

3. 污染与生物的心血管疾病

心血管疾病是包括人类在内的高等动物常见疾病，尤其是近年来，这种疾病已经成为影响人类生存健康的重大病因之一。

人类以前解释动脉粥样硬化的机制一直用胆固醇或脂蛋白渗入血管壁，刺激内膜产生炎症来解释说明。现在研究认为：动脉粥样硬化是动脉中层细胞在一些诱发因子作用下发生突变，突变了的细胞分裂产生的子代细胞可移入内膜，并在内膜中增生、繁殖，以致形成瘤状板块而硬化。这种始发过程与致突变剂损伤 DNA 有关，人类接触的环境诱变剂可以促成动脉硬化板块的形成。

大量环境污染均能引起 DNA 的损伤，而 DNA 的损伤同心血管疾病有关。根据有关 DNA 复制和人体淋巴细胞染色体畸变的试验资料：多种污染物均可导致高血压，而高血压病患者对此化学诱变剂如 α-乙酰氨基和二甲基蒽等所引起的 DNA 损伤比正常血压的人敏感得多。

4. 污染与衰老

现在遗传学证明，生物的长寿程度与生物自身 DNA 损伤修复能力直接相关。特别是哺乳动物，Hast 和 Settow 研究了几种哺乳动物寿命和 DNA 修复（主要是切除修复）能力之间的关系，发现寿命越长修复能力也越强。

生物细胞遗传物质在正常条件下都会受到内部微环境的改变和外部的影响，而受到的损伤程度也不同，不过 DNA 是生物体内唯一能自我修复的分子，为了维持遗传信息的正确和完整性，生物在进化中形成了集中酶促 DNA 修复过程，损伤和修复是一种动态平衡。

DNA 的修复方法有 4 种：切除修复、复制修复、光修复、SOS 修复。不同的生物的修复方法有较大差异。绝大多数污染物均能明显地干扰 DNA 的修复能力。DNA 修复是一系列的酶促反应过程，在污染物作用时，酶促反应受到干扰，使修复作用失调，增大了 DNA 的损伤，从而影响生物的寿命。现在各种环境危险物随大气、土壤、水体污染，通过呼吸、接触、饮食进入生物体中，干扰 DNA 的修复能力，使包括人类在内的很多生物种类在尚未完全或到生理寿命的时候就因污染而早亡。

3.3.6 动物对污染物的排出

在动物界，排出污染物的主要途径是通过肾脏以尿液形式排出。其次是随同胆汁混入粪便从消化道排出。其他各种腺体分泌液如唾液、乳汁、泪液及胃肠道分泌物也有一定的排出作用。经肾脏排出的化学物数量超过其他各种途径排出量的总和。但是，对某种特殊的化学物，其他途径常常特别重要。例如，由肺随同呼出气体排出一氧化碳，由肝脏随同胆汁排出 DDT 和铅等。

1. 经肾脏排出

（1）肾小球滤过

肾小球滤过是一种被动转运。肾小球毛细血管具有较大的孔洞，直径约 40Å。除了分子量在 70000u 以上的大分子物质外，其他物质皆可滤过。所以，一般外来化合物及其代谢物亦可滤过。但与血浆蛋白质结合的化合物因分子过大而不易通过上述孔洞。

经肾小球滤出的外来化合物及其代谢产物的去路有两条：经肾小管腔排出，或被肾小管上皮细胞重吸收入血液中。其重吸收的机理是简单扩散。所以脂-水分配系数高的化合物易被重吸收。极性化合物、易电离的化合物以及离子等不能通过简单扩散被重吸收，将被排入尿液中，生物转化第二阶段将外来物质经结合反应转变成水溶性化合物，其重要意义之一在于能顺利通过肾小管而不被重吸收。

（2）肾小管主动转运

外来化合物及其代谢产物可通过肾小管的主动转运进入尿液，亦可称为主动排泄。这种主动转运可通过多种不同的转运体进行。一种转运体供有机阴离子化合物（如苯甲酸、磺酸、尿酸等有机酸类）转运之用，另一种转运体供有机阳离子化合物（如胺类等有机碱类）转运之用。这两种转运系统都位于肾小管的近曲小管。与蛋白质结合的外来化合物皆可通过这种主动运转进入尿液。

若干因素可以影响肾小管排泄外来化合物。如果两种化合物通过同一转运系统而排泄，彼此可发生竞争。一种化学物的排泄速度可因输入另一种化学物而降低，从而使其生物学作用受到影响。例如，羧苯磺胺可抑制青霉素从肾小管排泄，使血清青霉素水平增高并延长其活性。肾小管液 pH 值对外来化合物及其代谢产物的排出也有影响。当肾小管液呈酸性时，弱酸性化合物不易离解，故易被重吸收；而弱碱性化合物因易离解而被排出。相反，当肾小管液呈碱性时，因离解原因使弱酸性化合物容易排出；而弱碱性化合物较难排出。在实践中可以利用药物调节尿的 pH 值以促进毒物排出体外。如苯巴比妥中毒，可服用碳酸氢钠，使尿液呈碱性而促其排出。此外，一些内源性结合物质，如葡糖醛酸、硫酸盐、谷胱甘肽等的多少，在很大程度上也会影响到外来化合物经尿排出。生物体的年龄也对外来化合物的排出有影响。初生或幼年集体的肾排泄功能尚未发育完全，故有些外来化合物在其体内消除速度较慢，对机体产生损害的可能性较大。例如，早产儿对青霉素的清除率只及正常儿童的 20%。

2. 随同胆汁排出

肝胆系统也是外来物质排出的重要途径之一。经胃肠道吸收的外来化合物先随血液进入肝脏，在肝脏进行生物转化。其代谢产物可被肝细胞直接排泄进入胆汁，不再进入血液循环经肾脏排泄。

外来化合物及其代谢产物被肝细胞排入胆汁并进入小肠后，有两种可能的去路。如果这种化学物易被吸收，则可能在小肠中被重新吸收，并经门静脉系统返回肝脏。随后再随同胆汁进入小肠，形成所谓的肠肝循环。肠肝循环具有重要的毒理学意义。若有毒外来化合物进入肠肝循环，则使其在体内停留时间延长，对肝脏的生物学作用也将增加。例如，甲基汞主要随同胆汁从肠道排出。由于肠肝循环，使其生物半减期长达平均 70d 以上。在临床上常利用泻药阻止肠肝循环，促进有毒有害物质从肠道排出。另一条去路见于不易被吸收的外来化合物及其代谢产物。它们不能被重吸收进入肠肝循环，随同胆汁混于粪便排出体外。有些外来化合物往往以不能被吸收的结合形态出现在胆汁中。但是它们若能被肠内存在的肠菌群及葡萄苷酸酶水解，则可能被重吸收进入肠肝循环。所以，其结合物在小肠中的水解情况是决定此类化合物能否进入肠肝循环的关键。

外来化合物经肝脏进入胆汁的过程，主要通过主动转运。与血浆蛋白结合的外来物质，分子量在 300u 以上及具有阳离子或阴离子的外来物质均可通过主动转运系统逆浓度梯度而进入胆汁（有时外来化合物在胆汁和血浆的浓度相差 10～1000 倍）。肝脏中至少有三种转运系统负责将各种有机化合物排入胆汁。第一种是有机酸转运系统。此系统除转运有机酸外，还能将胆红素由血浆转运入胆汁。第二转运系统供转运和排出有机碱类物质，如一些胺类物质等。第三种转运系统负责中性有机化合物的转运和排泄。另外，可能还有一种主动转运系统用于金属的转运和排泄，如铅可逆浓度由肝脏进入胆汁。有些外来化合物也可以通过简单扩散进入胆汁，但不是主要方式。

3. 经呼吸道排出

由呼吸道进入体内的气态、挥发性液态及不溶解的颗粒状外来物质均可由呼吸道排出体外。不同形态的外来物排出的方式不同。

气态和易挥发性液态外来化合物主要通过简单扩散方式排出。这些外来物质的排出速度与呼吸速度、血流速度和外来物质在血液中的溶解度都有关系。一般而言，呼吸速度和血流速度快，则外来物质的排出速度也快。例如，乙醚是一种挥发性溶剂，在过度通气时，经由肺排出极为迅速。在血液中溶解度较低的气体（如 N_2O）排泄较快；而血液中溶解度较高的外来物质（如乙醇），由肺部排出的速度较慢。

外来颗粒状物质的排出主要通过支气管分泌的液体、肺细胞分泌的脂蛋白表面活性剂层以及巨噬细胞的作用，并在气管表面纤毛的推动下排出。这些物质吸入后 1h，一般就可从肺部排出到咽部，然后随痰咳出。

4. 其他排出途径

外来物质除了从上述几条途径排出体外，还有其他几种排出途径，也具有一定意义。

许多外来物质在粪便中出现，其原因可能是这些物质经口摄入后未被吸收直接随粪便排出；也可能（如上所述）是随胆汁排入肠道。另外，人的胃和肠每天各自分泌约 3L 液体，有些外来物质也可能随之排出。

乳汁是脂质在蛋白质水溶液的乳状液。凡是溶于母体水分中的物质，吸附于母体血液蛋白质的物质和溶于血脂中的物质皆可透过乳腺组织的膜结构。据估计，有数十种外来物质可随人乳排出，其中包括急性化合物乙醚和咖啡碱、非极性化合物、激素，以及亲脂性的卤化杀虫剂和工业化学品。极性较强的化合物和在体内迅速生物转化的亲脂性化合物随同乳汁排泄的比例较少，因为这些物质主要经肝脏和肾脏排泄。但是，如果母体反复多次接触此类化合物，则随同乳汁排泄的量将增加。生物半减期较长的亲脂性化合物易在乳汁中检出，而且浓度较高，持续检出的时间较长。例如，在实验性恒态输入条件下，六六六和狄氏剂等有机氯杀虫剂经牛乳汁排出的量占其摄入量的 25% 以上。外来化合物经乳汁排出在毒理学上有特殊意义，因为有毒外来物质、特别是能在乳汁中浓缩的有毒物质，可以经乳汁由母体进入婴儿体内。另外，有些外来化合物或其代谢物可随同饲料被奶牛摄入而进入牛奶，对摄入牛奶者有害。例如，黄曲霉素 B1 的代谢物黄曲霉素 M1 即可在牛奶中发现。外来化合物一般通过简单扩散方式进入乳汁。乳汁的 pH 值约为 6.5，酸度高于血液。所以，碱性化合物可以在乳汁中富集，而酸性化合物的浓度则低于血浆中的浓度。

外来化合物亦可通过汗液和唾液排出，但数量极少，且主要是未电离的脂溶性外来化学物通过简单扩散方式排出。有些外来化合物经汗腺随同汗液排出时可引起皮炎。唾液一般被吞咽。排入唾液的外来化学物可能在胃肠道重新被吸收。

毛发和指甲并非机体的排泄物，但有些重金属，如铅、汞、锰、砷等可积蓄于此。随着毛发和指甲的生长、脱落而离开生物体。

3.3.7　动物及其产物对环境的影响

1. 动物同样可成为环境的污染者和破坏者

动物作为生态系统中的消费者，其单位面积上的密度必须与此环境中生产者的能力相适应。如果超出某一密度范围，生产者的生产力不足以支撑消费者的消耗，即造成生态失衡，甚至造成灾难。例如草原上的过度放牧，造成了草原牧草植被退化，无法提供充足的牧草。有些山羊种甚至在吃草时喜欢把草根连根翻起，所过之处如同翻耕过一样，植物遭受灾难性洗劫。三江源某些区域的田鼠密度已达到 $1m^2$ 数个至 10 多个洞穴的地步，这些田鼠不仅损耗大量的粮食、果实，而且洞穴的挖掘致使图层和植被遭到严重毁坏。高密度松毛虫、天牛、蝗虫可把松林、作物和植物连片吃光。

2. 动物的大量排泄物成为环境一大有机污染源

动物尤其是家禽、家畜的集中饲养会产生大量的粪便排泄物。据测定，一头牛每天的粪便排出量为 3～5kg，猪为 0.8～1.2kg，鸡、鸭为 0.1～0.2kg。再加上牲畜排出的尿和冲洗水，一个中等规模的饲养场每天可清出数以吨计的粪便和其他废弃物。这些废弃物如不作处理或不外运到田间作肥料，在饲养场周围堆积成山，即使是有机污染源，一旦雨淋冲洗溢满即会进入河流，污染水系。对于堆积处的土壤也造成氨氮污染，不能种植作物。同时成为苍蝇蚊子的滋生地，周围空气也因臭味、氨味而令人很不愉快。

3. 许多动物带有令人不愉快的气味

许多动物除了其排出的粪便等排泄物给空气带来臭味外，其本身还有特异性体味。牛、马、羊、猪、鸡、鸭等都有，野生动物更是如此。鱼有鱼腥味，羊有羊骚味，狐有狐臭味。这些动物体味大多令人不愉快。如人长期处于这种环境，头晕、恶心、呕吐都可能会相继出现。

4. 许多动物携带并传播人畜共患病病原菌或致人疾病

马、牛等家畜可以携带人畜共患病原菌，如沙门氏菌（Salmonella）、结核杆菌、布鲁氏菌（Brucella）等。当人在接触或食用携带有未完全杀灭这些病原菌的动物肉类时可被传染。例如震惊世界的英国"疯牛病"事件，自 20 世纪 80 年代初开始英国开始用动物尸体制作饲料喂牛，结果导致了 80 年代后期疯牛病的大爆发，已经证实疯牛病是由朊病毒引起的，且可传染给人类而引发人脑组织类似的疾病。1999 年，比利时发生的毒鸡事件，即是鸡将饲料中的二噁英吸收并积累于体内，人食用鸡肉时又受到二噁英污染。众所周知的老鼠携带的鼠疫病菌，蚊子传播虐原虫等都曾给人类带来巨大灾难，在某些贫困落后地区至今仍在肆虐。携带有狂犬病毒的狗、猫等动物通过咬人传播狂犬病毒，使被传播的人发生恐水病（狂犬病），救治不及时死亡率极高。

5. 许多动物产生毒素危害人类和其他生物

许多动物产生并携带、传播对人类和其他动物有害的毒素，甚至以毒素主动攻击人类。蛇类在压抑鼠类的危害方面具有不可或缺的贡献，但许多蛇类是有毒和有剧毒的，目前世界上蛇约有 3000 种，其中毒蛇 650 种左右。我国有 170 种蛇，毒蛇 40 种。有些毒蛇可产生神经性毒物，如金环蛇、银环蛇、眼镜王蛇等，可致中枢神经麻痹而致死。有些毒蛇可产生血液型毒物，如蝰蛇、蝮蛇、响尾蛇、烙铁头等，损害血液循环系统，溶解血胞，导致心脏衰竭死亡。也有毒蛇同时产生神经性毒物和血液型毒物。两栖类动物中蟾蜍的耳后腺和皮肤腺分泌的白色浆液会有蟾蜍毒素，可刺激迷走神经，损害心肌，导致死亡。鱼类中产毒鱼种类很多，可以归类为豚毒鱼类、肉毒鱼类、胆毒鱼类、血毒鱼类、卵毒鱼类、肝毒鱼类、刺毒鱼类等，它们分别在相应部位产生各种毒素。有毒的螺类和有毒贝类也都带有各种不同毒素。人和其他动物误食或食用不当可引发严重中毒，甚至死亡。自然界中有毒昆虫很多，有些蜘蛛如黑寡妇蜘蛛、毒蚁、蜈蚣、黄蜂、松毛虫等都携带有毒素。

6. 许多动物啃食建筑材料，损毁建筑构物

老鼠或其他水边动物在土筑水坝、堤岸上打穴筑窝，堤岸抗洪能力下降，甚至被冲毁。白蚁还有老鼠啃噬建筑物或家具中的木质部分甚至水泥，造成建筑物破坏、倒塌，家具毁坏。

 复习思考题

1. 如何理解在生物与环境的相互关系中环境是主导而生物是主动的？
2. 如何认识生态因子的作用特点？
3. 温度对生物作用的"三基点"是什么？在应用中有哪些方面？
4. 简要分析光对生物的生态作用及生物对光的生态适应。
5. 导致南方植物移植到北方不能正常生长或生存的生态因子可能有哪些？
6. 水具有哪些生态作用？生物如何适应？
7. 试分析生物适应环境有哪些主要途径。

第4章 生物对污染物的响应和检测

学 习 提 示

在人为胁迫条件下，生物系统会对受损环境发生一些在自然条件下没有或罕见的生物反应，这种反应可以发生在生物系统的基因、细胞、组织、器官、个体、种群、群落及生态系统等各个层次（图 4-1）。反应强度与环境受损程度存在着相关性（图 4-2），是利用生物对环境变化进行监测、预警的基础。本章阐述了污染物对生态系统各级生物学水平上的影响，以及化学污染物对生物的联合作用。着重要求掌握污染物在以下生物学水平上生物对污染物的响应和检测。

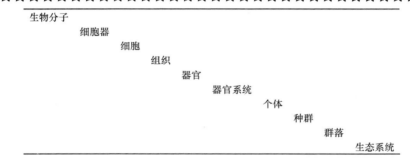

图 4-1 生物系统的各级生物学水平

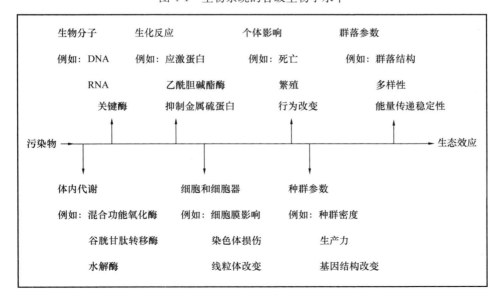

图 4-2 污染物在各级生物学水平上的影响示意图

4.1 生物化学和分子水平

污染物通过多种途径进入生物机体后，一部分经代谢排出体外，而有些污染物或污染物的代谢产物会对生物产生毒性作用。已有研究表明，污染物对生物机体的影响首先作用于生物大分子。污染物的作用主要有防护性和非防护性两种（表 4-1）。防护性生化反应主要是通过降低游离污染物在细胞中的浓度，从而抑制或防止细胞组织发生有害反应，以消除对机体的影响。例如，在细胞微粒体酶系统中，混合功能氧化酶系统的功能就是增加水溶性代谢物和结合物的生成速率，加快污染物代谢并排泄到体外，显然这样的代谢将起解毒作用。但是有些新陈代谢活动却产生毒性比母体化合物更大的产物或效应。非防护性生化反应的机理及其毒性表现也是多种多样的。例如，污染物对乙酰胆碱的抑制作用。许多污染物的毒作用就是基于与酶的相互作用。

表 4-1 防护性生化反应和非防护性生化反应

作用类型	例子	后果
防护性	混合功能氧化酶的诱导	加快新陈代谢，生成水溶性代谢物，从而加速排泄
	金属硫蛋白的生成	增加对金属的束缚速度，从而降低金属的生物利用率
非防护性	乙酰胆碱酯酶的抑制作用	50%以上因抑制而产生可见的毒性效应
	DNA 加合物的生成	若导致突变会发生损害作用

4.1.1 污染物引发生物体的基因突变

众所周知，生物体遗传的物质基础是 DNA 和 RNA。遗传信息按 Click 提出的以 DNA-RNA-蛋白质（或多肽链）的单向遗传信息传递的中心法则，决定着生物体的各种形态、生理、群落和生态特性。然而许多化学性环境污染物和放射性污染物是改变、致畸和致癌物质，可以引发生物遗传物质 DNA 和 RNA 的错码、移码、倒位、重复、插入、缺失等突变。这是一切生物发生变化的根源和基础。例如，240～300nm 尤其是 253.7nm 左右的紫外线，由于核酸物质的最大吸收波长也在此域，紫外线可以引起 DNA 分子中相邻的胸腺嘧啶（T）形成二聚体，从而减弱双链间氢键的作用，并引起 DNA 双链结构发生扭曲变形，DNA 复制时阻碍了碱基间的正常配对，引起生物体突变或死亡。那些波长短、能量大的 X 射线、α射线、β射线和 γ射线等射线可使被照生物体中的水分子发生电离产生游离基，游离基可与细胞中的敏感蛋白分子作用使其失活，从而使细胞受损或死亡。

4.1.2 改变生物体的生化反应和代谢途径

生命活动离不开酶，酶是生物化学反应的基础，是一切代谢反应的关键物质。代谢途径对酶的影响主要有两方面：一是对酶活性的改变可影响反应速度；二是对酶合成的改变可影响反应方向和性质。污染物通过对酶的诱导和阻遏影响酶的活性、种类和数量。

1. 酶的诱导作用分类

接触外源性化合物后引起的体内生物酶活性升高的现象称为"诱导"，或"诱导作用"（induction）。诱导作用一般对机体具有保护作用，但在某些条件下，也可使毒性增强，甚至具有致癌作用。严格地讲，根据作用机理不同，酶的诱导作用分为两类：一是诱导酶的合成，即外来化合物诱导机体产生新的酶或使酶合成速度加快，这是基于基因水平上所引起的变化；二是诱导酶活性，即外来化合物使酶的活性提高。

（1）酶合成的诱导

有些外源性化合物（诱导物）能促进细胞内酶的合成，这种作用称为酶合成的诱导作用。酶蛋白的合成受结构基因、操纵基因和调节基因三种基因的控制。结构基因含有酶蛋白合成信息，通过转录和翻译过程指导酶蛋白的合成；结构基因 DNA 转录成 mRNA 的速度由操纵基因控制；调节基因形成内源性阻遏蛋白，作用于操纵基因结合使之失去活性，使阻遏作用失效，故操纵基因不受阻遏，结构基因便可指导酶蛋白的合成。

例如，大肠杆菌可利用多种糖为碳源，当用乳糖作为一碳源时，需要合成水解乳糖的三种酶。这三种酶是乳糖作为一碳源时而诱导生成的诱导酶，乳糖是诱导物。有乳糖时，阻遏蛋白与乳糖结合，失去活性，失去阻遏能力，被其阻止的结构基因不被阻碍，基因得以编码翻译生成水解乳糖的三种酶；乳糖不存在时，阻遏蛋白有活性，阻碍结构基因使其不能编码，水解乳糖的酶便不会生成。乳糖通过阻遏蛋白对酶合成起诱导作用，有乳糖时，阻遏蛋白失活。

（2）酶活性的诱导

酶活性的调节是以酶分子的结构为基础的，凡是导致酶结构改变的因素都会影响酶的活性。污染物一方面与酶的辅助因子——金属离子作用，从而使辅助因子失活，影响到酶的活性。如：氰化物等能与细胞色素酶中的铁离子结合，形成稳定络合物，而抑制细胞色素的酶活性，使其不能传递电子，则细胞内的氧化代谢过程中断，使机体不能利用氧，出现内窒息性缺氧。另一方面污染物可对酶活性中心产生影响，如汞和砷与某些酶的活性基团结合很牢固，从而使酶失去活性，破坏酶的结构；取代酶分子中的某些成分，从而使酶失去活性，如铍的毒性作用。

2. 污染物对酶的诱导作用

研究发现，接触外源性化合物后可显著地提高机体对同种化合物或其他化合物的代谢能力，这是因为许多环境污染物能使生物机体体内产生诱导酶或使一些酶活性增加，例如，20世纪 50 年代，病人在服用巴比妥酸盐后，体内的药物排泄很快；用 3-甲基胆蒽处理大鼠后，可保护它免受偶氮染料染毒引起的肿瘤。到了 60 年代，毒理学家就已经认识到，不同的化合物对肝微粒体 CYP 引起的诱导作用是不相同的，并且将其归纳为两种主要的形式：由巴比妥酸盐引起的诱导和由多环芳烃引起的诱导。

外源及内源性化合物都可能成为诱导物。在这些诱导物中，特别要提到苯巴比妥、3-甲基胆蒽、多氯联苯三种诱导物。苯巴比妥、3-甲基胆蒽是 P450 酶系的两种诱导物（prototypical inducer）。前者是 CYP2 的原型诱导物，后者为 CYP1 的原型诱导物，前者可引起肝实质肥大和内质网增殖，后者则否。在毒理学实验中，受试物如具有脂肪烃结构，进行酶诱导时，可选用苯巴比妥，如属芳香烃时，则可选用 3-甲基胆蒽。多氯联苯的商品名为 Aroclor1254，也常用于 CYP 的诱导，尤其用于为 Ames 试验而准备的微粒体。Aroclor1254 含有多种多氯联苯异构体，兼有苯巴比妥和 3-甲基胆蒽的诱导特性。1966 年，Sladek 和 Mannering 根据苯巴比妥和 3-甲基胆蒽的诱导作用第一次提出了肝微粒体色素 P450 具有多种形态的证据。其后，纯化与鉴定了多种 CYPs。

化学致癌作用一向备受人们关注。1970 年以来，对多环芳烃类，包括苯并芘的致癌作用进行了广泛的研究，证实有高活性的环氧化物产生，表明这些本为惰性的化合物，经微粒体 CYPs 的氧化而代谢活化了，成为具有诱变作用的致癌物。现将 CYPs 的外源性诱导物及其诱导酶和底物列举见表 4-2。

表 4-2　外源性化合物诱导的细胞色素 P450 酶系及其底物

	细胞色素 P450 酶系	特异性 CYP 底物
某些多环芳烃、卤代芳烃与多氯联苯	CYP1A1	多环芳烃
	CYP1A2	多环芳烃、类固醇
	CYP1B1	药物、类固醇
	CYP2A3	类固醇
苯巴比妥盐酸、DDT、狄氏剂、某些多氯联苯	CYP2A1	类固醇
	CYP2B1/2	类固醇、多环芳烃
	CYP2H1/2	药物、类固醇、多环芳烃
	CYP2C1/6/7/11	类固醇、脂肪酸、药物
	CYP3A1/2	类固醇、药物、抗生素
	CYP6A1	农药
	CYP102/106	脂肪酸
过氧化物酶体增殖剂（peroxisome proliferators）	CYP2B1	药物、类固醇、多环芳烃
	CYP4C1/3/6/7	脂肪酸
	CYP102	脂肪酸
地塞米松、多氯联苯、抗糖皮质激素	CYP3A1	类固醇、药物、抗生素
	CYP2B1/2	药物、类固醇、多环芳烃
	CYP2C6	类固醇、脂肪酸、药物

影响酶诱导的因素很多。首先要考虑种属的差异，例如，3-甲基胆蒽对 C57BL/6 小鼠具有明显的诱导作用，而对 DHA/2 小鼠则没有诱导作用。不同的器官和组织对诱导物的反应也不相同。动物的年龄的影响也是很大的。目前研究较多的被诱导的酶有：污染物在生物体内进行生物转化过程中的相 I 和相 II 酶，如混合功能氧化酶系（MFO）、谷胱甘肽转移酶（GST）和尿二磷酸葡萄糖苷转移酶（UDPGT）等；抗氧化防疫系统的酶系，如超氧化物歧化酶（SOD）、过氧化物酶等，以及动物血清中的酶类。下面举例说明污染物对一些酶的诱导作用。

（1）微粒体混合功能氧化酶系（MFO）

混合功能氧化酶是污染物在体内进行生物转化相 I 过程中的关键酶系。在细胞匀浆经超速离心去除线粒体后的上清液中，由内质网匀浆形成的碎片成为微粒体（microsome），微粒体并非独立的细胞器，其中含有大量参与外源性化合物生物转化的极为复杂的酶类。重要的是微粒体混合功能氧化酶系（microsomal mixed-function oxidase system，MFO），按其成分及作用特点，可称为细胞色素 P450 系或微粒体单加氧酶系。MFO 系是按其功能和催化机理而得名的，因为在氧化反应过程中，O_2 起了"混合"作用，即一个氧原子被还原为 H_2O，所需的电子或氢原子由 NADPH 或 HADH 提供，另一个氧原子将参入作为底物的外源性化合物分子中，使其增加一个氧原子，正因为在反应过程中仅有一个氧原子参入底物，所以也有人将该酶称为单加氧酶（monooxygenase）。微粒体的单加氧氧化反应是一类由非特异性酶催化的反应，这些非特异性酶包括黄素单加氧酶（flaxin-containing monooxygenase，FMO）和终端氧化酶——P450 的多酶系统。

MFO 实际是由两类酶组成，一类为血红素蛋白类（hemoproteins），其中包括：① 微粒体细胞色素 P450 混合功能氧化酶，主要是借助 P450 进行电子传递完成催化反应；② 功能与细胞色素 P450 混合功能氧化酶类似的微粒体细胞色素 b5 混合功能氧化酶，细胞色素 b5 虽然不同于 P450，但它们均含有铁卟啉环结构，所以 P450 与细胞色素 b5 功能相似。另一类是黄素蛋白类（flavoproteins），包括还原性辅酶 II、细胞色素 P450 还原酶（NADH—cytochrome P450 reductase）以及还原性辅酶 I、细胞色素 b5 还原酶（NADH—cytochrome b5 reductase），这些酶功能主要是提供电子并传递电子。这两种酶既可传递单加氧氧化反应中所需电子，也可使 P450 处于还原状态，形成还原型 P450——底物复合物，完成氧化反应。维持 P450 活性的另外一个必要组成成分是磷脂（phospholipid），其主要成分为磷脂酰胆碱（phosphotidylcholine），它并不直接参与电子的传递，具体功能为对膜上各蛋白酶起固定作用，促进还原酶与细胞色素的偶联和增强底物与 P450 的结合。在这些组分中，P450 最为重要，它是蛋白质与血红素的复合物，蛋白质部分可以有不同的结构，而血红素环形结构中的铁，起终末氧化酶的作用，是底物直接连接的部分，因而决定反应的专一性。

尽管各种动物都具有混合功能氧化酶，但具有明显的物种差异性和多样性，如多环芳烃在不同鱼中诱导不同的混合功能氧化酶。例如，在鳟鱼中诱导 P450LM4 酶、鳕鱼中诱导 P450C 酶。一种酶也可催化两种以上外源性化合物的单加氧氧化反应，同时同一种外源性化合物也可经不同酶氧化，发生不同类型的单加氧氧化反应。

MFO 的组分极为复杂，含有多种酶类。这些酶类的底物专一性并不很强，细胞色素 P450 基因有多种形式，目前已确定细胞色素 P450 基因一百多个。混合功能氧化酶细胞色素 P450 酶系在自然界分布极广。哺乳动物中的脊椎动物、昆虫、多种植物等含有细胞色素 P450。这样多的 CYP 基因是经过亿万年的进化而形成的。各物种和种属所含细胞色素 P450 的量差异很大。Demris 等发现细胞色素 P450 的活性与各种生物的体重呈负相关，他认为，细胞色素 P450 对外源性化合物的反应速率是：人＜灵长类动物＜狗＜兔＜大鼠＜小鼠。CYP 作用的最终结局，若以"解毒"来衡量，其顺序是：小鼠＞大鼠＞狗＞人；若以外源性化合物经细胞色素 P450 活化而形成的近致癌物来衡量，即以其致癌潜力来衡量，其顺序为：小鼠＞大鼠＞狗＞人。同时，细胞色素 P450 的器官分布也是有差异的，其作用是代谢非极性的亲脂性有机化合物，包括内源性化合物和外源性化合物。

细胞色素 P450 对外源性化合物的代谢作用主要有：脂肪族羟化反应，芳香族羟化反应，环氧化反应，N-羟化反应，脱烷基反应（O-、N-及 S-脱烷基反应），烷基金属脱烷基反应，N-、S-及 P-氧化反应，氧化脱氨基反应以及氧化脱卤反应等。

从生理作用来看，它参与体内的胆固醇、胆汁酸、类固醇、激素、维生素 D 的生物合成和代谢，从解毒作用来看，许多外源性化合物，如多环芳烃和药物，都经该酶系统代谢，形成极性较大的产物而易于从体内排出，许多外源性化合物进入体内，经混合功能氧化酶作用后发生各种变化，大多数被转化成低毒易溶的代谢产物排出体外。然而有些则变成高毒甚至变成致癌物，混合功能氧化酶及其他代谢酶的诱导对化学致癌作用的影响，目前正在进行进一步研究。

由于环境中污染物众多，有时含量极低，用化学法往往无法检出，因而，污染水平与生物效应之间的关系也很不清楚。然而，应用混合功能氧化酶活性的诱导作用，不仅能阐明污染物的作用机制、污染物的生物可利用性、污染物间的相互作用和生物机体的防御反应等，而且可以利用它作为分子水平上敏感性的生物指标，来监测污染物对生态系统的早期影响。例如，许多研究表明鱼体内混合功能氧化酶的诱导反应极为敏感，在污染水体中鱼的 ECOD

和 AHH 活性都有明显升高，并且鱼体内混合功能氧化酶的诱导有很好的剂量效应关系。早在 20 世纪 70 年代中期，就建立了以诱导鱼体内混合功能氧化酶活性来监测海洋石油污染的方法。然而，混合功能氧化酶的诱导不仅受大量的天然化合物、人造化合物的诱导，也受到其他因素的影响，如温度、食物等，因此，利用混合功能氧化酶的诱导监测环境质量的变化和污染物对生态系统的危害，目前在野外现实环境中未广泛开展，还在不断研究中。

（2）抗氧化防御系统酶

前面已经讲到，体内的许多代谢可产生活性氧，主要有 $OH \cdot O_2$ 和 H_2O_2。这些体内代谢包括不同酶活性反应（如葡萄糖氧化酶）；线粒体、微粒体和色素体的多酶电子传递链（如混合功能氧化酶）；白细胞的吞噬作用（如巨噬细胞）。

在长期进化中，需氧生物发展防御过氧化损害的系统（antioxidant defense），其组成包括非酶活性物质如谷胱甘肽（GSH）、维生素 E、维生素 C、β-胡萝卜素等和抗氧化防御系统酶类如谷胱甘肽过氧化酶（GPX）、超氧化物歧化酶（SOD）、过氧化氢酶（CAT）等。

机体内广泛存在的许多小分子物质能通过非酶促反应清除自由基。

谷胱甘肽能与过氧化氢或有机过氧化物作用，可保护细胞免受过氧化物损害，是重要的自由基捕获剂。

维生素 E（α-生育酚）是一种天然的抗氧化剂，是细胞膜上主要的脂溶性抗氧化剂。维生素 E 可通过阻断过氧自由基链反应，防止膜上的多不饱和脂肪酸氧化。维生素 C 也能还原氧自由基，形成的脱氧抗坏血酸可由 GSH 还原。β-胡萝卜素是自然界中已知最有效的单线态氧清除剂，与维生素 E 具有协同抗氧化作用。

尿酸、牛磺酸和次牛磺酸也有防止自由基损伤的保护作用。

人体必需的微量元素硒、锌的抗氧化作用主要是通过增强相应的抗氧化酶（GSH-Px、SOD）活性来实现的。

① 超氧化物歧化酶（Superoxidedismutase，SOD）

超氧化物歧化酶（Superoxidedismutase，SOD）是一种广泛存在于生物体内，能清除生物体内的超氧阴离子自由基（$O_2^- \cdot$），维持机体中自由基产生和清除动态平衡的一种金属酶，具有保护生物体，防止衰老和治疗疾病等作用。

1938 年，keilin 从牛血中分离出一种含 Cu 的血铜蛋白。1969 年 Mccwrd 及 Fridovich 发现血铜蛋白、肝铜蛋白、脑铜蛋白均有 $O_2^- \cdot$ 歧化活性，因此，将该酶命名为超氧化物歧化酶。此后，对超氧化物歧化酶的研究逐步深入。

$$O_2 \cdot + O_2 + H^+ \xrightarrow{SOD} H_2O_2 + O_2$$

超氧化物歧化酶广泛存在于生物体中，属于结合酶类。目前已发现 SOD 的三种同工酶，其特征见表 4-3。

表 4-3　三种 SOD 的特征

种类	颜色	分子量	分子构象	亚基数	分布
Cu/Zn SOD	蓝绿色	32000	β-折叠	2	真核细胞
Mn SOD	粉红色	80000	α-螺旋	4	真核细胞、原核细胞
Fe SOD	黄色	40000	α-螺旋	2	原核细胞

SOD 按其结合的金属离子，可分为 Fe-SOD、Mn-SOD、CuZn-SOD 三种，前两种性质相似，在蛋白质一级结构、空间结构、分子量、光谱性质及对不同抑制剂的敏感等方面与后

者差别较大。早些时候认为 Fe-SOD 主要存在原核细胞中，随实验手段的改进，现已在枸杞、何首乌等越来越多的维管植物中发现 Fe-SOD 的存在。Mn-SOD 在原核细胞和真核细胞中都存在，CuZn-SOD 主要存在于真核细胞中，由此引出进化方面的研究。一般认为 Fe 型、Mn 型 SOD 很早起源于一个共同的祖先——光合细菌，而 CuZn-SOD 是在以后的发展中单独进化而成。

SOD 是生物体防御氧毒性的关键性防线，人们最初认为 SOD 只存在于好氧生物和耐氧生物中，而专性厌氧生物中不存在。1973 年 Bell 发现在厌氧菌硫酸还原菌（Sulfatereducing bacteria）中有 SOD 的活力，以后 SOD 活力在多种厌氧菌中被发现，只是活力较低，不易检测。专性厌氧菌 SOD 可以在细菌偶尔暴露于低浓度氧环境中时抵抗氧毒性，比如专性厌氧菌从一个无氧环境到另一个低氧环境过程中就需要这种保护。

真菌里一般含 Mn-SOD 和 CuZn-SOD。大多数真核藻类在其叶绿体基质中存在 Fe-SOD，类囊体膜上结合着 Mn-SOD，这与原核蓝细菌相似，这些研究结果都支持藻类叶绿体起源于蓝细菌内共生的假说。大多数藻类不含 CuZn-SOD。蓝藻中极大螺旋藻、钝顶螺旋藻和盐泽螺旋藻中含 Fe-SOD，绿藻中不含 CuZn-SOD 而含 Fe-SOD 和 Mn-SOD，轮藻中含 Fe-SOD、Mn-SOD 和 CuZn-SOD 三种类型，提示轮藻可能是绿藻向高等植物进化的过渡形式。

植物细胞中的 Fe-SOD 主要存在于叶绿体中。罗广华等用大豆下胚轴为材料证明 SOD 活性主要存在于细胞质中，约占细胞内 SOD 的 87.3%，其次分布于线粒体中，这部分约占 6.8%～7.2%。实验又表明细胞质的 SOD 以 CuZn-SOD 为主，占胞质 SOD 的 86%，线粒体 SOD 主要是 Mn-SOD，占线粒体全部 SOD 的 74%～76%。王爱国、罗广华等将线粒体分离为外膜、内膜、基质、膜间溶质 4 个部分，进一步证明大豆下胚轴线粒体内 SOD 主要在基质（80%～97%），且验证为 Mn-SOD，其次分布在膜间溶质（16%～17%），且验证为 CuZn-SOD。线粒体的内膜，一侧为基质，另一侧为膜间溶质，内膜呼吸链上产生的 $O^{-}\cdot$ 能迅速被两侧 SOD 清除。可见植物线粒体在正常情况下，自身对 $O^{-}\cdot$ 的防卫能力已经相当完善。

大多数原始的无脊椎动物细胞中都存在 CuZn-SOD，这表明在动物进化早期就有这类 SOD。脊椎动物一般含 CuZn-SOD 和 Mn-SOD，人、鼠、猪、牛等红细胞和肝细胞中含 CuZn-SOD，而从人和动物肝细胞中也纯化了 Mn-SOD。CuZn-SOD 主要存在于细胞质，也存在于线粒体内外膜之间，Mn-SOD 一般存在于线粒体基质中。SOD 是细胞内酶，但在人血清中分离到一种独特的细胞外 CuZn-SOD（Ec-SODextracellularsuperoxidedismutase），不同于一般的 SOD，这种 SOD 已在多种动物细胞里发现。从进化上来说 CuZn-SOD 是真核生物酶，但在某些细菌如与鱼类共生的发光杆菌（P. leiognathi）中含有 CuZn-SOD。

SOD 对氰化物和 H_2O_2 具有敏感性。所有的 CuZn-SOD 对氰化物敏感，只有 1～2mmol/L 的氰化物浓度就使其活性完全丧失，而 Mn-SOD 和 Fe-SOD 却不被氰化物抑制。长时间用过氧化氢处理可使 CuZn-SOD 和 Fe-SOD 失活，而 Mn-SOD 不受影响。

CuZn-SOD 具有独特的紫外吸收光谱。由于色氨酸和酪氨酸的含量较低，它在 280nm 处并没有最大吸收峰。CuZn-SOD 的可见光最大吸收波长都在 680nm 左右，这反映了酶分子中 Cu^{2+} 的光学特性。

SOD 稳定性受 pH、热、蛋白酶等因素的影响：SOD 在 pH=5.3～9.6 间催化性能良好，在 pH=4.5～11 间能稳定存在。pH=3.6 时，CuZn-SOD 中 95% 的 Zn 要脱落，在 pH 为 12.2 时，SOD 的构象会发生不可逆的转变而使酶失活。SOD 对热的稳定性与溶液中离子强度有关。当离子强度很低时，即使加热到 95℃，其活性损失也很少。SOD 在模拟胃酸和模拟胃肠道蛋白酶、胰蛋白酶环境中的稳定性研究表明，SOD 在动物胃肠道中具一定的稳定性，在胃酸的环境中，37℃保温 150min，活性仍残存 81％，在胃蛋白酶和胰蛋白酶环境中，保温 210min 活性残存率分别为 82％和 84％。SOD 活性还受饮料的色泽、成分、酸碱度、乙醇含量等多种因素的影响，只有在无色、近中性、无乙醇饮料中 SOD 活性较稳定。另外还发现有机溶剂和 Cl 对 SOD 的活性具抑制作用。

大量试验和临床应用表明，无论何种给药方式，除罕见的超敏反应外，SOD 对人体无毒性。虽然 SOD 是 Mr 在 30000 以上的蛋白质，但却未发现具有抗原性，其原因也正在进一步研究中。正常情况下，体内超氧阴离子自由基（O^{2-}·）的产生与清除是平衡的，当（O^{2-}·）产生过多时，会对机体产生毒害作用。SOD 是体内的一个抗氧化酶，特异性催化反应 $2O^{2-}· + 2H^+ \rightarrow H_2O_2 + O_2$，即将超氧阴离子自由基歧化为过氧化氢和氧气，起到消除超氧阴离子自由基的作用。因而 SOD 具抗衰老、提高机体对多种疾病的抵抗力、增强机体对外界环境的适应力、减轻肿瘤患者在放疗、化疗过程中的严重毒副作用等生理功能。

② 谷胱甘肽过氧化物酶（glutathion peroxidase，GSH-Px）

谷胱甘肽过氧化物酶（glutathione peroxidase，GSH-Px）于 1957 年由 Mills 从牛红细胞中发现，分子结构中含硒，故又名硒谷胱甘肽过氧化物酶（Se-GSH-Px），是体内清除 H_2O_2 和许多有机氢过氧化物的重要酶。GSH-Px 酶系主要包括 4 种不同的 GSH-Px，分别为：胞浆 GSH-Px、血浆 GSH-Px、磷脂氢过氧化物 GSH-Px 及胃肠道专属性 GSH-Px。第一种：胞浆 GSH-Px 由 4 个相同的分子量大小为 22kDa 的亚基构成四聚体，每个亚基含有 1 个分子硒半胱氨酸，广泛存在于机体内各个组织，以肝脏红细胞为最多。它的生理功能主要是催化 GSH 参与过氧化反应，清除在细胞呼吸代谢过程中产生的过氧化物和羟自由基，从而减轻细胞膜多不饱和脂肪酸的过氧化作用。第二种：血浆 GSH-Px 的构成与胞浆 GSH-Px 相同，主要分布于血浆中，其功能目前还不是很清楚，但已经证实与清除细胞外的过氧化氢和参与 GSH 的运输有关。第三种：磷脂过氧化氢 GSH-Px 是分子量为 20kDa 的单体，含有 1 个分子硒半胱氨酸。最初从猪的心脏和肝脏中分离得到，主要存在于睾丸中，其他组织中也有少量分布。其生物学功能是可抑制膜磷脂过氧化。第四种：胃肠道专属性 GSH-Px 是由 4 个分子量为 22kDa 的亚基构成的四聚体，只存在于啮齿类动物的胃肠道中，其功能是保护动物免受摄入脂质过氧化物的损害。

谷胱甘肽过氧化物酶（GSH-Px）能催化 GSH 变为 GSSG，使有毒的过氧化物还原成无毒的羟基化合物，同时促进 H_2O_2 的分解，从而保护细胞膜的结构及功能不受过氧化物的干扰及损害。几乎所有的有机氢过氧化物（ROOH）都可以在 GSH-Px 的作用下还原为 ROH。大概反应如下：

$$2GSH + H_2O_2 \longrightarrow GSSH + 2H_2O$$

$$2GSH + ROOH \longrightarrow GSSH + 2ROH$$

GSH-Px 催化还原型谷胱甘肽氧化（GSH）与过氧化氢（H_2O_2）还原反应，从而阻断超氧化阴离子细胞类脂过氧化而损害组织细胞；还能阻断由脂氢过氧化物（LOOH）引发自由基的二级反应，从而减少 LOOH 对生物体的损害。而自由基是机体生化反应中产生的性质活泼、具有极强氧化能力的物质。体内抗自由基体系主要包括酶类（超氧化物歧化酶、GSH-Px、过氧化氢酶等）阻止自由基形成和通过非酶促抗氧化剂（还原型谷胱甘肽、维生素 E 等）捕获不成对的电子使自由基失活。过氧化脂质（LPO）是自由基对不饱和脂肪酸引发的脂质过氧化作用的最终产物，其含量的多少反映组织细胞的脂质过氧化速率或强度。机体存在阻止过氧化作用的防御体系，GSH-Px 是细胞内抗脂质过氧化作用的酶性保护系统的主要成分，可催化 LPO 分解生成相应的醇，防止 LPO 均裂和引发脂质过氧化作用的链式支链反应，减少 LPO 的生成以保护机体免受损害。

而无论是 ROOH 还是 H_2O_2 都是与 GSH-Px 中的活性中心硒半胱氨酸作用：

$$E\text{-}CysSe^- + H^+ + ROOH(H_2O_2) \longrightarrow E\text{-}CysSeOH + ROH(H_2O)$$
$$E\text{-}CysSeOH + GSH \longrightarrow E\text{-}CysSe\text{-}SG + H_2O$$
$$E\text{-}Cys\text{-}Se\text{-}SG + GSH \longrightarrow E\text{-}CysSe^- + GSSG + H^+$$

这是一个可逆性氧化还原反应过程，在循环过程中 GSH-Px 可恢复催化活性，但 GSH 却变成 GSSG。

GSH-Px 的主要作用是清除脂类氢过氧化物。GSH-Px 可催化 LPO 分解生成相应的醇，防止 LPO 均裂和引发脂质过氧化作用的链式支链反应，减少 LPO 的生成以保护机体免受损害。即使含过氧化氢酶较多的组织，仍需 GSH-Px 清除 H_2O_2，因为在细胞中过氧化氢酶多存在于微体，而在胞浆和线粒体中却很少，组织中较多的 GSH-Px 可及时清除 H_2O_2；如有的病人缺乏产生过氧化氢酶的基因，但 GSH-Px 可清除 H_2O_2，故 H_2O_2 损伤组织不明显。在病理生理情况下，活性氧如·OH 可能诱发脂类过氧化，除了直接造成生物膜损伤外，还可以通过脂类氢过氧化物与蛋白质、核酸反应，使机体发生广泛性损伤。如果 GSH-Px 清除脂类氢过氧化物能力不受影响，机体的损伤就可减轻。除了脂类氢过氧化物外，还可能出现其他有机氢过氧化物，如核酸氢过氧化物、胸腺嘧啶氢过氧化物，这两者属于致突变剂，GSH-Px 清除有机氢过氧化物的作用可降低致突发生率。脂类过氧化也是细胞老化的原因之一，预防脂类过氧化可延缓细胞老化，所以 GSH-Px 在预防衰老方面起到重要作用。另外，在 GSH-Px 的作用下，ROOH 可转变为无活性物质（ROH），在环氧酶与脂氧合酶的作用下，促进前列腺素合成原料花生四烯酸的生物合成。最后，硒和 GSH 系统在氧化防御反应中起着关键作用。其他含硒蛋白也有抗氧化特性。硒蛋白和有机硒复合物可以催化过亚硝酸盐反应生成 NO_2，在预防过亚硝酸盐的生成中也起着重要作用，可以保护细胞免受过亚硝酸盐的损害。

动物实验证明，老龄鼠肝和心肌中 GSH-Px 的活力显著高于幼龄鼠。大鼠缺氧时脑内 GSH-Px 显著下降，而脂类过氧化物的代表 MDA（丙二醛）显著升高，表明缺氧时脑内抗氧化能力减弱。另外，GSH-Px 降低可能与脑智力发育障碍，大脑缺血、缺氧损伤，神经变性及重金属中毒有关；脑内 GSH-Px 可能防止脑细胞受到氧化损伤。在人、牛、山羊和鼠乳汁中均可检出 GSH-Px，说明此酶存在于乳腺。早产儿母乳 GSH-Px 和 LCP 均高于足月儿，GSH-Px 的抗氧化作用可以保护乳脂肪球膜的结构，可能对乳腺内脂肪酸分泌和婴儿营养起辅助作用，对新生儿的发育起一定保护作用。GSH-Px 与心血管系统疾病关系也很密切，与动脉粥样硬化、原发性高血压、心肌炎等均有关。在严重动脉粥样硬化患者体内，GSH-Px 活性降低，这可能是动脉粥样硬化发生的独立危险因素，提示该酶与此类疾病有重要联系。

GSH-Px 催化还原机体内 H_2O_2 和有机氢过氧化合物，参与调节前列腺素的合成。广泛存在于机体组织中，与细胞损伤、缺氧、中毒、衰老、多种疾病的发生有关；检测 GSH-Px 活性是衡量机体抗氧化力的重要指标，也与机体硒水平密切相关。

③ 过氧化氢酶（Catalase，CAT）

过氧化氢酶（CAT）是一种酶类清除剂，又称为触酶，是以铁卟啉为辅基的结合酶。它可促使 H_2O_2 分解为分子氧和水，清除体内的过氧化氢，从而使细胞免于遭受 H_2O_2 的毒害，是生物防御体系的关键酶之一。CAT 作用于过氧化氢的机理实质上是 H_2O_2 的歧化，必须有两个 H_2O_2 先后与 CAT 相遇且碰撞在活性中心上，才能发生反应。H_2O_2 浓度越高，分解速度越快。

几乎所有的生物机体都存在过氧化氢酶。其普遍存在于能呼吸的生物体内，主要存在于植物的叶绿体、线粒体、内质网、动物的肝和红细胞中，其酶促活性为机体提供了抗氧化防御机理。CAT 是红血素酶，不同的来源有不同的结构。在不同的组织中其活性水平高低不同。过氧化氢在肝脏中分解速度比在脑或心脏等器官快，就是因为肝中的 CAT 含量水平高。

虽然过氧化氢酶完整的催化机制还没有完全被了解，但其催化过程被认为分为两步：

$$H_2O_2 + Fe(Ⅲ)\text{-}E \longrightarrow H_2O + O^+Fe(Ⅳ)\text{-}E(.+)$$

$$H_2O_2 + O^+Fe(Ⅳ)\text{-}E(.+) \longrightarrow H_2O + Fe(Ⅲ)\text{-}E + O_2$$

其中，"Fe()-E"表示结合在酶上的血红素基团（E）的中心铁原子（Fe）。Fe(Ⅳ)-E(.+)为 Fe(Ⅴ)-E 的一种共振形式，即铁原子并没有完全氧化到+Ⅴ价，而是从血红素上接受了一些"支持电子"。因而，反应式中的血红素也就表示为自由基阳离子（.+）。

过氧化氢酶也能够氧化其他一些细胞毒性物质，如甲醛、甲酸、苯酚和乙醇。这些氧化过程需要利用过氧化氢通过以下反应来完成：

$$H_2O_2 + H_2R \longrightarrow 2H_2O + R$$

任何重金属离子（如硫酸铜中的铜离子）可以作为过氧化氢酶的非竞争性抑制剂。另外，剧毒性的氰化物是过氧化氢酶的竞争性抑制剂，可以紧密地结合到酶中的血红素上，阻止酶的催化反应。处于过氧化状态的过氧化氢酶中间体的三维结构已经获得解析，可以在蛋白质数据库中检索到。

过氧化氢是一种代谢过程中产生的废物，它能够对机体造成损害。为了避免这种损害，过氧化氢必须被快速地转化为其他无害或毒性较小的物质。而过氧化氢酶就是常常被细胞用来催化过氧化氢分解的工具。但过氧化氢酶真正的生物学重要性并不是如此简单：研究者发现基因工程改造后的过氧化氢酶缺失的小鼠依然为正常表现型，这就表明过氧化氢酶只是在一些特定条件下才对动物是必不可少的。一些人群体内的过氧化氢酶水平非常低，但也不显示出明显的病理反应。这很有可能是因为正常哺乳动物细胞内主要的过氧化氢清除剂是过氧化物还原酶（Peroxiredoxin），而不是过氧化氢酶。

过氧化氢酶通常定位于一种被称为过氧化物酶体的细胞器中。植物细胞中的过氧化物酶体参与了光呼吸（利用氧气并生成二氧化碳）和共生性氮固定［将氮气（N_2）解离为活性氮原子］。但细胞被病原体感染时，过氧化氢可以被用作一种有效的抗微生物试剂。部分病原体，如结核杆菌、嗜肺军团菌和空肠弯曲菌，能够生产过氧化氢酶以降解过氧化氢，使得它们能在宿主体内存活。

④ 谷胱甘肽还原酶（Glutaqthione reductase，GR）

此酶的组织分布与 GSH-Px 相同，是一种胞浆酶，该酶利用各种途径生成的 NADPH 还原氧化型谷胱甘肽（GSSG）：

$$GSSG + NADPH + H^+ \longrightarrow 2GSH + NADP^+$$

⑤ 谷胱甘肽转移酶（Glutathione trasferases，GSTs）

谷胱甘肽 S-转移酶是谷胱甘肽结合反应的关键酶，催化谷胱甘肽结合反应的起始步骤，主要存在于胞液中。谷胱甘肽 S-转移酶有多种形式，根据作用底物不同，至少可分为下列 5 种：谷胱甘肽 S-烷基转移酶，催化烷基卤化物和硝基烷类化合物的谷胱甘肽结合反应，主要存在于肝脏和肾脏；谷胱甘肽 S-芳基转移酶，主要催化含有卤基或硝基的芳烃类或其他环状化合物的谷胱甘肽结合反应，如溴苯和有机磷杀虫剂等，该酶主要存在于肝脏胞液；谷胱甘肽 S-芳烷基转移酶，催化芳烷基的谷胱甘肽结合反应，例如，苄基氯等芳烃卤化物等，主要存在于肝脏和肾脏；谷胱甘肽 S-环氧化物转移酶，催化芳烃类和卤化苯类等化合物的环氧化物衍生物与谷胱甘肽结合，主要存在于肝肾胞液；谷胱甘肽 S-烯烃转移酶，催化含有 α，β-不饱合羰基的不饱合烯烃类化合物与谷胱甘肽的结合反应，主要存在于肝肾胞液。谷胱甘肽 S-转移酶在毒理学上有一定的重要性，它可以催化亲核性的谷胱甘肽与各种亲电子外源化学物的结合反应。许多外源化学物在生物转化第一相反应中极易形成某些生物活性中间产物，它们可与细胞生物大分子重要成分发生共价结合，对机体造成损害。谷胱甘肽与其结合后，可防止发生此种共价结合，起到解毒作用。

谷胱甘肽硫转移酶催化 GSH 的巯基与一些亲电子类物质结合，保护 DNA 及一些蛋白质免受损伤。亲电子类物质包括过氧化物、α，β-不饱和醛酮、烷基或芳香基化合物。GSTs 的普遍底物是 2，4-二硝基氯苯（CDNB），GSTs 的催化机理是促使 GSH 与 CDNB 结合生成 S-2，4-二硝基苯谷胱甘肽。同时 GSTs 可以与一些难溶于水的物质，如血红素、胆酸、染料、激素和其他一些疏水性强的外来或内源的代谢产物结合，使之极性增强，易溶于水，最终被降解而排出体外。GSH 的存在可以抑制 GST 与染料的结合。有些 GSTs 具有过氧化物酶的活性，如 α 类同工酶可催化硒不依赖的过氧化脂肪酸的还原，可防止脂质过氧化损伤的扩大。σ 类 GSTs 同工酶有前列腺素 H2E 异构酶（内过氧化物异构酶）的活性，可以催化 PGH2 向 PGE2 的转变。而微粒体 GSTs 同工酶有白三烯 C4 合成酶和脂加氧酶的活性。可见 GSTs 在前列腺素和白三烯的合成代谢中起重要作用。

Prapanthadra 等发现对杀虫剂 DDT［2，2-双（对氯苯基）-1，1，1-三氯乙烷］有抗性的按蚊其 GST 有 DTT 脱氯化氢酶的活性，使之转化为 DDE［4，4'-DDE2，2-双（对氯苯基）-1-氯乙烯］，从而导致 DDT 失效。已知的还有一种质粒编码的细菌谷胱甘肽硫转移酶，它和细菌对抗生素磷霉素的抗性有关。该酶的特殊之处在于它以很高的特异性将 GSH 加入到氯霉素的环氧乙烷环上，似乎属于含金属原子酶。它的一级结构与任何可溶性或者微粒体谷胱甘肽硫转移酶没有关系，并且它也不催化 GSH 与任何用来检测可溶性酶的通常的亲电子底物（如 CDNB）的偶联。

⑥ 其他酶或蛋白质

除了两种单氧酶外，在外源性化合物的氧化代谢中还存在大量的其他酶类，这些氧化还原酶存在于线粒体或 100000g 组织匀浆的上清液中，主要包括：醇脱氢酶、醛脱氢酶、醛或酮还原酶、胺氧化酶、钼羟化酶等。

3. 污染物对酶的抑制作用

与酶的诱导作用相反，一些污染物或代谢产物可使酶的活性或酶的合成受到抑制。

（1）酶活性的抑制

酶活性的抑制可分为可逆性抑制和不可逆性抑制。可逆性抑制是指污染物与酶进行非共价结合。有可根据结合位点的不同，分为竞争性抑制和非竞争性抑制。竞争性抑制是指底物与酶活性中心结合。竞争性抑制的特点是，当底物浓度增加时，抑制作用减弱。竞争性抑制作用的强弱取决于抑制剂的浓度与底物浓度的相对比例。这是因为竞争性抑制剂与酶的正常底物在化学结构上相似，与酶活性中心结合部位相同，而竞争性抑制剂却不被酶所代谢。非竞争性抑制是指抑制剂与酶活动中心以外的集团结合，改变了酶的活性中心，使酶失去活性。如果增加底物浓度，也不能使抑制作用逆转。非竞争性抑制剂能与游离的酶结合，也可能与酶—底物复合物结合。最常见的非竞争性抑制是某些污染物与酶分子中半胱氨酸残基的巯基可逆性结合，引起酶构型改变，使酶活性受到可逆性但非竞争性抑制。

不可逆抑制是由于污染物与酶蛋白的活性中心功能集团共价结合而引起的，通常共价结合是不可逆的。大量药物，如亚甲二氧基苯（methylene-dioxybenzene）、烷基胺（alkyl-amine）、联氨（hydrazine）和大环内酯（macrolide）等，经 CYP 酶代谢可形成抑制性代谢物。含硫基团的药物分子在收到 CYP450 氧化后，也是以共价结合而使 CYP450 失活的。典型的例子是有机磷农药对胆碱酯酶的抑制作用。有机磷农药分子中具有亲电子性的磷原子和带正电荷部分。正电荷部分与胆碱酯酶的负矩部分（氨基酸残基的侧链羟基）结合，亲电子性磷与活性中心酯解部分（丝氨酸残基的羧基）结合，形成磷酰化胆碱酯酶，结合相当稳定，因而使酶失去分解乙酰胆碱的作用，引起一系列的中毒反应。铅、汞等重金属能与酶活性中心上的半胱氨酸残基的巯基结合，抑制酶的活性，是不可逆性抑制。

（2）酶合成的阻遏作用

某些代谢产物可组织酶的合成来控制反应的方向。例如：大肠杆菌在色氨酸不存在时，阻遏蛋白失去活性不起阻碍作用，结构基因转录翻译合成色氨酸的有关酶。加入色氨酸后，形成有活性的阻遏蛋白，组织基因转录，不能编码参与色氨酸合成代谢的酶。色氨酸通过阻遏蛋白对酶合成起阻碍抑制作用，有色氨酸时，阻遏蛋白有活性。

有些污染物是通过生成中间代谢产物抑制酶活性、造成生物化学损害，还有些污染物消耗辅酶或抑制辅酶的合成，导致酶活性抑制，如铅可使体内烟酸量下降，使 NAD^+ 和 $NADP^+$ 的合成减少；砷和有机锡与硫辛酸结合，造成硫辛酸缺乏，使 α 酮酸氧化脱羧反应受阻。此外有些金属离子是酶的辅基或激活剂，污染物与这些金属离子结合，抑制合成相应的酶。如 CS_2 代谢生成的二乙基二硫代氨甲酸，能结合铜离子，使多巴胺-β-羟化酶活性下降，干扰肾上腺素的合成，引起一系列神经系统症状。EDTA 能与 Mg^{2+} 等二价阳离子可逆络合，抑制合成需要这些二价阳离子的酶。氟化物与 Mg^{2+} 形成复合物，使需 Mg^{2+} 激活的烯醇化酶受到抑制，也可抑制 $Na^+/K^+/ATP$ 酶活性。

（3）腺三磷酶

腺三磷酶是生物体重要的酶，存在于所有的细胞中，包括由不同离子活化及存在于不同细胞结构中的 ATPase。该酶在细胞供能活动、离子平衡等过程中起重要作用。早在研究有机氯农药如 DDT 的作用机制时，就发现 DDT 对 Na^+/Ka^+—ATPase、Mg^{2+}—ATPase 有抑制作用。至今已发现多种水生生物、鸟类、哺乳类等的多种组织，如脑、鳃、肾和肌肉等的多种 ATPase 对不同污染物均有反应，如有机氯农药、增塑剂、多氯联苯、金属、炼油废水等。无论是离体实验还是活体暴露，都表明有一定的剂量—效应关系存在，有的具有典型的毒性效应曲线。研究还发现，不同生物、不同组织对污染物反应有很大差异。经过近 30年的研究，ATPase 抑制已作为评价污染压力的指标。

（4）乙酰胆碱酯酶（AchE）

乙酰胆碱酯酶（AchE）是生物神经传导中的一种关键性的酶，在胆碱能突触间，该酶降解乙酰胆碱，终止神经递质对突触后膜的兴奋作用，保证神经信号在生物体内的正常传递。AchE 被称为真性或特异性胆碱酯酶，是维持体内胆碱能神经冲动非常重要的水解酶。

早在 20 世纪 50 年代，人们就发现有机磷农药和氨基甲酸酯农药对高等和低等动物的 AchE 具有明显的抑制作用，从而产生对生物的神经功能破坏，导致一系列生物学效应。AchE 抑制可改变水生生物呼吸作用、游泳能力、摄食能力和社会关系；改变鸟类的行为、内分泌功能、繁殖和对非污染环境变化的耐受力；导致无脊椎动物死亡和种群变化，等等。对野生脊椎动物进行研究的器官通常是大脑，这是有机磷和氨基甲酸酯农药的作用部位。研究发现 AchE 抑制具有较高的专一性和敏感性。用其作为指标可以表明生物受到有机磷农药和氨基甲酸酯农药的影响。一般认为，20％以上的 AchE 抑制证明暴露作用存在，50％以上的 AchE 抑制表明对生物的生存有危害。

（5）δ-氨基乙酰丙酸脱氢酶（ALAD）

δ-氨基乙酰丙酸脱氢酶（Delta-aminolevulinic acid dehydratase，ALAD）存在于许多组织的细胞质中，其在合成血红蛋白中起重要作用。铅（Pb）能直接抑制鱼类、鸟类和哺乳类 ALAD 活性。血液中铅浓度与 ALAD 活性抑制具有典型的剂量—效应关系，随着血液中铅浓度增加，ALAD 活性不断降低。由于 ALAD 测定方法简单、精确，目前把 ALAD 作为一个敏感的指标，应用于监测和评价铅污染对生态系统的影响。

（6）蛋白磷酸酶

蛋白磷酸酶（Protein phosphatase）是具有催化已经磷酸化的蛋白质分子发生去磷酸化反应的一类酶分子，与蛋白激酶相对应存在，共同构成了磷酸化和去磷酸化这一重要的蛋白质活性的开关系统。

蛋白磷酸酶的作用和蛋白激酶相反。根据脱磷酸化的氨基酸残基的不同，蛋白磷酸酶也分成蛋白酪氨酸磷酸酶（PTP，PTPase）和丝氨酸/苏氨酸磷酸酶。

参与淋巴细胞激活的蛋白磷酸酶主要有：

CD45：该分子胞内段的两个结构域发挥 PTP 的作用，因而 CD45 属于受体型蛋白酪氨酸磷酸酶，在对抗瓢 kPTK 的作用和启动淋巴细胞信号转导中发挥关键作用；

钙调磷酸酶（Calcineurin）：属丝/苏氨酸磷酸酶，其底物是转录因子 NF-AT 分子已发生磷酸化的丝氨酸和苏氨酸残基。在钙调磷酸酶的作用下，NF-ATp 因脱去磷酸根而激活，成为活化的转录因子 NF-AT。

蛋白磷酸化与脱磷酸化是细胞内无所不在的反应，正是这两种反应的特定平衡协调着细胞内许多生化反应过程。若这两种酶中任意一种改变其活性，则随之而来的将是细胞内一系列生化反应的紊乱，包括促进肿瘤形成过程。目前已发现，促癌物豆蔻酸乙酸大戟二萜脂（TPA）以蛋白激酶 C 为受体，而蛋白磷酸酶是逆转蛋白激酶 C 的主要酶。因此，激活蛋白激酶 C 和抑制蛋白磷酸酶均会对肿瘤形成促进作用，影响这两种酶的物质分别称为 TPA 型促肿瘤剂和大田软海绵酸型促肿瘤剂。人们研究发现微囊藻毒素对奶白磷酸酶的抑制作用远远超过大田软海绵酸，是迄今最强的蛋白磷酸酶抑制剂。微囊藻毒素是水华的主要成分——蓝藻的次生代谢产物，是水体富营养化的危害之一。由于微囊藻毒素毒性大，易在软体动物、甲壳类等水生生物体内累积，而且可通过食物链迁移和生物放大，因此，微囊藻毒素的危害受到了广泛重视。近年来发现，用蛋白磷酸酶活性可检测微囊藻毒素的含量，而且该方法具有很高的灵敏性。

4.2 细胞和器官水平

4.2.1 细胞与亚细胞水平的毒性效应

在受到重金属或其他污染物的影响而尚未出现可见症状之前，在组织和细胞中已出现生理生化和亚细胞显微结构等微观方面的变化。细胞核、细胞膜及线粒体等都可能发生变化。主要表现在如下几个方面。

1. 对细胞膜的影响

细胞膜由脂质分子层及蛋白质等组成，凡是能引起脂质及蛋白损伤等因素，均可使膜受到影响。生物膜包括细胞膜、细胞器膜，对机体内的生物运转、信息传递以及内环境的稳定是非常重要的。某些环境化学物可引起膜成分和功能的改变，产生生物效应。例如二氧化硅尘粒表面附有一羟基活性基团，即硅烷醇基团（silanol group），它由断裂的—Si—O—Si—价键被水分饱和而形成，此基团很活跃，具有一定的能量，可与周围物质或组织构成氢键（hydrogen bond），进行氢的交换和电子传递，致使细胞膜破裂；再如四氯化碳可引起大鼠肝细胞膜磷脂和胆固醇含量下降，不少环境化学物通过改变膜脂流动性，影响膜的通透性和镶嵌蛋白质（膜酶、膜抗原与膜受体）的活性，改变其结构和稳定性，从而产生生物效应。

2. 对植物根、叶细胞核的影响

经镉 10mg/kg 处理 5d 后，可观察到玉米根和叶细胞内核变形，外膜肿大，内腔扩大，严重的核膜内陷；叶细胞核受镉伤害程度明显低于根细胞。

3. 对植物根、叶线粒体等细胞器结构的影响

10mg/kg 的镉处理玉米幼根 5d 后，线粒体表现为凝聚性线粒体，膜扩张，内腔中嵴突消失，出现颗粒状内含物，中心区出现空泡；当用 1000mg/kg 的铅处理 5d 后，线粒体肿胀成巨型线粒体，内腔中的各种物质已经解体成为空泡。叶绿体经镉 25mg/kg 处理后，基粒片层很多都消失，基粒垛叠混乱，类囊体空泡化，内腔中出现许多大的脂类小球；当经铅 10000mg/kg 处理时，膜系统开始溃解，叶绿体呈球形皱缩。

4. 对植物根尖细胞分裂和染色体的影响

大麦根尖经重金属离子处理后，细胞有丝分裂指数不同程度下降。高浓度（1×10^{-2} mol/L）的 Hg^{2+}、Cd^{2+} 和 Pb^{2+} 处理 48h 时分裂指数已降为 0，说明重金属对根生长的抑制主要是由于抑制了细胞的有丝分裂。同时，重金属处理后的细胞中，有丝分裂出现异常，染色体畸变率与对照相比显著增高。

5. 对植物核仁的影响

在重金属作用下，大麦细胞中核仁的结构和数量也发生很大变化。较高浓度的 Hg^{2+}、Cd^{2+} 和 Pb^{2+} 处理 24h 和 Ni^{2+} 处理 48h 后，根尖分生组织细胞内出现多核仁现象，核仁数目从 5 个至十几个不等。但新增核仁体积为主核的 1/3 左右。当处理时间超过 48h，核仁颗粒从细胞核进入细胞质并分布在整个细胞中。核仁结构受到破坏势必影响其功能的正常发挥。

4.2.2 污染物对器官的影响

生物对污染物的吸收，由于其特有的蓄积特性将使污染物在生物体内不断积累。当体内的蓄积量达到一定数量后，由于污染物对机体靶分子的毒害作用，其结构和功能将发生改变，从而引发一系列的生理生化变化，将导致组织、器官的结构和功能受损，生物出现相应的受害症状。如大气环境受污染后，植物叶片会出现各种伤斑，甚至叶组织局部坏死。不同污染物对植物的伤害反应症状不同。根据受害叶数、颜色深浅及伤斑大小与大气中污染物种类及浓度的相关性，将污染伤害植物的程度同已知的环境污染物浓度联系起来，就能凭借叶片的受害症状反映大气中相应污染物的浓度，从而对大气进行监测和预警。如紫花苜蓿、棉花等叶片的叶脉间出现不规则的白色、黄色斑点或块状坏死，反映 SO_2 污染，而烟草叶片出现的红棕色斑点状坏死则指示大气中的 O_3 污染。

正常环境中，生物体内各种化学成分的含量大致在一定范围内变化，这是生物长期适应环境的结果。但在污染环境中，由于生物对污染物的吸收、蓄积特性，其体内污染物的蓄积量一般与环境的受损程度存在相关关系，能够忠实地"记录"污染过程。生物体内的污染物及其代谢产物含量能够反映环境污染物的种类及污染程度，因而不同历史时期采集的生物标本能够为某地区的污染监测历史提供客观的"自动记录"资料，对其进行成分分析，就能对污染物的污染历史进行推测和评价。如美国宾夕法尼亚州立大学的研究人员采用中子活化法分析树木年轮中重金属元素的含量变化，结果显示 20 世纪中第一个十年的年轮含铁量减少，20 世纪 50 年代后汞含量增加，50 年代早期至 60 年代银含量增加，这与当地在同期内炼铁炉被淘汰、工业用汞量增加及在云中撒布碘化银人工降雨等人类活动导致的环境变化呈相关性。

4.3　个体水平

4.3.1　对动植物形态结构的影响

生物形态结构的变态可以作为污染受害的基本指标。如鳍、骨骼变形和肿瘤等鱼类疾病已在一些受污染环境系统中出现。在污染区内，鱼肝瘤和其他肝病变亦多有发生。光化学反应的产物对植物有很强的毒性。臭氧能使植物叶片形成红棕色斑点；二氧化氮对植物的毒害与二氧化硫相似；过氧乙酰硝酸酯更是剧毒物质，能使叶片背部变成银灰色或古铜色，叶片逐渐扭曲、致死。洛杉矶光化学烟雾就使 125km 以外 4 万多公顷的森林严重受害。防腐漆添加剂三丁基锡（TBT）可引起软体动物的畸形。在法国的游艇停泊港附近，牡蛎的畸形很普遍，其贝壳非常厚，壳内动物体变小。畸形牡蛎体内的高含锡元素是同船舶活动有关的化学物质导致了这种畸形。

4.3.2　对种子生活力的影响

用含镉化合物处理蚕豆后，种子的发芽率随着种子中镉积累量的增加而显著下降。由于种子中蛋白水解酶活性严重受抑制，贮藏蛋白质难以水解为简单氮化合物以满足幼胚发育的需要。种子中累积的镉（内源性镉）对种子萌发的抑制效应比外源性镉强的多。用含镉 250mg/L 的溶液处理正常种子，其发芽率比对照降低 5%；而镉积累量为 5mg/kg 的新一代种子发芽率与对照相比降低约 34%；含镉 9.62mg/kg 的新一代种子发芽率与对照相比降低约 83%。

4.3.3 对动物生长、繁殖的影响

大量资料表明,多氯联苯、有机氯和有机磷农药、除草剂、芳香类化合物、增塑剂、金属有机化合物等对人类、实验动物及野生动物的生殖、遗传和血液中性激素水平都有不同程度的影响,降低生殖能力,或引起胎儿畸形,从而引起了人们广泛关注。有机氯农药影响鸟类钙代谢,使鸟类蛋壳变薄,影响繁殖。英国雀鹰历年蛋壳厚度资料表明,1945~1967 年间蛋壳明显变薄,显然与 DDT 的生产和使用有关。蛋壳厚度与体内有机汞、多氯联苯和有机氯农药(特别是 DDT)含量之间呈明显的负相关关系。农药对鱼类肝脏也有明显破坏作用,如氯丹可使湖泊中鳟鱼的肝脏退化;浓度为 3.2×10^{-4} 的 DDT 可使鳟鱼鱼苗出现空泡。

有机氯农药对鱼类、水鸟、哺乳动物的繁殖有重要影响。鳟鱼卵 DDT 含量大于 0.4mg/kg 时,幼鱼死亡率约为 30%~90%;0.02~0.05mg/kg 的 γ-六六六可使阔尾鳟鱼卵母细胞萎缩,抑制卵黄形成,抑制黄体生成素对排卵的诱导作用,使卵中胚胎发育受阻。巴伦支海与波的尼亚湾海豹(Pusa hisipda)繁殖率极低,在雌豹繁殖年龄的怀孕率只有 27%(正常时 80%~90%),检测发现其体内农药 PCB 含量较高。用 5mg/kg 的 PCB 喂水貂,繁殖全部停止。我国鄱阳湖水貂繁殖差,雄貂有死精现象,估计也和农药污染有关,有机氯农药还能使许多鸟类蛋壳变薄。

水污染对动物的行为产生严重影响。在含有一定浓度的 DDT 的水中生长的鲑鱼对低温非常敏感,它被迫改变产卵区,把卵产在温度偏高的鱼苗不能成活的水中。香鱼对洗涤剂的回避值为 LAS1.5μg/L,ABS11.0μg/L,肥皂 30μg/L。用亚致死剂量 5μg/L 的 Zn 处理雌鱼 9d,Zn 能破坏嗅觉和味觉上皮组织,从而影响后代繁殖。有机锡化合物能改变贝类性别,雌性变为雄性,最终导致种群衰退。氧化三丁锡对牡蛎受精和胚胎发育也有明显影响。10μg/L 三苯基锡导致海洋微藻群落崩溃,1μg/L 三苯基锡能导致糠虾生殖力下降,种群衰退。

4.4 种群及群落水平

4.4.1 种群效应

种群是生物系统中一个重要的组织层次。大量研究表明,人为胁迫作用下的受损环境会对种群生态学、遗传学和进化过程产生深刻影响。由于受损环境中生物个体反映的特殊性,因而由这些个体组成的种群具有与正常环境中不同的特点。

正常环境条件下,温度、含盐量等非生物因素和食物、捕食等生物因素对种群的影响是通过改变种群密度而起作用的,即密度制约。而在受损环境中,种群同时受到密度制约因素和污染物的共同影响。污染物将从两方面影响种群:一方面,在污染作用下,种群中敏感个体死亡,种群的死亡率上升,这已被大量的毒理学实验所证实;另一方面,大量的实验研究亦证明,污染胁迫会使躯体生长率下降,如污染物通过降低植物的光合作用或动物的合成代谢导致种群的躯体生长率下降。生物种群由于环境受损而发生适应性分化。

不同种群对环境受损的反应是不同的。在正常的非污染环境中具有竞争优势的敏感物种,当环境受到污染后其优势地位可能被削弱甚至消失,而原先处于竞争劣势地位的抗性物

种则取代成为优势物种。

在污染物较高浓度下水生生物种群会在短时间内发生种群数量的减少甚至趋于灭亡，而较低浓度下长期接触污染物的生物种群可能对毒物产生耐性和抗性。不同种群对水污染的敏感性和耐性不同。顺势耐性可能来源于如金属硫蛋白合成和混合功能氧化酶激活这种短期胜利适应。敏感性和耐性亦可产生于遗传适应，由于被污染环境的选择性可导致具抗性基因型个体增加，当这些生物体再放回清洁水中时，遗传耐性依然存在，能传给下一代。例如，蓝藻中的螺旋藻属（*sprrulina*）和小颤藻（*oscillatoria tenuis*）可在污染严重的水体中生存，而硅藻中的等片藻（*diatoma hiemale*）和绿藻中的凹顶鼓藻属（*euastrum*）则喜欢在清洁的水体中生活。因此，不同种群可以作为监测生物来评价水体的污染状况。

4.4.2　群落效应

种群组成的变化，必然导致群落结构与功能的改变。环境的受损将使正常环境条件下的群落物种组成与结构发生改变。如自然水体受到严重污染后，往往在很短时间内就能使群落的组成和结构发生显著改变。1974 年的英国 Bantry 海湾溢油事故使 35km 海滩受到污染。现场调查表明：齿缘墨角藻等藻类由于受害严重而大量死亡，而车叶藻、浒苔等藻类由于对石油污染的抗性较强而成为优势种。其他油轮事故的调查也发现污染导致了群落结构改变。

描述生物种群或群落结构和功能变化的参数如生物指数、群落的多样性指数、种类数量、生物量、生活史、种群分布、种的目录、分布格局、密度、指示物种等可以指示受损环境对群落结构变化的影响程度。

群落结构组成的改变将使群落的基本特征发生变化。多样性是群落的主要特征，正常环境条件下，生物的种类多且个体数相对稳定；而受损环境中，由于不同种生物对胁迫的敏感性和耐受能力的不同，敏感物种在不利条件下死亡或消失，抗性物种在新的环境条件下大量发展，群落发生演替，多样性指数可以指示群落的演替。常用的多样性指数主要有 Margeler 多样性指数、Shannon-Weiner 多样性指数等。

关于群落变化的研究多以大型底栖生物为对象，因为其种类和数量多，生活相对固定且易于采集。一般而言，在受到严重污染之后，底栖群落的变化是可见的。一些种类已不复存在，某些种类的种群明显减小，其他的种类具有很大的波动变化。这些变化可能包括如原油泄漏这种灾难性事件后某些幸存种类的种群徒增。例如，长江河口南岸底栖生物共 30 种，主要由环节动物和软体动物组成，平均生物量为 80.93g/m^2，平均密度为 4098 个/m^2。由于一直接受上海市工业废水和生活污水的污染，不耐污的种类在消失，耐污种类却大量滋生，结果是底栖生物群落遭到严重破坏。

营养化严重的水体，水产资源可能遭到彻底破坏；富营养化程度较轻时，可改变水生生物群落结构，主要表现在敏感种类减少或消失，耐污染种类数量增加，物种多样性下降，群落结构与功能改变。如在贫营养型湖泊中，藻类组成以甲藻、硅藻为主，蓝藻、绿藻数量不多；富营养化以后，藻类组成情况正好相反，以耐污的蓝藻、绿藻为主，硅藻、甲藻、黄藻等比例下降，甚至消失。富营养化严重的巢湖蓝藻数量占 94% 以上。

4.5 生态系统的响应

人为胁迫作用下，生态系统的结构和功能发生变化，这些变化可用来指示环境的变化及环境受损的程度。

4.5.1 生态系统结构

污染物由于其毒害作用，引起敏感生物体的病态和死亡，生物种群由于环境受损而发生适应性分化。敏感物种的消失使系统内的物种数量显著降低，竞争、捕食、寄生及共生等种间关系的改变，使群落的物种组成与结构发生改变，生态系统的结构趋于简单化、食物链不完整、食物网简化。生态系统中生物群落的种类数量、生物量、生活史、种群分布；非生物物质的数量和分布、生存条件等结构参数发生改变。采用包括种的目录、多样性指数、分布格局、密度、指示种类等物种水平分析及对非生物物质的理化分析结合可以反映受损环境对生态系统结构的影响。

4.5.2 生态系统功能

初级生产量是生态系统能量的基本来源，对维持生态系统稳定具有关键作用。由于污染物的毒害作用使初级生产者受到伤害，并通过减少重要营养元素的生物可利用性、减少光合作用、增加呼吸作用等途径使初级生产量下降，从而使依托强大初级生产量才能建立的各级消费类群没有足够的物质和能量支持，食物链缩短，并通过对分解者的毒害作用使生态系统的营养循环受到影响，物质分解和信息传递受阻，生态系统的功能发生改变。生物能量通过生态系统的速率，即群落中种群的生产速率和呼吸速率；营养物质的循环速率（如受污染后物种恢复率，初级生产力，呼吸速率等）功能参数的变化与环境受损程度存在相关性，可以反映环境的受损程度。

 复习思考题

1. 污染物是如何导致脂质过氧化、蛋白质的氧化损伤及 DNA 的氧化损伤的？
2. 细胞内稳态变化与组织和细胞的毒性机制有什么关系？
3. 简要分析酶的诱导作用及酶的抑制作用。
4. 解释微粒体混合功能氧化酶系、细胞色素 P450 系及微粒体单加氧酶系等。
5. 阐述不同生物学水平的毒性效应。

第5章　环境质量的生物监测与生物评价

学 习 提 示

本章主要介绍生物监测的基本原理、作用特点，以及在环境监测和生态风险预警中的应用。通过学习，掌握不同生物层次与受损环境的响应与指示机制，了解生物对污染环境的常用监测方法以及在监测预警方面的应用，理解监测生物的选择原则，熟悉生物监测与生态监测在生态风险预警评价中的作用和特点。

5.1　生物监测和环境质量评价

5.1.1　生物监测的基本概念

生物监测（biological monitoring）是利用生物分子、细胞、组织、器官、个体、种群和群落及生态系统等层次上的变化对人为胁迫的生物学响应反应来阐明环境状况。即用生物作指标对环境质量变化进行指示，从生物学的角度对环境质量变化进行监测，为环境质量的评价提供依据。

利用生物对环境进行监测和预警早在古代就已被人们所认识，历史上很早就有利用金丝雀、老鼠来监测地下矿区瓦斯含量的记载，但生物监测真正受到人们重视并被广泛用于环境监测领域，却是在20世纪初。工业革命以来，人类生活方式的改变和工农业生产的迅速发展，深刻地影响着环境的变化。人类活动所导致的环境污染及对自然资源的不合理利用所引发的生态破坏，已成为人类面临的严峻挑战。为此，人们迫切需要能够对环境质量状况及其变化的即时信息进行准确测量，为环境管理和环境建设提供依据的环境监测方法。

借助于各种先进检测仪器和分析手段的理化监测方法，虽然能精确测定环境污染物的瞬时浓度，但不能反映各种污染物混合作用于生物系统的长期影响。人为胁迫导致的受损环境中，各种污染物同时存在，并共同作用于生物系统。不同污染物之间或发生协同作用，或发生拮抗作用，不考虑污染物、环境因素与生物的综合作用，就不能真正反映环境质量的变化和生活在其中的生物状况，不能真正保护自然生态系统的健康运行。而利用生物指标对环境质量变化进行监测，由于生物接受的是各种环境因子与污染物综合作用，因而反映的是各种影响因子对生物综合作用的结果，是对整个环境的生物学损伤后果的监测与评价。与理化监测方法相互补充，就能够帮助人们即时获取有关环境质量状况及其变化的综合信息，为环境控制管理提供依据。因此，生物监测在环境监测领域的研究应用，受到了人们的极大关注。

目前生物监测已经从传统的生物种类、数量和行为的描述发展到现代化验室自动分析，从单纯的生态学方法扩展到与生理生化、毒理学和生物体残留量分析等领域相结合的研究。

在美国、日本、加拿大等许多国家的环境保护部门，已将一些生物学监测方法列入了国家的环境管理目标，我国国家环境保护局也分别在 1986 年颁布了《生物监测技术规范》（水环境部分），1993 年编写出版了《大气污染生物监测方法》。生物监测已成为了解和评价环境质量状况不可或缺的环境监测方法之一。

5.1.2 监测生物的选择

生物的种类繁多，由于生物在长期进化过程中形成的胁迫适应机制的多样性及遗传差异，不同生物对人为胁迫作用下受损环境影响的反应是不一样的。如唐菖蒲（*Gladiolus hybrids*）的敏感品种白雪公主暴露在 $10 \times 10^{-9} \, \mathrm{mg/m^3}$ 的氟化氢中 20h 便出现明显的受害症状，而泡桐吸氟量高达 $1.06 \times 10^{-5} \, \mathrm{mg}$ 却没有受害症状出现。可见，并非任何一种生物都适用于对环境质量的监测。

监测生物的选择应遵循以下原则：

1. 选择对污染物敏感的生物

不同物种对污染物敏感性差异很大。即使同一物种不同品种间的敏感性也存在明显的差异。例如，唐菖蒲对氟化氢很敏感，但不同品种敏感性不同。其雪青花品种暴露在氟化氢中 40d，叶尖出现 1～1.5cm 长的伤斑，而粉红花品种叶尖伤斑长达 5～15cm。监测生物的敏感性直接决定生物监测的灵敏性。这一点对建立早期污染的生物报警系统尤为重要。

2. 选择具有污染特异性反应的生物

所谓污染特异性反应是指生物对特定污染物具有特殊的敏感性或特殊的抗性，而对其他污染物的敏感性或抗性较低。例如，烟草 Bel W3 品种对低浓度的臭氧极为敏感，叶片上的褐色斑（图 5-1）是对臭氧的一种特有的反应，而且表现出剂量-反应关系。另一方面，某些生物对某类污染物具有极强抗性。当环境受到此类物质污染后，其他生物可能消失，但抗污生物却能生存并成为群落中的优势物种。例如，颤蚓类底栖动物能在溶解氧很低的条件下生存，因而常成为有机物污染十分严重水体中的优势种，是有名的有机污染水体指示生物。选择具有污染物特异反应的生物用于生物监测便于解释监测结果。

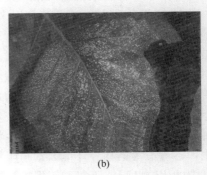

(a)   (b)

图 5-1 健康的和被臭氧伤害的 Bel W3 烟草叶片

（a）健康的 Bel W3 烟草叶片；（b）臭氧伤害的 Bel W3 烟草叶片

3. 选择遗传稳定的健康生物

生物监测需要重复性好，所以遗传稳定性是必要条件之一。最好选用无性系，因为无性系个体间在遗传上差异甚小。在其他条件一致的情况下，遗传上稳定的监测生物可望在不同地点和不同时间获得较为一致的监测结果，这也是生物监测方法标准化所必须具备的条件。

此外，监测生物应有明确而便于辨认的遗传标记，以帮助监测人员鉴别，并保证伤害反应确是已经选择出来的生物品系（或无性系）所产生的。

4. 选择易于繁殖和管理的常见生物

生物监测需要大量生物个体。监测生物应具备通过有性生殖或无性繁殖方式大量增殖后代的能力。种质保存和扩大繁殖应简单易行。用于监测时，监测生物的栽培或饲养等管理措施应便于操作。例如，选用多年生植物监测大气污染可以免除反复播种之劳。应避免选用珍稀濒危物种。选择易于繁殖和管理的常见生物可以降低监测成本、提高生物监测的实用价值。

5. 尽量选择既有监测功能又兼有其他功能的生物

监测生物应尽量选择既有监测功能又兼有经济价值或观赏价值的生物。如国内外常选择唐菖蒲、玉簪来监测氟化物；选择秋海棠、石竹监测 SO_2；选择贴梗海棠、牡丹监测 O_3；选择兰花、玫瑰监测乙烯；选择千日红、大波斯菊监测 Cl_2 污染等。这些生物既可观赏，又能预警，一举两得。

5.1.3　生物对污染环境的监测与指示

生物监测根据划分依据的不同，可以有多种分类方法。如果从生物层次来分，主要包括生理生态监测、生物群落监测、遗传学监测以及分子标记方法；如果从不同种类生物监测来分，主要包括动物监测、植物监测和微生物监测；如果从环境介质的不同来分，主要包括大气污染监测、水污染监测和土壤污染监测。本节将主要依据生物层次的不同对目前发展比较成熟的方法予以介绍。

1. 形态结构监测

在此类监测方法中，发展最成熟、应用最广的就是利用生物对大气污染进行监测。大气是生物赖以生存的基本条件之一，大气一旦受到污染，生物马上会做出不同程度的反应，例如：某些动物生病、死亡或迁移；植物叶片出现病变，植株生病、死亡；微生物种类和数量的变化等。虽然早在很久以前就有利用昆虫和鸟类监测大气污染的例子，但到现在还没有一套系统完整的监测方法。植物监测由于方法简单易行，灵敏可靠，所以早在 20 世纪初就引起人们的注意，发展到现在已经积累了很多经验，并且广泛应用于实践。

对植物最有害的大气污染物是二氧化硫（SO_2）、臭氧（O_3）、过氧酰基硝酸酯（PAN）、氟化氢和乙烯等。许多植物对大气污染反应极为敏感，其敏感程度也因植物种类和污染物种类的不同而不同。例如对 HF 短期急性处理，敏感植物的受害阈值为 $3\mu g/L$，而 SO_2 则为 $400\mu g/L$；贴梗海棠在 $0.5mg/L$ 的臭氧下暴露 30min 即会受害；麝香石竹、番茄在 $0.1\sim0.5mg/L$ 浓度的乙烯处理下几小时，花萼就会发生异常变异。同时植物受损症状也是变化和不同的，利用这些现象人们对不同大气污染物的特异敏感植物和受害症状做出了总结。

（1）二氧化硫（SO_2）

植物受 SO_2 伤害后的典型症状为：叶面微微失水并起皱，出现失绿斑，失绿斑渐渐失水干枯，发展为明显的坏死斑，颜色可以从白色、灰白色、黄色到褐色、黑色不等。在低浓度时一般表现为细胞受损，不发生组织坏死。长期暴露在低浓度环境中的老叶有时表现为缺绿，不同植物间存在较大差异。禾本科植物在中肋两侧出现不规则坏死，从淡棕色到白色；针叶植物从针叶顶端发生坏死，呈带状，红棕色或褐色。

监测二氧化硫的植物有苔藓、地衣、紫花苜蓿（*Medicago sativa*）、大麦（*Hordeum*

vulgare)、荞麦（*Fagopyrum esculentum*）、美国白蜡树（*Fraxin americana*）、欧洲白桦（*Betula pendula*）、南瓜、美洲五针松（*Pinus banksiana*）、开菜、堇菜等。

（2）臭氧（O_3）

植物受臭氧伤害后出现的症状为：阔叶植物下表皮出现不规则的小点或小斑，部分下陷小点变成红棕色，后褪成白色或黄褐色；禾本科植物最初的坏死区不连接，随后可以造成较大的坏死区；针叶树针叶顶部发生棕色坏死，但棕色和绿色组织分布不规则。臭氧的监测植物及典型症状见表5-1。

表5-1　O_3的监测植物及其典型症状

监测植物	典型症状	监测植物	典型症状
美国白蜡	白色刻斑、紫铜色	松树	烧尖、针叶呈杂色斑
菜豆	古铜色、褪绿	马铃薯	灰色金属状斑点
黄瓜	白色刻斑	菠菜	灰白色斑点
葡萄	赤褐色至黑色刻斑	烟草	浅灰色斑点
牵牛花	褐色斑点、褪绿	西瓜	灰色金属状斑点
洋葱	白色斑点、尖部漂白		

注：本表摘自曼宁 WJ，费德尔 WA 著．大气污染物的植物监测．黄楚豫，王瑞金泽．北京：中国环境科学出版社，1987．

（3）过氧酰基硝酸酯（PAN）

PAN 刚诱发的早期症状是在叶背面出现水渍状或亮斑。随着伤害的加剧，气孔附近的海绵叶肉细胞崩溃并为气窝（air pocket）取代。叶片背面呈银灰色，两三天后变成褐色。这些症状出现在最幼嫩的叶尖上，随着叶片组织的逐渐生长和成熟，受害部分就表现为许多"伤带"（bemding），这是 PAN 诱发的一个最重要的受害症状。

用于监测 PAN 的植物有：长叶莴苣（*Lactuca sativa*）、瑞士甜菜（*Betachilensis*）以及一年生早熟禾（*Poa annua*）。

（4）氟化氢

氟化氢对阔叶植物的伤害症状，一般是边缘或叶片顶部出现坏死区，坏死区有明显的有色边缘。坏死组织可能分离、脱落，而叶片并不脱落。针叶树首先从当年的针叶叶尖开始，然后逐渐向针叶基部蔓延。被伤害的部分逐渐由绿色变成黄色，再变成赤褐色。严重枯焦的针叶则发生脱落。新叶较老叶更易受到伤害。

监测氟化氢的植物有杏树（*Prunus armeniaca*）、北美黄杉（*Pseudotsuga menziesii*）、美国黄松（*Pinus pondrosa*）、唐菖蒲（*Gladiodus hortulanus*）、小苍兰（*Freesia hybrida*）以及地衣等。

（5）乙烯（C_2H_4）

乙烯一般是影响植物的生长及花和果实的发育，并加速植物组织的老化。监测乙烯的植物通常有兰花（*Cattleya* spp.）、麝香石竹（*Dianthus caryaphyllus*）、黄瓜（*Cucumis sativus*）、番茄（*Lycopersicon esculentum*）、万寿菊（*Tagetes erecta*）、皂角（*Gleditsiatrica tricaanthos*）等。

典型受害症状往往也用来监测土壤污染。土壤中的污染物对植物的根、茎、叶都可能产生影响，出现一定的症状。如锌污染引起洋葱主根肥大和曲褶；铜污染使大麦不能分蘖，长四五片叶时就抽穗；硼污染使驼绒蒿变矮小或畸形；氰化物能使植株变矮，根系短而稀少，部分叶尖端有褐色斑纹；砷污染使小麦叶片变得窄而硬，呈青绿色；镉使大豆叶脉变成棕色，叶片褪绿，叶柄变成淡红棕色；一些无机农药污染使植物叶柄基部或叶片出现烧伤的斑点或条纹，使幼嫩组织发生褐色焦斑或破坏；有机农药污染严重使叶片相继变黄或脱落，花座少，延迟结果，果变小或籽粒不饱满等。

受到污染的土壤使蚯蚓身体蜷曲、僵硬、缩短和肿大，体色变暗，体表受伤甚至死亡，表明土壤受到了 DDT 和有机氯化物的污染。

2. 生理生化监测

当外界环境受到污染时，生物的某些生理生化指标会随之发生变化，而且比可见症状反应更灵敏、精确。到目前为止，各国科学家做了很多实验，其中大气污染物对植物的影响研究结果见表 5-2。

表 5-2　大气污染物胁迫的生物化学和生理学指标变化

指标酶	污染物	变化
过氧化物酶	F_2，HF，SO_2	增加
多酚氧化酶	SO_2，NO_2，碳氢化合物	增加
谷氨酸脱氢酶	SO_2，NO_x	增加
RuBP-羧化酶	SO_2	减少
硝酸还原酶	SO_2，NO_x	减少
过氧化物歧化酶	酸雨，O_3	增加
胁迫代谢物	污染物	变化
抗坏血酸	非特异性	增加
谷胱甘肽	SO_2	增加
多胺	非特异性	增加
乙烯	非特异性	增加
代谢	污染物	变化
腺苷酸状态	非特异性	减少
光合作用	非特异性	减少
光反射	O_3，SO_2，酸雨	减少
浑浊度测试①	酸雨	增加

① 针叶松树的针叶热水洗提物的浑浊度。

动物方面的例子主要是利用鱼来监测水污染。鱼的常用生理代谢指标有：鳃盖运动频率、呼吸频率、呼吸代谢、侧线感观机能、渗透压调节、摄食量与能量转换率、抗病力等。生化方面的指标有：血糖成分变化、血糖水平、酶活性变化、糖类及酯类代谢等。鱼的血液对一些污染物很敏感，如铅中毒会加速红细胞的沉降、增加不成熟红细胞的数量、使一般红细胞溶解和退化而导致溶血性贫血。因此，不成熟红细胞的增加和溶血性贫血可以作为水体中铅污染的监测指标。

利用微生物也可以很好地监测环境污染。例如大肠埃希菌（*Escherichia coli*）对光化学烟雾非常敏感，只要几个 ng/g 就可以导致死亡。臭氧对大肠埃希菌也有毒害作用，使细胞表面氧化，造成内含物渗出细胞而被毁。

发光细菌是测定由污染物引起的细胞学损伤的良好工具。明亮发光杆菌（*Photobacterium phosphoreum*）在正常生活状态下，体内荧光素（FMN）在有氧参与时，经荧光酶的作用会产生荧光，光的峰值在490nm左右。当细胞活性高时，细胞内三磷酸腺苷（ATP）含量高，发光强；休眠细胞ATP含量明显下降，发光弱；当细胞死亡，ATP立即消失，发光即停止。处于活性期的发光菌，当受到外界毒性物质（如重金属离子、氯代芳烃等有机毒物、农药、染料等化学物质）的影响，菌体就会受抑甚至死亡，体内ATP含量也随之降低甚至消失，发光减弱甚至到零并呈线性相关。

多环芳烃化合物是空气中普遍存在的污染物，能刺激细菌产生畸变。例如蜡状芽孢杆菌（*Bacilius cereus*）和巨大芽孢杆菌（*Bacilius megaterium*）都可用来监测多环芳烃污染物。

3. 生物体内污染物及其代谢产物监测

生活在污染环境中的生物可以通过多种途径吸收大气、土壤和水中的污染物，因此，可以通过分析生物体内污染物的种类和含量来监测环境的污染状况。

地衣和苔藓植物对于大气污染物极为敏感，它们不仅仅是非常好的监测和指示生物，而且由于没有真正意义上的根，其营养物质的获得主要通过从空气中吸收或从沉降物中吸收，因此，它们体内的污染物质含量与环境中污染物质浓度及其沉降率之间有着良好的相关关系。地衣和苔藓植物被广泛地用于监测大气中重金属、粉尘、SO_2等污染物。

此外，高等植物叶片中的污染物含量也常常被用来监测大气污染。具体做法可以是在污染地区选择抗性好、吸污能力强、分布广泛的一种或几种监测植物，分析叶片中某种或多种污染物质含量；或者人工实地栽培监测植物，也可以把盆栽监测植物放到监测点，经历一段时间后取叶片分析其中污染物质含量，从而判断当地环境污染情况。

植物树皮一年四季都能固定空气中的污染物质，它具有不受季节限制的优点，所以可以把污染区植物树皮中污染物质含量与生长在清洁区立地条件相类似的植物树皮污染物含量相比较，用来监测空气污染的年度变化。

对水生生物体内污染物质进行分析，同样也可以了解水中污染物的种类、相对含量和危害程度。在国外就有分析浮游生物和鱼虾体内污染物含量和种类来进行监测的例子，有的已经以此为依据制定了环境质量标准。除了水生生物本身以外，还可以分析生物体的某一部分、排泄物等。

值得注意的是，污染物对人体健康的影响越来越引起世界的关注，人们不仅仅满足于了解污染物在动植物和微生物体内的情况，更急切地想知道污染物在人体内的分布和含量。因此，现在的生物监测中还包含了人体健康监测的内容。例如环境中铅污染可以通过人体血液和头发中铅含量来监测，也可以通过血中游离原卟啉浓度和尿中Q-氨基乙酰丙酸浓度增加来监测。再如根据人尿中马尿酸浓度监测空气中甲苯浓度，根据人尿中有机溶剂的浓度来监测空气中有机溶剂的浓度等。

4. 遗传毒理监测

环境中许多污染物能够引起生物体的遗传物质发生基因结构变化，这些物质称为致突变物（mutagen）。生物体的遗传物质发生了基因结构的变化称为突变（mutation）。突变可分为基因突变（gene mutation）和染色体畸变（chromosome aberration）两大类。基因突变只涉及染色体的某一部分的改变，且不能用光学显微镜直接观察。染色体畸变则可涉及染色体的数目或结构发生改变，可以用光学显微镜直接观察。从理论上来说，致突变作用产生有益后果的概率极小，而且无法鉴别和控制，对人体健康存在很大的潜在威胁。因此可以通过致突变试验来监测环境中是否有对生物产生遗传毒性的污染物。

（1）体外基因突变试验（in vitro gene mutatlon test）

鼠伤寒沙门氏菌/哺乳动物微粒体酶试验法（Ames 试验）：它是一种利用微生物进行基因突变的体外致突变试验法。其基本原理是利用一种突变性微生物菌株与被检化学物质接触，若该化学物具有致突变性，则可使突变性微生物发生回复突变（reverse mutation），重新成为野生型微生物。因野生型具有合成组氨酸的能力，可在低营养的培养基上生长，而突变型不具有合成组氨酸的能力，故不能在低营养的培养基上生长，据此来检定受试物是否具有致突变作用。

哺乳动物体细胞株突变试验：基因点突变试验除采用微生物外，还可利用哺乳动物突变细胞株发生回复突变，借助其生化方面的特殊改变，从而确定受试物是否具有致突变性。

（2）体内基因突变试验（in vivo gene mutation test）

显性致死突变试验（dominant lethal mutation test）：本试验是检测外来化合物对动物生殖细胞染色体的致突变作用。与骨髓细胞染色体畸变分析不同之处在于前者观察体细胞染色体本身的结构和数目的变化，而本试验则是观察胎鼠的成熟情况。因为哺乳动物生殖细胞染色体发生突变时（染色体断裂或重组），往往不能与异性生殖细胞结合，或使受精卵在着床前死亡和胚胎早期死亡。

果蝇伴性隐性致死试验（sex-linked recessive lethal test in drosophila melanogaster，SLRS）：果蝇的性染色体和人类一样，雌蝇有一对 X 染色体，雄蝇则为 XY。伴性隐性致死突变试验的遗传学原理为致突变物可能在雄性果蝇配子 X 染色体上诱导隐性致死突变。将经过处理的雄性果蝇与未处理的雌蝇（X 染色体上常有易鉴别的表型标记，以区别父本或母本 X 染色体）交配，此时产生的子 1 代（F1）雌蝇带有来自父本的具有致死突变的 X 染色体。但由于此种致死突变为隐性，所以 F1 蝇仍然能正常生长、发育、生殖。若将此类雌蝇F1 与子 1 代雄蝇交配，则将有半数雄合子是含有经受试物处理的雄蝇（P1）的 X 染色体。此时 X 染色体上隐性致死基因得以表现，引起此雄蝇死亡。

（3）染色体畸变试验（chromosome aberration test）

染色体畸变试验是利用光学显微镜直接观察生物体细胞在受致突变物作用后，染色体发生数目和结构变化的情况。染色体结构的畸变包括染色体单体断裂、双着丝点染色体、染色体粉碎化和染色单体互换等。染色体畸变率越高，说明污染越严重。染色体畸变试验可以在体细胞进行，也可以在生殖细胞进行，可以在体外，也可以在体内进行。

体外染色体畸变试验多以中国地鼠卵巢细胞（CHO 细胞）作为检测细胞。该细胞分裂速度快、数目适中、形态清晰，是国际上较通用的细胞株。其次，短期体外培养人类外周血，检测人类淋巴细胞也是一种简便可行的方法。

体内染色体畸变试验即是在给予受试物后，观察骨髓细胞及其他组织（胸腺、脾、精原细胞）内染色体畸变率的变化。一些经代谢激活后，对细菌有致突变性的化合物，多数也能在大鼠、小鼠、地鼠及人骨髓细胞中诱发染色体畸变。

（4）微核试验（micronucleus test）

在外源性诱变剂或物理诱变因素存在时，活细胞内染色体受到诱变发生断裂，纺锤丝和中心粒受损，造成有些染色体及其断片在细胞分裂后期滞后，或者是核膜受损后核物质向外突起延伸，形成一个或几个规则的圆形或椭圆形小体，其嗜染性与细胞核相似，比主核小，故称微核。在一定污染物浓度范围内，污染物与微核率有很好的剂量-效应关系，而且灵敏度高、简便、可靠，近年来，已成为一种常用的污染监测方法。

微核试验可以采用动物细胞和植物细胞。常用的动物微核试验有：骨髓嗜多染红细胞微核试验（micronucleus test of polychromatic erythrocyte in th bonemarrow）和外周血淋巴细胞微核试验（micronucleus test of peripheral bloodlymphocytes）。常用的植物微核试验有紫露草微核技术（tradescantia MClN test）（也称紫露草四分体微核监测法）和蚕豆根尖细胞微核技术（vicla faha McN test）。此外，还有细胞培养微核试验（mlrronuclcus test to ceil culture），常用细胞是人淋巴细胞、中国地鼠卵巢或肺成纤维细胞。其中植物微核监测技术已被证实为监测环境污染物最有效的技术之一，它具有成本低、效率高、快速、准确等优点，目前已经广泛应用于监测空气、水体和土壤的环境污染状况。

（5）姐妹染色单体交换试验（sister chromatlde exchange test，SCE）

每条染色体是由两个染色单体组成，一条染色体的两个染色单体之间 DNA 的相互交换，即同源位点复制产物间的 DNA 互换，称姐妹染色单体互换，它可能与 DNA 断裂和重联相关，但其形成的分子基础仍然不明。5-溴脱氧尿嘧啶核苷（Brhu）是胸腺嘧啶核苷（T）的类似物，在 DNA 复制过程中，Brhu 能替代胸腺嘧啶核苷的位置，掺入新复制的核苷酸链中。所以当细胞在含有 Brhu 的培养液中经过两个细胞周期之后，两条姐妹染色单体的 DNA 双链的化学组成就有差别，即一条染色单体的 DNA 双链之一含有 Brhu，而另一条染色单体的 DNA 双链都含有 Brhu。当用荧光染料染色时，可以看到两条链都含 Brhu 的姐妹染色单体染色浅，只有一股有 Brhu 的单体染色深。用这种方法，可以清楚地看到姐妹色单体互换情况。如果姐妹染色单体发生了互换，结果使深染色的染色单体上出现浅色片段，浅染色的染色单体上出现深色片段。很多化学致突变物或致癌物可以大幅度地增加 SCE 频率，因此，目前这种方法广泛应用于致突变化学物质的监测中。

5. 分子标记

（1）DNA 损伤试验

非程序性的 DNA 修复试验（unscheduled DNA synthesis，UDS）：正常情况下，细胞内的 DNA 合成是一种程序化，即在细胞分裂前期进行半保留复制。但是，当 DNA 受到损害时，细胞对 DNA 损伤具有修复能力，这时 DNA 合成就属于非程序性的复制。细胞与化学物质接触后，若能诱导 DNA 修复合成，即可据此推断该化学物质具有损伤 DNA 的潜力。化学物质可由各种途径进入机体后，与细胞 DNA 结合，引起 DNA 损伤；也可以将化学物质加入人体外培养的细胞体系中，损伤 DNA，诱导修复合成。测定 DNA 修复合成，可用羟基脲抑制细胞周期中 S 期的 DNA 半保留复制，用标记的脱氧胸腺嘧啶核苷（^{3}H -TdR）掺入法测定非 S 期 DNA 合成的 ^{3}H-TdR 量。

单细胞凝胶电泳（single-cell gel electrophoresis，SCGE）：正常条件下，细胞中的 DNA 与染色体数量是一致的，在电场中具有较为统一的行为和行迹。但 DNA 如果发生断裂，片段的数量和在电场中的行为将发生显著的变化，通过这种变化来评价和分析污染物对 DNA 的损害能力。检测这种 DNA 断裂常用的方法为单细胞凝胶电泳，又称彗星试验（图5-2 和图 5-3）。

试验将分散悬浮的单个细胞与低温琼脂糖（LMF-Agarose）液混合后制成琼脂板，细胞经过水解和碱化处理后，在较高 pH 值的环境下进行电泳。在电泳过程中，当 DNA 有断裂损伤时，细胞核中带有阴性电荷的 DNA 断片就向阳极方向移动，形成一个很像"彗星"的图像，根据"彗星"的头部和尾部的大小和比率，从而确定细胞 DNA 损伤的程度。

图 5-2　细胞彗星实物图（400×）

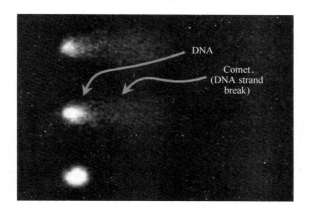

图 5-3　细胞"彗星"模式图（引自 Edler）

（2）DNA-加合物测定

DNA-加合物是化学毒物经过生物转化后的亲电活性产物与 DNA 链特异位点相结合的共价化合物，加合物的位点多在 N-7 鸟嘌呤，O-6 鸟嘌呤，N-1 或 N-3-腺嘌呤。DNA-加合物的数量和质量是评价污染物影响 DNA 受损的重要手段。DNA-加合物测定方法除了色谱法外，主要有免疫法、荧光法和^{32}P-后标记法三类。

免疫法：此种方法基本原理是抗原抗体反应。具体又分为放射免疫（RIA）、酶联免疫（ELISA）及超敏酶学放射免疫法（Vs-ERISA）。通常情况下，免疫法的灵敏度可以达到一个加合物/$10^7 \sim 10^8$核苷酸水平所需样品的 DNA 量为 $20 \sim 50 \mu g$。

荧光法：此方法的原理是利用某些化合物的 DNA-加合物具有荧光特性而进行定量分析。常用技术有低温激光法、同步荧光法和激光-发射荧光法。荧光法的优点是不破坏 DNA 链，并可区分出加合物的不同立体异构体及 DNA 链不同位点上的加合物。

^{32}P-后标记法（^{32}P Postlabellng Assay）：该方法是现在较为常用的 DNA 加合物的半定量检测方法。其基本原理是先将分离出的 DNA 用一定的酶水解成正常的单核苷酸和形成了加合物的单核苷酸，并进一步将二者分离，再用^{32}P 标记的 ATP 将带有加合物的单核苷酸标记，然后用液闪计数、双向层析、放射白显影等方法定量。该方法最大的优点是检测能力

强、应用范围广，可检测任何化学物质与 DNA 的连接，尤其是可用于环境中生物样品的加合物测定以及判断化合物的毒性，包括纯品或混合物是否有潜在的致癌作用，同时具有极高的灵敏度，可以检测到 10^9 个碱基中的一个 DNA-加合物。

蛋白质也可以作为大分子形成化学物质加合物，而且与特定化合物的接触程度有定量关系。其中血红蛋白（Hb）在一定程度上可以代替 DNA 用于检测加合物，虽然化合物与 Hb 的加合并不具有致癌作用，但由于 Hb 也具有亲核中心，可与亲电物质反应形成稳定的 Hb 加合物，因而 Hb 加合物可间接反映连接于 DNA 的加合物。动物实验中已经发现有 50 多种化学物质可与 Hb 反应，致突变物及致癌物均可与 Hb 连接。测定 Hb 加合物最常用的方法为色谱质谱（GCMS）法和免疫法，灵敏度因化学物质和选用方法的不同而异。Hb 的生存期在 120d 左右，所以 Hb 加合物可以作为中长期污染暴露的指标。

6. 生物群落监测法

生物群落监测法是通过研究在污染环境下，生物群落种类、组成和数量的变化来监测环境污染状况。环境污染的最终结果之一是敏感生物消亡，抗性生物旺盛生长，群落结构单一。

（1）附生植物群落监测法

早在 20 世纪初期，人们就开始了关于附生植物监测大气污染的研究，经过半个多世纪的努力，终于有了一套较为成熟的监测方法——地衣生长绘图法。本方法需要调查的项目有种的总数、每个种的覆盖度、每个种的分布频率、颜色变化、叶绿素含量、苗丝体受害程度、受精和生殖状况、生长发育以及产量等特征。根据这些特征可以把调查地区分成 5 个区：Ⅰ区，正常条件下树上富含各种地衣种群，生长充裕茂盛；Ⅱ区，轻度污染区，生长茂盛但种的组成发生变化；Ⅲ区，中度污染区，嗜中性附生地衣占优势，地衣种类仍然丰富；Ⅳ区，重度污染区，地衣植被种类数目少且密度低，叶状地衣少，并在一些情况下畸形；Ⅴ区，在树上地衣生长几乎不存在，只有壳质地衣（"地衣荒漠"）在墙壁上。然后把整个监测地区按照 5 个分区绘制成图。用这种方法使在一个特定地区较长时期的污染状况比较成为可能。

（2）微生物监测法

大气污染的微生物监测：空气中微生物总量的测定是评价地区性环境质量的一个依据，测定方法可以有：沉降平皿法、吸收管法、撞击平皿法和滤膜法。评价空气微生物污染状况的指标可以用细菌总数和链球菌总数，一般当空气中细菌总数超过 $500\sim1000$ 个/m^3 时，认为空气发生了污染。表 5-3 中的指标可以作为一般室内空气卫生的标准，但是不适合室外或通风良好的室内空气的卫生评定。

表 5-3 住室卫生评价标准（个/m^3）

空气评价	夏季标准		冬季标准	
	细菌总数	绿色和溶血性链球菌总数	细菌总数	绿色和溶血性链球菌总数
清洁空气	<1500	<16	<4500	<24
污染空气	>2500	>36	>700	>36

水污染的细菌学监测：带有致病的粪便随污水排入天然水体后，水源受到污染，可能会引起某些疾病的流行爆发。因此，水质的卫生细菌学检测对保护人群健康具有重要意义。大肠菌群在水中存在的数目与致病菌呈一定正相关，抵抗力较强，而且易于检查，所以常被用

做水体受粪便污染的指标。同时，水中细菌总数也可以反映水体被细菌污染的状况。我国现行饮用水卫生标准规定，1mL 自来水中细菌总数不得超过 100 个；每升水中大肠菌群数不得超过 3 个。一般认为 1mL 水中，如果细菌总数为 10～100 个为极清洁水；100～1000 个为清洁水；1000～10000 个为不太清洁水；10000～100000 个为不清洁水；多于 100000 个为极不清洁水。

（3）微型生物群落监测法

微型生物是生活在水中的微小生物，包括藻类、原生动物、轮虫、线虫、甲壳类等。微型生物群落是水生态系统内的重要组成部分，它的群落结构特征与高等生物群落特征类似，如果环境受到外界的严重干扰，群落的平衡被破坏，其结构特征也随之变化。

常用的方法是聚氨酯泡沫塑料块法，又称为 PFU 法（polyurethane foamunit）。将一定体积的 PFU 块悬挂在水中，根据 PFU 中原生动物种类和群集速度来监测水质好坏。如果群集速度慢，种类少，则水质污染严重，反之，则水质良好。另外，还可以与 PFU 中微型生物群落的组成、结构、指示种和叶绿素含量等方面相结合，综合评价水体污染状况。

（4）底栖大型无脊椎动物监测法

底栖大型无脊椎动物是指栖息在水底或附着在水中植物和石块上肉眼可见的、大小不能通过孔眼为 0.595mm（淡水）或 1.0mm（海洋）的水生无脊椎动物，包括水生昆虫、大型甲壳类、软体动物、环节动物、圆形动物、扁形动物以及其他水生无脊椎动物。

一般情况下，水环境中的大型无脊椎动物的群落是多种多样的，并且种类的分布和数量是比较稳定的。但是当水体受到污染后，大型无脊椎动物的群落结构无论是种类，还是数量都会发生相应的变化。

常用的有两种方法：第一种方法是从污染地和邻近的未污染地采集大型无脊椎动物群落进行对比，比较两地情况是否有所区别。需要的基本资料是每一种的个体记数，用这些数据可以根据组成、密度、生物量、多样性或其他分析结果来描述群落的特征并作比较。

第二种方法是把底栖大型无脊椎动物分成对污染敏感和耐性两大类，并规定在环境条件相似的河段，采集一定面积的底栖动物，进行种类鉴定。根据两类数量的多少，计算生物指数（BI）：

$$生物指数（BI）=2n_I+n_{II}$$

式中，Ⅰ类是不耐污种类；Ⅱ类是中度耐污（但非完全缺氧）的种类；n_I 和 n_{II} 分别为Ⅰ类和Ⅱ类种类数。

该生物指数值越大，水体越清洁，水质越好；反之，生物指数值越小，则水体污染越严重。指数范围在 0～40 之间，指数值与水质关系见表 5-4。

表 5-4　生物指数值与水质关系

生物指数值	水质状况
＞10	清洁河段
1～6	中等污染
0	严重污染

此方法后又经过津田松苗多次修改，提出不限定采集面积，由 4～5 人在一个点上采集 3min，尽量把河段各种大型底栖动物采集完全，然后对所得生物种类进行鉴定、分类，并采用与上述相同方法计算。指数与水质关系见表 5-5。

表 5-5　生物指数值与水质关系

生物指数	水质状况	生物指数	水质状况
＞29	清洁河段	14～6	较不清洁河段
29～15	较清洁河段	5～0	极不清洁河段

此方法在采样前应该预先进行河系调查，每次采样面积相同，要选择有效地段采样，避开淤泥河床，选择砾石底河段，在水深约 0.5m 处采样，河流表面流速在 $100\sim150cm/s$ 为宜。

（5）微宇宙法

微宇宙（microcosm）法是研究污染物在生物种群、群落、生态系统和生物圈水平上的生物效应的一种方法，又被称为模型生态系统法（model ecosystem）。微宇宙包含了生物和非生物的组成及其过程，是自然生态系统的一部分，但又不完全等同于自然生态系统，因为它没有自然生态系统庞大和复杂，不能包含自然生态系统的所有组成，也不能囊括自然生态系统的所有过程。但这不会影响它应用于研究自然生态系统的结构和功能，而且还可以应用于研究污染生态系统中污染物对生物和非生物组成的影响；研究污染物在生物和非生物组成中的分布；研究污染物对生物和非生物之间相互关系的作用；研究生物和非生物组成及其过程对污染物的生物效应的影响等。所研究的污染物包括有毒化学污染物如杀虫剂，营养元素如氮、磷等。

微宇宙可以是自然微宇宙，也可以是人工微宇宙（artificial microcosms）。自然微宇宙是直接来自于自然生态系统的断面，例如土壤核心区、河流和湖泊底部土壤等。人工微宇宙是根据研究者所需研究生态系统的特征在实验室组建的人工生态系统。如果根据生态系统的类别来划分，微宇宙可以分为水生微宇宙和陆生微宇宙。水生微宇宙根据系统规模的大小又分为烧杯水生微宇宙、河流微宇宙和池塘微宇宙等。

5.2　生态环境质量评价

5.2.1　生态监测概述

生态监测（ecological monitoring）是指对人类活动影响下自然环境变化的监测，通过不断监视自然和人工生态系统及生物圈其他组成部分（外部大气圈、地下水等）的状况，确定改变的方向和速度，并查明多种形式的人类活动在这种改变中所起的作用。

生态监测是一种综合技术，是以地面网络式观测、试验为主，收集大范围内具有生命支持能力的数据，这些数据牵涉到人、动物、植物及地球本身，结合遥感、地理信息系统和数学模型等现代生态学研究手段，对各主要类型的生态系统和环境状况进行长期、全面的监测和研究。生态监测的基本任务可以概括为以下几个方面：

1. 对区域内珍贵的生态类型包括珍稀物种在人类活动影响下生态问题的发生面积及数量变化进行动态监测。

2. 对人类生产活动对生态系统的组成、结构和功能影响变化进行监测。目前排入大气、水甚至食物中的化学污染物不断威胁着人类的健康。尽管食物和水中的污染物含量很低，但由于生物及生物链传递的蓄积特性使其对人类健康具有潜在危害。如日本在 20 世纪 60 年代到 70 年代初，排放在水俣海湾中的化学污染物导致汞在鱼类体内的积累，从而使 798 人发生慢性汞中毒和 2800 多人发生可疑性汞中毒，成为著名的公害事件。

3. 对人类活动对社会生态系统的恢复活动进行监测。世界上很多生态环境已受到人类活动的严重破坏，这些生境地的恢复同样也需要人类的介入。利用恢复生态学的原理可以使这些受害生态系统基本恢复或改善生态系统的状态，使其能被持续利用。对恢复进程的动态监测，有助于探索生态系统被扰动后，控制其发展过程的共性和个性，制定有效的恢复对策和管理技术。

4. 对监测数据进行处理分析，深入研究主要类型生态系统的结构、功能、动态和可持续利用的途径和方法，对生态环境质量的变化进行预测和预警，为地区和国家关于资源、环境方面的重大决策提供科学依据。自然界是由农田、森林、草地、湖泊和海洋等生态系统组成的，各种生态系统和生态过程是人类赖以生存和发展的物质基础。只有认识各种主要生态系统的结构、功能、动态和管理规律，才能揭示生态系统可持续发展的机制，为可持续发展提供理论基础和示范。

5.2.2　生态监测的特点

生态监测是以生态系统对受损环境的生物反应为基础的动态监测。由于生态系统的复杂性和综合性等特点，生态监测也具有与其他监测方法不尽相同的特点，这是由生态系统自身的特点所决定的。

1. 综合性

生态监测是对个体生态、群落生态及相关的环境因素进行监测。监测领域涉及农、林、牧、渔、工等诸多领域，对大范围内生命支持能力数据的收集牵涉到人、动物、植物及地球本身，监测手段涉及生物、地理、环境、生态、物理、化学、计算机等诸多学科，是多学科交叉的综合性监测技术，监测队伍必须由多学科人员组成才能更好地完成监测任务。

2. 长期性

由于许多自然和人为活动对生态系统的影响都是一个复杂而长期的过程，只有通过长期的监测和多学科综合研究，才能揭示生态系统变化的过程、趋势及后果，从而为解决这些变化造成的各种问题提供科学的有效途径。

3. 复杂性

生态系统是一个具有复杂结构和功能的系统，系统内部具有负反馈的自我调节机制，对外界干扰具有一定的调节能力和时滞性。人为活动与自然干扰都会对生态系统产生影响，这两种影响常常很难准确区分，这给监测及数据解释带来了较大难度。

4. 具有独特的时空尺度

根据生态监测的监测对象和内容，生态监测可分为宏观生态监测和微观生态监测两个尺度。

宏观生态监测的监测对象是区域内各种生态系统的组合方式、镶嵌特征、动态变化及空间分布格局在人为活动影响下的变化，注重对区域内具有特殊意义的生态系统分布及面积变化的动态监测，如热带雨林生态系统、荒原生态系统等脆弱性生态系统，这类生态系统抵御外界干扰力差，对人为活动影响较为敏感，且自然恢复能力较差，宏观生态监测技术主要以遥感技术和生态图为主。微观生态监测是对一个或几个生态系统内的环境因子采用理化手段进行监测，根据其监测内容主要分为干扰性监测、污染性监测和治理监测。干扰性监测是指对人类开发利用自然资源活动所引起的生态系统结构功能的影响的监测；污染性监测是指对污染物引起的生态系统变化及对其在食物链的传递和富集进行监测；治理监测是指对人类活动对受损生态系统进行的修复活动进行监测。

任何一个生态监测都应从这两个尺度上进行，即宏观监测以微观监测为基础，微观监测以宏观监测为主导。生态监测的宏观、微观尺度不能相互替代，二者相互补充才能真正反映生态系统在人为影响下的生物学反应。

5.2.3 生态监测技术

生态监测是对大范围内生命支持能力数据的收集，这些数据牵涉到人、动物、植物及地球本身，因此许多传统的监测技术并不完全适应于大区域的生态监测。现代高新技术如 RS（遥感技术）、GIS（地理信息系统）、GPS（全球定位系统）（通称 3S 集成）一体化的高新技术是今后生态监测技术的发展趋势。目前，生态监测数据收集主要采用以下技术：

1. 地面监测

地面监测是传统采用的技术。系统的地面测量（SGS）可以提供最详细的情况，采样线的走向一般总是顺着现存的地貌，如公路、小径、铁路线及家畜行走的小道。记录点放在这些地貌相对不受干扰一侧的生境点上。如在东非采用的系统地面测量，监测断面的位置间隔为 0.5 及 1.0km。采样点收集的数据包括植物物候现象、高度、物种、物种密度、草地覆盖以及生长阶段、密度和木本物种的覆盖，同时还包括大型哺乳动物的放牧和饲喂强度。为了检查食物的消耗方式，估计动物的健康、生长和繁殖状况，以及建立大多数种群的生长年龄关系资料，必要时需要屠宰动物，以获取样品。

地面监测技术目前仍是非常重要的，因为其结果可以提供详细情况。许多生态结构与功能的变化只能通过在野外进行监测，诸如降雨量、土壤湿度及一些环境因素等只有从地面进行监测才能获得有效数据。地面监测能验证并提高遥感数据的精确性并有助于对数据的解释，尽管遥感技术能提供有关土地覆盖和土地利用情况变化以及一些地表特征（如温度、化学组成）等的综合性信息，但这些信息需要通过更细致的地面监测来进行补充，如物种组成与性能及环境过程的监测，尤其是关于小型哺乳动物的数据通常必须从地面进行收集，即使对于大型哺乳动物，从地面上进行的兽群结构和组成的检查也是有用的。

2. 航空监测

空中测量是当前三种监测技术中最经济有效的一种。航空监测首先用坐标图覆盖研究区域，典型的坐标是 10km×10km，飞行时，这个坐标用于系统地记录位置，以及发送分析获得的数据。坐标画在比例为 1∶250000 的地图上或地球资源卫星的图像上。目前系统勘察飞行的费用较低，并能提供范围广泛的资料，其内容有：

（1）估计主要饲养及野生食草动物的数量和密度。

（2）提供主要食草动物季节性移动图。

（3）提供以植物特征或植物覆盖表示的植物图。

（4）提供以土壤颜色类型表示的土壤图。

（5）提供野生动物重要的活动区域轮廓，可用于确定保护区的位置。

（6）显示人类居住区、牧场、农业、森林等的土地利用图，也有可能划分出生产和非生产区的轮廓等。

（7）提供对家畜显得重要的区域轮廓，可用于规划控制家畜的数量及牧场的开发。

3. 卫星监测

要填补资料贫乏地区的观测空隙，仅利用常规观测方法和系统是很难办到的。随着卫星和自动观测系统的迅速发展，科学家、工程师和生态学家们的共同努力，卫星监测技术在生态监测中发挥了越来越重要的作用。采用资源卫星进行生态监测的最大优点是资料极其丰富，且时段间隔短，这意味着可以跟踪观察某些变化着的现象，获得具有潜在价值的资料。在探索大范围半干旱牧场的土壤测量及极大范围内的季节生产力评估方面，卫星资料是最有价值的；在监测生产力及预测干旱引起的生产力衰退方面，卫星监测具有巨大的应用潜力。

气象卫星是最早发展起来的环境卫星，是从外空对地球和大气进行气象观测的重要工具。气象卫星所得到的遥感信息不论在气象分析预报和气象研究及环境科学等方面都显示了强大的生命力。由气象卫星获得的遥感资料包括红外云图和可见光云图等图像资料。NOAA 气象卫星是面向世界的无偿信息源，我国拥有完善的接收处理设备，资源来源立足国内，成本低。该卫星安装的改进型高分辨率辐射仪（AVHRR，各个通道的主要功能见表 5-6），不仅能满足气象观测及云图识别的需要，而且在农作物及草场牧草长势与环境监测、产量预报、灾害监测等领域获得了广泛应用，根据卫星资料可以计算太阳辐射、云覆盖、气温、土壤湿度、叶面积指数、反射率变化、物候期、地表面温度、受灾面积，对全球变化研究具有不可替代的作用。

表 5-6　AVHRR 各个通道的主要功能

通道号	光谱波（μm）	功能
1	0.58～0.68	云图、冰雪监测、气候
2	0.725～1.10	水陆边界定位、植被及农业估产、土地利用调查
3	3.55～3.95	陆地明显标志的提取、森林火灾景监测、火山活动
4	10.5～11.5	海面温度、土壤温度
5	11.5～12.5	海面温度、土壤温度

陆地卫星原称地球资源技术卫星，是美国一种利用星载遥感器获取地球表面图像数据进行地球资源调查的卫星。陆地卫星上装载的多光谱扫描仪（MSS）、返速光导摄像仪（RBV）和专题制图仪（TM）提供的数据主要用于地球资源调查及管理，是农作物和牧草估产、森林和草地管理、土地覆盖分类、自然灾害影响评价、能源和矿产资源探测及其他地球资源调查的主要太空遥感信息源。地球资源卫星以两种方式输出资料：数据本身及通过计算机对光谱数据积分后产生的照片和图像。每幅照片覆盖的区域为 $185km \times 185km$。它们可用黑白负片和正片的两种方法产生，也可生产"人造色"图像，"人造色"图像中人工地使用了颜色，可检出图像中的不同特征，这些"人造色"与地面或空中测量中获得的数据之间的关系很有价值，一旦"人造色"等同于地面上的已知特征，卫星图像就能被用作可靠资料。从地球资源卫星获得的数据见表 5-7。

表 5-7　从地球资源卫星视觉数据可获得的结果（李建龙，1998）

图像类型	结果
1∶1000000 彩色合成镶嵌图	生态区域的初步定界
1∶1000000 彩色合成透明软片	鉴别短暂的绿色区；鉴别有高生产力的区域；估计牧民、饲养家畜和野生动物的占有率
1∶500000 和 1∶250000 彩色合成正图和透明软片	土壤湿度（用地面研究给出相互关系）；初步的地形、土壤或植被图

5.2.4 生态监测方案

开展生态监测，基本步骤主要为规划方法，从低密度的测量飞行中实施初步分层，研究确定初步操作边界，从三种水平上（地面、空中、太空）开始收集数据，分析初步报告，审核所获得的资料深度及广度，准备提交监测报告。

目前国际上在联合国教科文组织的《人与生物圈》计划范围内和国际生物圈保护网的基础上已组织了全球性的监测工作，但一般的生态监测工作尚属起步，亟待发展。全球环境监测系统（GEMS）成立于1975年，是联合国环境规划署（UNEP）"地球观察"计划的核心组成部分，其任务就是监测全球环境并对环境组成要素的状况进行定期评价。全球监测网络主要是陆地生态系统监测和环境污染监测。GEMS不仅需要收集环境数据，而且要对收集的数据进行分析处理，对环境状况进行定期评价，最终目标是研究并建立一个能够预测环境胁迫和环境灾害的预警系统。

在国家尺度上，美国长期生态研究网络（LETR）、加拿大生态监测分析网络（EMAN）等相继出现。我国已于1988年筹建中国生态系统研究网络（CERN），按统一的规程对中国主要的农田、森林、草原和水域生态系统的水、土壤、大气和生物等因子和物流、能流等重要的生态学过程，及周围地区的土地覆盖和土地利用状况进行长期监测，监测指标见表5-8和表5-9。

表 5-8　网络中水生生态系统观测指标的二维模型

指标系统	结构要素	能量	养分
大气、陆地	入流量、能流量、潮流	日照时数、总辐射量、气温、风向风速	入流氧分、出流氧分
界面	降水、蒸发	蒸发、光合有效辐射	
水体　水	物理性质、化学性质	化学需氧量、生化需氧量	总 N、NH_4-N、NO_3-N、NO_2-N、总溶解 N、总 P、总溶解 P、PO_4-P、总有机 C、SiO_2
水体　生物	主要植物、动物、异养细菌的群落类型和群落结构动态，主要生物种群的密度、多度、优势度及空间结构	初级生产者中优势种的生物量；浮游植物、大型植物的生产力；浮游动物、底栖动物、游泳动物等主要消费者的生物量；异养细菌的生物量	
水体　底层	粒度、氧化还原电位、有机质、全 N、全 P、生化需氧量		颗粒物沉降、底质中营养物质含量（N、P）及释放速率

表 5-9　网络中陆地生态系统观测指标的二维模型

指标系统	结构	功能		
		能量	元素（养分）	水
大气	表面边界层粗糙度、湍流强度、云量、云层高度	大气压力、风向、风速、定时温度、最高温度、最低温度、日照时数、总辐射、紫外辐射、净辐射、波辐射	干湿沉降的养分元素与重金属元素、降水酸度、降尘量、总悬浮颗粒	降水总量、降水强度、初终雪时间、深度与积雪压、初霜期、终霜期

指标系统	结构	功能		
		能量	元素（养分）	水
界面		光合有效辐射（蒸发与蒸腾）	CO_2、O_3、CH_4、N_2O	截流、径流、蒸腾强度
生物	植物、动物、微生物的群落类型、群落结构与动态；主要生物种群的数量，多度、频度、优势种与格局、物候特征；病虫害发生状况	植物：冠层温度、叶面温度、群落总生物量、叶面积指数、第一性生产力；主要优势种中茎、叶、果（花）、根的生物量与能值、主要优势种及群落的呼吸速率；动物：食草量、排泄量、生物能量及能值、呼吸速率；微生物：生物量与耗氧量	植物：主要优势种中茎、叶、果（花）、根中元素（N、P、K、Ca、Mg、Fe、Na、Zn 等）的浓度动物：不同部位排泄物中的元素（C、N、P、K、Ca、Mg、Fe、Na、Zn 等）的浓度营养代谢	植物含水量气孔阻力蒸散系数蒸发量水分生理
界面		凋落物现存量及能值，当年凋落物量及能值	现存凋落物的元素浓度、当年凋落物的元素浓度、凋落物分解速率	渗流、凋落物含水量、灌溉
土壤	土壤机械组成、容重、密度	土壤热通量	本底值：全 N、P、K；有机质；土壤含量（Ca、Mg、Na、Fe、Al、Si）土壤微量元素、化学特性、重金属动态测试、N、P、K 速效微量元素有机质、淋溶（土壤）	土壤含水量、田间持水量、水势、土壤凋萎系数、水田渗漏量、导水率、地表水径流、地下水位变化
界面		蒸发	地表水与地下水化学常规，向大气释放 N_2O	蒸发

5.3　化学品生态风险评价

5.3.1　风险的基本概念

据美国化学文摘登记的化学品已达千万种之多，估计已有数十万种化学品进入了环境，其中近十万种具有很大的生产量和使用量。这些物质哪些有毒？哪些无毒？哪些对人类和生物会带来危害？迫切需要对其进行风险评价。近年来，风险评价这一领域相当活跃，这主要与一些国际组织的活动分不开，如经济合作组织（OECD）、世界卫生组织（WHO）、欧洲化学品毒理学和生态毒理学研究中心（ECTOC）等。美国、日本、加拿大、欧盟等推出的种种法规等，在这些法律法规中风险评价是一个极为重要的部分。这些成就的取得还与科学家的努力分不开。

1. 评价的需要

风险评价是化学品控制的核心计划，涉及有毒化学品管理的许多方面。例如有毒化学品种类繁多、性质各异，如何确定需要优先管理和控制的化学品，需要风险评价；新的化学品是否允许使用，必须借助于风险评价来说明其在环境中的暴露过程、生态效应和健康效应。有毒化学品的泄露等事故的影响后果以及需要采取何种措施进行控制和补救，需要借助于风险评价来进行分析和进行辅助决策。进入环境的污染物，在环境中会发生什么样的变化，对人类和生态造成什么样的影响，需要风险评价来回答这些问题；选择有毒化学品处理和处置最佳方式、地点以及方案，以最大可能地减轻环境危害并尽可能地减少经济压力，需要风险评价；国家关于环境保护的许多法规、标准的制定往往基于人体健康、生态环境的安全、经济技术的可接受程度，确定这样的界限需要风险评价。

2. 基本概念

风险是指一种可能性，主要指不利事件或不希望事件发生的可能性。风险与危险是一对容易混淆的概念，在有机污染物的风险评价与管理领域，危险是指化学品或其混合物在暴露情况下对人或环境产生不利影响的固有性质，而风险是化学品或混合物在特定的暴露状态下对人或环境产生不利影响的可能性。风险又不简单地与概率统计相等同。风险具有预测的性质，不是对已经发生了的事件或结果的概率分析，而是要预测不利事件可能发生的概率，或可能性有多大。

风险评价：风险评价可以定义为对人类活动或自然灾害的不利影响的大小和可能性的评价。有机化学品的风险评价是指对化学品或其混合物在特定的暴露状况下对人或环境产生不利影响的可能性进行的评价，它包含以下一个或全部要素：危害性鉴定、暴露评价、效应评价及风险描述。

3. 生态风险评价与健康风险评价

生态风险评价：确定环境危害（指环境中出现的物理的、化学的或生物的媒介）对非人群生物系不利影响的概率和大小，以及这些风险可接受程度的评价过程，对有机污染物而言就是确定进入生态系统的有机污染物的可见或期望效应的性质、数量和变化或持续时间。生态风险评价的主要对象是生态系统或生态系统中不同生态水平的组分。

健康风险评价：主要侧重于人群的健康风险，其研究对象为人类或人群。也有人把人群看成生态系统中特殊的种群，把人体健康风险评价看成个体或种群水平的生态风险评价。

5.3.2 风险评价与风险管理过程

生态风险评价包括预测性风险评价和回顾性风险评价。预测性风险评价指事件或行动尚未发生，预测事件发生后或行动实施后可能出现的风险的评价过程。回顾性风险评价指对那些在过去已经发生或目前正在发生的污染所产生的影响的评价。生态风险评价可以在一个较小的范围内进行，称作点位风险评价，也可以在一个较大的范围内进行，称为区域风险评价。近年来，生态风险评价主要侧重于进行面源污染影响的风险评价，特别是人们认识到人类自身是全球生态系统的组成部分，生态系统发生的不良改变可以直接或间接通过食物链途径影响或危害人类自身的健康。通过科学的和定量的生态风险评价，能为保护和管理生态环境提供科学依据。

1. 生态风险评价步骤

不同学者和机构提出的生态风险评价的框架体系或方法有所不同。根据美国生态风险评价的步骤，一般包括 4 个环节，即危险性的确定、生态风险分析、风险表征和风险管理。

（1）危险性的确定

主要是通过收集各种基础资料以了解所评价的环境特征及污染源情况，作出是否需要进行生态风险评价的判断。如果需要进行生态风险评价，则首先要科学地选定评价节点。生态风险评价节点是指由风险源引起的非愿望效应。由于生态风险评价的目的常常取决于具体问题，不像人类健康风险评价有统一、明确的目的和范围，所以危险性界定的过程中节点的选择是一个直观重要的问题。选择生态风险评价节点时要考虑问题本身受社会的关注程度、具有的生物学重要性和实际测定的可行性三个方面的因素。其中，社会和生物学重要性的节点是优先考虑的问题。例如：杀虫剂引起鸟类死亡；酸雨引起鱼类死亡；森林的砍伐引起某种物种的灭绝和水土流失等都是典型的节点。

（2）生态风险分析

生态风险分析包括暴露评价、受体分析及效应评价。要通过收集有关数据，建立适当的模型，对污染源及其生态效应进行分析和评价。

① 暴露评价

暴露评价是对污染物从污染源排放进入环境到被生物吸收，以及对生态受体发生作用的整个过程的评价。暴露评价提供有害物质在生态环境中的时空分布规律，即受体所在环境中有害物质的形态、浓度分布以及浓度的变化过程；受体与有害物质接触的方式；有害物质对受体的作用方式；有害物质进入受体的途径；受体对有害物质暴露的定量分析。暴露评价所提供的信息量的大小、准确和可靠的程度直接决定了风险评价结果的可信程度。包括的主要内容如下：

源强分析：包括分析污染物的种类、数量，进入环境的空间位置，进入环境的方式、强度等。

迁移过程分析：污染物进入环境中何种介质，在介质中怎样传输，在介质之间如何交换，以及最后的分配结果等。包括分析流体输送、混合、扩散、沉降、悬浮、挥发、吸附、解吸等作用。

转归分析：对污染物在环境迁移过程中伴随的改变污染物形态和浓度的各种化学、生物转化作用的分析，这些作用有水解、光解、化学分解、氧化还原、络合、螯合、生物转化、富集、放大等。

受体暴露途径分析：包括大气、水、土壤、地下水、生物、食物等与污染物相接触的途径。

受体暴露方式分析：分析被受体接收并发生有效作用的污染物的数量。

② 受体分析

受体分析要确定作为生态风险评价的代表受体，代表受体可以是某种生物个体、某种生物种群或某个生物群落或生态系统，或者是生境如栖息地、水源、食物等。还要确定评价的终点，即用什么指标反映有害物质对生态系统作用的效应。指标可以是生物个体的死亡、种群的丰度、作物的产量、生物多样性、生态系统的稳定性或持久性等。因此，受体分析包括以下几方面的内容。

评价范围或生态系统范围的确定：尽可能按自然属性划分，如流域、盆地、湖泊等，有时根据需要也可按行政区域划分。

生态系统调查：了解生态系统结构、特征，包括生物的、非生物的组分，如动、植物种类分布、丰度、水文、地质、地理、气象特征，有必要时还要了解人群分布、社会、经济等方面情况。

选择和确定评价受体：需要根据问题的性质、评价的目的和要求来确定。

对受体的生命过程和所需环境条件进行分析：如果评价受体确定为生命系统或其中一部分，对于非生命受体如生境，则要了解其特征、变化过程与规律，与生态系统其他组分之间的关系等。

确定评价终点：同样，评价终点的确定取决于所研究的问题的性质、研究的目标，也取决于污染物的种类和性质。

③ 效应评价

效应评价是测量或评价化学物可能单独或联合对有机体或生态系统产生效应的浓度。评价的基础是化学物的剂量-反应关系。生态效应是指压力引起的生态受体的变化，包括生物水平上的个体病变、死亡，种群水平上的种群密度、生物量、年龄结构的变化，群落水平上的物种丰度的减少，生态系统水平上的物质流和能量流的变化、生态系统稳定性下降等。生态效应有正有负，在生态风险评价中需要识别出那些重要的不利生态效应作为评价对象。目前生态效应研究主要集中于生态毒理学在环境科学方面的应用。目前大多数生态毒理学研究是针对单个化学物质，通过对实验室生物个体（如鱼类、藻类、白鼠、蚯蚓等）的毒性效应研究建立和完善生态毒理指标体系。其中剂量-效应关系是生态风险评价的重要组成部分。由于化学结构是决定毒性的重要物质基础，而人们对于数量巨大的化学物质进行毒性试验受到人力和物力方面的限制。因此，近年来采用数学模型来定量描述化合物的结构与生物活性的相关关系，即所谓的定量结构-活性关系越来越受到人们的重视。

④ 风险表征

风险表征就是将污染源的暴露评价与效应评价的结果结合起来加以总结，评价风险产生的可能性与影响程度，对风险进行定量化描述，并结合相关研究提出生态评价中的不确定因素的结论。美国国家环境保护局将其定义为：综合暴露于生态效应分析结果以评估暴露到胁迫因素后产生不利生态效应的可能性。因此，该步骤实际上是评价在真实条件下效应发生的概率。

风险表征的表达方式有定性和定量两种形式。定性的风险表征回答有无不可接受的风险，亦即是否超过风险标准，以及风险属于什么性质。定量的风险表征不仅回答有无不可接受的风险及风险性质，还要定量说明风险的大小。风险定量取决于暴露于生态效应之间能否建立定量关系。这种定量关系的确立需要大量暴露评价和效应评价信息，以及这些信息的量化程度和可靠程度，需要进行大量的实验、监测和复杂的模型计算。

由于风险的性质不同，研究对象千差万别，定量的内容和量化程度也不同。风险度量最普通、应用最广泛的方法是商值法（或称比率法），通常用于化学污染物的风险评价。在具体操作中，将测定或估计的环境浓度（或预测环境浓度）与测定或估计的对生态系统中有机体无效应的浓度（或预测无效应浓度）进行比较，若比值小于1，则可假设所评价的化学物具有较低的危害性潜能；若大于 1，则需对其进行进一步研究或测试。其最大优点就是简单、快捷，评价者和管理者都能熟练应用；主要缺点是商值法其实只是一种半定量的风险表征方法，并不能满足风险管理的定量决策需要。风险度量的另一种常用方法是连续法（或称暴露-效应关系法），即把暴露评价和生态效应评价两部分的结果加以综合，得出风险大小的结论。该方法的优点是能够预测不同暴露条件下的效应大小和可能性，用于比较不同的风险管理抉择；其主要缺点是没有考虑次生效应和外推产生的不确定性影响。商值法和连续法都是针对环境污染物在生物个体和种群层次的风险表征方法，而没有涉及生物群落和生态系统层次。由于生态系统的复杂性，目前尚无一个合适的可以准确描述生态系统健康状况的指标体系。

⑤ 风险管理

风险管理是决策者或管理者根据生态风险评价的结果，考虑如何减少风险的一种独立工作。风险管理者一般除了考虑来自生态风险评价得出的结论、判断生态风险的可接受程度以及减少或阻止风险发生的复杂程度外，还要依据相应的一些环境保护法律法规以及社会、技术、经济因素来综合作出决策。因此，严格地说，风险管理不属于生态风险评价范围，是风险评价者可以不进行的工作。但是生态风险评价的结果为风险管理提供了科学依据，要使生态风险评价的结果充分发挥作用，需要生态风险评价者、风险管理者或决策者彼此合作、良好互动。

2. 生态风险评价的基本方法

生态风险评价的核心内容是定量地进行风险分析、风险表征和风险评价，因此应设计能定量地描述环境变化及其产生影响的程序和方法。在生态风险评价中主要应用数值模型作为评价工具，归纳起来主要有以下几种模型。

（1）物理模型

物理模型是通过试验手段建立的模型，通常采用实验室内的各种毒性试验数据或结果，研究建立相应的效应模型，来表达通常在自然状态下不易模拟的某种过程或系统。如利用实验室进行鱼类毒性试验的结果建立某些水生生物的毒性试验模型，能代表生物或整个水生生物的类似情况和过程。

（2）统计学模型

统计学模型应用回归方程、主要成分分析和其他统计技术来归纳和表达所获得的观测数据之间的关系，作出定量的估计。如毒性试验时的剂量-效应回归模型和毒性数据外推模型。利用统计学模型主要进行假设检验、描述、外推或推理。

（3）数学模型

生态风险评价一般要求在已知的基础上预测未来或其他区域可能发生的情况，对于大幅度和长期的预测，单独用统计学模型是不够的。数学模型能综合不同时间和空间观测到的资料，可根据易于观察到的数据预测难以观察或不可能观察到的参数变化，能说明各种参数之间的关系，以提供有价值的信息。因此，数学模型主要用于定量地说明某种现象与造成该现象的原因之间的关系，是一类可以阐述系统中机制关系的机理模型。

5.3.3　风险意识

风险意识在不同的个体、公众、商业团体、劳动团体和其他人群中间各不相同，"天然"污染物和食品中毒素可能被认为是可以接受的，即使它们能导致疾病；而用于保存食品的添加剂可能被认为是不可接受的。人们可能遇到的各种风险，这里面有些是可克服的风险（如吸烟），有些是不可克服的风险（如闪电击中）。尽管抽烟、骑车之类的风险相对大些，但它们都被广泛地接受了。相反食物中即使只有微量的致癌物，对大众来说，却是不可接受的。

5.3.4 风险评价中的不确定因素

风险评价讲的是可能而不是一定。需要估计它的误差，在一个中心值以外还要加上它的变化范围，这对于风险评价和形成合理的分析基础是必要的，它可以检验评价结果的普遍性有多大。风险评价在实际操作中与理想值还有很大的差别，它受到 3 种不确定因素的影响。

1. 事件背景的不确定性
包括事件的描述、专业判断的失误以及信息丢失造成分析的不完整性。

2. 参数选择的不确定性
例如化学物毒性数据（表 5-10）、气象水文条件随着季节而变化，不同的人群包括性别、年龄和地理位置等。采用敏感度分析和分析不确定性传播的方法尽量避免。

表 5-10 可获得毒性数据的化学品比例

按毒物性质分类	比例（%）	按毒物性质分类	比例（%）
急性毒性	90	繁殖毒性	10
亚急性毒性	30	急性生态毒性（鱼类）	50
致癌性（依赖于实验数据）	10	短期毒性（绿藻）	5
致突变性	50	对土壤有机物影响	<5

3. 模型的缺陷
模型的缺陷包括关于内在机理知识的缺乏，没有考虑到交互效应，所有物种的反应和参数估计的不确定等。模型越精确，所需的数据就越多，并且越难得到。模型有个可信度，得到这个可信度的过程便是模型的有效性评估。修正过程必须被看作是一个反复迭代的过程，在此过程中，预测被检验，模型被改进，进而新的预测又被检验。

5.3.5 风险评价的学科贡献

风险评价与化学品生产、使用和处置相关联，没有足够的化学知识、毒理学和生物学知识是无法完成的。同时，它还需要其他学科的支撑，如：数学、统计学、信息学、水文学和流行病学等。总而言之，风险评价是多学科的工作（表 5-11）。

表 5-11 有毒化学品风险评价涉及的主要学科

化学	毒理学	生态学	数学
暴露评价	效应评价	种群结构	环境归宿模型
迁移	毒作用方式	种群功能	药物动力学
分配	生物积累	种群	数理统计
转化	生物转化	营养/能量循环	SAR/QSAR
参数测试	外推	不同种群间作用	种群与生态系统模型

5.4　环境污染物对人体健康损害的风险评价

5.4.1　健康风险评价发展历程

20 世纪 30 年代以来，人们逐步认识到接触污染物的程度与人群健康效应之间存在的暴露-反应关系，提出了可接受水平的概念，在此之前各国政府对环境有害物质的评价和管理仍处于"定性"阶段：将外源性有害物质的环境浓度控制在"零"，将人群对有害环境因素的暴露限制到"零"，进而要求人群的不良健康效应也是"零"，以此作为防治环境有害物质的基本战略和策略。随着社会科学、毒理学、流行病学及概率论等学科的发展，人们逐渐认识到要求有害物质在环境中彻底清除是不可能的，因此，人类应在充分利用现有的各种信息和资源基础上，维持自然环境、生态与人的动态平衡，使环境的变化保持在人体可接受的危险水平，从而最大限度地保护人体健康。

近 30～40 年，许多国家管理部门及科学家进行了大量探索与实践，并引入了数学"概率"观念，逐渐形成一门综合性的方法学，即健康风险评价。健康风险评价是把环境污染与人体健康联系起来的一种评价方法。它是通过估算有害因子对人体产生不良影响的概率，以评价暴露于该因子下人体健康所受的影响。其主要特点是以风险度作为评价指标，把环境污染程度与人体健康联系起来，定量地描述污染物对人体产生的健康危害。环境风险评价通常包括健康环境风险评价和生态环境风险评价。两者的区别是评价终点对象不同，健康环境风险评价的重点选择，只有一个物种（评价对象为人），而生态风险评价的终点不止一个，但包含健康环境风险评价终点对象。由于污染物暴露与人体的健康息息相关，因此在环境风险评估领域，国内外对健康风险评估起步较早，研究较为深入。健康风险评价将环境污染与人体健康联系起来，通过估算有害因子对人体产生不良影响的概率，以定量地描述该污染因子对人体健康所产生的健康危害。

1. 国外发展历程

（1）萌芽阶段

20 世纪 30 年代为健康风险评价萌芽阶段，此阶段主要采用毒物鉴定法进行健康影响的定性分析。20 世纪 50 年代，提出了健康风险评价的安全系数法，即用动物实验求得未观察到效应的剂量水平（NOEL）或未观察到有害效应的剂量水平（NOAEL），将这个值除以安全系数（Safety Factors），用于估计人的可接受摄入量。19 世纪 60 年代，关于致癌物的有阈值及致癌物的危险评定方法成为研究者们关注的课题，一些学者提出用实际安全剂量（VSDs）来估计致癌物的实际危险度。

（2）形成阶段

20 世纪七八十年代是健康风险评价研究的高峰期，基本形成了较完整的评价体系。就在此时美国取得了极为丰富的成果，1983 年美国国家科学院出版了红皮书《联邦政府的风险评价：管理程序》，该书对风险评价概述为四个步骤：危害识别、剂量-反应评估、暴露评价和风险表征，并对各部分作了明确的定义。由此健康风险评价的基本框架已经形成，该方法已被荷兰、法国、日本等许多国家和组织采用。在此基础上，美国环保局制定和颁布了有关健康风险评价的一系列技术性文件、准则或指南（表 5-12）。随着 1989 年美国超级基金计划的实施，研究者逐步探讨将健康和生态进行综合风险评价，美国环保局和欧盟成员国先后制定健康和生态风险综合评价指南，采用综合的体系进行风险评价。相对于健康和生态综合风险评价，人体健康风险评价的方法已经基本定型，并逐步深入发展。

表 5-12　风险评价中有关食物链途径的技术规范和模型

类别	编号	中文名称
技术规范	1	致癌风险评价指南
	2	致畸风险评价
	3	致突变风险评价指南
	4	暴露评价技术导则
	5	暴露评价研究中采样和分析方法的选择
	6	化学物质的暴露评价方法
	7	超级基金暴露评价手册
	8	暴露情景实例
	9	暴露评价中数据模型的选择
暴露参数手册	10	暴露参数手册
	11	儿童暴露参数手册
	12	食品摄入分布
模型	13	暴露相关的剂量模型——用于估计人体的暴露和剂量
	14	暴露评价中数据模型的选择标准
	15	土壤有机物归趋迁移模型
	16	毒代学模型
	17	毒性和风险估算模型
软件	19	基准剂量软件
	20	食品潜在暴露软件
	21	重金属风险筛选工具
数据库	22	人体暴露数据库
	23	人体活动模式数据库
	24	生物标志物数据库
	25	人群暴露环境化合物的生物标志数据库
	26	国家健康与营养调查数据库
	27	国家人体脂肪组织数据库
	28	综合风险信息系统和数据库

（3）发展阶段

自 1989 年起，随着美国超级基金（Superfund）计划的实施，健康风险评价的科学体系基本形成，并处于不断发展和完善的阶段。

20 世纪 90 年代以来，人们逐渐认识到人为地将健康风险和生态风险分隔开进行评价的局限性，开始探讨并提出健康和生态综合风险评价方案。WHO 对综合风险评价的定义为"对人体、生物种群和自然资源的风险进行估计的一种科学方法"，并在 USEPA 和世界经济合作与发展组织的协助下，于 2001 年制定了健康和生态综合评价框架，提出综合评价健康和生态风险的建议和方法。欧盟也制定了健康和生态风险综合评价技术指南，建议和指导欧盟成员国采用新的综合评价体系开展环境风险评价。

相对于生态风险评价，人体健康风险评价的方法已经基本定型，其主要发展趋势有：① 由单一污染物作用进一步考虑多种污染物的复合作用，如 Almut Gerhardt 等选取毒性耐受力较高的颤蚓（*Tubificid Tubifex*）进行 Ni、Cd、Cu、依维菌素（Ivermectin）和吡虫啉（Inidacloprid）的复合暴露实验，结果表明颤蚓的耐受性明显降低；② 在考虑有毒有害化学物的基础上，考虑非化学因子对人体健康的不利影响，如 B. S. Echols 等以某卤水排放点源为研究对象，考察了污染源附近因电导率变化引起的生物习性和行为的变化；③ 考察污染物不同形态对人体健康的影响，如 Roseanne M. Lorenzana 等通过对不同地区海产品中无机砷和有机砷含量比值进行研究，提出目前国际上进行砷的健康风险评价时统一采用美国推荐值这一做法不科学；④ 将健康风险评价的范围扩大到生物层面，提出行为生态毒理学（Behavioral Ecotoxicology）下的生活习性及行为变化进行研究；⑤ 由局部场地的健康风险评价发展到区域性，乃至全球性的健康风险评价；⑥ 进一步优化模型，降低风险评估过程中的不确定性。

2. 国内现状

我国风险评价研究起步于 20 世纪 80 年代，而健康风险评价研究开始于 90 年代。1990 年，潘自强领导一个调查小组，在核工业系统内开展放射性污染物、致癌化学物和非致癌化学物的环境健康影响综合评价的研究。1997 年国家科委将"燃煤大气污染对健康危害研究"列入国家攻关计划。2001 年，卫生部起草了《环境污染健康影响评价规范（试行）》，初步提出了环境健康危害事件（或事故）评价工作的程序；"十五"期间，原国家环保总局组织实施了"环境污染对人体健康损害及补偿机制研究"科技攻关项目，开展环境污染对人群健康损害医学诊断标准、健康损害分级标准、健康损害认定程序及其相关标准的制定研究及我国健康损害补偿机制与法律框架研究。2007 年，科技部将环境污染的健康风险评估与管理技术列入"十一五"科技支撑计划重点研究项目，区域环境污染健康风险评价研究正式启动。同年 11 月，环保部、卫生部等 18 个部委联合发布《国家环境与健康行动计划（2007～2015 年）》，明确将"开展环境污染健康危害评价技术研究"作为行动策略之一。

5.4.2 健康风险评价模式

1. "NAS"模式

环境健康风险评价的模式很多。目前，健康风险评价方法以美国国家科学院（NAS）提出的四步法为范式，主要包括危害识别、剂量-反应评估、暴露评价、风险表征 4 部分。该方法广泛应用于空气、水和土壤等环境介质中有毒化学污染物质的人体健康风险评价。

（1）危害识别（Hazard Identification）

危害识别旨在鉴定风险源的性质及强度，它是风险评价的第一步。危害是危险的来源，指化学物质能够造成不利影响的能力。证据加权法（Weight-of-Evidence）是识别危害的常用方法，即为某一特定目的对某一化学物质进行科学的定性评估。这种评估方法需要收集大量的资料，包括污染物质的物理化学性质、毒理学和药物代谢动力学性质、短期试验、长期动物实验研究、人体对该物质的暴露途径和方式及其在人体内新陈代谢作用等方面资料。对这些资料进行评估后，将动物和人类资料根据证据的程度进行分组（表 5-13）。

将动物和人类证据结合进行证据权重分类：

A 组：人类致癌物；

B 组：很可能的人类致癌物；

C组：可能的人类致癌物；

D组：不能化为人类致癌物；

E组：对人类无致癌证据。

表 5-13　依据动物实验室人类资料进行能够的证据分类

人类证据	足够的	有限	动物实验证据 不充分	无资料	无证据
足够的	A	A	A	A	A
有限	B1	B1	B1	B1	B1
不充分	B2	C	D	D	D
无资料	B2	C	D	D	E
无证据	B2	C	D	D	E

通过以上方法来确定某一化学污染物质是否具有致癌性。对于化学混合物进行危害判定时，应对混合物中的组成化学物进行证据权重分析。此外，还必须确定在环境化学物质相互作用产生新化学物质的可能性。

（2）剂量-反应评估（DosE-Response Assessment）

剂量-反应评估是对有害因子暴露水平与暴露人群健康效应发生率间的关系进行定量估算的过程，是进行风险评价的定量依据。

剂量-反应关系是在各种调查与实验数据的基础上估算出来的，故流行病学调查资料是其首选资料，另外敏感动物的长期致癌试验也为重要资料。在无前两种资料的情况下，不同种属、不同性别、不同剂量、不同暴露途径的多组长期致癌试验结果，亦可以用来估算剂量-反应关系。

剂量-反应关系往往不是直接得到的，而是通过一定的模型估算出来的。对于流行病学调查资料来说，尽管其数据直接来源于人群，但这些人群往往处于低暴露水平，而低暴露水平的剂量-反应关系则需进行估算。对动物实验资料来讲，更需要通过一定模式将动物实验结果外推到人，将高剂量结果外推到低剂量，将一定暴露途径得到的剂量-反应关系，外推到人在一定暴露方式下的剂量-反应关系。因而，估算模型的建立、选择、使用及对其可信度的分析，是目前风险评价领域面临的重要问题，这一问题的研究和解决可直接推动风险评价的发展。

（3）暴露评价（Exposure Assessment）

暴露评价是指定量或定性估计或计算暴露量、暴露频率、暴露时间和暴露方式的方法。暴露人群的特征鉴定及被评物质在环境介质中浓度与分布的确定，是暴露评价中不可分割的两个组成部分。暴露评价的目的是估测整个社会或一定区域内人群接触某种化学物质的程度或可能程度。

暴露评价主要包括以下 3 个方面：表征暴露环境、确定暴露途径和定量暴露。

表征暴露环境：对普通的环境物理特点和人群特点进行表征，确定敏感人群并描述人群暴露的特征，如人相对于污染源的位置、活动模式等。

确定暴露途径：根据污染源污染物质的释放特征、污染物在环境介质中的迁移转化以及潜在暴露人群的位置和活动情况，分析污染物质通过环境介质最终进入人体的途径（呼吸吸入、皮肤接触、经口摄食等）。

定量暴露：定量表达各种暴露途径下的污染物暴露量的大小、暴露频次和暴露持续时间等。

对于致癌健康风险评价，通常考虑终生日平均暴露量。长期慢性暴露的暴露量可用公式计算得到：

$$终生平均暴露量 = \frac{总剂量}{体重 \times 终生时间}$$

总剂量可用下式计算：

$$总剂量 = 污染物质浓度 \times 暴露频率 \times 暴露时间 \times 吸收因子$$

（4）风险表征（Risk Characterization）

风险表征即利用前面 3 个阶段所获取的数据，估算不同条件下，可能产生的健康危害的强度或某种健康效应发生概率的过程。表征风险评估主要包括两个方面的内容，一是对有害因子的风险大小作出定量估算与表达；二是对评定结果的解释及对评价过程的探讨，特别是对前面三个阶段评定中存在的不确定性作出评估，即对风险评价结果本身的风险作出评价。其中评定结果的解释及评价过程的讨论，尤其是对评价过程中各个环节的不确定分析，对整个风险评价过程都有至关重要的意义。风险评估过程有：

确定表征方法：根据评价项目的性质、评价目的及要求，确定风险表征是定量法还是定性法。

综合分析：主要比较暴露和计量-反应关系，分析暴露量相应的风险大小。

不确定性分析：分析整个过程中产生不确定性的环节、不确定性的性质、不确定性在评价过程中的传播，尽可能对不确定性的大小做出定量评价。

风险评价结果的陈述：给出评价结论，对评价结果进行文字图表或其他类型的陈述，对需要说明的问题加以注释。

2. 其他模式

除美国国家科学院四步法模式外，国际上还有一些其他的健康风险评价模式，这些模式与（NAS）四步法基本相似，然而侧重点和关注的重要问题有所不同。

（1）加拿大模式

1993 年，加拿大正式发布了"风险确定"的框架，该框架定义并描述了风险评价和风险管理的概念，同时也反映了其风险管理实践工作的状况。1997 年该框架通过公众评论后，术语"风险确定"被"风险管理"所替代。修订后的风险管理主要体现在以下几个方面：① 风险评价不再是一个单独的过程，而是成为风险管理不可缺少的一部分；② 重点关注有害的健康效应，而不是污染源的信息收集；③ 阐明风险管理、决策以及风险管理设计利益攸关方所起作用之间的关系；④ 提供更多的参与风险管理的机会。

加拿大风险评估模式由 4 部分构成：① 危害识别。识别危害的方法多种多样，具体采用哪种方法主要取决于化学物质的种类以及在进入市场或环境之前（或之后）是否被评估过；② 表征危害。表征危害主要是对人体在预期暴露水平下引起的有害健康效应情况的定性定量评估。数据应优先使用流行病学的研究资料，以及暴露评价的相关资料；③ 评估暴露。对于确定性暴露评估，最常用的方法是单点暴露估计方法。概率性评价方法主要用于更为广泛的、以长期风险管理为目标的评价。例如对于鱼类和野生生物的污染物、食源性微生物和消费性产品等。④ 表征风险。这一过程主要是利用科学的数据进行健康风险的表征。

（2）英国模式

1996 年，英国政府风险评价和独立研究理事会成立，其主要职能是开展化学物质引起的健康风险的管理工作并制定基于风险评价的管理决策。这个机构负责包括食品污染物、农业杀虫剂、生物性农药、兽医产品、职业暴露、消费性产品、空气环境质量、水环境质量、土壤环境质量以及人体医学等领域的风险管理工作。根据该理事会的审议意见，风险评价模式得以建立，主要包括 4 个步骤：① 识别导致有害健康效应的化学物质的各种性质（危害识别）。② 尽可能获取包括剂量-反应关系在内的各种危害资料（危害表征）。③ 对化学物质暴露进行评估（暴露评价）。④ 暴露及危害资料的比较分析。

5.4.3 我国的健康风险评价

1. 我国健康风险评价的发展历程

随着我国环境健康工作的逐步开展，我国环境污染健康风险评价基础研究也取得了较大进展。何兴舟等利用云南某市室内燃煤空气污染致肺癌的流行病学资料，进行了 PAHs 致肺癌的危险度评定研究。魏复盛等通过对广州、武汉、兰州和重庆 4 个城市空气污染状况调查以及儿童肺功能等指标的测试，研究了空气污染对呼吸健康的影响。在场地污染方面，于云江等对辽宁某污灌区农田土壤 Cu、Hg、Ni 和 Cd 含量进行了调查，初步评价了污灌区土壤重金属通过土壤设施途径所引起的健康风险。

近年来，随着对土壤环境质量的日益重视，我国部分学者在污染土壤的健康风险评估方面进行了一些探索研究。主要研究工作集中于：① 综述介绍国外场地污染土壤和地下水风险评估技术方法；② 采用国外不同技术方法，结合国内污染场地开展风险评估案例研究；③ 基于风险评估方法，计算基于健康风险的污染土壤的修复限值。

北京市环保局于 2009 年发布地方规范性文件《场地环境评价导则》（DB11/T 656—2009），以应对一大批陆续停产搬迁的重污染企业场地将用于房地产开发或其他用途的场地环境管理需要。该导则整个的框架程序是借鉴了美国的模式和方法。

在各级政府环境保护行政主管部门、科研院所、环境咨询公司等多方的联合推动下，对一批搬迁或停产企业遗留污染场地的调查、风险评估和治理修复项目正在进行或已初步完成，积累了丰富的实践经验。

国内在已有相关项目（环保公益行业专项课题：污染土壤的健康风险评估技术研究）研究的基础上，系统研究分析了美国、加拿大、英国、荷兰、澳大利亚等国家对污染场地（土壤）健康风险评估的程序和方法，包括污染场地（土壤）调查、污染识别的程序和方法，污染物毒性参数的由来及查询方法，暴露情景和暴露途径的界定，暴露模型及其参数的获取方式，风险表征的方式及可接受风险水平的设定，不确定性分析，污染土壤修复方案的选择及修复目标的确定方法等内容；同时，调研了我国科研工作者的一些探索性研究，以及地方环保部门制定的相关指导性文件，制定了适合我国目前国情的《场地土壤污染风险评估技术导则》，该导则于 2014 年发布并正式实施，同时还发布了《场地环境调查技术导则》、《场地环境监测技术导则》、《污染场地土壤修复技术导则》等相关导则。另外，早在 2012 年，国家环境保护部还发布了《化学物质风险评估导则》及相关的《新化学物质危害性鉴别导则》、《持久性、生物累积性和毒性物质及高持久性和高生物累积性物质的判定方法》等文件。近年来，科技部又启动了湖泊水环境质量基准研究项目，取得了一定的进展。这些工作对于推动我国环境保护标准战略的实施，制定基于环境风险的质量标准方面，具有重要意义。

2. 我国污染场地风险评估程序

污染场地风险评估工作程序包括危害识别、暴露评估、毒性评估、风险表征、土壤和地下水风险控制值的计算。污染场地土壤健康风险评估程序如图 5-4 所示。

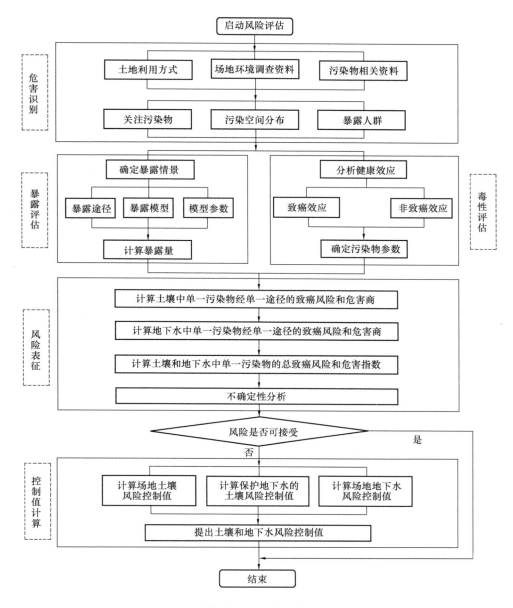

图 5-4　污染场地的风险评估程序与内容

3. 我国污染场地风险评估工作内容

（1）危害识别

根据场地环境调查获取的资料，结合场地土地的规划利用方式，确定污染场地的关注污染物、场地内污染物的空间分布和可能的敏感受体，如儿童、成人、地下水体等。

危害识别的工作内容：收集场地环境调查资料、确定土地利用方式和关注污染物。

资料收集：按照《场地环境调查技术规范》对场地进行污染识别，获得以下数据：较为详尽的场地相关资料信息，如场地土地使用权及用途变更情况、与污染相关的人为活动、场地（及邻近地区）平面分布测绘图、地表及地下设备设施和构筑物的分布等信息；场地土壤等环境样品中污染物的浓度数据，尤其重要的是不同深度土壤污染物浓度等；具有代表性的场地土壤样品的理化性质分析数据，如土壤 pH 值、容重、有机碳含量、含水量、质地等；场地（所在地）气候、水文、地质特征信息和数据，如地表年平均风速等；场地及周边地区土地利用方式、人群及建筑物等相关信息。

确定土地利用方式：根据规划部门或评估委托方提供的信息，确定场地用地方式，并确定该用地方式下相应的敏感人群，如居住人群、从业人员等。场地及周边地区地下水作为饮用水或农业灌溉水时，应考虑土壤污染对地下水的影响，将地下水视为敏感受体之一。

确定关注污染物：场地土壤等环境样品中浓度超过《污染场地风险评估技术导则》（以下简称"导则"）（HJ 25.3—2014）所列土壤筛选值的污染物，或污染场地责任人、地方环境保护主管部门、公众等场地利益相关方一致认为应当进行评估的污染物为关注污染物。

（2）暴露评估

在危害识别的工作基础上，分析场地土壤中关注污染物进入并危害敏感受体的情景，确定场地土壤污染物对敏感人群的暴露途径，确定污染物在环境介质中的迁移模型和敏感人群的暴露模型，确定与场地污染状况、土壤性质、地下水特征、敏感人群和关注污染物性质等相关的模型参数值，计算敏感人群摄入来自土壤和地下水的污染物所对应的土壤和地下水的暴露量。

暴露评估的工作内容包括确定特定土地利用方式下人群对污染场地内关注污染物的暴露情景、主要暴露途径、关注污染物迁移模型和暴露评估模型、模型参数取值，以及计算敏感人群的暴露量。

（3）毒性评估

在危害识别的工作基础上，分析关注污染物对人体健康的危害效应，包括致癌效应和非致癌效应，确定与关注污染物相关的毒性参数，包括参考剂量、参考浓度、致癌斜率因子和单位致癌因子等。

毒性评估的主要工作内容包括分析关注污染物的健康效应（致癌和非致癌效应），确定污染物的毒性参数值。

关注污染物健康效应分析主要包括关注污染物对人体健康的危害性质（致癌效应和/或非致癌效应），以及关注污染物经不同暴露途径对人体健康的毒性危害机理及剂量-效应关系。

（4）风险表征

在暴露评估和毒性评估的工作基础上，采用风险评估模型计算单一污染物经单一暴露途径的风险值、单一污染物经所有暴露途径的风险值、所有污染物经所有暴露途径的风险值；进行不确定性分析，包括对关注污染物经不同暴露途径产生健康风险的贡献率和关键参数取值的敏感性分析；根据需要进行风险的空间表征。风险表征计算的风险值包括单一污染物的致癌风险值、所有关注污染物的总致癌风险值、单一污染物的危害熵（非致癌风险值）和多个关注污染物的危害指数（非致癌风险值）。

风险表征的主要工作内容包括单一污染物的致癌和非致癌风险的计算、所有关注污染物的致癌和非致癌风险计算、不确定性分析和风险的空间表征。

关注污染物健康风险值的计算应按照所有采样点污染物浓度数据 95％置信区间的上限值进行。根据实际情况，也可按照每个采样点关注污染物的浓度数据计算风险值。

（5）修复建议目标值的确定

在风险表征的工作基础上，判断计算得到的风险值是否超过可接受风险水平。如污染场地风险评估结果未超过可接受风险，则结束风险评估工作；如污染场地风险评估结果超过可接受风险水平，则计算关注污染物基于致癌风险的修复限值和/或基于非致癌风险的修复限值，并进行关键参数取值的敏感性分析；如暴露情景分析表明，污染场地土壤中的关注污染物可淋溶进入地下水，影响地下水环境质量，则计算保护地下水的土壤修复限值。污染场地修复建议目标值，应根据上述基于致癌风险的土壤修复限值、基于非致癌风险的土壤修复限值和保护地下水的土壤修复限值确定。

5.4.4　某污染场地健康风险评价案例

1. 危害识别

（1）污染场地环境概况

本案例的目标污染场地为原某市农药厂老厂区。该厂始建于新中国成立初期，占地约 6.4 万 m^2。原厂区平面布置及周边环境概况如图 5-5 所示。厂区周边 500m 范围内无同类产品生产企业，周边无排放 DDT 污染源。

图 5-5　污染场地的健康风险评估程序

原厂区所在地区属北温带季风气候区域。受来自洋面上的东南季风及海流、水团的影响，又具有显著的海洋性气候的特点。气候相对湿润，昼夜温差不大。春季风大，干燥寒冷；夏季空气湿度较重，秋季降温缓慢，冬季降水量偏低。年平均相对湿度为 74%，全年平均降水量为 711.2mm。年均气温 11～12℃，历史记录最高气温为 37.4℃，最低气温为零下 16.4℃，该区域主导风向为 SSE 风，次主导风向为 NNW 风，平均风速为 3.6m/s。地下水类型主要是第四系孔隙潜水，潜水主要赋存于填土层和砂土层中，素填土和粗砾砂主要由粗颗粒物质组成，具有较好的透水性，粉质黏土和碎石层，具有弱透水性；基岩裂隙水在场区主要以层状、带状赋存于基岩强风化带裂隙密集发育带中。强风化带中长石多风化为黏土矿物，透水性较差，富水性贫；节理发育带，裂隙张开性较好，导水性较强，富水性中等。

（2）土地利用方式及暴露人群

根据某市规划局规划方案，该污染场地未来用地方式为商业用地。根据《导则》中规定，该场地属于"非敏感用地"，一般以成人作为敏感人群来评估致癌风险和危害熵。

（3）目标污染物分析

原农药厂于 1968 年试生产，1971 年正式投产，1980 年停产。因此，本次风险评价的目标污染物为 DDT。DDT 的主要生产原料为三氯乙醛、氯苯和浓硫酸，DDT 生产工艺如：

$$CCl_3CHO + 2C_6H_5Cl \longrightarrow DDT$$

本案例调查了 DDT 的生产历史，生产车间、仓库和储罐区等在厂区中的布置以及原厂区周边环境概况。由于该厂几乎所有的建筑物已经拆除，因此在点位具体布设时咨询了该厂原高层行政管理人员和技术人员以及生产车间负责人，在图纸上确定了可能污染区域的具体位置。以 DDT 生产区域（可能泄漏点）为中心，采用网格式布点方法进行采样监测。网格间距为 20m，沿地下水流向，点位间距由中心区外围逐渐增加（分别为 35m、50m），共布设钻孔 34 个，点位布设如图 5-6 所示。

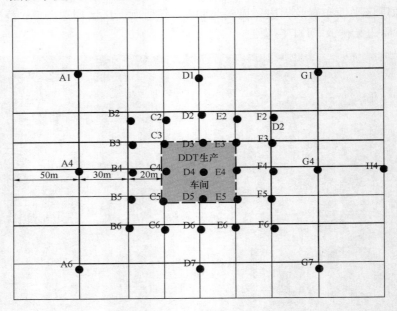

图 5-6　点位布设图

采用 SH30-2 型钻机进行采样，采样深度分别为 1m、3m、5m、7m、10m，共取得土壤样品 186 个，密封保存。《污染场地风险评估技术导则》（HJ 25.3—2014）中规定的用于商服及工业用地的 DDT 的土壤筛选值为 8mg/kg；《工业企业土壤环境质量风险评价基准》中规定 DDT 的土壤基准直接接触值为 195mg/kg。

监测结果显示：该污染场地土壤中 DDT 的最大浓度为 24625.63mg/kg（B2 点），超标 3078 倍。采样深度为 1m 时，DDT 的污染范围较大，厂区内大部分土壤中 DDT 浓度超标，重度污染区域主要集中在厂区西侧及原 DDT 的生产车间、仓库和储罐区位置，污染浓度达到 1000mg/kg 以上（D4 点：7062.73mg/kg，D5 点：2288.70mg/kg）。采样深度为 3m 时，DDT 重度污染区域仍集中在原生产车间、仓库和储罐区等区域，污染物由厂区西侧向北侧扩散，厂区西侧污染物浓度较 1m 深度时大大降低，污染浓度基本降到 1000mg/kg 以下；原 DDT 生产车间的污染范围较 1m 深度时略有缩小；仓库位置污染浓度较大，局部高达 1000mg/kg 以上（D5 点：8993.9mg/kg）。采样深度为 5m 时，原厂区仓库位置 DDT 的污染仍较为严重，污染物的浓度高达 1000mg/kg 以上（C6 点：5534.78mg/kg），局部超过 10000mg/kg（D6 点：13689.35mg/kg）；DDT 的污染范围较 1m、3m 深时明显缩小，由此可知，对于厂区西侧、北侧土壤中的 DDT，主要集中在 1～3m 深土层，未向下迁移。当采样深度为 7m 时，厂区内 DDT 的污染范围进一步缩小，污染较为严重的范围仍集中在原 DDT 生产车间、仓库区域，DDT 浓度最高达到 12227.78mg/kg（D5 点）。当采样深度为 10m 时，DDT 的浓度已下降到极低水平，大部分点位均未检出 DDT，只有两个点 DDT 浓度高于《导则》中规定的土壤筛选值（D5 点：52.47mg/kg，D6 点：28.58mg/kg）。

综上，随着采样深度的增加，DDT 的污染浓度和污染范围整体呈减小趋势，且污染物有向外围迁移扩散的特点。原 DDT 生产车间、储罐及仓库区域 DDT 污染最为严重。厂区大部分土地中 DDT 浓度已达到启动风险评价的土壤筛选值。

2．暴露评价

（1）暴露途径

场地作为商业用地时，成人作为敏感人群，主要暴露途径包括：① 经口摄入土壤，如食用黏附有土壤的食物等；② 皮肤接触污染土壤，如因体表皮肤直接接触、土尘附着等；③ 吸入土壤颗粒物，如呼吸吸入室内和室外空气中来自土壤的颗粒物；④ 吸入室外空气中来自表层土壤空气中污染物蒸气；⑤ 吸入室外空气中来自下层土壤空气中污染物蒸气；⑥ 吸入室内空气中污染物蒸气，如呼吸吸入室内空气中来自土壤中的污染物蒸气，暴露于土壤污染物。

（2）暴露量计算

经口摄入土壤

经口摄入途径下针对致癌风险的暴露量：

$$OISER_{ca} = \frac{OSIR_a \times ED_a \times EF_a \times ABS_o \times 10^{-6}}{BW_a \times AT_{ca}}$$

经口摄入途径下针对非致癌风险的暴露量：

$$OISER_{nc} = \frac{OSIR_a \times ED_a \times EF_a \times ABS_o \times 10^{-6}}{BW_a \times AT_{nc}}$$

式中各参数含义及取值见表 5-14。

表 5-14 经口摄入途径针对致癌风险的暴露量计算取值表

暴露参数	参数名称	参数取值	单位	取值来源
$OISER_{ca}$	经口摄入土壤暴露量（致癌效应）	—	kg 土壤/kg 体重/d	《导则》附录 A 公式（A.1）、（A.21）
$OISER_{nc}$	经口摄入土壤暴露量（非致癌效应）	—	kg 土壤/kg 体重/d	《导则》附录 A 公式（A.2）、（A.22）
$OSIR_a$	成人每日摄入土壤量	100	mg/d	《导则》附录 A 公式（A.1）、附录 G.1
ED_a	成人暴露周期	25	a	
EF_a	成人暴露频率	250	d/a	
ABS_o	经口摄入吸收效率因子	1	无量纲	
BW_a	成人体重	56.8	kg	
AT_{ca}	致癌效应的平均时间	26280	d	

暴露参数	参数名称	参数取值	单位	取值来源
AT_{nc}	非致癌效应的平均时间	9125	d	《导则》附录 A 公式（A.2）、附录 G.1

皮肤接触污染土壤

皮肤接触途径下针对致癌风险的暴露量：

$$DCSER_{ca} = \frac{SAE_a \times SSAR_a \times ED_a \times EF_a \times E_v \times ABS_d \times 10^{-6}}{BW_a \times AT_{ca}}$$

皮肤接触途径下针对非致癌风险的暴露量：

$$DCSER_{nc} = \frac{SAE_a \times SSAR_a \times ED_a \times EF_a \times E_v \times ABS_d \times 10^{-6}}{BW_a \times AT_{nc}}$$

式中各参数含义及取值见表 5-15。

表 5-15　皮肤接触途径风险的暴露量计算取值表

暴露参数	参数名称	参数取值	单位	取值来源
$DCSER_{ca}$	皮肤接触途径的土壤暴露量（致癌效应）	—	kg 土壤/kg 体重/d	《导则》附录 A 公式（A.3）、（A.23）
$DCSER_{nc}$	皮肤接触途径的土壤暴露量（非致癌效应）	—	kg 土壤/kg 体重/d	《导则》附录 A 公式（A.3）、（A.23）
SAE_a	成人暴露皮肤表面积	2734	cm²	
$SSAR_a$	成人皮肤表面土壤黏附系数	0.2	mg/cm²	《导则》附录 A 公式（A.3）、附录 G.1
E_v	每日皮肤接触事件频率	1	次/d	
ABS_d	经口摄入吸收效率因子	1E-01	无量纲	
ED_a	成人暴露周期	25	a	
EF_a	成人暴露频率	250	d/a	
BW_a	成人体重	56.8	kg	《导则》附录 A 公式（A.1）、附录 G.1
AT_{ca}	致癌效应的平均时间	26280	d	
AT_{nc}	非致癌效应的平均时间	9125	d	

吸入土壤颗粒物

呼吸吸入途径下针对致癌风险的暴露量：

$$PISER_{ca} = \frac{PM_{10} \times DSIR_a \times ED_a \times PIAF \times (fspo \times EFO_a + fspi \times EFI_a) \times 10^{-6}}{BW_a \times AF_{ca}}$$

呼吸吸入途径下针对非致癌风险的暴露量：

$$PISER_{nc} = \frac{PM_{10} \times DSIR_a \times ED_a \times PIAF \times (fspo \times EFO_a + fspi \times EFI_a) \times 10^{-6}}{BW_a \times AF_{nc}}$$

式中各参数含义及取值见表 5-16。

表 5-16　吸入土壤颗粒物途径风险的暴露量计算取值表

暴露参数	参数名称	参数取值	单位	取值来源
$PISER_{ca}$	吸入土壤颗粒物途径的暴露量（致癌效应）	—	kg 土壤/kg 体重/d	《导则》附录 A 公式（A.7）、（A.25）
$PISER_{nc}$	吸入土壤颗粒物途径的暴露量（非致癌效应）	—	kg 土壤/kg 体重/d	《导则》附录 A 公式（A.8）、（A.26）
PM_{10}	空气中可吸入颗粒物含量	0.15	mg/m³	
$DAIR_a$	成人每日空气呼吸量	14.5	m³/d	
$PIAF$	吸入土壤颗粒物在体内滞留比例	0.75	无量纲	
$fspo$	室外空气中来自土壤的颗粒物所占比例	0.5	无量纲	《导则》附录 A 公式（A.7）、附录 G.1
EFO_a	成人的室外暴露频率	62.5	d/a	
$fspi$	室内空气中来自土壤的颗粒物所占比例	0.8	无量纲	
EFI_a	成人的室内暴露频率	187.5	d/a	
ED_a	成人暴露周期	25	a	
BW_a	成人体重	56.8	kg	
AT_{ca}	致癌效应的平均时间	26280	d	《导则》附录 A 公式（A.1）、附录 G.1
AT_{nc}	非致癌效应的平均时间	9125	d	

吸入室外空气中来自表层土壤空气中污染物蒸气

吸入室外空气中来自表层土壤空气中污染物蒸气途径下针对致癌风险的暴露量：

$$IoVER_{ca}1 = \frac{VF_{suroa} \times EFO_a \times ED_a \times DAIR_a}{BW_a \times AT_{ca}}$$

吸入室外空气中来自表层土壤空气中污染物蒸气途径下针对非致癌风险的暴露量：

$$IoVER_{nc}1 = \frac{VF_{suroa} \times EFO_a \times ED_a \times DAIR_a}{BW_a \times AT_{nc}}$$

式中各参数含义及取值见表 5-17。

表 5-17　吸入室外空气中来自表层土壤空气中污染物蒸气途径风险的暴露量计算取值表

暴露参数	参数名称	参数取值	单位	取值来源
$IoVER_{ca}1$	吸入室外空气中来自表层土壤空气中污染物蒸气途径的暴露量（致癌效应）	—	kg 土壤/kg 体重/d	《导则》附录 A 公式（A.9）、（A.27）
VF_{suroa}	表层土壤中污染物挥发对应的室外空气中的土壤含量	5.07E－12	kg/m³	《导则》附录 A 公式（A.9）、附录 F 公式（F.17）
EFO_a	成人的室外暴露频率	62.5	d/a	《导则》附录 A 公式（A.7）、附录 G.1
$DAIR_a$	成人每日空气呼吸量	14.5	m³/d	
ED_a	成人暴露周期	25	a	
BW_a	成人体重	56.8	kg	《导则》附录 A 公式（A.1）、附录 G.1
AT_{ca}	致癌效应的平均时间	26280	d	
AT_{nc}	非致癌效应的平均时间	9125	d	

吸入室外空气中来自下层土壤空气中污染物蒸气

吸入室外空气中来自下层土壤空气中污染物蒸气途径下针对致癌风险的暴露量：

$$IoVER_{ca}2 = \frac{VF_{suroa} \times EFO_a \times ED_a \times DAIR_a}{BW_a \times AT_{ca}}$$

吸入室外空气中来自下层土壤空气中污染物蒸气途径下针对非致癌风险的暴露量：

$$IoVER_{nc}2 = \frac{VF_{suroa} \times EFO_a \times ED_a \times DAIR_a}{BW_a \times AT_{nc}}$$

式中各参数含义及取值见表 5-18。

表 5-18　吸入室外空气中来自下层土壤空气中污染物蒸气途径风险的暴露量计算取值表

暴露参数	参数名称	参数取值	单位	取值来源
$IoVER_{ca}2$	吸入室外空气中来自下层土壤空气中污染物蒸气途径的暴露量（致癌效应）	—	kg 土壤/kg 体重/d	《导则》附录 A 公式（A.10）、（A.29）
VF_{suroa}	下层土壤中污染物挥发对应的室外空气中的土壤含量	7.61E－12	kg/m³	《导则》附录 A 公式（A.11）、附录 F 公式（F.20）

暴露参数	参数名称	参数取值	单位	取值来源
EFO_a	成人的室外暴露频率	62.5	d/a	《导则》附录 A 公式（A.7）、附录 G.1
$DAIR_a$	成人每日空气呼吸量	14.5	m^3/d	
ED_a	成人暴露周期	25	a	
BW_a	成人体重	56.8	kg	
AT_{ca}	致癌效应的平均时间	26280	d	《导则》附录 A 公式（A.1）、附录 G.1
AT_{nc}	非致癌效应的平均时间	9125	d	

吸入室内空气中污染物蒸气

吸入室内空气中污染物蒸气途径下针对致癌风险的暴露量：

$$IiVER_{ca} = \frac{VF_{subia} \times EFI_a \times ED_a \times DAIR_a}{BW_a \times AT_{ca}}$$

吸入室内空气中污染物蒸气途径下针对非致癌风险的暴露量：

$$IiVER_{nc} = \frac{VF_{subia} \times EFI_a \times ED_a \times DAIR_a}{BW_a \times AT_{nc}}$$

式中各参数含义及取值见表 5-19。

表 5-19　吸入室内空气中污染物蒸气途径针对致癌风险的暴露量计算取值表

暴露参数	参数名称	参数取值	单位	取值来源
$IiVER_{ca}$	吸入室内空气中污染物蒸气途径的暴露量（致癌效应）	—	kg 土壤/kg 体重/d	《导则》附录 A 公式（A.15）、（A.33）
VF_{subia}	下层土壤中污染物挥发对应的室内空气中的土壤含量	8.27E－6	kg/m^3	《导则》附录 A 公式（A.15）、附录 F 公式（F.26）
EFI_a	成人的室内暴露频率	187.5	d/a	《导则》附录 A 公式（A.7）、附录 G.1
$DAIR_a$	成人每日空气呼吸量	14.5	m^3/d	
ED_a	成人暴露周期	25	a	
BW_a	成人体重	56.8	kg	《导则》附录 A 公式（A.1）、附录 G.1
AT_{ca}	致癌效应的平均时间	26280	d	
AT_{nc}	非致癌效应的平均时间	9125	d	

不同暴露途径污染物摄取量的致癌与非致癌效应计算结果见表 5-20。

表 5-20　不同暴露途径污染物摄取量的致癌与非致癌效应计算结果（kg 土壤/kg 体重/d）

暴露途径	致癌效应	非致癌效应
经口摄入土壤	4.19E-08	1.21E-07
皮肤接触污染土壤	2.30E-07	6.59E-07
吸入土壤颗粒物	4.95E-09	1.43E-08
吸入室外空气中污染物蒸气（表层土）	7.71E-14	2.22E-13
吸入室外空气中污染物蒸气（下层土）	1.15E-13	3.32E-13
吸入室内空气中污染物蒸气	3.76E-07	1.08E-06

3. 毒性评价

DDT 的化学性质十分稳定，在光照和高温下也极少挥发和分解。DDT 对哺乳动物无急性毒杀作用，但其具有较强的脂溶性，容易在动物脂肪中蓄积，分解代谢极其缓慢。在人体内蓄积到一定浓度时，可引起中枢系统、肝脏及甲状腺病变，严重时可导致死亡。轻度症状表现为恶心、呕吐、头晕、头痛等；重度症状表现为：高烧、腹泻、癫痫状抽搐、呼吸障碍、肺水肿、肝肿大等；皮肤接触可导致皮肤瘙痒、红肿，如误入眼睛可导致短暂性失明。参考《导则》，获得目标污染物 DDT 的毒性参数见表 5-21。

表 5-21　目标污染物 DDT 的毒性参数

毒性参数	名称	单位	取值
SF_i	呼吸吸入致癌斜率因子	(mg 污染物/kg 体重/d)$^{-1}$	8.31E-01
SF_d	皮肤接触致癌斜率因子	(mg 污染物/kg 体重/d)$^{-1}$	4.86E-01
SF_o	经口摄入致癌斜率因子	(mg 污染物/kg 体重/d)$^{-1}$	3.40E-01
RfD_i	呼吸吸入参考剂量	(mg 污染物/kg 体重/d)$^{-1}$	5.00E-04
RfD_d	皮肤接触参考剂量	(mg 污染物/kg 体重/d)$^{-1}$	5.00E-04
RfD_o	经口摄入参考剂量	(mg 污染物/kg 体重/d)$^{-1}$	5.00E-04
SAF	暴露于土壤的参考剂量分配比例	无量纲	0.2
URF	呼吸吸入单位致癌因子	m^3/mg	9.70E-02
$ABSGI$	消化道吸收效率因子	无量纲	1

4. 风险表征

（1）不同暴露途径 DDT 的致癌风险与危害商

参考《导则》中附录 C 所列方法，分别计算不同暴露途径不同监测点位 DDT 的致癌风险与危害商。在美国建立的风险评价基准和体系中，将单一污染物致癌风险定为 10^{-6}。当单一污染物致癌风险大于 10^{-6} 时，则为不可接受的风险水平。《导则》中规定单一致癌风险为 10^{-6}，危害熵为 1。因此本研究将可接受单一污染物致癌风险水平定为 10^{-6}，危害熵定为 1。计算结果得出仅有 6 个点位的致癌风险低于可接受水平（A1、B3、B4、D6、F3、F6、H4），其余点位的致癌风险均超过可接受的致癌风险水平，超标点位数量占点位总数的 82.35%。其中，最大致癌风险为 $3.42×10^{-3}$（B3），远远大于可接受的致癌风险水平；吸入室外污染物蒸气这一暴露途径的致癌风险远小于 10^{-6}。有 8 个点位的危害熵高于可接受水平（B3、C2、D1、D2、D5、D6、D7、E6），其中，最大危害熵为 39.4（B3），远远大于可接受的危害熵水平，吸入室外空气中污染物蒸气这一暴露途径的危害熵远小于 1。

（2）不确定性分析

皮肤接触污染土壤这一暴露途径的致癌风险贡献率最高，占 49%；其次是吸入室内空气中污染物蒸气暴露途径，贡献率为 43%；而吸入室外空气中污染物蒸气这一暴露途径的致癌风险贡献率最低，几乎为零。皮肤接触污染土壤这一暴露途径的危害熵贡献率最高，占 58%；其次是吸入室内空气中污染物蒸气暴露途径，贡献率为 31%；而吸入室外空气中污染物蒸气这一暴露途径的致癌风险贡献率最低，基本可以忽略。

根据《导则》规定，当某一暴露途径的致癌风险或危害熵贡献率超过 20% 时，需要对这一暴露途径的相关参数进行敏感性分析。皮肤接触污染土壤的致癌风险贡献率为 49%，危害熵的贡献率为 43%；吸入室内空气中污染物蒸气的致癌风险贡献率为 58%，危害熵的贡献率为 31%；由此可见，这两种暴露途径的致癌风险、危害熵的贡献率均超过 20%，应对这两种暴露途径的具有代表性的模型参数进行分析。

5.5　有害物理因素的生物学效应的评价

物理环境的声、光、热、电等是人类必需的，在环境中是永远存在的。它们本身对人无害，只是在环境中的含量过高或过低时才造成污染。物理性污染和化学性、生物性污染相比有两个特点：第一，物理性污染是局部性的，区域性和全球性污染较少见；第二，物理性污染在环境中不会有残余的物质存在，一旦污染源消除以后，物理性污染也即消失。物理学的基本原理不仅能用来测量环境污染的程度，而且能用于控制污染改善环境，为人类创造一个适宜的物理环境。

5.5.1　噪声污染控制

声音在人们生活中起着非常重要的作用。人类正是依赖于声音才能进行信息的传递，才能用语言交流思想感情，才能传播知识和文明，才能听到广播，欣赏优雅的音乐和悦耳的歌曲，此外，随着科学技术的发展，人们还利用声音在工业、农业、医学、军事、气象、探矿等领域为人类造福，由于声音的应用如此重要，人们无法设想没有声音的世界将会怎样。但是，有些声音并不是人们所需要的，它们损害人们的健康，影响人们的生活和工作，干扰人们的交谈和休息。例如，机器运转时的声音、喇叭的声音以及各种敲打物件时所发出的声音则不但不需要并且会引起烦躁与厌恶。即使是美妙的音乐，但对于需要睡觉的人来说则是一种干扰，是不需要的声音。

如何判断一个声音是否为噪声，从物理学观点来说，振幅和频率杂乱断续或统计上无规的声振动称为噪声。从环境保护的角度来说，判断一个声音是否为噪声，要根据时间、地点、环境以及人们的心理和生理等因素确定。所以，噪声不能完全根据声音的物理特性来定义。一般认为，凡是干扰人们休息、学习和工作的声音即不需要的声音统称为噪声。当噪声超过人们的生活和生产活动所能容许的程度，就形成噪声污染。

噪声污染的特点是局限性和没有后效，噪声污染是物理污染，它在环境中只是造成空气物理性质的暂时变化，噪声源停止发声后，污染立刻消失，不留任何残余污染物质。噪声的危害主要体现在如下方面。

1. 听力损伤

噪声对人体的危害最直接的是听力损害，对听觉的影响，是以人耳暴露在噪声环境前后的听觉灵敏度来衡量的，这种变化称为听力损失，即指人耳在各频率的听阈升移，简称阈移，以声压级分贝为单位。如果人们长期在强烈的噪声环境下工作，日积月累，内耳器官不断受噪声刺激，恢复暴露前的听阈，便可发生器管性病变，成为永久性听阈偏移，这就是噪声性耳聋。

2. 噪声对睡眠的干扰

睡眠是人们生存所必不可少的。人们在安静的环境下睡眠，它能使人的大脑得到休息，从而消除疲劳和恢复体力。噪声会影响人的睡眠质量，强烈的噪声甚至使人无法入睡，心烦意乱。

3. 噪声对交谈、通讯、思考的干扰

在噪声环境下，妨碍人们之间的交谈、通讯是常见的。因为人们思考也是语言思维活动，其受噪声干扰的影响与交谈是一致的。

4. 噪声对人体的生理影响

许多证据表明，大量心脏病的发展和恶化与噪声有着密切的联系，实验证明，噪声会引起人体紧张的反应，使肾上腺素增加，因而引起心率和血压升高。对一些工业噪声调查的结果指出，在高噪声条件下劳动的钢铁工人和机械车间工人比安静条件下工人的循环系统的发病率要高，患高压的病人也多。对中小学生调查发现，暴露于飞机噪声下的儿童比安静环境的儿童血压要高。

噪声能引起消化系统方面的疾病，早在 20 世纪 30 年代，就有人注意到长期暴露在噪声环境下的工作者消化功能有明显的改变。在某些吵闹的工业行业里，溃疡症的发病率比安静环境的发病率高 5 倍。

在神经系统方面，神经衰弱症是最明显的症状，噪声能引起失眠、疲劳、头晕、头痛、记忆力减退等症状。

噪声对心理的影响：噪声引起的心理影响主要是烦恼，使人激动、易怒，甚至失去理智。因噪声干扰发生的民事纠纷事件是常见的。噪声也容易使人疲劳，因此往往会影响精力集中和工作效率，尤其是对一些做非重复性动作的劳动者，影响更为明显。

噪声对儿童和胎儿的影响：研究表明，噪声会使母亲产生紧张反应，引起子宫血管收缩，以致影响供给胎儿发育所必需的养料和氧气，噪声还影响胎儿的体重。此外因儿童发育尚未成熟，各组织器官十分娇嫩和脆弱，不论是体内的胎儿还是刚出世的孩子，噪声均可损伤听力器官，使听力减退或丧失。

噪声对视力的损害：噪声不仅影响听力，还影响视力。试验表明：当噪声强度达到 90dB 时，人的视觉细胞敏感性下降，识别弱光反应时间延长；噪声达到 95dB 时，有 40% 的人瞳孔放大，视模糊；而噪声达到 115dB 时，多数人的眼球对光亮度的适应都有不同程度的减弱。所以长时间处在噪声环境中的人很容易发生眼疲劳、眼痛、眼花和视物流泪等眼损伤现象。

5.5.2 振动污染及其控制

振动是一种很普遍的运动形式，在自然界、日常生产和生活中极为常见。当物体在其平衡位置围绕平均值或基准值作从大到小又从小到大的周期性往复运动时，就可以说物体在振动。从高层建筑物的随风晃动到昆虫翅翼的微弱抖动都属于振动这一现象。某些振动对人体是有害的，甚至可以破坏建筑物和机械设备。

1. 振动对机械设备的危害和对环境的污染

在工业生产中，机械设备运转发生的振动大多是有害的。振动使机械设备本身疲劳和磨损，从而缩短机械设备的使用寿命，甚至使机械设备中的构件发生刚度和强度破坏。对于机械加工机床，如振动过大，可使加工精度降低；飞机机翼的颤振、机轮的摆动和发动机的异常振动，都有可能造成飞行事故。各种机器设备、运输工具会引起附近地面的振动，并以波动形式传播到周围的建筑物，造成不同程度的环境污染，从而使振动引起的环境公害日益受到人们的关注。

2. 对人体的危害

振动与噪声相结合会严重影响人们的生活健康。降低工作效率，有时会影响到人的身体健康。从物理学和生理学上看，人体是一个复杂的系统，它可以近似地看成一个等效的机械系统；它包含着若干线性和非线性的"部件"，且机械性很不稳定。骨骼近似为一般固体，但比较脆弱；肌肉比较柔软，并有一定弹性，其他诸如心、肝、胃等身体器官都可以看成弹性系统。研究表明，人体的各部分器官都有其固有频率，当振动频率接近某个器官的固有频率时，就会引起共振，对该器官影响较大。

5.5.3　放射性污染防治

在人类生存的地球上，自古以来就存在着各种辐射源，人类也就不断地受到照射。随着科学技术的发展，人们对各种辐射源的认识逐渐深入。从 1895 年伦琴发现 X 射线和 1898 年居里发现镭元素以后，原子能科学得到了飞速的发展。特别是随着核能事业的发展和不断进行核武器爆炸试验，给人类环境又增添了人工放射性物质，对环境造成了新污染。近几十年来，全世界各国的科学家在世界范围内对环境放射性的水平进行了大量的调查研究和系统的监测。对放射性物质的分布、转移规律以及对人体健康的影响有了进一步的认识。

放射性元素产生的电离辐射能杀死生物体的细胞，妨碍正常的细胞分裂和再生，并且引起细胞内遗传信息的突变。受辐射的人在数年或数十年后，可能出现白血病、恶性肿瘤、白内障、生长发育迟缓、生育力降低等远期躯体效应；还可能出现胎儿性别比例变化、先天性畸形、流产、死产等遗传效应。人体受到射线过量照射所引起的疾病，称为放射性病，它可以分为急性和慢性两种。

急性放射性病是由大剂量的急性辐射所引起。只有由于意外放射性事故或核爆炸时才可能发生。例如：1945 年，在日本长崎和广岛的原子弹爆炸中，就曾多次观察到，病者在原子弹爆炸后 1h 内就出现恶心、呕吐、精神萎靡、头晕、全身衰弱等症状。经过一个潜伏期后，再次出现上述症状，同时伴有出血、毛发脱落和血液成分严重改变等现象，严重的造成死亡。急性放射性病还有潜在的危险，会留下后退症，而且有的患者会把生理病变遗传给子孙后代。

慢性放射病是由于多次照射、长期累积的结果。全身的慢性放射病，通常与血液病变相联系，如白血球减少、白血病等。局部的慢性放射病，例如：当手部受到多次照射损伤时，指甲周围的皮肤呈红色，并且发亮，同时，指甲变脆、变形，手指皮肤光滑、失去指纹，手指无感觉，随后发生溃烂。

放射性照射对人体危害的最大特点之一是远期的影响。例如，因受放射性照射而诱发的骨骼肿瘤、白血病、肺癌、卵巢癌等恶性肿瘤，在人体内的潜伏期可长达 10～20 年之久，因此把放射线称为致癌射线。此外，人体受到放射线照射还会出现不育症、遗传疾病、寿命缩短现象。

5.5.4 电磁辐射污染防治

电子设备的广泛应用，一方面可以传递信息，造福人类；另一方面所辐射的电磁波也成为环境公害之一。电磁辐射给人类生活环境与生产环境造成的污染越来越严重。由于电磁辐射，造成了局部空间或整个空间的电磁场强度过大，而对某些电磁敏感设备、仪器仪表，以及强辐射环境中的生物体产生不良影响和危害。我们将这种有害作用称为污染。近年来，对电磁辐射危害与防护的研究在国内外受到了普遍重视。联合国人类环境会议已经把微波辐射列入"造成公害的主要污染物"之一，我国也在中华人民共和国环境保护法中明确规定必须对电磁辐射切实加强防护和管制。环境电磁辐射作为环境物理学的重要内容，不论在基础研究或是应用等研究上都具有重要的意义。

1. 电磁辐射对装置、物质和设备的影响和危害

射频辐射对通讯、电视的干扰：射频设备和广播发射机振荡回路的电磁泄漏，以及电源线、馈线和天线等向外辐射的电磁能，不仅对周围操作人员的健康造成影响，而且可以干扰位于这个区域范围内的各种电子设备的正常工作，如无线电通讯、无线电计量、雷达导航、电视、电子计算机及电气医疗设备等电子系统。在空间电波的干扰下，可使信号失误、图形失真、控制失灵，以至于无法正常工作。电视机受到射频设备的干扰，将会引起图像上活动波纹或斜线，使之图像不清楚，影响收看的效果。

电磁辐射对易爆物质和装置的危害：火药、炸药及雷管等都具有较低的燃烧能点，遇到摩擦、碰撞、冲击等情况，很容易发生爆炸，同样在辐射能作用下，同样可以发生意外的爆炸。另一方面，许多常规兵器采用电气引爆装置，如遇高电频的电磁感应和辐射，可能造成控制机构的误动，从而使控制失灵，发生意外的爆炸。如高频辐射强场能够使导弹制导系统控制失灵，电爆管的效应提前或滞后。

电磁辐射对挥发性物质的危害：挥发性液体和气体，例如酒精、煤油、液化石油气、瓦斯等易燃物质，在高电平电磁感应和辐射作用下，可发生燃烧现象，特别是在静电危害方面尤为突出。

2. 电磁辐射对人体健康的影响

电磁辐射对人体的危害与波长有关，长波对人体的危害较弱，随着波长的缩短，对人体的危害逐渐加强，而微波的危害最大。一般认为，微波辐射对内分泌和免疫系统的作用，小剂量短时间作用是兴奋效应，大剂量长时间作用是抑制效应。另外，微波辐射可使毛细管内皮细胞的胞体内小泡增多，使其胞饮作用加强，导致血-脑屏障渗透性增高。一般来说，这种对机体是不利的。

电磁辐射尤其是微波对人体健康有不利影响，主要表现在以下几个方面：

其一，电磁辐射的致癌和治癌作用，大部分实验动物经微波作用后，可以使癌的发生率上升。此外，微波对人体组织的致热效应，还可以治疗癌症。

其二，对视觉系统的影响，眼组织含有大量的水分，易吸收电磁辐射功率，而且眼的血流量少，故在电磁辐射作用下，眼球的温度易升高，温度升高是产生白内障的主要条件。温度上升导致眼晶状体蛋白质凝固，较低强度的微波长期作用，可以加速晶状体的衰老和混浊，并有可能使有色视野缩小和暗适应时间延长，造成某些视觉障碍。长期低强度电磁辐射的作用，可促使视觉疲劳，眼感到不舒适和眼感到干燥等现象，强度更高的微波，则会使视力完全消失。

其三，对生殖系统和遗传的影响，长期接触超短波发生器的人，男人可出现性机能下降，阳痿，女人出现月经周期紊乱。由于睾丸的血液循环不良，对电磁辐射非常敏感，精子生成受到抑制而影响生育，电磁辐射也会使卵细胞出现变性，破坏了排卵过程，而使女性失去生育能力。高强度的电磁辐射可以产生遗传效应，使睾丸染色体出现畸变和有丝分裂异常。妊娠妇女在早期或在妊娠前接受了短波透热疗法，结果使其子代出现先天性出生缺陷。

其四，对血液系统的影响，在电磁辐射的作用下，周围血像可出现白血球不稳定，主要是下降倾向，红血球的生成受到抑制，出现网状红血球减少。操纵雷达的人多数出现白血球降低。此外，当无线电波和放射线同时作用于人体时，对血液系统的作用较单一因素作用可产生更明显的伤害。

其五，引起心血管疾病，受电磁辐射作用的人，常发生血液动力学失调，血管通透性和张力降低。

其六，对中枢神经系统的危害，神经系统对电磁辐射的作用很敏感，受其低强度反复作用后，中枢神经系统机能发生改变，出现神经衰弱症候群。

5.5.5　环境热污染及其防治

适宜于人类生产、生活及生命活动的温度范围相对而言是较窄的，并且人类主要依靠衣物及良好的居室环境来获得生存所需要的热环境，否则人类的生命将会受到威胁。所谓热环境就是指提供给人类生产、生活及生命活动的良好的生存空间的温度环境。太阳能量辐射创造了人类生存空间的大的热环境，而各种能源提供的能量则对人类生存的小的热环境作进一步的调整，使之更适宜于人类的生存。同时人类的各种活动也在不断地改变着人类生存的热环境。

1. 水体热污染的危害

向自然水体排放的温热水导致其升温，当温度升高到影响水生生物的生态结构时，就会发生水质恶化，影响人类生产、生活的使用，即为水体热污染。

水体热污染有以下几方面：① 降低水体溶解氧且加重水体污染，温度是水的一个重要物理学参数，它将影响到水的其他物理性质指标。随着温度的升高，水的黏度降低，这将影响到水体中沉积物的沉降作用。水体溶解氧（DO）随温度升高而逐渐降低，而微生物分解有机物的能力是随着温度的升高而增强的，导致水体严重缺氧，加重了水体污染。② 导致藻类生物的群落更替，水温的升高将会导致藻类种群的群落更替。③ 加快水生生物的生化反应速度，在 $0\sim40℃$ 的温度范围内，温度每升高 $10℃$，水生生物体生化反应速率增加 1 倍，这样就会加剧水中化学污染物质（如氰化物、重金属离子等）对水生生物的毒性效应。④ 破坏鱼类生境，水体温度影响水生生物的种类和数量，从而改变鱼类的吃食习性、新陈代谢和繁殖状况。不同的水生生物和鱼类都有自己适宜的生存温度范围，鱼类是冷血动物，其体温虽然在一定的温度范围内能够适应环境温度的波动，但是其调节能力远不如陆生生物那么强。

2. 大气热污染的危害

能源是社会发展和人类进步的命脉。随着能源消耗的加剧，越来越多的副产物 CO_2、水蒸气和颗粒物质被排放到大气中。水蒸气吸收从地面辐射的紫外线，悬浮在空气中的微粒物吸收从太阳辐射来的能量，加之人类活动向大气中释放的能量，使得大气温度不断升高，即为大气热污染。

大气热污染引起局部天气变化：（1）减少太阳到达地球表面的辐射能量，降低大气可见度，排放到大气中的各类污染物对太阳辐射都有一定的吸收和散射作用，从而降低了地表太阳的入射能量。（2）破坏降雨量的均衡分布，大气中的颗粒物对水蒸气具有凝结核和冻结核的作用。一方面热污染加大了受污染的大工业城市的下风向地区的降水量；另一方面，由于增大了地表对太阳热能的反射作用，减少了吸收的太阳辐射热量，使得近地表上升气流相对减弱，阻碍了水蒸气的凝结和云雨的形成，加之其他因素，导致局部地区干旱少雨，导致农作物生长欠收。（3）加剧城市的热岛效应，城市热岛效应和大气热污染之间是一种相辅相成的关系，随着大气热污染的加剧，城市会变得更"热"。

大气热污染引起全球气候变化：（1）加剧 CO_2 的温室效应。（2）大气中颗粒物对气候的影响，平流层中大量颗粒物的存在，将会增强对太阳辐射的吸收和反射作用，减弱太阳向对流层和地表的辐射能量，导致平流层能量聚集、温度升高；对流层中大量存在的颗粒物，对太阳和地表辐射都既有吸收又有反射作用，因而其对近底层的气温的影响目前尚缺少统一的说法。

5.5.6　环境光污染及其防治

眼睛是人体最重要的感觉器官，人靠眼睛获得 2/3 以上的外界信息。虽然眼睛对光的适应能力较强，瞳孔可随环境的明暗进行调节，如日光和月光的强度相差 10000 倍，人眼都能适应。但是人长期的处于强光和弱光的条件下，视力就会受到损伤。现代的光源与照明给人类带来光文化，但是光源的使用不当或者灯具的配光欠佳都会对环境造成污染。给人类的生活和生产环境产生不良的影响，所以我们以环境光学为依据，从光度学、色度学、生理光学、物理光学、建筑光学等学科的角度来研究适宜人类生存的光环境，分析光污染的类型、产生条件、危害和防治，避免光污染对人类的损害。争取在我们的生活环境中，严格规划、设计、安装、调试、验收，做到"以防为主"。在创造"人—社会—自然"和谐发展中，创造崭新的生活方式和生存空间。

1. 光污染

光污染是指各种光源（日光、灯光）、各种反折射光及红外和紫外线等过量的辐射对周围环境和人类生活与生产环境造成不良的影响的现象。

（1）可见光部分

可见光是波长在 390～760nm 的电磁辐射体，也就是常说的七色光组合，是自然光的主要部分。但是当光的亮度过高或者过低，对比度过强或过弱时，长期生活在这样的环境中就会引起视疲劳，影响身心健康，从而导致工作效率降低。

激光的光谱中大部分属于可见光的范围，而激光具有指向性好、能量集中、颜色纯正的特点，但是由于激光的特点所决定，它具有高亮度和强度，同时它通过人体的眼睛晶状体聚集后，到达眼底时增大数百倍至数万倍。这样就会对眼睛产生巨大的伤害，严重时就会破坏机体组织和神经系统。所以在激光应用的过程中，要特别注意避免激光污染。

杂散光也是光污染中的一部分，它主要来自于建筑的玻璃幕墙，光面的建筑装饰（高级光面瓷砖、光面涂料），由于这些物质的反射系数较高，一般在 60%～90% 左右，比一般较暗建筑表面和粗糙表面的建筑反射系数大 10 倍。当阳光照射在上面时，就会被反射过来，对人眼产生刺激；另一部分杂散光污染来源于夜间照明的灯光通过直射或者反射进入住户内。

当汽车夜间行驶时使用车头灯以及使用不合理的照明，就会产生眩光污染，它可以使人眼受到损伤，甚至失明。

（2）红外线部分

红外线辐射指波长从 760～106nm 范围的电磁辐射，也就是热辐射。自然界中主要的红外线来源是太阳，人工的红外线来源是加热金属、熔融玻璃、红外激光器等。物体的温度越高，其辐射波长越短，发射的热量就越高。

随着红外线在军事、科研、工业等方面的广泛应用，同时也产生了红外线污染。红外线还可以通过高温灼伤人的皮肤，红外线损害范围是波长在 750～1300nm 时主要损伤眼底视网膜，超过 1900nm 时就会灼伤角膜。近红外辐射能量在眼睛晶体内被大量吸收，随着波长的增加，角膜和房水基本上吸收全部入射的辐射，这些吸收的能量可传导到眼睛内部结构，从而升高晶体本身的温度，也升高角膜的温度。而晶状体的细胞更新速度非常慢，一天内照射受到伤害可能在几年后也难以恢复。

（3）紫外线部分

紫外线辐射是波长范围在 10～390nm 的电磁波，其频率范围在 $(0.7～3)×10^{15}$ Hz，相应的光子能量为 3.1～12.4eV（电子伏特）。自然界中的紫外线来自于太阳辐射，不同波长的紫外线可被空气、水或生物分子吸收。而人工紫外线是由电弧和气体放电所产生。当波长在 220～320nm 时对人体有损伤作用，有害效应可分为急性和慢性两种，主要是影响眼睛和皮肤。紫外线辐射对眼睛的急性效应有光致结膜炎的发生，引起不舒适，但通常可恢复，采用适当的眼镜就可预防。紫外辐射对皮肤的急性效应可引起水泡和皮肤表面的损伤，继发感染和全身效应，类似一度或者二度烧伤，眼睛的慢性效应可导致结膜鳞状细胞癌及白内障的发生。紫外辐射引起的慢性皮肤病变，也可能产生恶性皮肤肿瘤。紫外线的另一类污染是通过间接的作用危害人类，就是当紫外线作用于大气的污染物 HCl 和 NO_x 等时，就会促进化学反应并产生光化学烟雾。

2. 光污染的防治

既然光污染已经成为现代社会的公害之一，已经引起政府及专家的足够重视，并积极控制和预防光污染，改善城市环境。为了避免光污染的产生，可以采取以下的方式来解决：

卫生、环保部门做好光污染的宣传工作，建议制定相应技术标准和法律法规，采取综合的防治措施。科研部门要研究光污染对人群健康影响的科学调查，让广大人民对光污染有所了解。

强化自我保护意识，注意工作环境中的紫外、红外及向强度眩光的损伤，劳逸结合，夜间尽量少到强光污染的场所活动。

要教育人们科学合理地使用灯光，注意调整亮度，白天提倡使用自然光。

提高市民素质，倡导大家保护环境，以预防为主。

美化外境，在建筑物和娱乐场所的周围做合理规划，进行绿化和减少反射系数大的装饰材料的使用。

在城市规划和建设时，加强预防性卫生监督，竣工验收时卫生、环保部门要积极参与，并注意开展日常的监督检测。

正常使用电脑、电视时，要注意保护眼睛，距光源保持一定的距离并适当休息。同时安装一定的防辐射措施。

特殊部门在建设选址（比如说天文台）时要注意光环境因素，避免选址错误。

 复习思考题

1. 生物监测的特点是什么？
2. 简述监测生物与指示生物的区别以及监测生物的筛选原则。
3. 介绍生物监测的分类方法，从生物层次的角度概述生物监测的方法、特点及要求。
4. 如何利用生物个体水平的生物反应对环境变化进行监测？
5. 如何利用种群及群落水平的生物反应对环境变化进行监测？
6. 如何利用生态系统水平的生物反应对环境变化进行监测？
7. 简述生态监测的概念和特点。
8. 生态监测有哪几种技术手段？
9. 简述化学品生态风险评价的概念及要求，区别其与健康风险评价的不同。
10. 简述生态风险评价的步骤。
11. 简单叙述有害物理因素有哪些？并简述针对每种有害物理因素如何开展控制。

第6章 环境污染物的生物修复技术总论

学 习 提 示

本章介绍了生物修复技术中微生物的作用、生物修复有效性的影响因素、生物修复的场地条件、生物修复过程的评价、原位生物修复和异位生物修复、生物修复应该注意的几个问题等。

6.1 微生物在生物修复过程中的作用

通过利用营养和其他化学品来激活微生物，使它们能够快速分解和破坏污染物。其作用原理是通过为土著微生物提供最佳的营养条件及必需的化学物质，保持其代谢活动的良好状态，实现生物修复。可以说，现今的生物系统的修复能力主要受控于天然土著微生物的降解能力。然而，针对特殊污染点中的特殊污染物的降解，许多研究者也对外源微生物进行了很多相关调查，其中包括对遗传工程微生物的研究，旨在通过利用外源微生物来强化生物修复。作为一种生物放大手段，这种过程可能会进一步扩大生物修复系统处理污染物的能力范围。

不论是土著微生物，还是外源微生物，对生物修复工程或技术而言，要使污染物的降解达到理想要求，掌握微生物降解的机理十分重要。为了保证生物修复系统的正常运行，污染物降解过程中需要必需的营养补充，这是所有微生物降解的共同特点。微生物过程是否产生副产物是生物修复是否成功运行的一个重要特征。

6.1.1 污染物的微生物分解与固定

1. 污染物的微生物分解

自然界中的微生物种类繁多，有巨大的开发潜力。实际上，几乎所有有机污染物甚至许多无机污染物都可以被微生物降解。如果能够很好地开发利用自然界中的微生物资源，用正确的手段来刺激特异的微生物种属，使被利用的微生物的活性最大限度地得到激发，生物修复的应用前景将远远超出今天的能力范围。

正如所知，微生物可以利用污染物进行生长与繁衍。转移或降解有机污染物是微生物正常的活动或行为。有机污染物对微生物生长有两个基本的用途：① 为微生物提供碳源，这些碳源是新生细胞组分的基本构建单元；② 为微生物提供电子，获得生长所必需的能量。

微生物通过催化产生能量的化学反应获取能量，这些反应一般使化学键破坏，使污染物的电子向外迁移，这种化学反应称为氧化-还原反应。其中，氧化作用是使电子从化合物向外迁移过程，氧化-还原过程通常供给微生物生长与繁衍的能量，氧化的结果导致氧原子的增加和（或）氢原子的丢失；还原作用，则是电子向化合物迁移的过程，当一种化合物被氧化时这种情况可发生。在反应过程中有机污染物被氧化，是电子的丢失者或称为电子捐献者，获得电子的化学品被还原，是电子的接受者。电子给予体和电子接受体在产生能量的氧化-还原反应中接受电子的化合物，即被还原。通常的电子接受体为氧、硝酸盐、硫酸盐和铁，是细胞生长的最基本要素，通常被称为基本基质。它们是用来保证微生物生长的电子接受体和电子给予体。这些化合物类似于供给人类生长和繁衍所必需的食物和氧。

许多微生物是在微尺度上的有机体，能够通过对食物源的降解作用生长与再生，这些食物源也包括有害污染物，它们都是利用氧分子作为电子接受体。这种借助于氧分子的力量破坏有机化合物的过程被称为好氧呼吸作用。在好氧呼吸作用过程中，微生物利用氧分子将污染物中的部分碳氧化为二氧化碳，而利用其余的碳产生新细胞质。在这个过程中，氧分子减少，水分子增加。好氧呼吸作用（微生物利用氧作为电子接受体的过程）的主要副产物是二氧化碳、水以及微生物种群数量的增加。

2. 微生物对污染物的固定

微生物除了将污染物降解转化为毒性小的产物以及彻底氧化为二氧化碳和水之外，还可改变污染物的移动性，其方法是将这些污染物固定下来。这是一个十分有效的战略方法。微生物固定污染物的最基本方法有以下 3 种。

（1）生物屏障法：微生物可以吸收疏水性有机分子，可以使微生物在污染物迁移过程中阻止或减慢污染物的运移，这一概念有时被称为生物屏障。

（2）氧化还原沉淀法：具有还原或氧化金属能力的微生物种属，通过微生物的氧化-还原作用使金属产生沉淀，如二价铁被氧化为三价铁（$Fe^{2+} \rightarrow Fe^{3+}$），形成 $Fe(OH)_3(s)$ 沉淀，或 SO_4^{2-} 还原为硫化物 S^{2-} 后与 Fe^{2+} 生成 $FeS(s)$，或与 Hg^{2+} 结合生成 $HgS(s)$，六价铬（Cr^{6+}）还原形成三价铬（Cr^{3+}）后形成氧化铬、硫化铬和硫酸盐沉淀，可溶性铀还原为不可溶性铀（U^{4+}）后可形成氧化铀（UO_2）沉淀。

（3）键合法：微生物可降解键合在金属上并与金属保持在溶液中的有机化合物，被释放的键合金属可产生沉淀而固定下来。

在微生物降解或固定污染物的过程中，会引起周围环境的变化。当进行生物修复评价时，了解这一变化十分重要。

6.1.2 微生物基础代谢活动的变异

微生物除了通过好氧呼吸作用转化、降解污染物外，在整个降解过程中也包括利用变异微生物转化污染物。变异允许微生物在异常环境（如地下水）下繁衍并降解有毒物质或降解对其他微生物无益的化合物。

1. 厌氧呼吸作用

许多微生物可以在无氧条件下利用厌氧呼吸过程得以生存。厌氧呼吸作用过程是指微生物利用化合物而不是利用氧作为电子接受体的过程。常见的电子接受体为硝酸盐、硫酸盐和铁。在厌氧呼吸作用中，硝酸盐（NO_3^-），硫酸盐（SO_4^{2-}），金属离子如铁（Fe^{3+}）、锰（Mn^{4+}）等都可以起到与氧相同的作用，即从降解的污染物中接受电子。厌氧呼吸作用利用无机化合物作为电子接受体。除了生成新的细胞质外，厌氧呼吸的副产物有氮气（N_2）、硫化氢气体（H_2S）、还原态金属和甲烷气（CH_4），具体产生哪些副产物主要取决于电子接受体的供给情况。

厌氧微生物利用某些金属污染物作为电子接受体。例如，最近研究显示，一些微生物可利用可溶性铀（U^{6+}）作为电子接受体，将可溶性铀（U^{6+}）还原为不可溶性铀（U^{4+}）。在此条件下，微生物使铀产生沉淀，从而降低地下水中铀的浓度和移动性。

2. 无机化合物作为电子给予体

除了利用无机化学品进行厌氧呼吸的微生物外，还有一些微生物利用无机分子作为电子给予体。以无机组分作为电子给予体的例子很多，如氨离子（NH_4^+）、亚硝酸盐（NO_2^-）、还原性 Fe^{2+}、还原性 Mn^{2+} 以及 H_2S。当这些还原性无机组分被氧化（例如分别氧化为 NO_3^-、Fe^{3+}、Mn^{4+} 和 SO_4^{2-}）时，电子转移给电子接受体（通常为 O_2），为细胞合成提供能量。多数情况下，电子给予体为无机分子的微生物必须从大气二氧化碳中获得碳（一种固定二氧化碳的过程）。

3. 发酵

发酵是一种在无氧环境中重要的代谢作用。发酵（微生物利用有机化合物作为电子接受体，同时又作为电子给予体的过程，将化合物转换为发酵产物——有机酸、乙醇、氢和二氧化碳）不需要外来电子接受体。因为有机污染物本身既是电子接受体，也是电子给予体。通过一系列由微生物催化的内部电子迁移活动，有机污染物被转化为无害化合物，这种化合物就是发酵产物。乙酸盐、丙酸盐、乙醇、氢和二氧化碳都是代表性的发酵产物。发酵产物可以进一步被其他细菌降解，最终转化为二氧化碳、甲烷和水。

4. 共代谢与二次利用

共代谢是一种生物降解作用过程。为了降解污染物，微生物需要与其他支持它们生长的化合物或基本基质共存来完成降解过程。在某些情况下，微生物可以通过转移反应转移污染物。这些转移反应对细胞并不产生益处。这种无益的生物转移被称为二次利用。共代谢就是一种典型而重要的二次利用过程。在共代谢过程中，污染物的转化是一个附带反应，它是由正常细胞代谢或特殊脱毒反应中被酶催化的反应。例如，在氧化甲烷的过程中，一些细菌可以降解在其他情况下很难降解的有氯代基团的溶剂。这是因为当微生物氧化甲烷的过程中产生了某种附带的能破坏氯代溶剂的酶。这种有氯代基团的溶剂本身不能提供微生物生长的基质，而甲烷充当了电子给予体。甲烷是微生物的主要食物来源。而有氯代基团的溶剂是次级基质，因为它不能给细菌生长提供基质。除甲烷外，甲苯和酚也被作为初级基质刺激氯代溶剂的共代谢。

5. 还原脱卤作用

微生物代谢作用中的另一种变异为还原脱卤作用。在卤代有机污染物的脱毒中还原脱卤（另一种生物降解过程，微生物催化反应引起有机化合物上的卤素原子被氢原子所取代，这一反应导致在有机化合物中净增加两个电子）具有潜在重要性。在这一作用中，微生物催化一种取代的反应，使污染物分子上的卤素原子被氢原子所取代。这个反应使污染物分子增加两个电子，使污染物被还原。为使还原脱卤反应进行，除了卤代污染物以外，还必须有另外一种物质作为电子给予体参与其中。这些参与还原脱卤的电子给予体可以是氢，也可以是低相对分子质量的有机化合物（乳酸盐、乙酸盐、甲醇或葡萄糖）。多数情况下，还原脱卤反应不产生能量，它是一种附带的通过消除毒性物质而对细胞产生有益作用的一种反应。然而，研究者也发现了一些使细胞从这一代谢活动中获取能量的例子。

6.1.3 微生物的营养需求

微生物细胞是由相对固定的元素组成。典型的细菌细胞组成为50％碳、14％氮、3％磷、2％钾、1％硫、0.2％铁、0.5％钙、镁和氯。如果这些细胞基本构建的任何一种元素出现短缺的话，那么微生物群落中的营养竞争就可能限制整个微生物群落的生存，进而减缓污染物去除的速率。

微生物是环境中普遍存在的生物类群。即使在温泉和极地等极端条件下也可以发现它存在。生活环境的差异使它们具有各自不同的生活特点，但不论是何种微生物都需要从环境中取得物质和能量以维持其生长和繁殖。因此，生物修复系统必须要有很好的营养供需设计，以保证在自然环境不能提供足够营养条件下，及时为微生物提供适当浓度、适当营养比的营养物质，使微生物保持足够的降解活性。在有机物生物降解的同时，微生物获得了物质和能量。虽然对生物个体来说这一过程引起的有机物消耗非常微小，但微生物数量极大，因此可以迅速使有机物降解。微生物所需要的营养可以分为两大类：一是大量营养元素，如氮、磷、钾等；二是微量营养元素，如微量金属（铁、镁、锌、铜、钴、镍和硼）以及维生素等。

1. 大量营养元素

在一般情况下，有机碳都比较丰富，特别是大部分有机物本身可作为碳源，因而不需要添加碳源。只有在那些需要用共代谢方式进行难降解污染物处理时，才考虑投加碳源。投加的碳源一般是那些能促进共代谢的化合物，如2，4-D甲基和甲基对硫磷的降解中投加葡萄糖，PCBs的降解中投加联苯。对土壤污染处理的营养比，研究结果不尽相同，但最为常见的投加比例为（碳∶氮∶磷）100∶10∶1或120∶10∶1。由于土壤性质的差别，土壤组成的复杂性及其他影响因素，如氮的固定、储存以及可能的吸附等，也会导致施加肥料的降解促进作用不明显。

2. 无机盐及微量元素

铁是微生物细胞内过氧化氢酶、过氧化物酶、细胞色素与细胞色素氧化酶的组成元素，是微生物生长所必需的组分。微生物生长过程中，缺铁将会使机体内的某些代谢活性降低，严重时会使其完全丧失。此外，微生物的生长也需要微量元素。没有这些微量元素微生物生长不但不健康，而且其活性也会受到一定的抑制。因为，微量元素是多种酶的成分。酶能加速生化反应、有机物质的合成，分解及代谢的所有化学反应中都有酶的参与。酶的成分中缺少某些微量元素时，其活性就会下降。例如，缺铜时，含铜的酶——多酚氧化酶和抗坏血酸氧化酶活性明显降低。酶的活化是非专一性的和多样化的。同一种微量元素能活化不同的酶。在酶促过程中，微量元素有多种作用。某一种微量元素起结构作用或起功能作用。某些微量元素能定向地增加对分子氮的固定。70多年前，钼对细菌固定分子氮的重要作用被科学家所证实。嫌气性固氮菌需要钼也被后来的研究所证实。研究还发现，固氮菌在纯营养时发育很差，在不补充钼的情况下不能吸收大气中的氮。成土母质是进入土壤中微量元素的主要来源。虽然土壤形成的漫长过程中，原始岩石化学元素进行了一定的再分配，但是，岩石的微量元素的特殊性质和化学特性都会在土壤中长久保持。成土母质中微量元素越多，土壤中的微量元素也越多。地下水作用活跃地区的成土母质，受潜育层形成的沼泽化过程影响，与其有正常湿度的母质相比，在微量元素含量上具有某些差别。砂土潜育化可导致活性态锰和钴的积累，壤土潜育化可引起活性态锰、铜的积累。

在一个地区范围内，微量元素含量大体上保持由砂土向黏土母质增长的规律。此外，微量元素含量也随土壤中有机物质的增加而增加，施用有机肥不但可以丰富土壤中大量元素的含量，也可以丰富土壤中微量元素的含量。因此，有人提议在生物修复过程中应根据情况适当考虑微量元素的配给问题。

6.1.4　微生物活性及其生态指示

微生物总量和降解菌数量是对污染区中微生物活力的反映，提高土著微生物的活力比用外源微生物更可取，因为土著微生物已经适应了污染的环境，而且外源菌不能与土著菌有效进行竞争，这是因为外来微生物需要一个驯化过程，因而对营养的竞争不如土著菌，特别当营养不足时，将导致接种菌大量死亡，所剩的只是在较低种群上，不能有效降解污染物。因此，只有当环境中无专性降解菌或现有降解菌不能有效降解土壤中某些组分时，才考虑引用外源微生物。对接种非土著微生物必须慎重，在以下情况可考虑引入外源接种：① 现存的土著微生物不能降解土壤中的污染物；② 土壤中污染物浓度过高或其他物质对土著微生物有毒害作用，使之不能有效降解污染物；③ 土壤刚刚被污染需要马上降解；④ 有机物降解的中间产物不能为土著微生物降解。此外，在接种微生物时必须同时考虑以下几点：① 接种微生物能够降解大部分专性污染物；② 接种微生物遗传稳定性、环境中快速生长性和高度酶活性；③ 是否有与土著微生物竞争的能力，有无致病性和产生代谢毒物。

细菌虽然是生物修复过程中降解污染物的"主力军"，但细菌捕食者也在生物修复过程中生长与繁衍。它们可以是土壤生物修复过程中微生物活性的指示物。正如哺乳动物的捕食者（如狼）需要足够的捕食猎物才能保证其生长一样，原生动物是最常见的细菌捕食者。通过土壤中原生动物数量的增减，可以指示土壤中细菌的多少。因为原生动物为了自身的繁衍，需要捕食足够量的细菌。于是，如果原生动物的数量在增多，也就说明土壤中有足够的降解污染物的细菌存在。

6.1.5　土著微生物的适应性

预先暴露于污染环境中的微生物决定降解速率。它们可以大大增加对有机污染物的氧化能力，这种现象被称为适应性。微生物适应性的可能机制有以下几种：① 特定性酶的诱导和抑制；② 基因突变产生新的代谢群体；③ 有机体的选择富集有利于有机物的转化。

有机体的选择性富集已在有机物的环境降解中多次出现。许多研究证明，在预先暴露于有机物污染环境中，降解该种有机物的微生物数量及其占总异养性微生物群体的比例大大增加。Schwarzenbach 等（1981）在其降解速率方程中引入微生物个体数量的变化来衡量有机体的富集对降解的影响，但也有报道认为预暴露并不会引起微生物的富集。因此预暴露对微生物降解组成的影响依赖于环境区域的条件。微生物暴露于一种有机物不仅可以获得该种有机物的适应性，对其他结构相似的有机物也具有适应性。Bauer 等（1988）曾报道这种"交叉驯化"现象，这可能是选择性微生物种群对其他化合物的代谢具有广泛的活性或存在共代谢途径。虽然影响驯化的因素尚不清楚，但是微生物对驯化需要在一定阈值浓度和时间下进行。因此，常常从污染区或类似的污染环境中采集并分离富集微生物，然后再将其投加到待处理的污染介质中，以达到缩短驯化期，增加降解速率的目的。

质粒转移也是微生物获得适应性的一个重要原因。从上述讨论可见，有机物在土壤中的降解依赖于化合物的结构特征、化学组成及其环境条件等多种因素。对这些因素的研究与了解，有利于对有机污染物环境降解行为的系统调控。然而，目前对诸多因素与有机污染物的关系尚不十分清楚，主要表现在以下两个方面：① 目前尚没有完全了解有机污染物化学结构与微生物降解能力之间以及结构与降解途径之间的关系，结构不同的有机物具有不同的降解途径；② 对有机污染物降解的路径及中间产物还不很清楚，无法了解这些中间产物对生态系统可能产生的影响。对微生物降解过程的数学模拟并不完全，过去曾考虑提出许多概念模型和速率模型，但不同的研究者考虑的因素不同，模拟的结果也不同。由于微生物在有机污染物存在条件下基因突变的多种可能性，使微生物适应性的机理相当复杂，目前人们对微生物适应性的机理还不清楚，仍需做进一步的研究与探讨。以原位生物修复为例，生物修复除对地下水带来化学变化外，也能改变自然存在的土著微生物的代谢能力。通常在污染暴露的最初阶段，微生物并不降解污染物，而是在一个相当长的暴露过程中培育自身的降解能力。对此研究者提出了多种机理，对微生物的代谢适应性进行解释，其中包括酶诱导机理、生物降解种群的生长机理以及遗传变异机理等。然而，所提出的机理的正确性很值得怀疑，因为方法的限制妨碍了人们对微生物群落如何进化的精确理解（包括实验室的及野外的结果）。暂时不考虑机理的研究如何，有一点值得肯定，即微生物的适应性问题。微生物的适应性对分解或破坏环境中的有机污染物十分重要。

适应性不仅存在于单一的微生物群落中，也存在于分解污染物的相互作用之中，以及生物修复过程中相互合作的不同种群微生物之中。一个群落可以降解部分污染物，第二个群落可以将第一个群落未完成的降解过程延续下来，最终实现降解反应过程的完成。这种成对的自然组合在有机污染物转化为甲烷的好氧食物链中经常出现。对原位生物修复来说，这种组合式降解过程非常适用，因为污染物的完全降解需要好氧和厌氧微生物的交替作用来完成。

即使环境条件达到最佳状态，有时微生物在生理上对降解污染物也无能为力。因此，无法将污染物的浓度减少到满足健康要求的标准水平上。因为当有机污染物的吸收与代谢在低浓度时，微生物的降解停止了。有两种说法对此做出解释：① 由微生物细胞内完成反应的调节机制所决定；② 降解污染物的微生物种群在不合适的物质供应条件下丧失生存能力所致。有研究者认为，当污染物浓度很低时，污染物将与微生物发生隔离，污染物与微生物隔离的现象可以在以下两种条件下出现：① 当污染物溶解在非水相中时，溶液会通过水流作用与水相完全隔离，这时就可能出现有机污染物与微生物分离的情况；② 当污染物强烈吸附在土壤颗粒表面或进入到土壤空隙中时，也可能出现有机污染物与微生物的隔离，因为这时的土壤孔隙太小，循环水流无法渗入到里面，就造成微生物与有机污染物的分离。上述情况下，几乎所有污染物都与固相相连，与非水相相连，或滞留在土壤的孔隙之中。这时溶解在水相中污染物的浓度极低，导致降解率下降，或产生零降解率。金属或其他无机污染物与微生物隔离大多是在污染物沉淀反应时发生。污染物的生物降解之所以会停止或减缓是由于微生物不能利用极低浓度污染物。但无论如何，如果污染物的最终浓度不能满足清洁目标的要求，就需要采用其他的辅助方法来补救，将污染物的浓度减少到可接受的浓度水平。研究表明，有一种方法可用来克服污染物的微生物的不可利用性，即向生物修复介质中加入一些化学试剂，使污染物沿地下水运动的方向移动。这一方法实际上已在传统泵出处理地下水清洁系统中被使用，以增加处理效率。然而，如果将这种方法用于生物修复处理中促进生物降解的发生，问题就很复杂。原因是化学试剂不但会影响污染物的物理性质也会影响微生物的活性。

增加表面活性剂可增加有机污染物的移动性。当使用少量表面活性剂时，表面活性剂分子会在固体表面积累，减少表面张力，增加了有机物的扩散。这种扩散可以改善污染物的水相迁移，进而加速生物修复的速率。但这种处理对增加亚表层污染物移动的情况如何，目前没有十分清楚的证据来说明。当大量表面活性剂加入到处理水体时，表面活性剂分子就会聚集在一起形成胶束。由于表面活性剂的增溶和乳化作用，将使有机污染物溶解到胶束中，并与进入胶束中的水一起迁移。然而，生物修复通常不会因污染物进入表面活性剂胶束而得到增强，其原因在于污染物在真正水相中的浓度并没有增加。但对金属污染物来说，通过加入与金属键合的络合剂或配位基可以使金属移动。金属配位基键的形成可使沉淀的金属溶解，移动性增强。然而，到目前为止，并没有关于强配位基效应（如 EDTA）能增加生物降解的效率例证。利用配位基增加金属移动性还有一个潜在限制因素，这就是微生物不但可以降解污染物，也可以降解配位基，重新将金属释放，使它们再重新形成沉淀。

在某些情况下，细菌自身也可产生表面活性剂和配位基，增加污染物的移动性。这种情况下，微生物主要功能是生产移动剂，而不是降解污染物。细菌化的生物表面活性移动剂可使泵出处理技术的清洁更容易，它比注入化学表面活性剂的处理成本更低。此外，进行外援微生物放大研究也表明，通过控制细胞遗传能力，以及内部调节功能等，最终也能为克服这些限制找到解决答案。

微生物暴露于受污染的环境中，将发生一系列适应过程。这一过程主要包括 3 种机制：① 特定酶的产生和失活；② 导致代谢活性变化的遗传物质的变化；③ 能够迁移降解石油烃的微生物的富集。在这 3 种机制中，微生物富集作用多见报道。由于适应而发生的遗传变化近年来也被广泛研究。人们利用编码特定 DNA 基因的探针技术对微生物的遗传变化进行分析，如 Sayler（1985）利用克隆杂交技术发现，油泥中 PAHs 的矿化率提高与降解该类化合物的菌数和质粒数有明显关系。随着分子生物学的发展，已经有人尝试通过基因工程手段选育能降解某种化学品的高效菌株，以加速这些物质的降解。现已清楚，各种合成化学品能否被降解，取决于微生物能否产生响应的酶系。酶的合成直接受基因控制。许多试验证明，化合物降解酶系的编码多在质粒上，携带降解某特殊有机化合物基因的质粒称为降解质粒。目前人们已经得到多种降解质粒。降解质粒的出现是微生物适应难降解物质的一种反应，这些质粒多存在于假单胞菌、产碱杆菌和红假单胞菌中，这些带有降解质粒的细菌在降解石油烃、多氯联苯上是有重要作用的。对于土壤酶的变化，研究表明蔗糖酶活性强度随石油烃在土壤中的残留量的减少而减弱，石油烃对土壤蛋白酶有抑制作用，土壤过氧化氢酶在正常水分条件下受石油烃激活，在渍水中受抑制。

6.2　生物修复有效性的影响因素分析

微生物降解污染物的基本原理已基本清楚。但是，有关微生物代谢作用的许多细节目前尚不清楚。在生物修复过程中，对微生物的成功利用绝不是件简单的事。由于诸多因素的干扰可能使生物修复过程更加复杂。其中有如下几个关键影响因素，如污染物对微生物具有毒性以及微生物对污染物的不可利用性等。

6.2.1　污染物种类与浓度的影响

一般地，在污染物的降解过程中，微生物倾向于优先选择天然存在的有机物，而后选择其他有机污染物，而且并不是每一种微生物对所有的有机污染物具有选择性。这就是说，不同的污染物种类，需要有不同的甚至是专门的微生物种类来对付，这表明了微生物在污染物降解和转化过程中的专一性。即使如此，由于污染物的部分降解可产生有害的副产物，或称之为中间代谢物。当有害的副产物形成时，就会影响这些微生物对原有污染物进一步降解的作用过程。

土壤环境中污染物浓度过高是生物修复的一个关键性问题，特别是当污染物的生物有效性或生物可利用性很高，如土壤性的水溶性污染物或污染物在土壤水相中的浓度过高，就不太利于生物修复的进行。即使一些化学品在低浓度下可以被生物降解，但在高浓度下它们对微生物有毒。毒性作用的产生将阻止、减缓代谢反应的速度，阻止刺激污染物迅速移动的新生物量的快速生长。污染物的毒性及毒性作用机理因污染物质的性质、浓度以及其他污染物的存在和这些污染物对微生物的暴露方式不同而异。例如，2003 年张倩茹等通过富集培养，分离到 5 株乙草胺抗性菌株，分别定名为 SZ1、SZ2、SZ3、SZ4 和 SZ5。此 5 菌株均能以乙草胺为唯一碳源和氮源进行生长。这 5 菌株及对照菌株（B57）的乙草胺抗性谱试验结果（表 6-1）表明，各菌株都能耐受 300mg/L 以下的浓度，并且在 100mg/L 浓度条件下生长良好。但是当乙草胺浓度增加至 300mg/L 以上，就只有其中的几株可以耐受来自乙草胺的毒害作用，特别是菌株 SZ4 甚至在 3000mg/L 时仍然正常生长，而其他菌株则由于污染物的浓度上升导致降解功能的丧失甚至死亡，起不到对乙草胺污染土壤的生物修复作用。资料表明，在微生物的生长、发育过程中，如果有一个基本的环节受阻，微生物细胞将停止其正常的降解功能及其他的生命活动功能。这种不良效应可能来自细胞结构的损伤或来自代谢毒污染物质的单一酶的竞争键合。

表 6-1　乙草胺抗性谱试验结果

菌株	乙草胺浓度（mg/L）					
	0	100	300	600	1000	3000
SZ1	+ + + +	+ + + +	+ +	+ +	+	−
SZ2	+ + + +	+ + + +	−	−	−	−
SZ3	+ + + +	+ + + +	−	−	−	−
SZ4	+ + + + +	+ + + + +	+ + + + +	+ + + + +	+ + + + +	+ + + + +
SZ5	+ + + +	+ + + +	+ +	−	−	−
B57	+ + + +	+ + + +	+ +	−	−	−

土壤环境中污染物浓度过低也是生物修复的一个问题。当污染物的浓度降低到一定水平时，微生物的降解作用就会停止，这时，微生物就无法进一步将污染物去除。在生物修复过程中，并非微生物的生物量越多越好，过量的生物量会使过程发生挤压而阻塞，从而不利于生物降解的发生。

通常，污染点是一个多种污染物共存的复合/混合污染现场，其中含有动、植物腐烂后产生的天然有机质。在这样一个混合的复杂污染环境体系中，微生物将优先选择那些最容易消化的或者能提供它们最大能量的污染物作为碳源和能源。微生物学家很早就知道调节微生物代谢的复杂机制可能会使某些碳水化合物被忽略，而其他的化合物被选中，这种现象被称为二次生长。如果目标污染物被一个持续不断地优先生长的基质所伴随的话，二次生长的现象将对生物修复的效果带来严重影响。复合污染对微生物的毒性与其单一存在时有较大的区别，因此进一步影响到微生物对污染物的降解作用和过程。例如，张情茹等于 2003 年的研究表明，乙草胺、Cu^{2+} 单因子及复合因子对黑土中土著细菌、放线菌及真菌数量均有一定的影响。其中，乙草胺和 Cu^{2+} 单因子作用对土著细菌活菌数量的抑制率分别为 53.15％ 和 83.08％（表 6-2）。这就是说，以细菌活菌数量为指标，单因子铜的毒性作用比乙草胺要强。当乙草胺和 Cu^{2+} 同时或先后进入土壤环境，由于两者的复合作用，导致其抑制效果更为明显，抑制率甚至高达 93.15％；对放线菌活菌数量的考察发现，乙草胺和 Cu^{2+} 单因子作用时抑制率分别为 46.97％ 和 42.26％，两者的毒性作用相当。但在复合作用下，抑制率为 89.68％。可见，二元复合因子表现出显著的毒性加强作用，两者似有明显的加成效应。与上述两者相比，乙草胺和 Cu^{2+} 单因子及复合因子对真菌活菌数量的抑制作用并不明显，甚至表现为一定的促进作用。其 CFU 分别是清洁土壤的 2.08 和 1.83 倍。当两者同时进入土壤时，却又表现为并不显著的抑制作用，抑制率仅为 24.46％。

表 6-2　乙草胺、Cu^{2+} 及乙草胺＋Cu^{2+} 对土壤中土著细菌、放线菌及真菌数量的影响

处理	土著细菌		放线菌		真菌	
	活菌数 CFU (10^7/g 干土)	抑制率 （％）	活菌数 CFU (10^7/g 干土)	抑制率 （％）	活菌数 CFU (10^7/g 干土)	抑制率 （％）
清洁土壤	7.15±0.99[a]	0	5.94±0.33[a]	0	2.78±0.846[a]	0
乙草胺	3.35±0.82[b]	53.15	3.15±0.566[b]	46.97	5.77±0.967[b]	−107.55
Cu^{2+}	1.21±0.03[c]	83.08	3.43±0.49[c]	42.26	5.08±0.992[c]	−82.73
乙草胺＋Cu^{2+}	0.49±0.02[d]	93.15	0.613±0.123[d]	89.68	2.10±0.372[a]	24.46

注：表中字母不同表示与清洁土壤有显著差异（$p < 0.05$）。

复合污染并非总能引起问题，有时多个污染物的共存也会促进生物修复的加速进行。例如，一些生物质主要被用来降解一类特定的污染物，但它们也能降解因自身浓度太低而不能支持细菌生长的其他有机污染物。

6.2.2　影响污染物生物降解的物理化学因素

一些难溶性有机污染物进入土壤水层时，在风和波浪的扰动下可形成水包油和油包水两种乳化形态。油包水状态增大了有机物的表面积，比游离状态易于受微生物攻击而被降解。但是，水包油状态则会抑制生物降解。在微生物生长并降解有机物时，可以释放一些生物表面活性剂。生物表面活性剂也会引起乳化作用，影响有机物的吸收与降解。Broderick 等（1982）发现，从淡水湖泊中纯化的有机降解菌中，96％ 可以使煤油乳化。还有研究表明，混合使用海洋细菌和土壤细菌降解原油时也发现较强的乳化作用，人造分散剂可以增大油膜的表面积并促进生物降解，但是由于分散剂大多有毒，会对微生物产生抑制作用。因而分散剂对有机物的生物降解过程的促进作用取决于分散剂的结构和浓度。

在某种情况下，污染物并不能完全被微生物所降解。不完全降解的结果是母体污染物浓度减少，同时伴有新的中间代谢产物的生成，多数情况下，代谢产物的毒性比母体化合物更大。中间代谢产物的产生主要有两个原因：其一，是所谓空端产物的产生。空端产物可在共代谢过程中生成，因为污染物的附加代谢作用可能产生一种使细菌酶无法进行转化的产物。例如，在卤代苯酚的共代谢中，有时就生成空端产物如氯化儿茶酚（chlorocatechol），这种化合物对微生物生长和发育是有毒的。其二，即使污染物被完全降解也伴随中间产物的生成。而以细菌为媒介的反应对这类中间产物的降解速率缓慢。例如，在三氯乙烯的生物降解过程中，伴生一种致癌剂乙丙基氯化物。细菌能将三氯乙烯迅速地转化为乙丙基氯化物，但对乙丙基氯化物的降解通常速率缓慢。

6.2.3 影响污染物生物降解的生物因素

有机污染环境中的生物降解主要由细菌和真菌完成。土壤—植物系统包含多种细菌和真菌，两类微生物因地域不同，它们占总异养生物群落的比例也不同。土壤细菌的变化范围在 0.13%～50% 之间，而土壤真菌变化范围在 6%～82% 之间。因此，在降解复杂的有机污染混合物时，需要多种微生物协同完成。藻类和浮游动物也是土壤生态系统中重要的类微生物群落，但是它们对有机物降解的贡献目前还不清楚。有报道认为，藻类可以降解有机污染物，但浮游动物未见有降解作用功能。

一般认为，细菌分解原油比真菌和放线菌容易得多。当石油烃进入非污染区土壤后，经过 14～16d 后，土壤中降解烃的微生物数量就可大大增加，其中微生物总数不与降解率相关，但降解石油烃的微生物总数与油的降解率呈正相关。关于微生物降解石油的研究，在实验室往往是以纯种微生物和单一组分进行。实际上，油本身是一种混合物，而油的降解也不是单一微生物的作用，往往是多种微生物联合作用的结果。刘期松（1986）研究认为，在实验室里一般混合培养的降解率高于纯培养。另外，微生物对烃的降解有很强的选择性。例如，细菌 *Penicillum spinulosum*、*Fusamum oxysporum* 和 *Aspergillus niger* 能利用正十一烷，但不能利用正十烷；细菌 *Aspergillus athecius* 能利用正十四烷，但不能利用正十三烷。

以刺激足够的微生物生长保证污染物的降解，是原位生物修复的最基本战略。然而，如果所有微生物聚集在一处（例如，靠近提供生长刺激的营养物质的井口或靠近电子接受体），大量微生物的生长将会相互激烈竞争，干扰营养液的有效循环，影响生物修复的进行。一个方法是利用原生动物捕食者将聚集在一起限制生物修复过程的微生物群分散，或者借助于两种工程方法：（1）以交替脉冲方式输送营养物质，因为以脉冲的方式输送养分可确保高浓度的生长刺激物质不在注射点附近积累，从而防止了过剩的生物量生长；（2）加入过氧化氢作为氧源，因为过氧化氢是一种强杀菌剂，可防止微生物的过量生长。

6.3　生物修复的场地条件

6.3.1 场地基本要求

污染土壤生物修复场地的管理，主要是对修复场地各种运行条件和因子的调控，是生物修复的重要组成部分。这些场地条件包括氧气、水分与湿度、营养元素、温度、土壤 pH、污染物的物理化学特征和微生物接种等。

1. 氧气

烃类化合物的降解要在好氧条件下进行。据推算，1g 石油完全矿化为二氧化碳和水需要 3～4g 氧气。因此，提供足够的氧气，很可能是提高石油生物降解的重要因素。土壤嫌气条件可由积水造成，也可由于氧气的大量迅速被利用产生。通过地耕法可以改善土壤通气条件，从而可以提高石油烃的生物降解率；也可以通过机械手段，直接向土壤中输入空气；也可以使用过氧化氢的注入，但是必须对过氧化氢作为氧源进行可行性评价，因为过氧化氢作为氧源，对那些不具有过氧化氢酶的微生物有毒害作用。

2. 水分与湿度

大量资料表明，水分是调控微生物、植物和细胞游离酶活性的重要因子之一，而湿度则是生物修复必须调控的一个重要因素。因为水分是营养物质和有机组分扩散进入生物活细胞的介质，也是代谢废物排出生物机体的介质，特别是水分对土壤通透性能、可溶性物质的特性和数量、渗透压、土壤溶液 pH 值和土壤不饱和水力学传导率发生作用而对污染土壤及地下水的生物修复产生重要影响。这就是说，污染物的生物降解必须在一定的土壤水分与湿度条件下进行。湿度过大或过小都将影响土壤的通气性，进而影响降解微生物在土壤环境中的降解活性或繁殖能力以及在土壤环境的移动性。一些研究表明，25%～85%持水容量或−0.01MPa 或许是土壤水分有效性的最适水平。还有资料指出，当土壤湿度达到其最大持水量的 30%～90% 时，均适宜于石油烃的生物降解。

3. 营养元素

土壤中氮、磷含量一般较低。石油烃污染土壤后，碳源大量增加，氮、磷含量特别是可溶性氮、磷就成为降解的调控或限制因子。许多研究认为：施加无机或有机肥料均可以促进生物降解，但必须考虑以下问题：（1）碳、氮、磷必须有合理的配比，单纯加氮或加磷都不利于提高生物降解率；（2）肥料结构应选择疏水亲油型，从而可形成适合微生物生长的微环境。

4. 温度

生物修复受到温度变化的强烈影响。例如，土壤中石油烃的降解率随土壤温度的降低而不断减小，可能是由于酶活性的降低所致。研究表明，高温能增加嗜油菌的代谢活动，一般在 30～40℃时活性最大。当温度高于 40℃，石油烃对微生物的膜状结构将产生损害。

温度对土壤微生物生长代谢影响较大，进而影响有机污染物的生物降解。就总体而言，微生物的生长范围较广，而每一种微生物都只能在一定范围内生长，有其生长的最适宜温度、最高耐受温度、最低耐受温度以及致死温度。温度变化不仅影响微生物的活动，同时还影响有机污染物的物理性质、化学组成。例如，低温下石油的黏度增大，有毒的短链烷烃挥发性减弱，水溶性增强，从而降低了石油烃的可降解性。

由于气候、季节的变化，土壤温度随之发生波动，从而不同的微生物区系将在不同时期占据优势。因此，注重土壤中微生物区系随温度发生的变化研究，也是提高有机污染物生物降解的一个重要方面。

5. 土壤 pH

土壤 pH 也是一个重要的环境调控因子。由于土壤介质的不均一性，造成不同土壤环境下 pH 值差异较大。土壤 pH 能影响土壤的营养状况，如氮、磷的可给性和土壤结构，还会影响土壤微生物的生物学活性。一般情况下，多数真菌和细菌生存的最适宜 pH 为中性条件，这当然也是其发挥生物降解功能最适宜的环境条件。

6. 污染物的物理化学特征

微生物对污染物的生物降解能力与污染物的物理化学特征有关。有机物由于结构不同而具有不同的稳定性，因而它们被微生物降解的难易程度也不同。研究表明，直链烷烃和支链烷烃最易被降解。正构烷烃比异构烷烃易氧化，链烃比环烃易氧化，小分子的芳香族化合物次之，而环烷烃最难降解。饱和烷烃的降解速率比芳香族化合物和极性化合物快得多。在能氧化直链烷烃的微生物体系中，以能生长在 C10 以上烃类的微生物居多，烷烃降解的生化机理是 β-氧化和充氧作用。Pareck 等发现，嫌气细菌能将正十六烷转化为相应的醇和烯，后来又发现该过程在好氧条件下也能进行。有的微生物可以通过亚终端氧化，使烷烃先生成酮，再通过氧化酶的酶促反应生成醋，而后经水解酶的作用进行水解，然后再氧化为酸的途径来降解烷烃。但也有人指出，这一规律并不是普遍的现象。

7. 微生物接种

生物修复利用微生物降解有机污染物，一般情况下，更多地是充分调动土著微生物的生物活性，使它们具有更强的代谢能力。为了加速生物降解的进行，有时也考虑进行外来微生物的接种。接种在生物修复中也称为生物扩增。接种一般要考虑两点，即接种是否必要和接种是否会成功。以下情况可考虑进行微生物的接种：（1）存在土著微生物不易降解的污染物；（2）污染物浓度过高或有其他物质（如金属）对土著微生物产生毒性，使之不能有效地降解土壤中的污染物；（3）需要对意外事故污染点进行迅速的生物修复；（4）污染物在降解的过程中由于产生了有害的中间代谢产物使土著微生物丧失了降解功能；（5）对难降解污染物低浓度的污染现场进行外来微生物接种。

接种菌的筛选与培养应首先根据它们的生态适应性，其次是降解性和营养竞争能力。接种菌的培养应在与实际应用环境相似的条件下进行，这样筛选出的微生物具有较强的生存能力。接种菌进入环境后，因与土著微生物竞争及原生动物的捕食等原因，数量会减少。如果接种量过少，就可能使接种量达不到预期的要求而无法使其迅速繁殖到一定量。高接种量可保证足够的存活率和一定的种群水平，将起到快速降解作用。一般高接种量应达到 108CFU/g 土。但从费用看，高接种量投资较大。需要注意的是，土壤类型不同，所需达到一定降解能力的种群水平的接种量也不同。因此，接种量的选择还要根据实际情况而定。

6.3.2 自然生物修复及其场地条件

自然生物修复主要是控制自然微生物群落的固有能力来降解环境污染物，它不需要施加任何工程措施来强化这一过程的进展。但自然生物修复并不等同于放任自流。在自然修复中，需要做以下主动性的工作：（1）对原位或异位修复现场的土壤、沉积物或样品进行现场调查与分析；（2）对自然存在的、具有降解和消除污染物的微生物做详细调查；（3）通过现场监测污染物浓度变化的常规分析等手段对自然生物修复效率进行检验和积极利用。有人也将自然生物修复称为被动生物修复、自发生物修复，或自然生物减少，这些术语已广泛用于描述自然生物修复过程。美国明尼苏达州就有一个自然生物修复污染现场，研究已证实，正是由于自然生物修复，才防止了原油污染的进一步扩散。

1979 年，在美国明尼苏达州的 Bemidji（一地名），由于输油管道爆裂，大约 38 万 L 的原油泄漏到周围的地下水和土壤中。1983 年，美国地质调查局的研究者开始对这一地方的原油泄漏的污染状况进行认真监测，以确认原油的归宿与可能的解决办法。他们发现在泄漏事件之后的许多年，虽然原油已经自然迁移了一段距离，部分原油溶入地下水，并从最初的泄漏点运移了 200m，未溶解的原油沿地下水方向移动了 30m，原油的蒸气在土壤的上方迁移了 100m，然而，研究者的细致监测表明，自 1987 年以来，污染就没有进一步扩散。其主要原因是由于土壤中可降解原油的土著微生物的存在及其较为高效的降解作用，阻止了原油对地下水进一步的污染扩散。土著微生物对原油污染起到了很好的清污作用，这表明自然生物修复对石油产品的泄漏具有很好的去除效率。研究者将这一现象归结为自然生物修复的结果。

有三种证据使研究者确信自然生物修复与原油的减少与扩散有关：（1）模型研究表明，如果原油为非生物降解所致，那么原油泄露事件一开始，原油扩散的距离将是 500～1200m，而不是 200m；（2）在污染扩散的地方，Fe^{2+} 和甲烷迅速增加，但检测不到氧气的产生，这表明某些具有降解原油组分（如甲苯）的厌氧微生物的活性明显增加；（3）苯和乙烯苯易被好氧降解，不易被厌氧降解，而在原油组分中苯和乙烯苯的浓度在厌氧地带非常稳定，但是在原油扩散边缘的好氧区减少速率异常迅速。这些都表明原油量减少是自然生物修复的结果。

以上现场证据表明，在自然生物修复率大于水力学传输速率的地方，土著微生物可有效将泄漏现场的污染物固定下来，修复过程不需要人为参与即可完成。然而，对这样的处理点必须要制定一个长期的详细监测计划，以便随时监测污染物去除的状况。在某些水力学传导速率超过了自然生物修复的降解率的处理点，还必须增加一些工程措施，以确保生物修复的成功进行。

如果自然生物修复是唯一的选择，那么就必须接受周围的场地条件，以此为基础实现清洁目的。因为自然生物修复的定义是不对场地做任何附加工程与改造。污染点提供自然存在的水力、化学条件，土著微生物可以迅速降解污染物，使污染物在没有人为干扰的情况下不再进一步扩散。

自然生物修复中最重要的场地特性是地下水随时空流动性的可预测性。预测水流可检测自然土著微生物是否能在污染物迁移的所有地方、所有季节都能迅速而积极地活动，以防止污染物随地下水流扩散。水力梯度和地下水流动的轨迹是一个恒定的常量，不随季节和年份变化而变化。为了保证对流体的预测，水位的偏差不应大于 1m，精确性可根据场地情况而定。此外，地区性的水流轨迹与原来水流的方向偏差不应大于 25°。上述情况多适合于高地景观，对平原或洪积平原或大河，地段行为很难预测。

另一个有价值的场地特点是蓄水层中的矿物质。如碳水化合物可缓冲 pH 值的变化，抑制二氧化碳和其他酸或碱的产生。当蓄水层的矿物母质为石灰石或云母石时，或当石灰石尘或石灰石砂出现在冰川边外的沉积层中时，含水层可能会含有碳酸盐。在滨海沉积物中也有碳酸盐的存在，对于稳定修复场地的 pH 值具有重要意义。

当溢漏现场周围地下水的氧浓度很高或其他电子接受体很多时，有利于自然生物修复过程的发生。溢漏现场周围硝酸盐、硫酸盐和铁离子作为潜在的电子接受体，可以刺激缺氧条件下的微生物生长。然而，它的重要性在很多时候往往被人们忽视。多数情况下，地下水中的硝酸盐和硫酸盐数量多于氧含量。在过量施加化学肥料的农业生产作业区更是如此。在干旱地区石膏溶入地下水也会出现上述情况。

需要用于保证生物修复的电子接受体浓度随污染物化学特性和污染程度而变化。易溶解的污染物，大的污染源对电子接受体需求量大，浓度也高。处理点的地下水循环条件也影响电子接受体的需要量，水循环模式应以能提供污染水与周围水充分混合为前提，使水体中的微生物不会将生物修复地带的所有电子接受体全部消耗掉。如果电子接受体供应短缺，生物修复的速度就会放慢，甚至停止。自然生物修复同样需要基本的营养物质以保证微生物建造新细胞的需要，尤其需要氮和磷。虽然在自然生物修复处理过程中，营养物质是自然存在，营养需求量远远少于电子接受体需求量。因此，很少有因营养短缺而限制自然生物修复进行的现象发生，而不适当的电子接受体供应往往是主要问题。

6.3.3　工程生物修复及其场地条件

工程生物修复是利用工程化的现场改造程序加速污染土壤环境中微生物活动的一种生物修复方法。例如，安装工程用井，使液体和营养物质充分流动来刺激微生物生长，就是一种常见的工程方法。工程生物修复的主要战略是分离与控制污染现场的各个点，使它们成为原位生物反应器。生物储存和强化生物修复实际上都是指工程生物修复。影响自然生物修复与工程生物修复成功进行的场地因素各有不同。以下将对此进行专门讨论。

由于工程生物修复主要是利用各种技术手段来改善环境条件，所以自然条件对工程生物修复没有自然修复那样重要。影响工程生物修复成功的重要性质是场地内传输流体亚表层物质的性状。对于进行地下水循环的系统，含有污染物地段的水力传导率（在单位时间内和单位亚表层面积内通过的地下水水量）应大于或等于 $10^{-4}\,cm/s$。对于气体循环系统，整体渗透性（流体通过亚表层的难易程度）应大于 $10^{-9}\,cm^2$。对这两种系统，如果有裂缝、断裂或有其他围绕污染物流动的不规则情况发生，就会增加对污染点处理的困难。那些靠近河流三角洲、洪积平原或通过冰河的融溶堆积瓦砾地区，大块面积可能都是均匀的地带。然而，这些形状不规则的镶嵌溪水河道中包含有连绵不断的不规则地形地貌使生物修复系统的设计更为复杂。

高浓度污染物（包括石油产品和含氯的溶剂）会在亚表层含有水和气体的孔隙内形成不溶于水的有机液体层。有机层将限制液体和气体通过，从而使工程生物修复更为复杂。多数情况下，如果残留污染物浓度不超过 $8000\sim10000mg/kg$ 风干土，就不会严重影响水流和空气流的流动。因为在这一浓度水平下，污染物基本上是不流动的，且占据的孔隙空间比水少得多。非水相污染物开始干扰水体循环的特殊浓度值会因污染物种类（污染物密度越大，其值越高）和土壤的条件不同而变化。

场地异质性的影响对工程生物修复有很大影响。通常情况下，典型开凿点地质交错带的情况极其复杂。两组亚表层的特点重叠在一起，表现出极其复杂的异质性。控制水流和化学物质迁移的各种变量相当复杂。因此，对这些性质无法进行定量预测。实际上亚表层水力化学性质的评估需要水样和土壤样品或打井采样来实地测量。然而，对系统观察上的困难，使得对信息的了解不够充分，对现场特征的掌握缺乏确定性。由于上述复杂性和异质性以及观察上的困难等原因，很难对系统化学物质的迁移以及归宿做出可信赖的预测。因此，在评价一个工程生物修复项目过程中，必须考虑如何完成这一项目。一个在试验条件下具有较好生物修复效率的项目，可能在实际原位生物修复中失败。这是因为实际情况比试验条件下的更为复杂。

6.4　生物修复过程的评价

同任何处理技术一样，生物修复工程运行得好与坏需要评价。那么，什么样的处理是成功的处理？在这些问题上常引发一些争论，其原因是多方面的。首先，评价一个生物修复技术项目首先需要生物修复的知识；其次，处理点的复杂性和特异性也使评价标准无法相对统一。因此在清洁的程度上、价格制定上以及技术检验上，监管部门、客户以及研究检验的技术部门要达成一致意见存在难度。监管部门注重生物修复技术应满足的清洁标准；客户希望尽可能低的清洁成本和尽可能好的处理效果，即物美价廉；研究者和清洁公司更加注重污染物清洁中微生物作用与功能的取证，即污染物并不是简单的挥发或迁移过程，而是生物降解过程。

以下主要对微生物的作用及有关生物修复过程中涉及的内容进行阐述，目的是充分认识微生物在生物修复技术处理污染中的作用，认识生物修复技术不同于其他技术的主要特征在于微生物的合理、有效利用，微生物对污染物的彻底清除起着十分重要的作用。

要表明生物修复项目是否仍在进行之中，需要证据来加以证明。而不仅要证明污染物的浓度正在减少，而且还要证明污染物的减少是由于微生物的作用。虽然在生物修复过程中，其他过程可能对场地的清洁有贡献，但是在满足清洁目标过程中，微生物应当是最主要的贡献者。如果没有证据证明微生物的主要作用，就没有办法证明污染物的去除是否是来自非生物原因，如挥发、迁移到现场以外的某一地点，吸附到亚表固体表面，或通过化学反应改变形态等。为此，探讨原位生物修复的评价战略，并以充分的证据来表明微生物是减少污染物浓度的主体，是生物修复的重要一环。这些评价方法可为法规制定者和提供生物修复服务的商家提供一种手段，来证明其所提出的或正在进行的原位生物修复项目的真实性。研究者可以利用这一方法评价现场试验的结果。

首先要证明污染物的去除是生物修复过程。之所以提出并需要回答这样一个问题的原因在于，在多数情况下，由于混合污染物的复杂性、修复现场水力学与化学特性的不同以及有机化合物被降解的非生物竞争机制等，生物修复的证据并不明确，而且很多诸如上述因素都对确定生物修复过程提出挑战。实际规模的生物修复项目与实验室规模的研究项目性质完全不同。在实验室研究中的各种条件都是可控的，且干扰因素极少，很容易对测定结果做出解释。但是，在现场作业中，对很多因果关系的解释远不及实验室条件下简单。因此，那些在生物修复专家看来是具有说服力的数据往往不被其他专业的专家认可。

事实上，完全肯定地证明微生物参与清洁过程具有一定的难度，但是能证明微生物是污染清洁过程的主要参与者的证据可以有很多。一般地说，污染土壤生物修复的评价方法应包括以下 3 个方面的内容：（1）记录生物修复过程中污染物的减少；（2）以试验结果表明现场污染环境中的微生物具有转化污染物的潜力；（3）用一个或多个例证表明试验条件下被证明的生物降解潜力在污染场地条件下是否仍然存在。

这个方法不仅适合现场规模生物修复项目的评价，也适合对拟采取生物修复技术进行污染处理项目的评估。为了证明项目的设计符合生物修复标准与要求，每个生物修复项目都应满足上述 3 点要求。管理者和使用者也可以利用以上 3 点检验所提交的和正在进行的生物修复项目的质量和满意程度。

检验污染物的生物降解率需要进行现场采样（水样和土壤样品）。为了说明微生物的降解潜力也需要从现场采样，然后进行实验室条件下的微生物培养，通过试验所得的结果表明微生物的污染降解能力。还有一种做法是进行文献资料的归纳和研究，当已有很多对某类污染物生物降解性的文献报道时，可不必再进行试验研究，可直接参照文献报道也是一种有效的方法。

研究表明，试验条件下微生物具有对污染物降解能力这一点，不能说明它们在现场条件下也具有同样能力。因此，从这个意义上说，收集上述第（3）点的证据，即在试验条件下被证明的生物降解潜力是否在场地条件下仍然存在比较困难，因为试验条件往往比现场条件优越。为了证明这一点，可进行现场示范生物修复试验。

有两种技术用于现场生物修复的监测，即样品测定，进行试验运行。但模型法更有助于对污染物归宿的进一步理解。以下将以简单的实例描述这 3 种技术以供参考。更为详细的试验方案取决于多组因素，如污染物、场地地质特征，以及评价要求的严格水平等，因此需进一步工作。

6.4.1　样品测定

生物修复过程中通常涉及现场采样（水、土），以及样品的实验室分析（化学和微生物分析）等问题。当生物修复不再继续进行时，要对生物修复技术的处理效果进行比较评价，方法一般分两种。第一种方法是选择对照点进行采样分析，以此作为生物修复技术评价的参照点。对照点选择的标准是：（1）具有与处理点类似的水力地质条件特征；（2）未受污染或不受生物修复系统影响的地带。第二种方法是以生物修复系统开始运行前样品的分析结果作为对照，以此作为生物修复技术修复效果评价的参照值。然后，将生物修复过程各个时段采集样品的分析结果与运行前的结果作比较，来考察系统运行的动态状况。第二种方法只适合于工程生物修复系统，因为对一个自然生物修复系统来说，系统的起始运行时间以污染物进入系统那一刻算起，由于很难计算污染物什么时候进入系统，所以这一时刻只是一个相对值。

6.4.2　细菌总数

当进行污染物代谢时，微生物通常会再生。一般说来，活性微生物的数量越大，污染物降解的速度越快。污染物浓度的减少与降解细菌总数的增加呈显著负相关关系。通过分析样品的细菌总数可以为生物修复的活性提供指示作用。当污染物的生物降解率下降时，如当污染物浓度水平较低时或介质中已没有可生物降解的组分时，细菌总数与背景水平无显著差别。这一结果表明，细菌总数没有大的增加并不意味着生物修复的失败，很可能表明生物修复进展到了一定的阶段。

细菌种群测定的第一步是采样。原则上，最好的样品包括固体基质（土壤和支撑地下水的岩石）及与之相连的孔隙水。因为多数微生物都吸着在固体表面或在土壤颗粒的间隙中。如果只采集水样，通常会低估细菌总数，有时测得的值与实际值会相差几个数量级。此外，仅仅凭借采集水样得出的结果还会给出微生物分布类型的错误结果，因为水样可能只含有容易从表面移动或在运动的地下水中迁移的细菌。从地表采样并不困难，但从土壤的亚表层采样既耗时而且费用也高。亚表层采样通常是钻孔采样。在采集亚表层样品时，尤其需要注意的是防止采样过程和处理样品过程中的微生物污染。为此，采样器应事先进行灭菌处理。此外，应避免采样过程中的空气污染、土壤污染和人为接触污染。

采集地下水样品进行细菌数量分析有很大缺陷，但是它可作为了解微生物数量的半定量指标。多数情况下，地下水中微生物数量的增加与土壤亚表层细菌数量的增加呈正相关关系。地下水采样的主要优点是容易重复取样，采样费用低廉。

细菌种群测定的第二步是细菌总数分析。已知技术有若干种，包括标准方法和快速分析法，虽然各有其优、缺点，但都可以使用。

1. 微生物直接计数法

微生物直接计数法是一种传统技术，是通过用普通显微镜观察样品进行细菌计数。通过这一方法，再根据固体碎片的尺寸和形状，可以辨认出哪些是细菌，哪些是固体碎片。使用吡啶橙基质和荧光显微镜（fluorescence microscope），会使细菌总数的测定技术更为简化、方便和准确。因为这种方法能使细菌与其他颗粒分离。显微镜计数的缺点是耗时很长，而且需要有经验的技术人员来完成，尤其是当样品中含有固体物时，更需要有经验的技术人员来操作。显微镜计数法可提供细菌的总数，但不能给出细胞类型或代谢活动的情况。

2. INT 活性试验法

INT 活性试验法可以通过鉴定电子迁移中的细菌活性的方法增强直接的显微镜计数。电子迁移中的细菌活性是所有代谢作用后的主要活动。如果在控制条件下用四唑（tetrazolium）培养样品（或从样品中采集的细菌），活性呼吸细菌就将电子转移到四唑盐中，形成紫色 INT 结晶，在显微镜下可以观察到这些代谢活动中的活性细菌。

3. 平板计数法

平板计数法也是一种细菌计数的方法。这种方法可以定量计数一组固定在固体介质（如营养基质）上的细菌。所谓的固体介质是由一定组成的营养溶液和基质与琼脂一起固化形成的胶质。含有细菌的样品被均匀地洒在胶质物的表面，然后在 36℃恒温箱中培养一定时间后，就可见细菌群落的形成。通过对这些细菌群落的计数，就可以表明原始样品中代谢活性细菌的数量。由于平板计数法中细菌生长和繁殖，形成大量可见的细菌群落，以平板计数法计数细菌的实际数量及细菌的多样性特征往往会导致结果偏低。为解决这一问题，可以根据样品的细菌活性状况，对待测样品进行指数稀释后进行计数分析。

4. MPN 技术

MPN（most-probable-number）技术也取决于介质中细菌的生长状况。细菌计数是以统计学方法完成的，与平板计数法不同，MPN 技术的培养基数量很大。根据样品的统计结果和稀释的液体样品数，对原始样品中的细菌总数进行计数。平板计数法和 MPN 法的具体技术细节不同，但是两种方法的优缺点基本相同。

5. 脱氧聚核苷酸探针

采用现代生物化学和分子生物学方法，使现场样品细菌计数与鉴定更为精确。由于这些新技术方法的产生，研究者对细菌的细胞组成特征与细菌生长过程有了新的理解和认识。

DNA 是通过标记在细菌基因中的独特分子序列进行细菌鉴定的小片脱氧核糖核酸。将 DNA 探针键合到靶细胞遗传物质的相辅区域，键合探针的量就可以对细菌数定量。目前，进行整体样品细胞计数的探针技术——脱氧聚核苷酸探针（oligonucleotide probe）仍在发展中。只要搞清楚靶细菌的遗传序列，探针法就可以鉴定细菌的类型。对此，探针法确实是一种强有力的实用技术。探针法也适用于测定其他类型的细菌，如工程微生物以及生物放大微生物工程中的微生物细胞。

6. 脂肪酸分析

脂肪酸分析是另一种细菌鉴定技术。这种技术利用存在于细胞膜中的脂肪酸特征进行细菌鉴定。对于不同的细菌，脂肪酸分布具有其独特的稳定特征。因此，这些独特的稳定特征可用于细菌鉴定的特征指标。像基因探针一样，脂肪酸分析需要专业技术知识与专用仪器来完成。但脂肪酸分析方法也有其不足之处，如方法的定量能力有限，对小种群的鉴定不够敏感等。

有了基因探针和脂肪酸分析，就不必用实验室常用的细菌培养法检验样品中的细菌型和细菌总数，但目前上述方法还不完全成熟。

6.4.3 原生动物数

原生动物（protozoa）是所有主要生态系统的重要组成部分。因此，其动力学和群落结构特征使其成为生物与非生物环境变化的强有力的指示者。事实上，自 20 世纪初以来，原生动物已作为各种淡水生态系统的指示生物被广泛应用。

原生动物捕食细菌，所以原生动物数量的增加表明细菌总数的增加。因此，原生动物种群数量增长所伴随的污染物量的减少这一结果可为生物修复提供有效佐证。MPN 技术可进行原生动物计数，其方法与细菌计数类似。运用原生动物 MPN 技术需要对土壤或水样进行稀释。通过显微镜观察所得到的结果，可以确定细菌是否被这些原生动物捕食。

原生动物具有精致的且能快速生长的表膜，能够比其他的生物体更快地对外界环境做出反应，因此，可以作为早期的预警系统，是生物测定极好的工具，在 24h 内即可得到结果，比其他任何测试系统都要快。传统上，土壤原生动物分为裸变形虫、变形虫、鞭毛虫、纤毛虫和袍子虫。

1. 裸变形虫

根据不完全统计，土壤中有记录的裸变形虫约有 60 个种类。由于裸变形虫的丰度很大，土壤原生动物学家认为它们是土壤原生动物中最重要的类群。普通的土壤裸变形虫主要或部分选择性地以细菌为食。由于微小而能变形，它们可以利用直径仅为 $1\mu m$ 的微孔。

2. 变形虫

变形虫具有一个由细胞自身产生或者由黏着在细胞膜外面的外来粒子组成的外壳。变形虫属动物门根足虫纲。在矿石土壤中，每克干重土壤中有 100～1000 个个体，在草场表层土和草原中有 1000～10000 个，在树叶垃圾中为 10000～100000 个。许多变形虫的体积大，它们的现存量和生产生物量也很高。

变形虫是陆地生境内有用的指示生物体。主要因为：（1）它们比其他土壤原生动物更容易计数和鉴定；（2）有较高的生物量和相当大的丰度；（3）其有种类和生活类型的多样性特征和明显的纵深垂直分布。

3. 鞭毛虫

已报道的土壤鞭毛虫大约 260 种，许多土壤原生动物学家认为，鞭毛虫也是土壤原生动物中最重要的类别之一。直接计数表明，大部分鞭毛虫都处于不活动的胞囊状态。

生态学上，鞭毛虫与裸变形虫具有很多共同之处：个体小（$<20\mu m$），以细菌为食，具有类似变形虫的弹性。这使它们能够栖息在很小的土壤孔洞中时不能被大的原生动物所利用。

4. 纤毛虫

纤毛虫在陆生环境中有高度的多样性，至少有 2000 种，其中 70％还尚未被描述。大部分土壤纤毛虫以细菌为食（39％），其他的或是食肉纤毛虫，或是杂食性纤毛虫。土壤纤毛虫具有独特的垂直分布，使用原生动物作为指示生物时，它们必须被计算在内。与变形虫相比，活体纤毛虫可评估的数目仅仅出现在最上面的树叶层，其中每克树叶（干重）中个体丰度高达 10000 个。在腐殖质和矿物土壤中尽管存在许多胞囊但活性纤毛虫很稀少，草地表层土可耕地带含有很少的活纤毛虫，通常每克干土中少于 100 个。

5. 孢子虫

孢子虫很少被当成指示生物，然而有研究表明，孢子虫也可作为指示生物。例如，当蚯蚓在某种杀虫剂中暴露 26 周时，被簇虫传染的数量显著增加，在重金属污染的土壤中被寄生性原生动物（簇虫、双孢子球虫、小孢子虫）感染的土壤无脊椎动物显著增加。这些资料说明不但孢子虫可以作为污染的指示生物，而且在调节土壤无脊椎动物密度中也起重要作用。

6.4.4　细菌活性率

细菌活性增加通常表明生物修复正在进行，细菌活性是一个关键信号。对生物修复成功判定的一个重要指标是潜在生物转化率。当潜在生物转化率足够大时，表明系统能迅速去除污染物或防止污染物的迁移。细菌活性越大，说明潜在生物转化率越高，这一结果可为生物修复的成功运行提供证据。

评价生物降解率的最直接的手段是建立与环境条件尽可能一致的实验室微宇宙。微宇宙方法对评价降解率十分有效。这是因为基质的浓度和环境条件都可以人为加以控制，在微宇宙中很容易测得污染物的丢失，可以在微宇宙用^{14}C标记方法示踪污染物及其他生物降解物的行为与归宿。通过比较微宇宙各种变化的条件下污染物的降解率，可以预测场地环境条件下污染物的降解速率。但是在微宇宙的控制条件下监测的降解率结果通常比现场测定值低。

6.4.5　细菌的适应性

污染点的细菌经过一段时间驯化后，能产生代谢污染物的能力，其结果是使原本在溢漏时不能够转化的或转化非常慢的污染物被代谢降解。这一特性被称为代谢适应性，它为现场的污染生物修复提供了可能。适应性可以导致能够代谢污染物的细菌总数增加，或个体细菌遗传性或生理特性发生改变。

微宇宙研究非常适合对适合性的评价。在微宇宙试验中，微生物转化污染物比例的增加这一事实证明微生物对环境存在适应性，进而证明生物修复在正常运行。为了验证降解率是否增加，有两种比较方法：一个是将生物修复现场采集的样品与邻近地段的样品作比较；另一个方法是将生物修复处理前后的样品作比较。然而，有时将微宇宙中的结果外推到野外现场中时，往往存在很大的不确定性。影响生物修复的有关化学、物理和生物相互作用关系的平衡随外界环境的扰动可能迅速发生改变，如氧的浓度、pH 值和营养物的浓度等。研究表明，由于实验室的结果存在人为干预，野外分离出来微生物的实验室行为在性质上和数量上都已经完全不同于野外条件下的情况。这些因素进一步影响了对现场条件下所得结果的解释。

借鉴分子生物学进行方法开发可提供新的试验手段。这些新的试验手段可以对某些污染物细菌降解的适应性进行跟踪。例如，可以构建专门用来示踪降解基因的基因探针，至少在原理上可以测定基因是否存在于一个混合的群落之中。但是，以这种方法使用基因探针需要研究者具有对降解基因的 DNA 序列知识。当普通的工程微生物被用于进行生物修复时，可以给工程微生物加上一个报道基因，当降解基因被表达时这个基因也得到相应的表达。于是，基因蛋白质产物发出信号（如发射光），并在原位种群中得到表达。

6.4.6 无机碳浓度

降解有机污染物时，除了需要更多微生物外，在降解过程中细菌会产生无机碳，通常为气态二氧化碳、溶解态二氧化碳或 HCO_3^-。因此，当样品中含有丰富的水和无机碳气体时表明系统存在生物降解活性。气态二氧化碳浓度可以用气相色谱法检测，水样中的二氧化碳可进行无机碳分析。但是，通过检测二氧化碳浓度的变化来判断降解活动有时也不精确。例如，当二氧化碳的背景浓度高或样品中含有石灰质矿物质时，往往可掩盖呼吸产生的无机碳。这种情况下，可采用稳定同位素分析方法来鉴别细菌产生的无机碳与矿化产生的无机碳。

确定样品中的二氧化碳和其他无机碳是污染物生物降解的最终产物还是来自于其他方面，较为有效的方法是进行碳的同位素分析。正如所知，大多数碳都是以同位素 ^{12}C 的形式存在（原子核中有 6 个质子和 6 个中子），但是有些碳以同位素 ^{13}C 的形式存在（原子核中有 6 个质子和 7 个中子）。它的质量略大于同位素 ^{12}C。在一个样品 $^{13}C/^{12}C$ 的值是个变量，其变化程度取决于碳的来源，如污染物的生物降解、有机质的生物降解与矿物质的溶解，在这些情况的 $^{13}C/^{12}C$ 的值各有不同。

有机污染物与矿物溶解过程中产生的 $^{13}C/^{12}C$ 的值有本质的不同。这一现象十分普遍。因为矿物质中的无机碳含有更多的 ^{13}C。虽然当有机污染物被降解为二氧化碳时，$^{13}C/^{12}C$ 的值会发生一些变化，但多数有机污染物产生的无机碳中含有更为丰富的 ^{12}C。于是现场采样中样品的 $^{13}C/^{12}C$ 值低于矿物质矿化的 $^{13}C/^{12}C$ 值。如果测定结果与此相符，说明产生的碳来自于污染物的生物降解。

6.5 原位生物修复

6.5.1 生物净化与生物修复

土壤微生物本身在生命的代谢活动过程中具有对外源污染物自发降解的能力。在履行这一功能的过程中，土壤微生物将环境污染物降解或利用，使土壤保持正常的功能，从而使生态系统具有了一定的纳污和清污的能力。这种特殊作用称为生物净化。生物净化也可以称为生物修复、内源生物修复或自然生物修复。它是利用天然存在微生物的固有能力来降解污染物，不需要采取任何工程步骤来强化这一过程。

然而，随着现代工农业生产的迅速发展，工业三废、农药、化肥和其他有毒有害物质大量进入土壤，污染物的输入量超出了土壤微生物本身的净化容量，自然的生物净化已不能满足对污染物净化和去除的需要，土壤的生物净化过程需要人为地加以调控以满足土壤清洁的需求。这种利用人工生物学方法与技术对进入土壤及水体进行污染清洁处理的一门新技术被称为工程生物修复，即通过利用工程微生物系统提供氧、电子接受体和（或）其他生长刺激物质增加微生物生长和降解活性的一种生物修复类型，是"通过生物技术对人为造成的环境污染进行的医治、恢复、纠正和修补"。

6.5.2　微生物的原位修复

原位生物修复是在污染源就地处理污染物的一种生物处理技术，包括自然修复和工程修复两种过程，是最常见的生物修复形式。主要是指在人为控制条件下进行不饱和土壤、饱和土壤和地下水蓄水层的不饱和土壤带污染物的生物降解与污染治理。其过程主要包括投加营养物质和提供氧源（通常使用过氧化氢），有时需采用一些特殊的微生物以加强降解。处理的程度一般取决于养分的利用。原位生物修复技术因不需要污染物的运移，具有省时、高效的优点，可以将污染物彻底转化为无害成分，如二氧化碳和水。它可以将传统泵出技术用数十年时间才能处理的污染问题在几年时间内完成，因此是污染处理的最为有效方法。原位生物修复处理法的主要形式有生物通风、生物搅拌和泵出生物处理法等。

生物通风法是在不饱和土壤中通入空气，以增强大气与土壤之间的接触和流动，为微生物活动提供充足的氧气。与此同时，还可通过注入法（打井/地沟法）向土壤中输入营养液，以增加微生物降解所需的碳源和能源。以生物通风法向土壤注入空气时需要对空气流速有一定限制，以使生物降解率达到最大，而且又要有效地控制有机污染物的大气挥发。

生物搅拌法是向土壤的饱和部分注入空气，同时从土壤的不饱和部分通过抽真空的方法吸出空气，这样既向土壤提供了充足的氧气又加强了空气的流通。此法能同时处理饱和土壤与不饱和土壤及地下水污染。

泵出生物处理法是将污染的地下水抽提出来，进行地表处理（通常用生物反应器）后与营养液按一定比例混合后，通过注入井/地沟回注入土壤而完成整个处理过程的一种方法。由于处理后的水中含有驯化的降解菌，因而对土壤有机污染物的生物降解有促进作用。原位生物修复处理地下水污染也采取在污染地带钻井，然后直接注入适当的溶液（增加降解必需的碳源和能源）的方法加速污染物降解。处理后的地下水通常需要回收，经过一些表面处理后再循环使用。原位生物修复处理中氧的传输和土壤的渗透性能是成功的关键。为了加强土壤内空气和氧气的交换，通常使用加压空气和真空提取系统。原位生物修复的特点是在处理污染的过程中土壤的结构基本不受破坏，但缺点是整个处理过程难于控制。

对原位生物修复而言，由于生物修复过程改变地下水化学，这些化学变化与微生物生理生化特性原则上有直接关系。微生物代谢催化许多生理生化反应，这些反应消耗污染物和氧或消耗其他电子接受体，将它们转化为特定的产物。

特定的化学反应剂及产物可以根据微生物催化反应的化学方程确定。例如，降解甲苯（C_7H_8）的化学方程式如下：

$$C_7H_8 + 9O_2 \longrightarrow 7CO_2 + 4H_2O$$

这一反应是一个人们较为熟悉的反应方程。当生物修复发生时，无机碳（CO_2）的浓度增加，而甲苯和氧的浓度减少。另一个反应方程是三氯乙醇（$C_2H_3Cl_3$，TCA）在氢氧化好氧细菌的作用下脱氯，形成二氯乙醇（$C_2H_4Cl_2$，DCA）的反应：

$$C_2H_3Cl_3 + H_2 \longrightarrow C_2H_4Cl_2 + H^+ + Cl^-$$

当 DCA、H^+ 和 Cl^- 增加时，TCA 和 H_2 减少。由于 H^+ 的生成可使 pH 值降低，pH 值降低的幅度主要取决于地下水的化学成分。

一般说来，在好氧条件下，当微生物活性增加时，氧浓度下降。当电子接受体（NO_3^-、SO_4^{2-}、Fe^{3+} 和 Mn^{4+}）的浓度减少时，一些还原态化合物（N_2、H_2S、Fe^{2+} 和 Mn^{2+}）的量将增加。在这两种条件下，有机碳被氧化，所以无机碳的浓度都将增加。无机碳的形式可以是气态的二氧化碳，也可以是可溶态二氧化碳或是碳酸氢根。

6.5.3 原位生物降解示范技术

现场生物降解示范技术的目标是表明场地化学特征和微生物种群多样性变化的条件下生物修复是否发生，以及环境变化与污染物随时间的减少量之间的相关性。可以说，还没有一种技术可以完全肯定地表明生物修复是污染物数量或浓度减少的主要因素。因此，使用的技术类型越广泛，生物修复成功的例子越多。以下描述的是一个由若干试验结合的生物修复现场。

斯坦福大学的研究者进行了一项现场示范研究，目的是评价以共代谢方法原位生物修复卤代溶剂的潜力。现场示范向人们展示了如何将各类试验有机结合起来，并通过试验证明实验室的研究成果是否可以在生物修复现场得到成功应用。斯坦福大学的示范现场地处加利福尼亚的海军航空站，配备有现代化的仪器设备，具有很好的砂-砾蓄水层。研究者有目的地、且以小心控制的方法在示范现场加入了卤代溶剂，并采取了一定的防渗措施以保证溶剂在试验过程中不会迁移和溢漏。正如所知，卤代溶剂本身不是提供微生物生长的要素。但是，如果向系统提供一定量的甲烷，某些微生物就可通过共代谢方式将卤代溶剂分解净化。于是，在现场条件下研究者首先向系统中增加了氧和甲烷来刺激土著微生物的生长。结果导致微生物大量分解卤代溶剂，具体情况如下：

（1）污染物明显被降解。结果表明，加入到处理系统中的乙烯氯化物降解率为95%，2-一氯乙烯降解率为85%，2-二氧乙烯降解率为40%，三氯乙烯降解率为20%。

（2）试验场存在对卤代溶剂具有代谢功能的微生物。结果显示，当将从蓄水层中取出的岩芯拿到实验室，并暴露于甲烷和氧之中时，甲烷和氧被全部消耗。这表明岩芯中含有需要靠甲烷（methane）来维持其生长的细菌，甲烷菌可以共代谢卤代溶剂。

（3）证明了现场的生物修复潜力。研究者以不同方法检验示范现场对污染物的生物降解能力。为此，他们首先通过试验表明，当甲烷菌被暴露在甲烷和氧之前，三氯乙烯的分解量很小。通过用溴示踪表明，加入的甲烷和氧并非因物理转化而消失，而是被微生物所利用，并鉴定出了被微生物分解的溶剂产物。最后，用模型表明生物降解率理论可以用来解释生物修复现场污染物的减少。

6.5.4 原位生物修复的环境条件

原位生物修复处理场的适宜性不仅取决于污染物的生物可降解性，也取决于现场的地质条件和化学特征。对原位生物修复而言，理想的场地是可控的，规模不可太大。这一点很容易解释。这就好比在实验室中检验污染物生物可降解性试验一样。因为试验规模越小，越容易控制。对处理场来说，很少有非常理想的场地。多数需要改造，而且可以改造。每一个处理场地都有自己独特的化学特性和相对一致的地质结构。每一个场地都有自己独特的景观，但也具有不可预测的环境条件变量，如土壤类型、地质地层结构及水化学性质等。不仅场地与场地之间不同，即使是在同一个场地内，也往往存在差异，而且由于场地复杂性，很容易对场地现状的实际调查数据不足，造成对场地真实状况了解不清，对污染的严重性也缺乏清楚的认识的情况。因此，在实行一项生物修复技术或任何其他的清洁技术过程中，还应不断地修正清洁计划，在修复进程中得到更多信息，为成功修复提供帮助。

必须清楚地认识到，一组场地特征并非适合对所有污染物的生物修复。例如，某一组化合物只能在厌氧条件下矿化，而其他一组化合物则需要在好氧条件下进行代谢。因此，当两组共存污染物的代谢机制发生相互矛盾时，需要做出选择或者在处理时将生物修复过程分成若干步骤来进行。

　　进行土壤或地下水污染的原位生物修复处理涉及多学科的知识，这也是这项技术在推广方面面临的一个较大难题。它不仅给客户和法规制定者带来问题，也给投资者带来新的技术挑战。原有的知识水平和技术实力显然满足不了承担生物修复技术工程项目的需要，因此对投资公司来说，承担生物清洁项目，需要进行知识更新及多学科知识的融会贯通。需要工程师、微生物学家、水力学家、化学家和生态学家之间的广泛合作与交流。

6.6　异位生物修复

　　异位生物修复是将污染移位，在异地（场外或运至场外的专门场地）进行处理的一类处理技术。

　　异地生物修复主要是以工程生物修复为手段，其形式主要有以下几种。

1. 土地填埋

　　土地填埋是污染物异位生物修复法的第一种形式，广泛用于油料工业中的油泥处理。具体做法是将污泥施入土壤中，施肥、灌溉、加入石灰等，以保持最佳的营养含量、湿度和土壤 pH，以耕作的方式保持污染物在土壤上层的好氧降解。用于降解过程的微生物多半为土壤中固有的种群。然而，为了加强降解也添加一些外来微生物于土壤中。土地填埋的主要缺点是污染物有可能从处理点向地下移动。

2. 制备床法

　　制备床法是异地处理的又一种形式，它的技术特点是需要很大的工程。其作用原理是通过将污染物运移入到一个特殊制备的制备床上进行生物处理。为此，对制备床的设计有一定的技术要求。例如，在制备床底部添装上一种密度较大、渗透性很小的材料，如聚乙烯或黏土。然后通过施肥、灌溉、控制 pH 值等方式保持对污染物的最佳降解状态，有时也加入一些微生物和表面活性剂。制备床的设计应满足处理高效和避免污染物外溢的要求。一般的制备床设有淋滤液收集系统和外溢控制系统，它通常建在异地处理点或污染物被清走的地点。

3. 堆腐法

　　堆腐法是制备床的又一种形式，它是利用好氧高温微生物处理高浓度的固体废弃物的一类特殊过程，包含有微生物、土壤有机缓冲剂如稻草或木屑。通过加压或翻动的方法使其曝气，同时控制湿度、pH 值和养分。堆腐法有三种形式：（1）垄堆；（2）好氧固定堆；（3）机械堆肥。

　　垄堆是将土壤按长条平行排列，并不时地翻动土壤进行通风、通气进行处理的方法。在好氧固定堆中，被处理的污染物质与一些蓬松材料（如木壳、稻谷壳）混合在一起。在堆中设有通气系统、喷灌系统及排水系统。空气流通可以通过向堆中通气及抽气方式实现，同时对出气进行处理。喷灌系统是用来保持土堆的湿度及营养供给。排水系统用于收集渗漏水。机械堆肥是将处理的物质放置在一个封闭的容器中进行处理的一种方法。因此过程较好控制，也可防止异味的散发。此法可以通过翻滚的方式实现空气交换。

4. 土壤耕作法

此法是通过施肥、灌溉和耕作以增加土壤中的有效营养物和氧气，增加物质的流动，并保持一定的温度、湿度和 pH 值，以提高土壤微生物的活性，加快其对有机污染物的降解。

5. 生物泥浆反应器法

生物泥浆反应器法是将污染土壤从污染点挖出来放到一个特殊的反应器中进行处理的一种异位生物处理法。反应器可以建在异地处理点，也可以建在其他地方。生物修复的条件在反应器中得到加强，驯化的微生物种群通常从前一个处理中再引入新的处理中增强其降解率。处理结束后，材料通过一个水分离系统，水得到循环。整个处理过程中反应条件得到严格控制，因此处理效果十分理想。反应器的罐体一般为水平鼓形或升降机形，底部为三角锥形。一般的反应器有气体回收和气体循环装置。为了减少罐体对污染物的吸附和增加耐磨性，反应器的主体一般采用不锈钢，小型反应器可采用玻璃为原料。反应器的大小可根据试验的规模来确定。反应器搅拌装置的作用是将水和土壤充分混合使土壤颗粒在反应器中处于悬浮状态。另外，也可以使添加的营养物质、表面活性物质以及外接菌在反应器中与污染物充分接触从而加速其降解。

反应器的运行方式有两种：依搅拌的方式分为上搅拌和下搅拌。被处理的污染土壤在反应器中被搅拌成泥浆。反应器的运行方式也可将上搅拌和下搅拌混合起来进行，这种方式为混合式。泥浆反应器的处理条件可以根据需要进行搅拌速率、水土比、空气流速以及添加物质浓度的合理调控，以增强其降解功能。

6. 遗传改性法

微生物矿化污染物的能力也可通过遗传改性得到加强。通过结合、转导和转变，质粒转变可以使细菌在环境中快速变化，通过传播遗传信息合成降解新基质所必需的酶，使细菌能降解外来污染物，包括多环芳烃、多氯联苯等难降解物质。

7. 游离酶法

微生物分离出来的游离酶可以将有害污染物转化为无害成分或更安全的化合物。工业上一般用粗制或精制的酶提取物，以溶液的形式或固定在载体上的形式来催化各种反应，包括转化碳水化合物和蛋白质。由于游离酶能够快速降低污染物的毒性，且能在不适合微生物的环境中保持其活性，这就使在高 pH 值、高温、高盐或高溶剂浓度土壤中的生物降解应用成为可能。已有人研究了酶对农药的降解作用，认为酶可用于农药的快速降解。

为了使酶能够在土壤中保持活性，需要将酶固定在一个较小的固态载体上使酶扩散，同时又要使之保持活性。用人工合成的腐殖质、黏粒以及土壤酶较为可行。游离酶的应用也有一些缺点。如酶本身可以被微生物降解或被化学降解，酶可能溶到污染区以外。酶一旦结合到土壤中的黏粒或腐殖质上，其活性可能大减甚至失活。另外，大量生产酶费用较高。如果这些问题能解决，游离酶应用前景十分广阔。

事实上，对污染物的处理，选择哪些方法最适宜，除了要考虑待处理污染物所在地点、污染物浓度与数量、处理效果、所需时间、处理的难易程度等技术因素外，处理费用是一个十分重要因素。生物修复方法比起传统的物理和化学方法有如下优点：（1）工程简单，处理费用相对较低；（2）可以达到较高的清洁水平；（3）能较彻底地将有机污染物降解为最终产物。然而，生物修复并非万能的处理方法，它也具有如下一些缺点：（1）处理时间周期长；（2）不能很有效地处理重金属污染土壤，对难降解有机污染物的去除还存在一定问题。但随着生物修复技术的发展，它必将成为解决土壤污染问题的重要手段。

在美国，生物修复展示了乐观的应用前景，商业运作迅速增长，并成为近年来有害废物处理市场中增长速度最快的部分。2000 年的生物修复市场占有额度为 5 亿美元/年。在欧洲，生物修复技术也很受重视和欢迎，据统计，有大约 30％ 的污染处理采用了生物修复技术。在中国，生物修复技术的研究也受到了日益密切的关注，在吸取西方发达国家污染处理的经验和教训后，对污染的处理采用生物修复的观点受到更多人的拥护。

然而，与市场需求量迅速增长并存的一个问题是监管部门对生物修复缺乏一定的理解与信任。其中存在两方面的问题，一是技术问题；二是认识问题。对公众来说，多数人对生物修复的成功运作持有疑虑。生物修复技术问题在一段时间内竟成了激烈争论的焦点话题。

有人认为，技术因素是人们对生物修复技术缺少信心的根本因素，因为与物理处理技术相比，生物修复技术更为复杂。除了由微生物学方面的技术作为主体外，还涉及多种其他技术的支撑，如环境工程、水力学、环境化学及土壤学等。对使用者和管理审批部门来说，由于缺乏对生物修复技术功能的了解，因此对生物修复能否用于实际的污染处理缺少信心，以致对项目设计的可行性缺少客观评价。但是，可以说一旦生物修复与各种技术的成果相结合，将产生巨大的效益。怎样的生物修复称之为成功，目前还无法做出正确评判。管理审批部门及用户对生物修复的怀疑态度，使生物修复技术的应用与推广受到很大阻力，由此产生的问题是，即使生物修复技术已经被充分论证是最佳选择时，人们也仍坚持使用传统技术而放弃生物修复技术。

6.7　生物修复应注意的几个重要问题

6.7.1　生物修复技术难以去除的污染物

污染场地是否适合采用生物修复技术的关键因素之一取决于污染物的性质。微生物降解各类污染物的能力不同，一些污染物容易被微生物降解；而另一些污染物的降解相对较难（表 6-3），而生物修复系统一般都是针对专门降解某类或某些污染物而建的。

表 6-3　污染物的生物修复适宜性

化合物分类	出现频率	修复现状	修复特性	限制因素
烃类及衍生物，汽油，燃油	极高	方法成熟		形成非水相液体
多环芳烃	一般	在研状态	在一定条件下好氧降解	强烈吸附到亚表固体上
杂酚油	不高	在研状态	好氧降解	强烈吸附到亚表固体上，形成非水相液体
乙醇，酮，乙醚	一般	方法成熟		
脂类	一般	在研状态	以好氧或硝化还原微生物降解	
卤代脂肪族高卤代物	极高	在研状态	厌氧共代谢，在某种条件下好氧共代谢	形成非水相液体
低卤代物	极高	在研状态	好氧降解，厌氧共代谢	形成非水相液体
卤代芳香族高卤代物	一般	在研状态	好氧降解，厌氧共代谢	强吸附到亚表固体上，形成非水相液体或固体

157

化合物分类	出现频率	修复现状	修复特性	限制因素
低卤代物	一般	在研状态	好氧降解	形成非水相液体或固体
高卤代物	不高	在研状态	厌氧共代谢	强吸附到亚表固体上
低卤代物	不高	在研状态	好氧降解	强吸附到亚表固体上
硝基芳烃类	一般	在研状态	好氧降解，厌氧转化	
重金属类（铬、铜、镍、铅、汞、镉和锌等）	一般	有可能性	通过微生物过程改变溶解度和反应性	可利用性受溶液化学和固相化学的高度控制

1. 多环芳烃及石油烃

（1）多环芳烃

多环芳烃（PAHs）是由两个以上苯环以线状和簇状排列组合的一组含有碳和氢原子的有机物。从化学角度上，PAHs 是一类较为惰性的物质。在常温下为固体，沸点较高，难溶于水。它们的物理和光谱学性质及化学稳定性主要受分子的共轭 π 电子系统影响。PAHs 的稳定性与它们环的排列有关，以线性排列方式的 PAHs 性质最不稳定，以角状排列的 PAHs 最稳定。PAHs 的挥发性也随环的增加而减少。

土壤中 PAHs 的去除和分解过程决定 PAHs 在土壤中的归宿。除挥发作用和非生物丢失（如水解和淋溶）作用外，通过表面和亚表面土壤微生物的生物降解显然是土壤多相系统中去除 PAHs 的主要过程。一些研究者在研究不饱和状态下两种土壤中 14 种 PAHs 的降解时发现，除了萘和萘的取代物外，挥发作用对 PAHs 的减少可以忽略不计。

萘是原油和燃油中水溶性组分中毒性最大的物质之一。萘在土壤中的生物降解研究最早见于 1927 年。从那时起，萘的生物降解研究不断增多。研究用假单细胞菌降解萘的试验表明，细菌可以利用萘作为唯一碳源和能源将萘生物降解。不仅细菌可以降解萘，真菌也同样能降解萘。

苊烯是含有三个苯环的 PAHs 之一，其本身及其代谢物不具有致癌性。但是它们能在植物体和微生物体内产生核和细胞变化；对苊烯在反硝化过程的土壤—水系统的生物降解性所做研究结果表明，苊烯的降解率较高。研究者认为，PAHs 的微生物降解取决于各种因素的相互作用，如吸附动力学和 PAHs 在土壤中的解吸不可逆性、可降解 PAHs 微生物的浓度和土壤有机碳可变组分。

蒽和菲都是含有二个苯环的 PAHs 化合物。蒽以线状排列，菲以角状排列。菲在水中的溶解度较高，为 1.3mg/L；蒽的溶解度较低。这两种物质及其代谢物本身都不具有致癌性，但是，由于它们的结构也存在于苯并［a］芘和苯并［a］蒽等致癌物中，因此一直被作为环境中 PAHs 降解研究的模式物加以研究。此外，煤气和液化过程均能产生痕量的蒽和菲，这一现象也引起了人们的注意。蒽和菲的生物降解与萘相似。研究表明，从土壤中分离出的微生物可以利用蒽和菲作为唯一的碳源和能源将其矿化。Sutherland 也研究了蒽的真菌代谢，并检测到了代谢产物为 trans-1，2-二羟基-1，2-二氢蒽。

芘是含有四个苯环的 PAHs 化合物，在环境中常被检测出来，并被作为监测 PAHs 的指示物。芘本身不只有遗传毒性，但由于它结构的高对称性和与致癌 PAHs 结构上的某些相似性，芘也被作为一种模式 PAHs，用于研究 PAHs 类污染物的光化学和生物降解。有关芘的微生物代谢研究较少，但已有的研究表明，芘可以被从石油污染土壤中分离出的细菌降解，在纯有机营养液中培养 2 周，芘的矿化率可达到 63%，但在无机营养条件下，芘的矿化率很低。

荧蒽是含有四个苯环的多环芳烃化合物，它在环境样品中的含量通常最高。据报道，荧蒽具有细胞毒性、弱的致畸性和潜在的致癌性。有关荧蒽的微生物降解已有报道，荧蒽可以被细菌利用作为唯一的碳源和能源而分解和代谢。

苯并［a］芘是已知的致癌物，最早由 Cook（1993）从焦油中分离出来以后，有关苯并［a］芘环境行为和毒理学研究开展得比较广泛。但是，其微生物降解研究很少。从已开展的工作结果看，能利用 4～5 环 PAHs 作为唯一的碳源和能源的微生物很有限。但是，当微生物生长在其他碳源上时，它们可以氧化这些不溶性 PAHs，据报道很多真菌能氧化苯并［a］芘，能降解木质素的真菌也能将苯并［a］芘氧化为最终降解产物二氧化碳。在有葡萄糖存在下，苯并［a］芘可以被氧化为二氧化碳和若干代谢物。

显然，包括细菌、真菌、酵母和藻类等在内的微生物都有能力代谢低分子和高分子 PAHs，这一结果为 PAHs 的生物修复提供了可能。生物修复过程需要特殊的微生物分解特殊的分子位。完全和迅速的生物修复需要特殊的环境条件，生物修复的潜力取决于微生物对污染物的生物可利用性。因此，创造良好的适合微生物生长的条件是生物修复成功的关键所在。

非生物丢失对二、三环 PAHs 有潜在意义。对三环以上 PAHs，挥发和非生物丢失均不起重要作用。在用玻璃微宇宙研究施污泥土壤中 PAHs 的丢失中发现，非生物过程只对少数四环 PAHs 有影响。有人在研究了 10 种 PAHs 的结构—生物降解相关性发现，三环 PAHs 的丢失起作用的主要是挥发作用，其次是非生物过程。挥发作用与非生物过程对 PAHs 的丢失作用的大小与 PAHs 环数的多少成负相关关系。生物降解作用与 PAHs 的水溶性成正相关，而与环的聚集度无关。

从总体上看，二、三环 PAHs 的生物可降解性较大，而四～六环 PAHs 的生物可降解性极小。试验研究发现，二环 PAHs 在沙土中的降解很快，其降解半衰期大约为 2d，而三环的蒽和菲的降解半衰期分别为 134d 和 16d。四～六环 PAHs 的降解半衰期一般大于 200d。另一组研究人员发现了类似的 PAHs 降解模式。进行了一项有关的实验室研究，发现二环 PAHs 的降解半衰期小于 10d，三环 PAHs 的降解半衰期小于 100d，大于三环 PAHs 的降解半衰期一般大于 100d。但对施用污泥土壤的研究表明，虽然实验室研究的结果在预测 PAHs 在野外条件下的生物降解趋势有重要的参考价值，在实验室条件下所估计的降解半衰期一般要比田间实际观察到的降解半衰期小得多。认识到实验室研究结果的局限性也是十分重要的。一些研究表明，生物降解是去除土壤中 PAHs 的主要机理。

（2）石油烃及其衍生物

大多数烯烃都比芳烃、烷烃易为微生物所利用。微生物对烯烃的代谢主要是具有双键的加氧化合物，最终形成饱和或不饱和脂肪酸，然后再经 β-氧化进入三羧酸循环而被完全氧化。环烃的生物降解是通过 β-酮己二酸途径进行的。一般来说，如有侧链，则先从侧链开始分解，然后发生芳香环氧化，引入羟基和环的断裂，接着进行的氧化与脂肪族化合物相同，最后分解为二氧化碳和水。目前已知的石油烃降解细菌有 28 个属，丝状真菌 30 个属，酵母 12 个属，共 200 余种或更多（表 6-4）。

表 6-4　土壤环境中分离的一些主要烃类降解微生物种属

细菌	真菌
假单细胞菌 *Pseudomonas*	木菌 *Trichoderma*
节细菌 *Arthrobacter*	青菌 *Penicilium*
棒杆菌 *Corynrobacterium*	曲菌 *Aspergillus*
黄杆菌 *Flavobacterium*	
无色杆菌 *Achromobacter*	
微球菌 *Micrococcus*	
分枝杆菌 *Mycobacterium*	

2. 卤代化合物

卤代化合物主要有两大类，分别为卤代脂肪族和卤代芳香烃族。卤代化合物也是将卤族原子（通常为氯、溴、氟）加合到氢原子位置上的一组化合物。自然界中虽然也发现了一些卤代化合物，但是目前还没有关于天然的与合成卤代化学品进行比较的资料。当卤素原子被引入到有机分子中时，有机化合物的许多性质，如溶解度、挥发度、密度和毒性都将发生显著的变化。这些变化对商业化学产品的改性很有价值。例如，作为脱油脂的溶剂就是改性的卤代化学品。但是，当有机化合物被改性以后，化学性质的这些变化对微生物代谢作用也产生了严重影响。化学品被酶袭击的易感性因卤化作用而明显减弱，其结果使这些化合物成为环境持久性污染物，成为生物修复技术中面临的难点。

（1）卤代脂肪族

卤代脂肪族化合物是一组直链碳、氢化合物中的众多氢原子被卤素原子取代的化合物。卤代脂肪是有效的溶剂和脱油脂剂，广泛用于制造业和服务工业，其范围从汽车制造到干洗行业。一些高卤代的代表物，如四氯乙烯，好氧微生物对它几乎无法袭击，但却容易被一些特殊的厌氧微生物所降解。事实上，一些最近的研究表明，某些厌氧微生物可以完全地将四氯乙烯脱氯为相对无毒的容易被好氧微生物分解的化合物乙烯。

当脂肪族中的卤代程度减少时，好氧代谢作用的程度随之增加。与甲烷、甲苯或酚一起供给系统一些好氧微生物时，卤代程度较低的乙烯可以通过共代谢作用降解。于是，对高卤代脂肪族化合物的常用的处理原理是通过厌氧化处理脱氯，然后利用好氧共代谢方法使生物降解过程进行完全。然而，对在有卤代脂肪类污染物污染的生物修复现场完成厌氧/好氧的常规程序目前还没有转入商业化规模的阶段。

（2）卤代芳香族

卤代芳香族是一组由一个或多个卤素取代苯环上的氢原子所形成的化合物，如作为溶剂和杀虫剂的氯苯、杀菌剂和五氯酚。五氯酚也曾广泛用于电力变压器和电容器上。这些化合物的芳环苯核容易被好氧降解，也可被厌氧代谢，只是厌氧代谢发生的速率相对缓慢。总的说来，卤素原子在芳环上出现制约了其生物可降解性。高卤代作用会阻止芳香族化合物的好氧代谢，其情形与高卤代多氯联苯（PCBs）相似。如上面对脂肪族化合物的讨论，厌氧微生物可从高卤代芳环上脱氯。当卤素原子被氢原子取代时，其分子容易被好氧微生物袭击。于是，对含有卤代芳烃污染土壤、沉积物或地下水进行生物修复处理可采用厌氧脱氯-好氧降解的方法，可彻底去除残留污染物。值得注意的是，当芳环上除了有卤素原子外还有其他取代基时，好氧代谢十分迅速，五氯酚就是一个例子。

3. 硝基芳烃

硝基芳烃是将硝基（NO_2^-）键合到苯环上的一个或多个碳原子上后形成的一组有机化

合物。三硝基苯就是一个典型的硝基芳烃化合物，是炸药的主要成分。实验室研究表明，厌氧微生物和好氧微生物都可将这类化合物转换为二氧化碳、水和矿物成分。最近的现场试验确认厌氧微生物可将硝基芳烃转化为无毒的挥发性有机酸，如乙酸，然后将其进一步矿化。

4. 金属

表 6-3 中的重金属是常见污染物，它们可通过工业生产过程（如钢铁工业到制药行业）释放到土壤环境之中。正如所知，微生物不能分解或破坏重金属，但是可以改变重金属的化学反应性和移动性。通过利用微生物的作用，可增加重金属的移动性，然后再对其进行处理，这样的例子已在采矿业中被广泛使用。微生物可产酸，在酸性条件下，可增加重金属的溶解性使其淋溶。例如，要想从低品位矿中提炼金属铜，采用的就是这样的方法。同样，这一方法也可用于生物修复过程中。但目前在这方面还没有更多的应用实例。另外，可以通过微生物的转化作用，使之直接产生沉淀，然后将重金属固定于土壤中而不会成为生物有效状态。

6.7.2　表面活性剂对有机污染物生物降解的影响

1. 表面活性剂的增溶特性

表面活性剂对疏水性有机化合物的增溶作用与分子的结构特性有关。表面活性剂的活性分子一般由非极性亲油基团和极性亲水基团组成，两部分的位置分别位于分子的两端，形成不对称结构，属于双亲媒性物质。表面活性剂的亲油基团主要是碳氢键。碳氢键的形式主要分为直链烷基、支链烷基、烷基苯核以及烷基萘等，它们的性能差别不大。但亲水基团部分的差别较大。因而，表面活性剂的类别一般以亲水基团的结构为依据分为四类：阳离子表面活性剂、阴离子表面活性剂、两性表面活性剂和非离子表面活性剂。表面活性剂的亲水性以数值表示，即为亲水/亲油平衡值（HLB），公式表达如下

$$HLB＝亲水基的亲水性/憎水基的憎水性$$

表面活性剂具有亲水和亲油双重性质，所以在低浓度时它处于单分子或离子的分散状态，也有一部分被吸附在系统的界面上，但在一定的共同浓度范围内，表面活性剂单体开始急速地聚集，形成胶束有序的分子或离子集合体，即所谓的胶束，这个浓度就称为胶束浓度（CMC）。一个胶束中的表面活性剂分子的平均数量为缔合数。

在胶束化过程中，非极性活性剂基团彼此相连，形成有序的对称排列的动态化学结构（如球、扁球状或长球状）。胶束中每个分子的疏水部分朝向内部集合中心，与其他疏水集团形成一个液态核心。胶束中心区构成了一个性质上不同于极性溶剂的疏水假相。一般认为在临界胶束浓度（CMC）以上时，胶束与单体是共同存在的，胶束中的分子以半衰期为 10^{-3} s 的速率一面不断离合集散，一面和单体保持平衡。在活性剂水溶液的代性能中，还有一种使有些不溶解于水或微溶解于水的有机物发生溶解作用，即增溶作用。由于它是在 CMC 以上发生的，所以和胶束形成有密切关系。

2. 表面活性剂的增溶现象

一般认为，胶束内部疏水核心和液状烃具有相同的状态。因此，在 CMC 以上的活性剂溶液中加入难溶于水的有机物质时，就得到溶解态的透明液体，这就是增溶现象。活性剂增溶现象是由于有机物进入与它本身性质相同的胶束内部导致一个向同性的胶束溶液形成，这种向同性溶液在热力学上是稳定的，具有其组分自由能的最低可能数目。增溶物质的种类不同，它们进入胶束的方式也不同，其机理主要有以下 4 种：烃类物质在胶束中心增溶（非极

性增溶）；高极性的醇、胺和脂肪酸等共有极性的难溶性物质穿过构成胶束的活性分子之间形成混合胶束（极性－非极性增溶）；水溶性染料或不溶性染料等吸附在胶束表面的亲水部分（吸附增溶）和非离子表面活性剂的表面定向排列增溶。增溶通常以 CMC 为起点，在 CMC 以上浓度范围内的线性作用过程，随表面活性剂浓度的增加，增溶量大致以直线增长。高疏水性化合物溶液中也可能发生低程度的增溶作用。

（1）疏水性有机化合物（HOC）在土壤与表面活性剂溶液中的分配

没有投加表面活性剂的土壤/水两相系统中，HOC 分子在两相的分配处于一种平衡状态。如果吸附在土壤中的 HOC 与水相中的 HOC 的浓度一定，HOC 在土壤/水相中的分配平衡可以用分配系数 K_d 表示，其单位为 L/g

$$K_d = (N_{surf}/W_{soil})(V_{aq}/N_{aq})$$

式中，N_{aq} 为溶液中 HOC 的平衡物质的量；N_{surf} 为吸附土壤中 HOC 的平衡物质的量；W_{soil} 为土壤重量（g）；V_{aq} 为水溶液的体积（L）。

投加表面活性剂的土壤/水两相系统中，水相中表面活性剂单体的浓度达到最大值，当再予这个系统中加入表面活性剂将有胶束形成。作用吸附可使表面活性剂吸附在土壤颗粒表面或颗粒内部，吸附的程度用 Q_{surf} 表示，其单位为 mol/g。试验表明，在大于 CMC 以上的一个较宽的浓度范围内，Q_{surf} 是一个常数。因此，可以将 Q_{surf} 表示为 Q_{max}。由于溶解态和吸附态表面活性剂的存在，使土壤对 HOC 的亲和力减弱。HOC 在水相和吸附相间的分配可以表示为

$$HOC = K_{d \cdot CMC}$$

它表示当表面活性剂浓度达到胶束浓度时，每克土壤所吸附的 HOC 物质的量与每升溶液中溶解的 HOC 物质的量之比

$$K_d = (N_{surf \cdot CMC}/W_{soil})(V_{aq}/N_{aq \cdot CMC})$$

式中，$N_{aq \cdot CMC}$ 为溶液中表面活性剂浓度达到 CMC 时 HOC 的平衡物质的量；$N_{surf \cdot CMC}$ 为表面活性剂浓度达到 CMC 时土壤中吸附的 HOC 的平衡物质的量。

投加表面活性剂的土壤/水两相系统中，液相中表面活性剂的浓度为 C_{sur}，大于 CMC，形成了胶束。在这一系统中，表面活性剂以两种形式存在，即游离的单体、表面活性剂胶束。HOC 也可以多种形式存在，即溶解在表面活性剂胶束中，溶解在溶液中，直接吸附在土壤颗粒上或与吸附的表面活性剂相吸附。这样的系统可使 HOC 溶解于胶束中，因而大大减少其在土壤中的吸附量。

关于 HOC 的两相分配通常用假相说来描述，分别称为疏水胶束假相（micellar pseudophase）和亲水假相（aqueous pseudophase）。疏水胶束假相由表面活性剂胶束聚集在一起的疏水内部假相组成，亲水假相由胶束和溶解的表面活性剂单体周围的水组成。疏水胶束假相中表面活性剂的浓度等于 $C_{surf \cdot CMC}$，亲水假相中表面活性剂的浓度等于与 CMC 相当的表面活性剂单体浓度。溶解态的 HOC 存在于水假相，增溶的 HOC 存在于疏水假相。HOC 在土壤吸附相和水假相间的分配平衡用 $K_{d \cdot CMC}$ 表示，在土壤胶束假相和水假相的分配平衡用 K_m 表示，它是对特定物质增溶能力衡量的一个指标

$$K_m = X_m/X_a$$

式中，X_m 为 HOC 在胶束相的物质的量；X_a 为 HOC 在水假相的物质的量。

除此之外，还有一种方法用物质的量比来衡量被增溶物质的增溶能力，物质的量比表示每摩尔表面活性剂增溶的有机物的浓度，每加入单位胶束表面活性剂浓度引起被增溶物质浓

度的增加量等于 MSR。当 HOC 浓度足够高时，将被增溶物质浓度对表面活性剂浓度作图绘制曲线，MSR 值可从曲线的斜率中得到

$$MSR = (S_{org \cdot MIC} - S_{org \cdot CMC})/(C_{surf} - CMC)$$

式中，$S_{org \cdot CMC}$ 为表面活性剂浓度达到 CMC 时，溶液中有机物的溶解度（mol/L）；$S_{org \cdot MIC}$ 为表面活性剂浓度大于 CMC 时，溶液中有机物的总溶解度（mol/L）；C_{surf} 为 $S_{org \cdot CMC}$ 时的表面活性剂浓度。

胶束相中有机物的物质的量可用下式计算

$$X_m = (S_{org \cdot MIC} - S_{org \cdot CMC})/[(C_{surf} - CMC) + (S_{org \cdot MIC} - S_{org \cdot CMC})]$$

或

$$X_m = MSR/(1 + MSR)$$

稀溶液中水相的有机物物质的量 X_a 可表示为

$$X_a = S_{org \cdot CMC} \cdot V_w$$

式中，V_w 为水的摩尔体积。这样 K_m 的表示式为

$$K_m = (S_{org \cdot MIC} - S_{org \cdot CMC})/[(C_{surf} - CMC + S_{org \cdot MIC} - S_{org \cdot CMC})(S_{org \cdot CMC} \cdot V_w)]$$

（2）影响表面活性剂 CMC 及 HOC 分配平衡的因子

HOC 在表面活性剂溶液中的分配受 CMC 的影响，而 CMC 受表面活性剂结构组成、介质温度、离子力和溶液中其他有机物等多种因素的影响。假如表面活性剂的活性较大，就容易形成胶束，其 CMC 值就低。离子性的表面活性剂的 CMC 值取决于疏水基的长度。疏水基中引入双链或支链一般使 CMC 值增大。加入无机电解质可使两性表面活性剂的 CMC 降低。添加有机物几乎对所有表面活性剂 CMC 有影响。

表面活性剂对有机污染物生物降解的影响应重点考虑以下方面：与 CMC 相关的表面活性剂浓度、表面活性剂的毒性阈值、表面活性剂的化学增溶能力、离子电荷和空间结构、与生物降解效应相关的亲水/亲油平衡值（HLB）和表面活性剂自身的生物可利用性。

3. 表面活性剂对 PAHs 生物降解的影响

PAHs 在土壤中的强烈吸附限制了它们的生物可利用性。高分子 PAHs 的低水溶性确实是一个影响其生物降解的主要限制因子，严重地限制了高分子 PAHs 的降解率。表面活性剂在超过其临界胶束浓度时，能增强 PAHs 的解吸和溶解度。但在使用表面活性剂时，应掌握适当的浓度。表面活性剂浓度过高会抑制微生物活性，或被当成母体基质，而且也增加处理费用。这一点也值得考虑。一些研究表明表面活性剂的浓度超过临界胶束时具有很好的处理效果。浓度过低时，虽然也能增加 PAHs 的降解，但是不会增加 PAHs 的土壤解吸量。此外，表面活性剂本身的可降解性也是一个值得考虑的问题。1990 年 Knaebel 等发现低浓度的表面活性剂（小于 50ng/g 土）能被土壤中存在的微生物降解，土壤微生物本身也产生生物表面活性剂，这种生物表面活性剂曾被试验证明能成功地降解碳氢化合物。由于使用表面活性剂存在的高费用问题，因此，使用生物表面活性剂将是最佳选择。到目前为止，能产生生物表面活性剂并能降解 PAHs 的微生物尚未很好地确定，它们在实际中的应用还有待于进一步的研究。

6.7.3　生物有效性及其改善

在生物修复过程中，还常常遇到这样一个问题：不论生态条件多么优化，由于环境介质（土壤、水沉积物或大气尘颗粒）本身对污染物的吸附或其他固定作用，隔断了专性微生物、酶和植物与污染物的直接接触，导致了专性微生物、酶和植物对污染物的生物可降解和可利用能力或程度（即生物有效性）的降低。在这一意义上，污染环境系统中化学污染物的生物"可察觉"浓度，可定义为生物修复中生物降解过程的有效性。

当考虑到生物有效性问题时，有两个因子常常被忽略。其一，在许多场合，尤其在微生物修复水平上，以每一细胞为基础的污染物的有效浓度相当低。在很大程度上，污染物在特定表面的结合以及细菌在生物膜上的分离，导致了这一效应的产生。至今，生物修复过程及其在污染处理现场的应用仍没有涉及这一重要问题。在一些场合，生物修复中表面活性剂的应用，能够改善生物有效性及生物降解过程的速率。有迹象表明，通过对生物有效性的改善，可以增加生物可降解的速率、提高生物可利用的程度。用表面活性剂对石油烃及PAHs的生物可降解作用研究揭示了土壤微生物群落未知的生物可降解能力。以荧蒽作为唯一碳源和能源的细菌，当被用于石油污染土壤的修复时，发现它们有进攻其他PAHs的现象。

表面活性剂在今后生物修复工程中将起重要作用。特别是生物表面活性剂的开发，由于能够较大幅度地降低处理费用，因此，在未来的若干年内，不仅需要对表面活性剂促进的生物降解过程及其机制进行研究，还必须对表面活性剂使用的工程策略或其他增加污染处理现场物质迁移能力的手段进行研究。此外，应考虑去除那些能促进生物有效性的化学物质，以避免处理现场污染物质分布的负效应（例如渗入非污染地区或产生次生污染）。

对于具有憎水性的有机污染物来说，尽管污染环境中该类污染物的总浓度相当高，但由于该类污染物的憎水性，细菌在其栖居的微滴-水界面的浓度较低。石油产品、杂酚油、煤焦油和PCBs等油废弃物就属于此范畴的污染物。目前，仍然缺乏对细菌包围并"吃掉"这些憎水性污染物进行研究。不过，有资料表明，细菌能产生各种生物乳化剂。当这些细菌被加入处理现场时，可促进憎水污染物的生物降解过程；或通过这些自然形成的生物乳化剂的应用（包括在生物反应器中的应用），能改善憎水污染物的生物有效性并最终促使其生物降解。不幸的是，生物乳化剂本身容易被生物降解。因此，在一定时间内它还不能代替化学合成表面活性剂在生物修复中的作用。

6.7.4　生物进化及其利用

我们必须承认，污染环境能够"锻炼"生物的耐受力。在污染环境下，我们容易筛选获得对污染物有较强降解或超累积能力的微生物或植物。相反，在清洁环境中，我们常常难以获得生物修复过程中所需的专性微生物或超累积植物。可见，就专性微生物或超积累植物的筛选而言，污染环境所带来的生物进化的积极意义值得考虑。

一方面，我们需要对污染环境中的生物降解和生物积累过程进行识别，并从生物进化的角度，通过有意识、长时间的驯化，在试验条件下获得更强的生物降解或生物积累能力的微生物或超积累植物，并积极应用这些生物进化的机制，包括对生物转录因子进行调控和利用，为生物修复达到技术上的完全成熟打下基础；另一方而，需要在生物修复结束后，应用生物进化原理对引入的专性微生物加以有目的的控制，包括投入污染环境中的种群数量随污染物浓度降低而逐渐减少，以至最后消失的过程，以及将其加以提取用于其他污染点修复的方法等。

当然，随着环境污染的全球化以及许多生物在污染环境中长时间的暴露，生态系统中生物组分对污染物的耐受力也得到普遍增强，生态系统本身也得到了进化。从经济利益和节省资源的角度出发，在制定生物修复的判断标准时，我们也应考虑生物进化的因素。

 复习思考题

1. 微生物在生物修复过程中的作用有哪些？
2. 生物修复有效性的影响因素有哪些？
3. 生物修复的场地条件有哪些？
4. 生物修复过程如何进行评价？
5. 影响原位生物修复的环境条件有哪些？
6. 异位生物修复有哪些种类？
7. 生物修复应注意哪些问题？

第7章　环境污染物的生物修复——水环境

┌───┐
学　习　提　示

　　本章介绍了水环境中的微生物来源、种类、数量和分布,微生物的生长,环境因素对微生物的影响,水环境中的植物以及水生植物在水环境修复中的作用,水环境中的动物以及水动物在水环境修复中的作用,介绍了污水生物处理的基础,重点介绍了污水好氧处理和厌氧处理的基本原理、工艺类型,废水的脱氮除磷深度处理机理和工艺,污水回用工艺以及污水生态工程处理技术。需要重点掌握微生物的生长曲线、活性污泥法工艺特征、生物膜法基本工艺类型、厌氧处理工艺基本类型、废水深度处理的机理。
└───┘

7.1　概述

7.1.1　水环境中的微生物

　　地球表面70％的面积为各类水体所覆盖。水体有天然水体和人工水体两种。天然水体包括海洋、江河、湖泊、湿地等;人工水体包括水库、运河和各种污水处理系统。不同的水环境中其微生物种类和数量有较大差异。

　　微生物在水体中的种类、数量和分布受水体类型与层次、污染情况、季节等各种因素的影响。在洁净的湖泊和水库中,有机物含量低,微生物数量少,大约为 $10\sim10^3$ 个/mL,主要是自养和光能自养菌。流经城市的河流、港口附近的海水以及滞留的池水中,含有大量有机物和腐生性细菌,每毫升水样含菌量达 $10^7\sim10^8$ 个。海水温度低、含盐,海洋中的微生物主要是嗜冷、嗜盐菌,深海微生物还能耐受很高的净水压,在海洋动物的体内还栖息着大量的发光细菌。

1. 水体中微生物的来源

　　水体中含有微生物所需的各种营养物质,水体是微生物的天然生境。水体中的微生物包括天然栖居的和外来的。水体中的微生物主要来自以下几个方面。

　　(1) 水体自身的微生物

　　水体自身的微生物是水中固有的微生物,主要有硫细菌、铁细菌等化能自养菌,光合细菌、蓝细菌、真核藻类以及一些好氧芽孢杆菌等。

　　(2) 来自土壤的微生物

　　由于水体的冲刷,将土壤中的微生物带到水体中,主要包括氨化细菌、硫酸还原菌、芽孢杆菌和霉菌等。

　　(3) 来自空气的微生物

雨雪降落时，将空气中的微生物带到水体中，主要是由于空气中有许多尘埃造成的。

（4）来自生产和生活的微生物

各种工业废水、农业废水、生活污水、人和动物排泄物以及动植物残体等夹带微生物进入水体，主要包括大肠菌群、肠球菌、各种腐生细菌、梭状芽孢杆菌以及一些致病性微生物，如伤寒杆菌和痢疾杆菌等。

2. 微生物的生长

微生物的生长实际上是微生物对周围环境中物理的或化学的种种因素的综合反应。微生物的生长规律一般以生长曲线来反映。生长曲线如图 7-1 所示。该曲线表示了微生物在不同培养环境下生长情况及其生长过程。按照微生物生长速度来分，其生长可分为四个生长期，即延迟期（适应期）、对数增长期、稳定期（减速增长期）、衰亡期（内源呼吸期）。

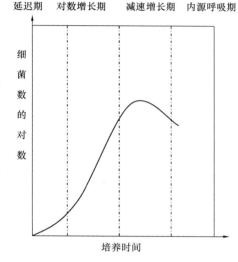

图 7-1　微生物的生长曲线

（1）延迟期（适应期）

延迟期是微生物细胞刚进入新环境的时期，由于细胞需要适应新的环境，细胞开始吸收营养物质，合成新的酶系。这个时期一般不进行繁殖，活细胞数目不会增加，甚至由于不适应新的环境，接种活细胞可能有所减少。延迟期有多长，取决于接种的微生物种类的特性。

（2）对数增长期

微生物细胞经过延迟期的适应后，开始以恒定的生长速度进行繁殖。细胞的形态特征与生理特征比较一致，从生长曲线看细胞增殖数量与培养时间呈直线关系。这个时期大量消耗了限制性浓度的底物，同时细胞内代谢物质也被丰富积累。

（3）稳定期（减速增长期）

在一定容积的培养液中，细菌不可能按对数增长期的恒定生长速度无限期生长下去，因为营养物质不断被消耗，代谢物质不断积累，有限容积内的原培养液 pH 值和氧化还原电位发生了改变。环境条件的改变不利于微生物的生长，这就出现了稳定期。这一时期内，微生物细胞开始用积累物质进行内源代谢，生长速度下降，死亡速度上升，新增加的细胞数与死亡细胞数趋于平衡，从生长曲线看，在一定培养时间内，细菌生长对数值几乎不变。

（4）衰亡期（内源呼吸期）

这个时期营养物质已经耗尽，微生物细胞靠内源呼吸代谢以维持生存。生长速度为零，死亡速度随时间延长而加快，细胞形态多呈衰退型，许多细胞出现自溶。

3. 环境因素对微生物的影响

微生物的生长与环境条件关系极大，影响微生物生长的环境因素很多，其中最主要的是营养、温度、pH 值、溶解氧和有毒物质。

（1）营养

微生物合成自身的细胞物质，需要从周围环境中摄取自身生存所必需的各种营养物质。其中主要的营养物质是碳、氮、磷等，一般比例为 $BOD_5 ：N ：P ＝ 100 ：5 ：1$。

（2）温度

各类微生物生长的温度范围不同，约为 5～80℃，可分为最低生长温度、最高生长温度和最适生长温度。按照微生物适应的温度范围不同，微生物可分为低温性、中温性、高温性三类。低温性微生物生长温度在 20℃ 以下，中温性微生物在 20～45℃ 范围内，高温性在45℃ 以上。

（3）pH 值

不同微生物有不同的 pH 值范围，细菌、放线菌、藻类和原生动物的适应范围在 4.0～10.0 之间。大多数细菌适宜中性和偏碱性环境，氧化硫化杆菌喜欢在酸性环境，其最适 pH值为 3.0，也可在 pH 值为 1.5 的环境中生活；酵母菌和霉菌要求在酸性和偏酸性环境中生活，最适 pH 值为 3.0～6.0。

（4）溶解氧

溶解氧是影响生物处理效果的重要因素。在好氧生物处理中，如果溶解氧不足，好氧微生物由于得不到充足的氧，其活性将受到影响，新陈代谢能力降低，同时对溶解氧要求较低的微生物将逐步成为优势种属，影响正常的生化反应过程，造成处理效果下降。对于生物脱氮除磷而言，厌氧释磷和缺氧反硝化过程不需要溶解氧，否则将导致氮磷去除效果下降。

（5）有毒物质

在工业废水中，有时存在对微生物具有抑制和毒害作用的化学物质，其毒害作用主要表现在对细胞正常结构造成破坏和损害菌体内的霉，使之失去活性。因此，生物处理中对有毒物质要严加控制。

7.1.2 水环境中的植物

能在水中生长的植物，统称为水生植物。广义的水生植物包括所有沼生、沉水或漂浮的植物。依据植物旺盛生长所需要的水的深度，水生植物可以进一步细分为深水植物、浮水植物、水缘植物、沼生植物或喜湿植物。

1. 形态特征

水生植物的细胞间隙特别发达，还发育有特殊的通气组织，以保证在植株的水下部分能有足够的氧气。水生植物突出特点是具有很发达的通气组织，通气组织有开放式和封闭式两大类。莲等植物的通气组织属于开放式的，空气从叶片的气孔进入后能通过茎和叶的通气组织，从而进入地下茎和根部的气室。金鱼藻等植物的通气组织是封闭式的，它不与外界大气连通，只贮存光合作用产生的氧气供呼吸作用之用，以及呼吸作用产生的二氧化碳供光合作用之用。

由于长期适应于水环境，生活在静水或流动很慢的水体中的植物茎内的机械组织几乎完全消失。根系的发育非常微弱，在有的情况下几乎没有根，主要是水中的叶代替了根的吸收功能，如狐尾藻。水生植物以营养繁殖为主，如常见的作为饲料的水浮莲和凤眼莲等。有些植物即使不行营养繁殖，也依靠水授粉，如苦草（*Vallisneria spiralis*）。

2. 物种分布

水生植被因水质的差异分为淡水和咸水两大类。水生植被的自然分布也与水的深度、透明度及水底基质状况有关：透明度大的浅水，水底多腐殖质的淤泥，植物种类较多，生长茂盛；水深，基底为沙质或石质时，植物种类少，而且分布稀疏。在湖泊、沼泽及池塘内，水生植物则往往呈同心圆环状分布；在河流小溪两岸，水生植物自河中心向外作平行条带状分布并按其不同的生态特征可分为沉水、浮水和挺水三类；在较大的深水池塘或湖泊内，水生植物从沿岸浅水向中心深处呈现有规律的环带状分布，依次为挺水水生植被带、浮水水生植被带及沉水水生植被带。

3. 具体分类

根据水生植物的生活方式，一般将其分为以下几大类：挺水植物、浮叶植物、沉水植物、漂浮植物。

挺水植物。挺水型水生植物植株高大，花色艳丽，绝大多数有茎、叶之分；直立挺拔，下部或基部沉于水中，根或地茎扎入泥中生长，上部植株挺出水面。挺水型植物种类繁多，常见的有荷花、千屈菜、菖蒲、黄菖蒲、水葱、再力花、梭鱼草、花叶芦竹、香蒲、泽泻、旱伞草、芦苇等。

浮叶植物。浮叶型水生植物的根状茎发达，花大，色艳，无明显的地上茎或茎细弱不能直立，叶片漂浮于水面上。常见种类有王莲、睡莲、萍蓬草、芡实、荇菜等。

沉水植物。沉水型水生植物根茎生于泥中，整个植株沉入水中，具发达的通气组织，利于进行气体交换。叶多为狭长或丝状，能吸收水中部分养分，在水下弱光的条件下也能正常生长发育。常见的沉水植物有狐尾藻、轮叶黑藻、金鱼藻、马来眼子菜、苦草、菹草等。

漂浮植物。漂浮型水生植物种类较少，这类植株的根不生于泥中，株体漂浮于水面之上，随水流、风浪四处漂泊，多数以观叶为主，为池水提供装饰和绿荫。又因为它们既能吸收水里的矿物质，同时又能遮蔽射入水中的阳光，所以也能够抑制水体中藻类的生长。

4. 水生植物在水环境修复中的作用

以水生植物忍耐和富集某些有机、无机污染物为理论基础，利用水生植物或其与微生物的共生关系，清除水环境中污染物的一种环境生物技术称为水生植物修复技术。

水生植物可用于去除水中的重金属、氮磷等营养物质以及有机污染物。向水体中投放对重金属有富集作用的水生植物，然后定期收割，即可达到去除重金属污染的目的。水生植物凤眼莲（*Eichhornia crassipes*）是清除 Cd、Cr、Cu 和 Se 最有前景的植物，浮萍也可以有效地修复废水中 Cd、Cr、Cu 和 Se 的污染。表 7-1 列出了水环境重金属修复涉及的部分植物种类。

表 7-1 水环境植物修复涉及的部分植物种类

名称	修复特性
燕麦草	可耐受高浓度的铜、镉、锌，并可将这三种金属积累在茎部
凤眼莲	可去除水中污染物，包括有毒重金属。对不同元素，其累积部位不同，对 Cd、Cr、Cu、Ni、As 主要在根部，而 Se 在茎的累积量比根部高得多
浮萍	每日吸收 Pb 和 Cd 的速率分别达到 3～8mg/m² 和 2～4mg/m²，且植株生长快、容易收获
鹦鹉毛	在污染水体中，根部对 Cd 和 Ni 的富集率分别达 1426mg/kg（干重）和 1077mg/kg（干重）
细叶茨藻	很有潜力的重金属污染水体修复植物，对重金属的吸收速率无明显差异，但 Cd 的吸收在 Pb 的质量浓度达到 100mg/L 时有很大降低，与 Pb 低浓度下相比降低 50% 左右
水浮莲	在污染水体中，对 Cu 和 Hg 的富集率分别达 1038mg/kg（干重）和 1217mg/kg（干重）
杠板归	很有潜力的重金属污染水体修复植物，其植株生长速度快、密度高，对 Cr 和 Pb 的富集率分别达 2980mg/kg（干重）和 1882mg/kg（干重）
遏蓝菜	自然生长的植株对 Zn 的富集率达 2180～13520mg/kg（干重），还有积累 Cd 和 Ni 的能力
香蒲	对 Se、B 及某些有机物均有去除作用，对 Cu、Ni 和 Zn 的富集率分别可达 1156.7mg/kg、296.7mg/kg 和 1231.7mg/kg

由于水环境恶化，富营养化问题严重，导致水生植物群落衰退，生物多样性降低，使水环境系统遭到破坏。水生植物是水环境中关键的生态群落，在解决水质富营养化问题中具有

重要意义。表 7-2 为富营养化水体植物修复的部分植物种类及综合功效分析。

表 7-2　植物修复富营养化水体的综合功效分析

植物名称	去氮性	去磷性	适用性	净化能力
凤眼莲	>75	>75	<70	>75
满江红	65～75	65～75	<70	65～75
水花生	>75	<65	<70	65～75
慈姑	>75	65～75	>80	>75
芦苇	—	65～75	>80	>75
菱角	<65	<65	>80	>75
睡藕	<65	<65	>80	>75
金鱼藻	65～75	<65	>80	65～75
美人蕉	>75	65～75	>80	>75
伊乐藻	>75	>75	>80	>75

植物还可以通过挥发途径来清除水中的有机污染物，如生长在被 TCE 污染的水体中的水培杂交杨可从水中移走 98%～99% 的 TCE。也可利用莲藕、水芹等清除水体中的无机元素 N 和 P，如南京莫愁湖通过种植莲藕清除 N 和 P，经过三年的时间水色由原来的 14 级上升到 11 级。在无菌条件下，水生植物鹦鹉毛、浮萍、伊乐藻，6d 内可以富集全部水环境中的 DDT，并能将 1%～13% 的 DDT 降解为 DDD 和 DDE。Denys 等在法国北部的前炼焦厂污染土壤上种植多种不同类型植物，36 个月后多环芳烃质量浓度最多减少了 26%，证明混合种植的草本植物最适于进行植物修复。植物修复多环芳烃是一种可行的、低价的原位修复技术。

7.1.3　水环境中的动物

在水中生活的动物简称水生动物（aquatic animal）。大多数是在物种进化中未曾脱离水中生活的一级水生动物，但是也包括像鲸鱼和水生昆虫之类由陆生动物转化成的二级水生生物，后者有的并不靠水中的溶解氧来呼吸。

1. 水生动物分类

按照栖息场所分类，水生动物可分为海洋动物和淡水动物两种。在脊椎动物中，由于体液的渗透压一般介于海水和淡水之间，故在体液渗透压调节机制方面海洋动物和淡水动物之间具有相反的情况。

水生动物最常见的是鱼，此外还有腔肠动物，如海葵、海蜇、珊瑚虫；软体动物，如乌贼、章鱼；甲壳动物，如虾、蟹；其他动物，如海豚（哺乳动物）、龟（爬行动物）等其他生物，它们几乎栖居于地球上所有的水生环境，从淡水的湖泊、河流到咸水的大海和大洋。

2. 水生动物在水环境修复中的作用

排入河湖中的污染物首先被细菌和真菌作为营养物而摄取，并将有机污染物分解为无机物。细菌、真菌又被原生动物吞食，所产生的无机物如氮、磷等作为营养盐类被藻类吸收。藻类进行光合作用产生的氧可被其他水生生物利用。但若藻类过量又会产生新的有机污染，而水中的浮游动物、鱼、虾、蜗牛、鸭等恰恰以藻类为食，抑制了藻类的过度繁殖，不致产生再次污染，使自净作用占绝对优势。总之，水的自净作用是按照污染物质→细菌、真菌→原生动物→轮虫、线虫、浮游生物→小鱼→两栖类、鸟、人类这样一种食物链的方式降低浓度的。

国内外许多学者和研究人员致力于利用水生动物对水体中有机和无机物质的吸收和利用来净化污水，尤其是利用水体生态系统食物链中蚌、螺、草食性浮游动物和鱼类，直接吸收营养盐类、有机碎屑和浮游植物，取得明显的效果。这些水生动物就像小小的生物过滤器，昼夜不停地过滤着水体。

水体中投放适当的水生动物可以有效地去除水体中富余营养物质，控制藻类生长。底栖动物螺蛳主要摄食固着藻类，同时分泌促絮凝物质，使湖水中悬浮物质絮凝，促使水变清。滤食性鱼类，如鲫、鳙鱼等可以有效地去除水体中藻类物质从而使水体的透明度增加。水生生物的生长，可以促进水质进一步净化。值得一提的是多自然型河流治理营造出的浅滩、放置的巨石、修建的丁坝、鱼道等形成水的紊流，有利于氧从空气传递入水中，增加水中溶解氧量。一般说来河流溶解氧充足有利于好氧微生物、鱼类等的生长，河水会变得清澈、舒适。反之，则有利于厌氧微生物的繁殖，河水会发黑、发臭。

滤食性贝类以浮游植物、微生物和有机碎屑为食，滤水率和摄食量都很大，因此可以加速悬浮物质的沉降，利用及促进浮游植物的生长繁殖，加速有机质的循环作用，进而优化水质条件，改善养殖环境。

污水处理中常见的原生动物有肉足类、鞭毛类和纤毛类。常见的后生动物主要是多细胞的无脊椎动物，包括轮虫、甲壳类动物和昆虫及其幼体等。微型动物（原生动物和后生动物）在处理污水中主要有如下作用：（1）微型动物能分泌黏度等有利于细菌凝聚的物质，并且微型生物本身在沉降过程中挟带细菌下沉，因而改善了污泥的沉降性能。（2）微型动物能吞食游离细菌和污泥碎片，并能活化细菌，带动细菌一起运动，使细菌和有机物质充分接触，提高了细菌对有机物的去除能力，改善了水质。（3）微型动物本身能代谢可溶性有机物。（4）微型动物对毒物比细菌敏感，可用以确定污水中毒物的毒阈值。有关试验表明，污水的净化系统中，水生动物与细菌的关系密切，具有特殊的功能作用，因为水生动物是水体系统中最主要的捕食者，通过捕食水体中的细菌，水生动物能使水体的色度变淡，氮、磷浓度降低，藻类被除掉，水体透明度大大提高，水体变清。可见，水生动物对净化水体有显著的效果。

7.1.4　污水的生物处理基础

1. 污水生物处理对象

污水生物处理主要是去除水中呈溶解状态和胶体状态的有机污染物和大部分的悬浮物。污水中的有机污染通常用 BOD 或 COD 来综合评价。20 世纪 60～70 年代，人们发现去除水中的氨氮也很重要。到了 70～80 年代，湖泊富营养化现象出现，其主要的原因是由于氮、磷大量排入湖泊引起藻类的大量繁殖，因此氮、磷去除也是污水处理的目标。

2. 污水生物处理类型

根据参与代谢活动的微生物对溶解氧的需求不同，污水生物处理技术分为好氧生物处理、缺氧生物处理、厌氧生物处理。根据微生物生长方式的不同，生物处理技术又分为悬浮生长法和附着生长法两类。

好氧生物处理是在水中存在溶解氧的条件下进行的生物处理过程。缺氧生物处理是在水中无分子氧存在，但存在如硝酸盐等化合态氧的条件下进行的生物处理过程。厌氧生物处理是在水中既无分子氧又无化合态氧存在的条件下进行的生物处理过程。悬浮生长法是指通过适当的混合方法使微生物在生物处理构筑物中保持悬浮状态，并与污水中的有机物充分接触，完成对有机物的降解。附着生长法是微生物附着在某种固定的载体上生长，并形成生物膜，污水流经生物膜时，微生物与污水中的有机物接触，完成对污水的净化。

7.2　废水的好氧生物处理

7.2.1　概述

好氧生物处理是污水中有分子氧存在的条件下,利用好氧微生物降解有机物,使其稳定、无害化的处理方法。微生物利用污水中存在的有机污染物为底物进行好氧代谢,这些高能位的有机物经过一系列的生化反应,逐级释放能量,最终以低能位的无机物稳定下来,达到无害化的要求。好氧生物处理过程中有机物转化的示意图如图 7-2 所示。

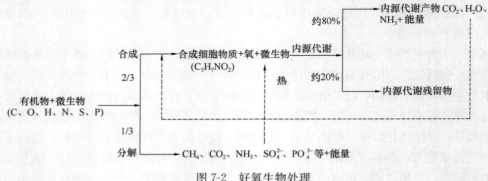

图 7-2　好氧生物处理

有机物被微生物摄取后,通过代谢活动,约有三分之一被分解、稳定,并提供其生理活动所需的能量,约有三分之二被转化,合成新的细胞物质,即进行微生物自身生长繁殖。后者就是废水生物处理中的活性污泥或生物膜的增长部分,通常称为剩余活性污泥或生物膜。

好氧生物处理的反应速率较快,所需的反应时间短,处理构筑物容积较小,且处理过程中散发的臭气较少。目前对中、低浓度的有机废水基本采用好氧生物处理。

7.2.2　活性污泥法

1. 基本概念

活性污泥法的开创可追溯到 19 世纪 80 年代的安格斯·斯密斯博士,他观察到向污水中通入空气可以加快污水中有机物的降解。后来,人们进行了大量的研究,美国马萨诸塞州劳伦斯实验室的克拉克(Clark)和盖奇(Gage)在 1912 年至 1913 年之间研究发现,长时间向污水曝气会产生絮状污泥,同时污水水质得到较高程度的改善。1914 年,阿尔登(Ardern)和洛凯特(Lockett)在英国曼彻斯特的进一步研究发现,正是这些污泥在净化污水中扮演了重要的角色。这些污泥因为含有能够氧化稳定污水中有机物的活性成分而被命名为活性污泥,并以此为名建立了第一座活性污泥处理试验厂。在显微镜下观察活性污泥,可以见到大量的细菌、真菌、原生动物和后生动物,它们组成了一个特有的微生物生态系统,这些微生物以污水中的有机物为食料进行代谢和繁殖,因而降低了污水中有机物的含量。同时,活性污泥易于沉淀分离,使污水得到澄清。

活性污泥法是利用活性污泥为主体的污水处理方法。活性污泥是由微生物、悬浮物、胶体物混杂在一起所形成的具有很强的吸附分解有机物能力和良好沉降性能的絮状体颗粒。活性污泥法广泛应用于城市污水和工业废水的处理中,能有效去除污水中溶解的和胶体状的有机物，也能去除大部分悬浮物和其他一些诸如氮、磷等营养物质。

2. 基本流程

活性污泥法主要由曝气池、二沉池、污泥回流系统、剩余污泥排除系统组成。基本流程图如图 7-3 所示。在开始运行时，应先在曝气池中装满污水，进行曝气培养出活性污泥，活性污泥培养到一定数量后，开始正常连续运行。经过适当预处

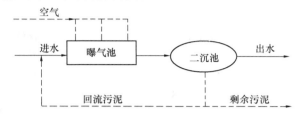

图 7-3　活性污泥法基本流程

理的污水与从二沉池回流的活性污泥一起进入曝气池形成混合液。曝气池是一个生物反应器，通过曝气设备充入空气，一方面空气中的氧溶入混合液，使活性污泥混合液产生好氧代谢反应，另一方面使混合液得到充分的搅拌，保持活性污泥的悬浮状态，使污水与活性污泥充分混合和接触，促进有机物的降解。在污水中的有机物得到充分降解后，混合液进入二次沉淀池，使混合液中的活性污泥悬浮固体沉淀下来，与水分离。净化好的水从二沉池流出，沉淀下来的污泥大部分又通过回流污泥系统回流到曝气池，使曝气池内保持一定的悬浮固体浓度，以保证污水的净化效果。曝气池中的生化反应引起了微生物的增殖，增殖的微生物通常作为剩余污泥从沉淀池排除，以保证活性污泥系统的稳定运行。排除的剩余污泥进入污泥处理系统进一步处理和处置，以消除二次污染。

3. 活性污泥生物相

活性污泥是以细菌、真菌、原生动物和微型后生动物所组成的主体，连同废水中的固体物质、胶体等交织在一起的黄褐色絮状体。其中细菌中的菌胶团为最主要的成分。

（1）细菌

细菌是组成活性污泥微生物相的主体。菌胶团是好氧活性污泥的结构和功能中心，有很强的吸附能力和分解有机物的能力，当污水与活性污泥接触后，1～30min 的时间内就被吸附到污泥菌胶团上，一旦菌胶团受到各种因素的影响和破坏，污水中的有机物去除率就会明显下降。菌胶团紧密成团，污泥密度增大，使污泥具有良好沉降性能。在活性污泥絮体中占优势的细菌包括假单胞菌属（*Pseudomonas*）、无色杆菌科（*Acthromobacteraceae*）、棒状杆菌科（*Corynebacteriaceae*）、黄杆菌科（*Flavobacerium*）、大肠杆菌（*Escherichiacoli*）等细菌。

丝状细菌是活性污泥中的另一重要组成成分。丝状细菌在活性污泥中可交叉于菌胶团之间，或附着生长于表面，少数种类可游离于污泥絮粒之间。丝状细菌具有很强的氧化分解有机物的能力，起着一定的净化作用。在有些情况下，它在数量上可超过菌胶团细菌，使污泥絮凝体沉降性能变差，严重时引起活性污泥膨胀，造成出水质量下降。常见的丝状菌有浮游球衣菌（*Sphaerotilus natans*）、贝硫细菌（*Beggiatoa sp.*）、线丝菌属（*Lineola*）等。

（2）真菌

活性污泥中有一定数量的真菌，虽不占优势，但在废水进化过程中的作用很大。在某些含碳较高或 pH 值较低的工业废水处理系统中，存在比较多的真菌。活性污泥中存在的真菌以霉菌为主，如毛霉菌（*Mucor*）、根霉菌（*Rhizpus*）、曲霉属（*Aspergillus*）、青霉属（*Penicillium*）等。

（3）原生动物

在活性污泥中常见的原生动物有鞭毛虫类、肉足虫类、纤毛虫类及吸管虫类等。这些原生动物都属于好氧微生物，其代谢、增殖形式与细菌大体相同，具有废水净化和指示的作

用。新运行的曝气池或运行不好的曝气池，池中主要含鞭毛类原生动物和根足虫类，只有少量纤毛虫；出水水质好的曝气池混合液中，主要含纤毛虫，只有少量鞭毛型原生动物和变形虫。在污泥驯化过程中，随着活性污泥的逐步成熟，混合液中的原生动物的优势种类也会顺序变化，依次出现游泳型纤毛虫、爬行型纤毛虫、附着型纤毛虫。另外，一些原生动物分泌一些黏液和多糖类物质协同菌胶团凝聚成大的絮凝体迅速沉降，有利于泥水分离。

（4）微型后生动物

在成熟的活性污泥中常会遇到一些微型后生动物，如轮虫、线虫、甲壳动物、小昆虫及其幼虫等。在废水的生物处理系统中，轮虫可作为指示生物。活性污泥中出现轮虫，通常表明有机质浓度低、水质较好；当轮虫数量过多，则有可能破坏污泥的结构，而使污泥松散上浮。线虫可吞噬细小的污泥絮粒，在高负荷的活性污泥中也会出现，活性污泥中出现的线虫以双胃虫属、干线虫属、小杆属居多。

4. 活性污泥法净化反应过程

在活性污泥处理系统中，有机物从废水中被去除的过程实质就是有机底物作为营养物质被活性污泥微生物摄取、代谢与利用的过程，这一过程的结果使污水得到了净化，微生物获得了能量而合成新的细胞，活性污泥得到了增长。活性污泥法的净化过程一般包括絮凝吸附、生物代谢、泥水分离等阶段。

（1）絮凝吸附

一方面，在正常发育的活性污泥微生物体内，存在着由蛋白质、碳水化合物和核酸组成的生物聚合体，这些生物聚合物有些是带电荷的介质，因此，微生物形成的生物絮凝体具有吸附作用和凝聚沉淀作用。微生物与废水中呈悬浮状或部分可溶性有机物接触后，能够使后者失稳、凝聚，并被其吸附在表面；另一方面，由微生物组成的活性污泥具有较大的表面积，在较短时间内（15～30min）就能够通过吸附作用去除废水中大量的有机污染物。

（2）生物代谢

废水中的溶解性有机物直接被细菌吸收，而非溶解状态的大分子有机物先附着在活性污泥微生物体外，由胞外酶分解成小分子溶解性有机物，进入微生物细胞内氧化分解。在细胞内，有机物一部分转化为水、二氧化碳等简单无机物，并获得合成新细胞所需的能量；另一部分物质进行合成代谢，形成新的细胞物质。

（3）泥水分离

在二沉池内进行的泥水分离是活性污泥处理系统的关键步骤，良好的絮凝、沉淀与浓缩性能是正常活性污泥所具有的特性。活性污泥在二沉池内的沉降，经历絮凝沉淀、成层沉淀与压缩沉淀等过程，最后在沉淀池的污泥区形成浓度较高的浓缩污泥层。

正常的活性污泥在静置状态下于30min内即可完成絮凝沉淀和成层沉淀过程。浓缩过程比较缓慢，要达到完全浓缩需要较长时间。影响活性污泥絮凝与沉淀性能的因素较多，包括原水的性质、水温、pH值、溶解氧含量以及活性污泥有机负荷等。

5. 活性污泥性能评价指标

活性污泥的絮凝、沉淀性能可用 SVI、SV 和 MLSS（MLVSS）等指标来评价。

（1）混合液悬浮固体浓度（MLSS）

MLSS 表示活性污泥在曝气池中的浓度，包括活性污泥组成的各种物质，即

$$MLSS = M_a + M_e + M_i + M_{ii}$$

式中，M_a 为具有代谢功能活性的微生物群体；M_e 为微生物内源代谢、自身氧化的残留物；

M_i 为由原污水带入的难被微生物降解的惰性有机物质；M_{ii} 为由污水带入的无机物。

该指标不能精确表示具有活性的活性污泥量，但考虑到在一定条件下，MLSS 中活性微生物所占比例较为固定，所以仍普遍应用 MLSS 表示活性污泥微生物量的相对指标。

（2）混合液挥发性悬浮固体（MLVSS）

MLVSS 表示混合液活性污泥中有机性固体物质部分的浓度，即

$$MLVSS = M_a + M_e + M_i$$

MLVSS 与 MLSS 比较虽能较精确地表示活性污泥中微生物的量，但由于其中仍包括非活性部分 M_e 和 M_i，所以 MLVSS 仍是活性污泥微生物量的相对指标。条件一定时，MLVSS/MLSS 一般较稳定，生活污水和以生活污水为主体的城市污水的 MLVSS/MLSS 一般为 0.75 左右。

（3）污泥沉降比（SV）

SV 又称为 30min 沉降率，表示混合液在量筒内静置 30min 后所形成沉淀污泥的容积占原混合液容积的百分率，即沉淀污泥的体积分数，以％表示。该指标能够相对反映污泥浓度和污泥凝聚、沉淀性能，用以控制污泥的排放量和污泥的早期膨胀。SV 测定方法简单。处理城市污水的活性污泥的 SV 一般介于 20％～30％之间。

（4）污泥容积指数（SVI）

SVI 通过将反应器内混合液置于 1L 的量筒内，静沉 30min 后的沉淀污泥容积，除以混合液悬浮固体质量浓度来确定，其单位是 mL/g。

$$SVI = \frac{混合液（1L）30min 静沉后形成的活性污泥容积（mL）}{混合液（1L）中悬浮固体干重（g）}$$

SVI 能更好地评价活性污泥的凝聚性能和沉淀性能，其值过低，说明粒径细小、密实，但无机成分多；过高又说明污泥沉降性能不好，将要或已经发生污泥膨胀。处理城市污水的活性污泥的 SVI 值一般介于 50～150mL/g 之间。SVI＜50mL/g 说明污泥活性太低，而 SVI＝150mL/g 常被作为污泥是否膨胀的界限。

6. 活性污泥法的工艺类型

（1）传统活性污泥法

传统活性污泥法又称为普通活性污泥法，主体构筑物曝气池为长方形，沿曝气池长方向均衡地等量曝气，有机污染物在曝气池中通过活性污泥连续地吸附、氧化得到降解，其工艺流程如图 7-3 所示。

这种工艺流程的特点在于：在曝气池进口端，有机物浓度高，微生物生长较快，在末端有机物浓度低，微生物生长缓慢，甚至进入内源呼吸代谢期。即废水中有机物在曝气池内的降解，经历了吸附和代谢的完整过程，活性污泥也经历一个从池首端的增长速率较快到池末端的增长率很慢或达到内源呼吸期的过程。所以，全曝气池的微生物生长处在生长曲线的不同阶段。该工艺由于曝气时间长而保证了极好的处理效果，一般 BOD_5 去除率为 90％～95％，适用于处理要求高而水质比较稳定的废水。

传统的活性污泥法存在的不足之处在于：曝气池首段有机物负荷率高，耗氧速率也高，易于出现缺氧状态；耗氧速率与供氧速率难以沿池长吻合一致，在池前端可能出现耗氧速率高于供氧速率的现象，而池后端又可能出现溶解氧过剩的现象；曝气池容积一般较大，占用土地较多，基建费用高。

图 7-4　完全混合活性污泥法基本流程图

完全混合法流程图如图 7-4 所示。

该工艺的特点为：污水在曝气池内分布均匀，各部位的水质相同，微生物群体的组成和数量几乎一致，反应系统的微生物处于增殖曲线上某一个时期；曝气池内需氧均匀，动力消耗低于推流式曝气池。由于本系统具有耐水质、水量冲击负荷等特点，适用于处理工业废水，特别是高浓度的工业废水。

该工艺的主要不足在于：由于污水在曝气池内的停留时间较短，细菌始终处于某个生长期，所以处理效果一般比推流式处理法要差；由于整个曝气池内的有机负荷较低，容易发生活性污泥膨胀现象。

（3）渐减曝气活性污泥法

渐减曝气活性污泥法是针对传统活性污泥法有机物浓度和需氧量沿池长减小的特点而改进的一种好氧生物处理工艺，其工艺流程图如图 7-5 所示。

该工艺特点是合理布置曝气器，从

（2）完全混合法

完全混合式活性污泥法是目前采用较多的一种活性污泥法。该工艺的主要特征在于废水进入曝气池在较短时间内与全池废水充分混合、稀释和扩散，池内各点有机物浓度比较均匀。

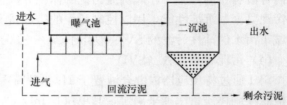

图 7-5　渐减曝气活性污泥法

首端到末端采用不同的供气量，一定程度地缩小了需氧量与供氧量之间的差距，有助于降低能耗，又能够比较充分地发挥活性污泥微生物的降解功能。混合液中的活性污泥浓度沿池长逐步降低，出流混合液的污泥浓度较低，减轻了二沉池的负荷，有利于提高二沉池固、液分离效果。目前活性污泥一般采用这种曝气供氧方式。

（4）延时曝气活性污泥法

延时曝气活性污泥法又叫完全氧化活性污泥法。该工艺的最大特点是 F/M 负荷非常低，曝气时间长，一般多在 24h 以上，污泥中的微生物长期处于内源呼吸阶段。由于内源呼吸的作用，同时氧化了合成的微生物的细胞物质，其实质是集废水处理和污泥好氧处理为一体的综合构筑物，该工艺剩余污泥量少，消除或减少了剩余污泥处理带来的一系列问题。其主要缺点是：曝气时间长，池容大，基建费用和运行费用都较高，占用较大的土地面积等，仅适用于废水流量较小的场合。

（5）深井曝气

深井曝气是一种新型的活性污泥法，将埋于地下的井体装置作为曝气池来处理废水，其工艺流程图如图 7-6 所示。井中间设隔墙将井一分为二，或在井中心设内筒将井分为内、外两部分。井深一般可达 50～150m，直径可达 1～2m。该工艺的特点是：占地

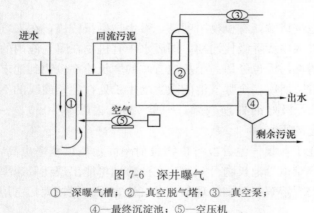

图 7-6　深井曝气

①—深曝气槽；②—真空脱气塔；③—真空泵；
④—最终沉淀池；⑤—空压机

面积小，受外界气候影响较小，氧转移速率高等，适用于化工、造纸、啤酒、制药等相对浓度高的工业废水处理。

（6）吸附-生物降解工艺（AB 法）

吸附-生物降解工艺简称 AB 法污水处理工艺。工艺图如图 7-7 所示。该工艺由 A 段和 B 段二级活性污泥系统串联组成，并分别设置独立的污泥回流系统。

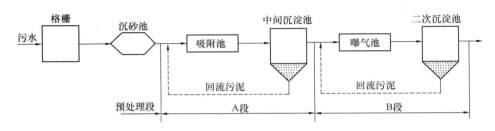

图 7-7　吸附-生物降解工艺

AB 法的基本原理：AB 法处理污水过程分两个阶段，A 段和 B 段。A 段细菌数量多，主要以吸附絮凝作用、吸收、氧化等方式去除有机物。吸附作用始于市政管网，污水在市政管网内流动时，部分有机物被管道内滋生的细菌吸附，原污水达到 A 段后，由于 A 段存在大量的细菌，这种吸附去除作用得到加强，有机物被进一步去除。B 段去除有机污染物的方式与普通活性污泥法基本相似，主要以氧化为主。难溶性大分子物质在胞外酶的作用下水解为可溶的小分子，可溶性小分子物质被细菌吸收到细胞内，由细菌细胞的新陈代谢作用将有机物质氧化为 CO_2、H_2O 等无机物而产生能量储存于细胞。A、B 两段的细菌密度和生理活性都各不相同，A 段的细菌密度几乎是 B 段的 2 倍，总活性也明显高于 B 段。因此，A 段对有机物的去除作用起着关键作用，并为 B 段有机物的进一步去除创造良好的条件。

A 段的活性污泥全部是繁殖快、世代时间短的微生物，主要以吸附絮凝、吸收和氧化的方式将有机物去除。B 段负荷较低，污泥平均停留时间为 15～20d，水力停留时间为 2～3h，主要以氧化的方式将有机物去除。

AB 法的基本特点是微生物群体完全分开为两段系统，A 段负荷高，抗冲击负荷能力强，适合浓度较高的污水。污水经 A 段处理后，使 B 段的可生化性提高，因而取得更佳更稳定的效果。

（7）序批式活性污泥法（SBR）

序批式活性污泥法又称为间歇式活性污泥法（SBR），其工艺流程图如图 7-8 所示。其主要特征是采用有机物降解与混合液沉淀于一体的反应器，与连续式活性污泥法系统相比，无需设污泥回流设备，不设二次沉淀池，曝气池容积也小于连续式。一个操作周期包括进水、反应、沉淀、排

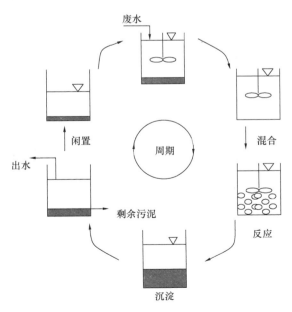

图 7-8　序批式活性污泥法

177

水排泥和闲置 5 个阶段，周而复始。

进水期用来接纳污水，起到调节池的作用；反应期是在停止进水的情况下，通过曝气使微生物降解有机物的过程；沉淀期是进行泥水分离的过程；排水期用来排出污水和剩余污泥；而闲置期是处于进水等待的状态。整个操作通过自动控制装置完成，运行周期内，各阶段的控制时间和总水力停留时间根据实际情况确定。

SBR 工艺的优点在于：

SBR 工艺可获得沉淀性能好的活性污泥，与普通曝气池的污泥指数 632 相比，SBR 污泥指数均低于 95。

SBR 工艺可极大提高活性污泥浓度，十分有利于提高处理效果和容积负荷。

SBR 工艺使活性污泥活性明显提高，这是由于 SBR 工艺的排水是在静止条件下进行的，而在普通活性污泥方法中是连续出水，容易带走密度较小、活性高的污泥。

SBR 工艺的无氧或低氧状态，可促进世代时间短、生长繁殖快的酸化细菌大量增加，提高了对有机物降解的能力，SBR 具有较快的生物繁殖速率。

SBR 工艺通过缺氧—厌氧—好氧的过程，可使原来难降解的有机物分解成能够被降解的物质。

因此，充分利用兼性菌的作用，在同一反应器内程序地进行缺氧—厌氧—好氧反应过程，是 SBR 工艺的重要特色。由于采用间歇方式，极大地提高了操作的灵活性，污泥性能好，抗负荷与毒物冲击能力显著增强，而且使传统的曝气装置方便调节运转参数，包括自由选择厌氧与好氧反应时间。SBR 工艺可实现高进水浓度、高容积负荷和高去除率。在处理高浓度有机废水方面独具特色，而且对氮、磷、硫的脱除效果也十分显著。特别适合处理浓度高、排放量小的各种工业有机废水。在促进环境保护设备装置化方面，SBR 工艺可以提供操作简便、使用灵活的废水处理手段，具有广阔的市场前景。

7. 活性污泥法系统的运行管理

（1）活性污泥的培养和驯化

活性污泥处理系统在验收后正式投产前需要进行污泥的培养和驯化。污泥的培养和驯化可分为异步培驯法、同步培驯法和接种法。异步法就是先培养后驯化，同步法为培养和驯化同时进行或交替进行，接种法为利用其他污水处理厂的剩余污泥，再进行适当培驯。

（2）试运行

活性污泥培养驯化成熟后，就开始试运行。试运行的目的是确定最佳的运行条件。活性污泥法要求在曝气池内保持适宜的营养物与微生物比值，供给所需的氧，使微生物很好地和有机物相接触；全体均匀地保持适当的接触时间等。不同的运行方式有不同的污泥负荷率，运行时的混合液污泥浓度就是以其运行方式的适宜污泥负荷率作为基础规定的，并在试运行过程中获得组价条件下的污泥负荷值和 MLSS 值。根据 MLSS 值或污泥沉降比，便可控制污泥回流量和剩余污泥量，并获得这方面的运行规律。关于空气量，应满足供氧和搅拌这两者要求。

（3）运行异常情况

活性污泥运行中会出现各种各样的异常情况，降低处理效果，造成污泥流失。

污泥膨胀。正常的活性污泥沉降性能良好，含水率在 99％左右。当污泥变质时，污泥不易沉淀，SVI 值增高，污泥的结构松散和体积膨胀，含水率上升，澄清液稀少，颜色异变，这就是污泥膨胀。一般污水中碳水化合物较多，缺乏氮、磷、铁等养料，溶解氧不足，水温高或 pH 值较低等都容易引起污泥膨胀。此外，超负荷、污泥龄过长或有机物浓度梯度小等，也会引起污泥膨胀。

污泥解体。处理水质浑浊，污泥絮凝体微细化，处理效果变坏等是污泥解体现象。导致这种异常情况的原因有运行中的问题，也可能是污水中混入了有毒物质。一般可通过显微镜观察来判别产生的原因。当鉴别出是运行的问题时，应对污水量、回流污泥量、空气量和排泥状态以及 SV%、MLSS、溶解氧、污泥负荷等多项指标进行检查，加以调整。当确定是污水中混入有毒物质时，应考虑这是新工业废水混入的结果，应查明来源。

污泥腐化。在二沉池中有可能由于污泥长期滞留而产生厌氧发酵生成气体硫化氢、甲烷等，从而使大块污泥上浮，污泥腐败变黑，产生恶臭。大部分污泥都是正常地排出或回流，只有沉积在死角长期滞留的污泥才腐化上浮。

污泥上浮。污泥在二沉池成块状上浮的现象，并不是由于腐败所造成的，而是由于在曝气池内污泥龄过长，硝化进程较高，在沉淀池内产生反硝化，氮气附于污泥上，使污泥密度降低，整块上浮。为防止这一异常现象发生，应增加污泥回流量或及时排除剩余污泥，在脱氮之前即将污泥排除，或降低混合液污泥浓度，缩短污泥龄和降低溶解氧等，以控制硝化的发生。

泡沫问题。曝气池中产生泡沫，主要原因是污水中存在大量合成洗涤剂或其他气泡物质。泡沫可给生产操作带来一定的困难。消除泡沫的措施有：分段注水以提高混合液浓度；进行喷水或投加除沫剂；用风机机械消泡等。

7.2.3　生物膜法

1. 概述

生物膜法是与活性污泥法并列的一种污水好氧生物处理技术。生物膜由多种多样的好氧微生物和兼性厌氧微生物，黏附在载体或滤料上所形成的一层带黏性、薄膜状的微生物混合群体。生物膜中的微生物主要有好氧、厌氧和兼性细菌、真菌、放线菌、原生动物和微型后生动物等，其中藻类和微型后生动物比活性污泥法中多见。

（1）生物膜的构成

当污水与滤料接触，污水中的有机污染物作为营养物质，被微生物所摄取，污水得到净化，微生物自身也达到繁殖，在滤层上形成一层生物膜。生物膜从开始形成到成熟，要经历潜伏和生长两个阶段。生物膜有一个形成、生长、成熟和衰老脱落的动态过程。微生物附着在载体表面一些凸凹不平之处，污水中的有机物和无机物在其上逐步积累，加上微生物的增殖，在微生物分泌的胶质物质作用下，慢慢形成小的微生物斑块，很多斑块相互连接起来就形成了薄薄的生物膜，生物膜慢慢增厚，达到一个相对稳定

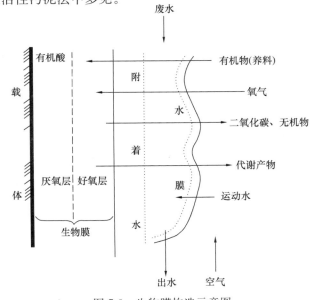

图 7-9　生物膜构造示意图

的厚度后，保持平衡，形成成熟的生物膜。图 7-9 为附着在生物滤池滤料上的生物膜构造。

（2）挂膜机理

在生物膜内外、生物膜与水层之间进行着多种物质的传递过程。空气中的氧溶解于流动的水层中，通过附着水层将氧传递给生物膜，供微生物呼吸；污水中的有机物则由流动水层传递给附着水层，然后进入生物膜，并通过细菌的代谢活动而被降解，使污水在其流动过程中逐步得到净化；微生物的代谢产物如 H_2O 等则通过附着水层进入流动水层，并随其排走，CO_2 及厌氧层分解产物如 H_2S、NH_3 以及 CH_4 等气态代谢产物则从水层逸出进入气流中。

当厌氧层较薄时，它与好氧层保持一定的平衡关系，好氧层能维持正常的净化功能。当厌氧层逐渐加厚并达到一定厚度时，其代谢产物也逐渐增多，这些产物向外逸出透过好氧层时，好氧层生态系统的稳定状态遭到破坏，造成这两种膜层之间平衡关系的丧失；又因气态代谢产物不断逸出，减弱了生物膜在滤料上的固着力，处于这种状态的生物膜即为老化生物膜，老化生物膜净化功能较差而易于脱落。生物膜脱落后形成新的生物膜，新生生物膜必须经过一定时间后才能充分发挥其净化功能。在正常运行情况下，整个反应系统中的生物膜各个部分总是交替脱落，系统内活性生物膜数量相对稳定，净化效果良好。过厚的生物膜并不能增大底物利用速度，却可能造成堵塞，影响正常通风。当废水浓度较大时，生物膜增长过快，水流的冲刷力也应加大，以维持良好的生物膜活性和合适的膜厚度。

（3）生物膜净化机理

生物膜是高度亲水性的物质，在污水不断在其表面更新的条件下，在其外侧总是存在着一层附着水层。生物膜又是微生物高度密集的物质，在膜的表面和一定深度的内部生长繁殖着大量的各种类型的微生物和微型动物，并形成有机污染物—细菌—原生动物（后生动物）的食物链。

生物膜在其形成和成熟后，由于微生物不断增殖，生物膜的厚度不断增加，在增加到一定厚度时，在氧不能透入的里侧深部即将转变成为厌氧状态，形成厌氧性膜。这样，生物膜便有好氧和厌氧两层组成。好氧层的厚度一般为 2mm 左右，有机物的降解主要是在好氧层内进行。

生物膜的内、外，生物膜与水层之间进行着多种物质的传递。空气中的氧溶解于流动水层中，从那里通过附着水层传递给生物膜，供微生物用于呼吸；污水中的有机污染物则由流动水层传递给附着水层，然后进入生物膜，并通过细菌的代谢活动而被降解。这样就使污水在其流动过程中逐步得到净化。微生物的代谢产物如 H_2O 等则通过附着水层进入流动水层，并随其排走，而 CO_2 及厌氧分解产物如 H_2S、NH_3 以及 CH_4 等气态代谢产物则从水层逸出进入空气中。

当厌氧层还不厚时，它与好氧层保持着一定的平衡关系，好氧层能够维持正常的净化功能。当生物膜较厚或废水中有机物浓度较大时，空气中的氧很快便被膜表面的微生物所耗尽，使内层滋生大量厌氧微生物，膜内层微生物不断死亡并解体，降低了膜同载体的黏附力，厌氧微生物发酵所产生的气体也可减小膜同载体的黏附力，这时，过厚的生物膜即在本身重力及废水流动的冲刷作用下脱落。膜脱落之后的载体表面又开始了新生物膜的形成过程，这是生物膜正常的更新过程。此外，生物膜中还有大量的以生物膜为食料的噬膜微型动物，它们的活动也可导致膜的脱落或更新。

（4）生物膜法的特征

生物膜中的微生物附着在载体表面生长，生长环境稳定，易于生长繁殖。生物膜固着在载体表面上，其生物固体平均停留时间长，在生物膜上形成了种类广泛、种属繁多、食物链长且复杂的微生物生态系统，如生物膜上可以有大量的丝状菌出现而无污泥膨胀问题，能够出现世代时间长的硝化菌，线虫、轮虫类以及寡毛类微型动物也有较高的出现频率，甚至可出现像滤池蝇一类的昆虫，使得生物膜中参与净化反应的微生物多样化，也使生物膜法系统产生的剩余污泥低于活性污泥法系统。由于有硝化菌的存在，一般生物膜法都具有硝化功能，采取适当的措施，还可能具有反硝化脱氮能力。生物膜法处理多分段进行，在正常运行条件下，每段都繁衍与进入本段污水水质相适应的微生物，并形成优势种属，这种现象非常有利于微生物新陈代谢功能的发挥和有机物污染物的降解。

上述生物膜法的普遍特征使得生物膜处理系统具有对水质、水量变动适应性较强；污泥沉降性能好，易于分离；能够处理低浓度的污水；易于维护管理、能耗低等方面的优点。但生物膜法也存在一般情况下处理效果不如活性污泥法好；工作时候容易堵塞；运行过程中产生滤池蝇，卫生条件差等缺点。

2. 生物滤池

（1）普通生物滤池

普通生物滤池又称滴滤池，是生物滤池早期出现的类型。它由池体、滤床、布水装置和排水装置等 4 个部分构成（图 7-10）。

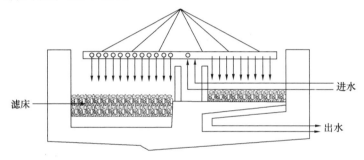

图 7-10　普通生物滤池示意图

普通生物滤池在平面上多呈方形或矩形，四周筑墙称为池壁，多用砖石构筑。滤床一般采用碎石、卵石、炉渣等滤料铺成厚度为 1.5～2.0m 的床体，生物膜生长在这些滤料上。其特点是处理效果好、运行稳定、易于管理、节省能源等，但因为承受的污水负荷低，占地面积大而不适宜处理量大的污水，而且床体容易堵塞，卫生状况差。

（2）高负荷生物滤池

高负荷生物滤池是第二代生物滤池工艺，它大幅度提高了滤池的负荷率，其 BOD 容积负荷率高于普通生物滤池的 6～8 倍，水力负荷率则高达 10 倍。高负荷生物滤池的构造基本上与低负荷生物滤池相同，但所采用的滤料粒径和厚度较大，一般均采取处理水回流的运行措施。由于负荷较高，水力冲击能力强，滤料表面所积累的生物膜量不大，不易堵塞，占地面积较小，卫生条件较好，比较适宜浓度和流量变化较大的废水处理。

（3）塔式生物滤池

塔式生物滤池是第三代生物滤池，占地面积小，基建费用低，净化效率高（图 7-11）。塔式生物滤池内部通风良好，污水从上向下滴落，污水、生物膜和空气接触充分，提高了传质效果和处理能力。该工艺具有生物相分层明显、占地面积小、有机负荷高等优点。但由于塔身较高，会存在供氧不如曝气池充足，易形成厌氧环境，降低降解效率。

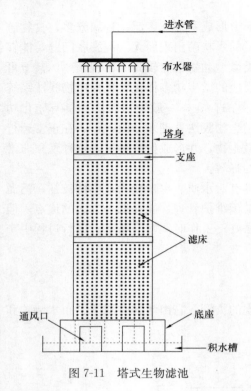

图 7-11　塔式生物滤池

塔式生物滤池的水力负荷比普通生物滤池高5～10倍，有机负荷也高2～6倍。其效率高的主要原因是生物膜与污水接触时间较普通生物滤池长，而且在不同的塔高处形成不同的生物相，污水可从上到下，在不同高度受到不同微生物及微型动物的作用，另外塔形的滤池内可形成自然抽风，有利于氧的供应。但由于污水停留时间仍较短，对大分子有机物的氧化分解较困难。

3. 生物转盘

生物转盘是由固定在一根轴上的许多间距很小的圆盘或多角形盘片组成，利用盘片表面上生长的生物膜来处理污水的一种装置（图 7-12）。

盘片有接近一半的面积浸没在半圆形、矩形或梯形的氧化槽内。在电机带动下，生物转盘以较低的线速度在氧化槽内转动，转盘交替和空气与污水相接触。经过一段时间后，在转盘上即附着一层栖息着大量微生物的生物膜。当生物膜处于浸没状态时，废水有机物被生物膜吸附，当转出水面时，生物膜从大气中吸收氧，使吸附膜上的有机物被微生物氧化分解。当盘片上的生物膜增长到一定厚度时，在其内部形成厌氧层，并开始老化。老化的生物膜剥落后进入二沉池，作为剩余污泥排入污泥处理系统。

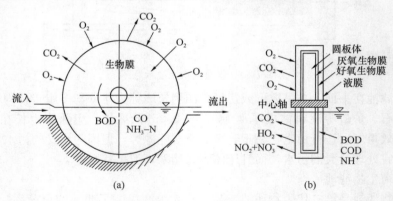

图 7-12　生物转盘
(a) 侧面；(b) 断面

生物转盘具有如下特点：

（1）能繁殖大量的丝状菌，因而有利于增加活性表面积，生物氧化能力较强，能承受负荷变化。

（2）生物膜与污水、空气的接触时间可通过调节圆盘转速来控制；生物膜的量也可用转速加以调节，转速快，与空气接触多，代谢旺盛，生成的生物膜也相应增加；同时转速快，剪切力会增大，使生物膜的脱落量也增加，也加快了生物膜生长、代谢及更新的速度。

（3）可进行分级运转，使优势微生物种群因级而异，有利于发挥多种微生物的作用。

（4）生物膜成熟期较短，一旦生物膜受到损坏，挂膜较容易。

（5）管理方便、运行费用低。

采用生物转盘可处理丙烯腈废水、含酚废水、医院污水、宾馆污水、啤酒废水等，在废水量小的治理工程中应用较多。

随着研究的进展，近年来出现了一些生物转盘的新形势。如依靠设在氧化槽中的充气管驱动式生物转盘，充入的空气又可增加对生物膜的供氧；在曝气池内组装生物转盘的活性污泥式生物转盘；适于生物脱氮的硝化与反硝化生物转盘等。

4. 生物接触氧化

生物接触氧化又称为淹没式生物滤池，池内充满滤料，滤料淹没在水中，是采用与曝气池相同的曝气方法，向微生物供氧的一种污水处理技术。生物接触氧化示意图如图 7-13 所示。当污水经过滤料一段时间后，滤料上布满生物膜，废水同生物膜接触，经过微生物的新陈代谢作用，污水中的有机污染物得到去除，污水得到净化。

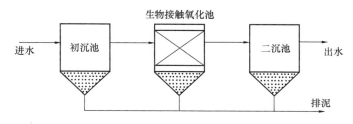

图 7-13　生物接触氧化

目前，广泛采用的填料有玻璃钢或塑料蜂窝填料、软性纤维填料、半软性填料、立体波纹塑料填料等。其中又以软性纤维和半软性填料相结合而成的组合填料最为普遍。生物接触氧化法对 BOD 的去除率较高，负荷变化适应强，不会发生污泥膨胀现象，便于操作管理，且占地面积小，因此被广泛采用。

5. 生物流化床

好氧生物流化床是以砂、活性炭、焦炭等一类较小的颗粒为载体充填在反应器内，水流以一定的速度自下而上流动，使载体处于悬浮流化状态的一种新型污水处理工艺。载体表面生长着一层生物膜，由于载体粒径小，其比表面积比普通生物滤池的填料表面积大 50 倍。由于载体处于流化状态，污水从其下部、左侧、右侧流过，广泛而频繁地与生物膜相接触，而且床内密集的载体颗粒还会相互摩擦碰撞，生物膜活性高，强化了传质过程。另外，由于载体不断流动，能有效防止堵塞。生物流化床具有有机负荷率高、处理效果好、效率高、占地少、投资省等优点。

根据床体本身所处的好氧或厌氧状态，流化床可以分为好氧流化床和厌氧流化床。但更多的是根据使载体流化的动力来源，将生物流化床划分为液流动力流化床、气流动力流化床和机械搅动流化床。图 7-14 为气流动力流化床，也称三相流化床。本工艺以气体为动力使载体流化，在流化床反应器内作为污水的液相、作为生物膜载体的固相和作为空气的气相三相相互接触。流化床本身由床体、进

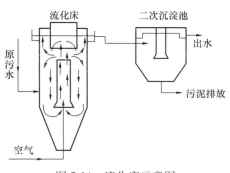

图 7-14　流化床示意图

出水装置、进气管和载体等组成。

流化床中的固体颗粒粒径范围在 $0.5\sim1.0mm$，比表面积至少为 $1000\sim2000m^2/m^3$（砂粒），远比生物转盘（$50m^2/m^3$）和生物滤池（$25m^2/m^3$）为大，因而流化床具有以下特点：

（1）具有高浓度的生物量，通常大于 $10g/L$，高的甚至可达 $40\sim50g/L$，而活性污泥浓度一般只有 $2\sim4g/L$，所以相应地具有较高的净化效率。

（2）流化床中气、液、固各相之间有效接触面积大，相对运动速度快，因此物质传递速度高。根据报道，流化床生物膜中的生化反应速度与向膜的传质速率之比是 $0.1\sim0.7$。流化床中的传质速率大于微生物的反应速率，这被认为是流化床净化效率高的又一个重要因素。

（3）由于生物浓度和传质效率高，污水在床中停留时间短。因此，耐受冲击负荷的能力显著增强，BOD_5 负荷可达 $16.6kg/(m^3 \cdot d)$，但是管理较其他生物膜法复杂。

7.3　废水的厌氧生物处理

7.3.1　概述

1. 基本原理

废水厌氧生物处理是指在没有游离氧存在的条件下，借助兼性细菌和厌氧细菌降解和稳定有机物的生物处理方法。在厌氧生物处理过程中，复杂的有机物化合物被降解，转化为简单的化合物，同时释放能量。在这个过程中，有机物的转化分为三部分进行：部分转化为甲烷，这是一种可燃气体，可回收利用；还有一部分被分解为二氧化碳、水、氨、硫化氢等无机物，并为细胞合成提供能量；少量有机物被转化、合成为新的细胞物质。由于仅有少量有机物用于合成，故相对于好氧生物处理而言，厌氧生物处理的污泥增长率小得多。

由于厌氧生物处理过程不需另加氧源，故运行费用低。此外，它还具有剩余污泥量少、可回收能量（甲烷）等优点。其主要缺点是反应速度较慢，反应时间较长，处理构筑物容积大等。但通过对新型构筑物的研究开发，其容积可缩小。此外，为维持较高的反应速率，须维持较高的反应温度，就要消耗能源。

厌氧生物处理过程中有机物的转化如图 7-15 所示：

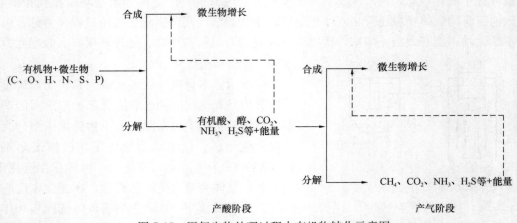

图 7-15　厌氧生物处理过程中有机物转化示意图

从 20 世纪 30 年代开始，有机物的厌氧消化过程被认为是由不产甲烷的发酵细菌和产甲烷的产甲烷细菌共同作用的两阶段发酵过程，两阶段厌氧消化过程示意图如图 7-16 所示。第一阶段常被称为酸性发酵阶段，即由发酵细菌把复杂的有机物水解和发酵成低分子中间产物，如形成脂肪酸（挥发酸）、醇类、CO_2 和 H_2 等。因为在该阶段有大量脂肪酸生成，使发酵液中的 pH 降低，所以此阶段被称为酸性发酵阶段或产酸阶段。第二阶段常称作碱性或甲烷发酵阶段，是由产甲烷细菌将第一阶段的一些发酵产物进一步转化为 CH_4^+ 和 CO_2 的过程。由于有机酸在第二阶段不断被转化为 CH_4 和 CO_2，同时系统中有 NH_4^+ 的存在，使发酵液的 pH 不断上升，所以此阶段又称为碱性发酵阶段或产甲烷阶段。

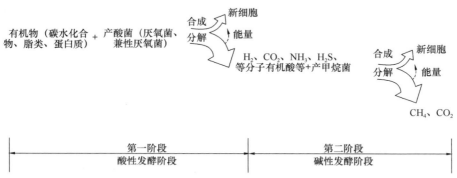

图 7-16　两阶段厌氧消化过程示意图

两阶段理论简要描述了厌氧生物处理过程，但没有全面反映厌氧消化的本质。1979 年，Bryant 等提出了厌氧消化的三阶段理论。三阶段厌氧消化过程示意图如图 7-17 所示。该理论认为产甲烷菌不能利用除乙酸、H_2/CO_2 和甲醇等以外的有机酸和醇类，长链脂肪酸和醇类必须经过产氢产乙酸菌转化为乙酸、H_2 和 CO_2 等以后，才能被产甲烷菌利用。研究认为乙酸是产甲烷阶段十分重要的前体物质，在厌氧反应过程中大约有 70% 的 CH_4 来自于乙酸的裂解。

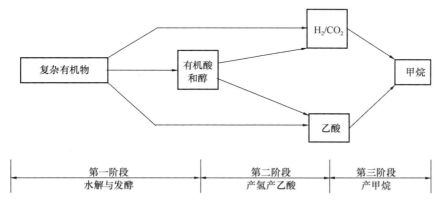

图 7-17　三阶段厌氧消化过程示意图

第一阶段是水解发酵阶段，在此阶段，复杂的有机物在厌氧菌胞外酶的作用下，首先被分解成简单的有机物，如纤维素经水解转化为较简单的糖类；蛋白质转化为较简单的氨基酸；脂类转化为脂肪酸和甘油等。继而这些简单的有机物在产酸菌的作用下经过厌氧发酵和氧化转化为乙酸、丙酸、丁酸等脂肪酸和醇类等。如多糖先水解为单糖，在通过糖酵解途径进一步发酵成乙醇和脂肪酸，如丙酸、丁酸、乳酸等代谢产物。蛋白质则先被水解成氨基酸，再经脱氨基作用产生脂肪酸和氨。

第二级阶段是产氢产乙酸阶段，在产氢产乙酸菌的作用下，把除乙酸、甲酸、甲醇以外的第一阶段的产物，如丙酸、丁酸等脂肪酸和醇类转化为乙酸和 H_2/CO_2。产氢产乙酸细菌将有机酸氧化形成的电子，使质子还原而形成氢气，因此此类细菌又称为质子还原的产乙酸细菌。

第三阶段，产甲烷细菌利用第一和第二阶段产生的乙酸和 H_2/CO_2 转化为 CH_4。产甲烷细菌利用不同的基质，利用 H_2、CO_2 和其他一碳化合物，如 CO、甲醇、甲酸、甲基胺等以及分解利用乙酸盐形成甲烷。形成的甲烷中，约 30％的甲烷来自氢的氧化和二氧化碳的还原作用，70％的甲烷来自乙酸盐。因此乙酸盐的降解形成甲烷，是甲烷形成过程的一个很重要途径。

几乎与 Bryant（1979）提出三阶段理论的同时，Zeikus（1979）等人在第一届国际厌氧消化会议上提出了厌氧消化的四阶段理论，在三阶段理论的基础上增加了同型产乙酸过程，即由同型产乙酸细菌把 H_2/CO_2 转化为乙酸。但这类细菌所产生的乙酸往往不到乙酸总量的 5％。图 7-18 为四阶段复杂有机物的厌氧消化过程。

厌氧消化过程经历了两阶段理论（酸性发酵阶段、碱性发酵阶段）、三阶段理论（水解发酵阶段、产氢产乙酸阶段、产甲烷阶段），目前发展到四阶段理论。这是人们对有机物厌氧消化过程不断认识的结果，这也反映出有机物的厌氧消化过程是一个由许多不同微生物菌群协同作用的结果，是一个极为复杂的生物化学过程。

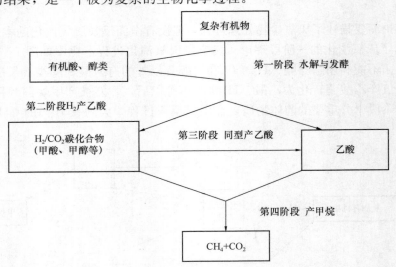

图 7-18　四阶段复杂有机物厌氧消化过程示意图

2. 厌氧生物处理微生物

厌氧生物处理涉及众多的微生物种群，各微生物种群通过直接或间接的营养关系，组成了一个复杂的共生网络系统。厌氧消化过程的各个阶段分别由相应的细菌类群完成，参与厌氧消化过程的细菌主要由水解发酵菌群、产氢产乙酸菌群、同型产乙酸菌群和产甲烷菌群。

四大类细菌（水解发酵菌群、产氢产乙酸菌群、同型产乙酸菌群和产甲烷菌群）在厌氧消化过程中组成了一个复杂的生态系统。前面三大类细菌都产生有机酸，因此又统称为产酸细菌。产酸细菌和产甲烷细菌之间相互依存、相互制约，主要表现在：产酸细菌通过水解和多层次的发酵，将各类复杂有机物最终转化为产甲烷菌赖以生存的有机物和无机基质，产酸细菌是产甲烷细菌的营养物质供应者；产甲烷细菌对产酸细菌代谢产物的吸收利用和转化，为产酸细菌正常新陈代谢奠定了热力学基础。

（1）水解发酵菌群

水解发酵菌群为一个十分复杂的混合细菌群，该类细菌将各类复杂有机质在发酵分解前首先进行水解，因此该类细菌也称为水解细菌。在厌氧消化过程中，水解发酵细菌的功能表现在两方面：① 将大分子不溶性有机物在水解酶的催化作用下水解成小分子的水溶性有机物；② 将水解产物吸收进细胞内，经过胞内复杂的酶系统催化转化，将一部分供能源使用的有机物转化为代谢产物，如脂肪酸和醇类等，排入细胞外的水溶液中，成为参与下一阶段生化反应的细菌菌群可利用的物质。

水解发酵细菌主要是专性厌氧菌和兼性厌氧菌，属于异养菌，其优势种属随环境条件和基质的不同而有所差异。

（2）产氢产乙酸菌群

产氢产乙酸细菌能将产酸发酵第一阶段产生的丙酸、丁酸、戊酸、乳酸和醇类等进一步转化为乙酸，同时释放分子氢，产氢产乙酸反应主要在甲烷相中进行。

在第一阶段的发酵产物中除可供产甲烷细菌直接利用的甲酸、甲醇、甲基胺类、乙酸外，还有许多其他重要的有机代谢产物，这些产物最终转化为甲烷，就是依靠产氢产乙酸菌群的作用。

（3）同型产乙酸菌群

在厌氧条件下，能产生乙酸的细菌有两类：一类是异养型厌氧细菌，能利用有机基质产生乙酸；另一类是混合营养型厌氧细菌，既能利用有机基质产生乙酸，又能利用分子氢和二氧化碳产生乙酸。前者是酸化细菌，后者就是同型产乙酸细菌。

同型产乙酸菌在厌氧消化中能利用分子态氢从而降低氢分压，对产氢的酸化细菌有利，同时对利用乙酸的产甲烷菌也有利。

（4）产甲烷菌群

产甲烷菌群是参与厌氧消化过程的最后一类也是最重要的一类细菌群。它们和参与厌氧消化过程的其他类型细菌的结构有显著差异。产甲烷菌是一个特殊的、专门的生理群，具有特殊的产能代谢功能。也就是说产甲烷菌是能够有效利用氧化氢时形成的电子，并能在没有光或游离氧和诸如硝酸盐、硫酸盐等外源电子受体的条件下，还原二氧化碳为甲烷的微生物。

产甲烷菌从分类学上讲属于古细菌，迄今为止已经分离得到了 40 余种，它们形态各异，常见的有杆状菌、球状菌、八叠球菌和螺旋菌等。

产甲烷菌能利用的能源物质主要有 5 种，H_2/CO_2、甲酸、甲醇、甲氨基类和乙酸。根据产甲烷菌对温度的适应范围，可将产甲烷菌分为三类：低温菌、中温菌和高温菌。低温菌的温度适应范围为 $20\sim25℃$，中温菌为 $30\sim45℃$，高温菌为 $45\sim75℃$。在已经鉴定的产甲烷菌中，大多数是中温菌，低温菌较少，高温菌也较多。

3. 厌氧生物处理工艺的优点

在一定条件下，好氧生物处理仍然是废水处理的较好选择。但结合经济优越性和特定高浓度有机废水等情况，传统好氧处理法的不经济性，使得人们不得不考虑厌氧生物处理技术。厌氧生物处理工艺的优点有以下几个方面：

（1）通过污泥颗粒化等手段可使工艺稳定运行。

（2）由于厌氧微生物增殖缓慢，处理同样数量的废水产生的剩余污泥仅为好氧法的 1/10～1/6，减少了剩余污泥的处置费用。

（3）厌氧方法对营养物的需求量小，其 COD、N、P 之间的比约为（200～350）：5：1，减少了补充氮磷营养的费用。

（4）由于厌氧系统可承受相当高的负荷率，COD 负荷可以达到 $3.2\sim32kg/(m^3 \cdot d)$，而好氧系统仅仅为 $0.5\sim3.2\ kg/(m^3 \cdot d)$，厌氧系统设施占地面积小。

（5）厌氧系统产生的沼气可作为燃料。

（6）厌氧系统处理含表面活性剂废水无泡沫问题。

（7）可以降解好氧过程中不可生物降解的物质，例如高氯化脂肪族化合物。

（8）可以转化氯化有机物，减少氯化有机物的生物毒性。

（9）可以处理季节性排放的废水，厌氧生物还可以降低内源代谢强度，使厌氧生物在饥饿状态下存活时间长。

4. 厌氧生物处理工艺的缺点

有时候废水温度低或浓度低，或者碱度不足，或者出水要求高等情况也限制了厌氧处理技术的应用。厌氧工艺的缺点可归纳如下：

（1）由于厌氧微生物增殖缓慢，为增加反应器内生物量，系统启动时间较长，一般需要 8～12 周。

（2）由于厌氧微生物增长缓慢，世代期长，处理低浓度或碳水化合物时，碱度不足，废水效果不好。

（3）在某些情况下，出水水质不能满足排放要求。有时，其出水 COD 浓度高于好氧处理，仍需进行后处理才能达到较高的处理要求。

（4）水质浓度产生的甲烷的热量不足以使水温加热到 35℃ 的厌氧生物处理最佳温度。

（5）含有硫酸根的废水会产生硫化物和气味。

（6）无硝化作用。

（7）氯化的脂肪族化合物对甲烷的毒性比好氧异养菌大。

（8）低温下动力学速率低。

7.3.2 厌氧滤池

20 世纪 50 年代中期，Coulter 等人在研究生活污水厌氧生物处理时，曾使用一种充填卵石的反应器，这就是最早的厌氧生物滤池工艺的早期尝试。美国斯坦福大学的 McCarty 等人在总结已有的有机废水厌氧生物处理工作的基础上，对厌氧生物滤池工艺进行了研究，使其得到了较大发展，同时从理论上进行了系统阐述，于 20 世纪 60 年代末正式将其命名为厌氧滤池。

1. 厌氧滤池的工艺系统

厌氧滤池是一个内部填充有微生物附着填料的厌氧反应器，其构造如图 7-19 所示，填料浸没在水中，微生物附着在填料上，也有部分悬浮在填料空隙之间。污水从反应器的下部（升流式厌氧滤池）或上部（下向流厌氧滤池）进入反应器，通过固定填料床，在厌氧微生物的作用下，废水中的有机物被厌氧分解，并产生沼气。沼气气泡自下而上在滤池顶部释放出来，进入沼气收集系统，净化后的水排出滤池外。

厌氧滤池内污泥 VSS 的质量浓度可达 10～20g/L，滤池内厌氧污泥的保留主要有两种

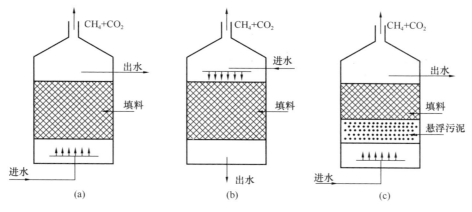

图 7-19 几种类型的厌氧生物滤池的构造
（a）升流式；（b）降流式；（c）开流混合式

方式：细菌在厌氧滤池内固定的填料表面形成生物膜；在填料之间细菌聚集形成絮体。由于厌氧滤池内可自行保留高浓度的污泥，因此不需要污泥回流。

2. 厌氧滤池的特点

厌氧滤池的特点有以下几个方面：

（1）依靠填料的作用，反应器内可持留大量的生物体，污泥停留时间达到 100d，无需进行污泥沉淀分离和回流。

（2）各种不同的微生物自然分层固定于滤池的不同部位，使其微环境得到自然优化，污泥的活性较高；厌氧污泥在厌氧滤池内有规律分布还使得反应器对有毒物质的适应能力较强，可以生物降解的毒性物质在反应器内的浓度也呈现规律性的变化，加之厌氧生物膜形成各种菌群的良好共生关系，在厌氧滤池内易于培养出适应有毒物质的厌氧污泥。

（3）填料固定，进入厌氧滤池的废水逐渐被细菌水解酸化，转化为乙酸和甲烷，废水组成沿不同反应器高度逐渐变化。微生物种群的分布也呈现规律性。

（4）装置结构简单，工艺运行稳定，易于操作。

（5）承受水力负荷的能力较强，更适用于浓度较低的有机废水处理。

（6）装有填料，造价偏高，易于堵塞，对废水悬浮物有一定限制。

3. 厌氧滤池的影响因素

（1）填料

填料的选择对滤池的运行有重要的影响，具体的影响因素包括填料的材质、粒度、表面状况、比表面积和孔隙率等。Bonastre 和 Paris 于 1989 年提出对厌氧滤池填料选择的建议：保持较高的容积表面积；质地粗糙，可使细菌附着；保证生物惰性；保证一定的机械强度；费用较小；选择合适的形状、孔隙度和填料尺寸。

实践中，多选用 2cm 以上的填料。现在已有多种空心柱状、环状的填料问世。填料表面的粗糙度和表面孔隙率会影响细菌的增殖速率。

（2）温度

大多数厌氧滤池在中温范围内运行，温度为 25～40℃。特别指出的是，不论采用哪一种温度范围的厌氧滤池工艺，若反应温度已经确定，不能直接改变温度而使反应器成为另一种温度范围，因为各温度范围生长的微生物种群是完全不同的。任何温度变动都会对工艺的稳定运行产生不利影响。

（3）pH

厌氧微生物对 pH 最为敏感，一般而言，反应器内的 pH 值应保持在 6.5～7.8 范围内，且应尽量减少波动。稳定运行的厌氧滤池对 pH 变化有一定的承受能力，厌氧滤池系统 pH 低于 5.4 时，维持 12h 后能很快恢复。

（4）布水装置

生物滤池底部应布设布水装置，使进水均匀分布至整个底面上，以减轻短流程度。对于直径较小的厌氧滤池可采用支管布水系统，而对于直径较大的厌氧滤池则采用可拆卸的多管布水系统。

（5）反应器的启动

厌氧滤池的启动是指通过反应器内污泥在填料上成功挂膜，同时通过驯化并达到预定的污泥浓度和活性，从而使反应器在设计负荷下正常运行的过程。厌氧滤池启动可采用投加接种污泥（接种现有污水处理厂消化污泥），投加污泥可与一定量的待处理废水混合，加入反应器中停留 3～5d，然后开始连续进液。开始时 COD 负荷应低于 $1.0kg/(m^3 \cdot d)$，对于高浓度和有毒废水要进行适当的稀释，并在启动过程中使稀释倍数逐渐减少。

（6）滤池的堵塞

对于升流式厌氧滤池，由于反应器底部污泥浓度特别高，因此容易引起反应器堵塞。悬浮物的存在易于引起堵塞，因此，进水悬浮物浓度应控制在 200mg/L 以下。填料的正确选择对含悬浮物的废水处理非常重要，对含悬浮物的废水应选择粒径较大或孔隙度大的填料。

采用下向流式厌氧滤池也有助于克服堵塞，因为下向流式中微生物几乎全部附着在填料上以生物膜的形式存在。下向流厌氧滤池也具有不易保存高浓度污泥、细菌增殖缓慢等缺点。克服滤层堵塞也可通过改变滤池的运行方式来实现。

7.3.3 升流式厌氧污泥床反应器（UASB）

升流式厌氧污泥床反应器（UASB）是荷兰学者 Lettinga 等在 20 世纪 70 年代开发的。当时他们在研究升流式厌氧滤池时注意到，大部分的净化作用和积累的大部分厌氧微生物均在滤池的下部，于是便在滤池底部设置了一个不装填料的空间来积累更多的厌氧微生物，后来全部取消了池内的填料，并在池子上部设置了一个气、液、固三相分离器，便产生了一种结构简单、处理效能很高的新型厌氧反应器。这种反应器结构简单、不用填料，没有悬浮物堵塞，很快被广泛应用到工业废水和生活污水处理中，成为第二代厌氧反应器的典型代表。

1. UASB 反应器原理

UASB 反应器废水被尽可能均匀地引入反应器底部，污水向上通过包含颗粒污泥或悬浮层絮状污泥的污泥床。厌氧反应发生在废水与污泥颗粒的接触过程中。在厌氧状态下产生的沼气引起内部的循环，这对于颗粒污泥的形成和维持有利。沉淀性能较差的污泥颗粒或絮体，在气流的作用下于反应器上部形成悬浮污泥层。在污泥层形成的一些气体附着在污泥颗粒上，附着和没有附着的气体向反应器顶部上升。当消化液（含沼气、污水和污泥混合液）上升到三相分离器时，气体受反射板的作用折向气室而与消化液分离；污泥和污水进入上部静置沉淀区，受重力作用泥水分离，上清液从沉淀区上部排出，污泥被截留于沉淀区下部，并通过斜壁返回反应区内。三相分离器的工作，可以使混合液中的污泥沉淀分离并重新絮凝，有利于提高反应器内的污泥浓度，保证 UASB 反应器高效稳定运行（图 7-20）。

2. UASB 反应器构成和类型

UASB 反应器主要由以下几部分构成：

（1）进水配水系统。进水配水系统主要是将废水尽可能均匀地分配到整个反应器，并具有一定的水力搅拌功能。

（2）反应区。包括污泥床区和污泥悬浮层区，有机物主要在这里被厌氧菌所分解，是反应器的主要部位。

（3）三相分离器，主要功能是把沼气、污泥和液体分开。污泥经沉淀区沉淀后由回流缝回流到反应区，沼气分离后进入气室。三相分离器的效果直接影响反应器的处理效果。

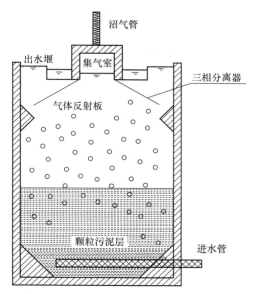

图 7-20　UASB 反应器示意图

（4）出水系统。其作用是把沉淀区表面处理过的水均匀的收集，排除反应器。

（5）气室。其作用是收集沼气，也叫集气罩。

（6）浮渣清除系统。其功能是清除沉淀区液面和气室表面的浮渣。

（7）排泥系统。其功能是均匀地排除反应区的剩余污泥。

根据不同废水水质，UASB 反应器的构造有所不同，主要可分为开放式和封闭式两种，如图 7-21 所示。

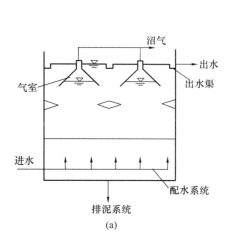

(a)

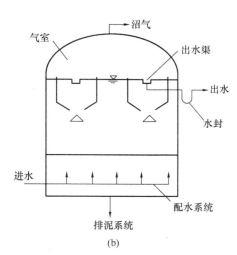

(b)

图 7-21　开放式和封闭式 UASB 反应器

（a）开放式 UASB 反应器；（b）封闭式 UASB 反应器

3. UASB 反应器特点

UASB 能够培养得到一种具有良好沉降性能和高比产甲烷活性的颗粒厌氧污泥，相对于其他同类装置，UASB 反应器具有一定的优势。其突出特点为：

（1）有机负荷较高，水力负荷能满足要求。

（2）提供一个有利于污泥絮凝和颗粒化的物理条件，并通过工艺条件的合理控制，使厌氧污泥能保持良好的沉降性能。

（3）通过污泥的颗粒化和流化作用，形成一个相对稳定的厌氧微生物生态环境，并使其与基质充分接触，最大限度地发挥生物转化能力。

（4）污泥颗粒化后使反应器对不利条件的抗性增强。

（5）省去搅拌和回流污泥所需的设备和能耗。

（6）反应器上部设置的三相分离器，使消化液携带的污泥能自动返回反应区，对沉降性能良好的污泥或颗粒污泥避免了附设沉淀分离装置、辅助脱气装置和回流污泥装置，简化了工艺，节约了投资和运行费用。

（7）在反应器内不需要投加填料和载体，提高了容积利用率，避免了堵塞。

4. UASB 反应器运行

（1）UASB 反应器启动的要点

废水厌氧生物处理反应器在短期内能培养出活性高、沉降性能优良并适用于处理废水水质的厌氧污泥，是成功启动的反应器的标志。在实际工程中，生产性厌氧反应器建造完成后，快速顺利地启动反应器是整个废水处理工程中的关键性因素。UASB 反应器启动的要点包括：接种 VSS 污泥量为 $12\sim15kg/m^3$；初始污泥 COD 负荷率为 $0.05\sim0.1kg/(kg \cdot d)$；当进水 COD 质量浓度大于 $5000mg/L$，采用出水循环或稀释进水；保持乙酸质量浓度约为 $800\sim1000mg/L$；除非 VFA 的降解率超过 80%，否则不增加污泥负荷率；允许稳定性差的污泥流失，洗出的污泥不再返回反应器；截住重质污泥。

（2）UASB 反应器的调试

UASB 调试之前需要对反应器进行气密性试验，确保无泄漏后，配备与所处理废水特性相似的污泥作为接种污泥。在培养初期，进水应循环升温，升温日平均不超过 $2℃$，接近设计温度后逐渐进料，初始进料应采用间歇式进料方式。稳定运行一阶段后，逐步缩短进料间隔时间，保持恒温运行，并注意污泥回流，逐渐达到设计能力。

应当注意，当废水中原来存在和产生出来的各种挥发酸在未能有效分解之前，不应增加反应器负荷。同一负荷要稳定运行一段时间，大约需要 $2\sim6$ 个月的时间，接种污泥可缩短调试时间。污泥一旦成熟，就可以长期贮存，并可以季节性或间歇性运转，二次启动的时间也将会大大缩短。

（3）UASB 反应器的运行

反应器正常运行后，主要观测控制的指标有：进水水质、温度、处理负荷、沼气组分、出水的挥发酚含量与微生物种类、污泥沉降性能以及停留时间等。简单而言，进水水质要稳定，水量均匀，增加负荷要逐渐提高，运行温度要恒定，出水挥发酚小于 $300mg/L$，正确控制有机负荷，这样可尽快形成较大的颗粒污泥。

反应器内合理的碱度和氮磷营养对正常厌氧消化很重要。如果反应器中碱度和缓冲能力不够，厌氧消化所产生的有机酸将会使反应器消化液的碱度 pH 下降到抑制产甲烷反应的程度，对于缓冲能力很低的反应器适当添加重碳酸钠，有提高沼气产量、控制 pH 碱度、沉淀有毒金属、提高污泥的沉淀性能与处理效果等作用。

7.3.4 厌氧流化床

固体流态化是一种改善固体颗粒与流体之间接触并使其呈现流体性状的技术。近年来，固体流态化被引入到有机废水生物处理领域，并由此形成了流化床污水处理技术。厌氧流化床的研究是由美国 Jerris 率先提出的，试验结果表明，在 16min 停留时间内，BOD 去除率达到 93%。

1. 厌氧流化床原理

厌氧流化床（AFBR）借鉴了化工流态化技术，将微生物固定在小颗粒载体上形成生物粒子，以生物粒子为流化粒料，污水作为流化介质，由外界施以动力，使生物粒子克服重力与流体阻力形成流态化。

常用的载体有石英砂、无烟煤、颗粒活性炭等。由于生物质浓度高，流化床具有非常高的处理能力。废水通常从底部流入，为使填料层膨胀，需要用循环泵将部分出水回流以提高床内水流的上升速度。随着载体颗粒生物膜的生长和变厚，整个载体颗粒的体积质量相应下降，当生物膜生长到一定厚度，由于水力冲刷、上升的沼气气泡搅拌等作用，旧生物膜脱落，从而使载体颗粒生物膜保持较高的活性。

2. 厌氧流化床工艺特点

厌氧生物流化床可视为特殊的气体进口速度为零的三相流化床。厌氧反应过程分为水解酸化、产酸和产甲烷三个阶段，床内无需通氧或空气，但产甲烷菌产生的气体与床内液、固两相混合即成三相流化状态。厌氧生物流化床工艺如图 7-22 所示。

厌氧流化床使用高表面积的惰性载体，在厌氧条件下，对接种活性污泥进行培养驯化，使厌氧微生物在载体表面顺利成长。

厌氧流化床的优点可归纳为：流态化能最大程度地使厌氧污泥与被处理的废水接触；由于颗粒与流体相对

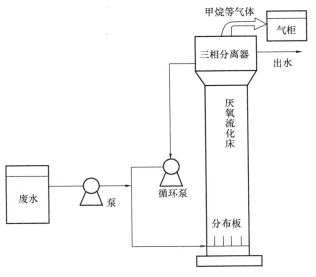

图 7-22　厌氧生物流化床工艺

运动速度高，液膜扩散阻力较小，且由于形成的生物膜较薄，传质作用强，因此生物化学过程进行较快，允许废水在反应器内有较短的水力停留时间；克服了厌氧滤器的堵塞和沟流；高的反应器容积负荷可减少反应器体积，同时由于其高度与其直径的比例大于其他厌氧反应器，所以可减少占地面积。

厌氧流化床的缺点为：启动困难，需要较长时间；若载体密度大，则载体的流态化能耗高；生物膜厚度难控制，反应器放大设计困难，工业性操作经验缺乏，系统的设计运行要求高。

厌氧流化床处理效率的影响因素包括：容积负荷，有机容积负荷的高低决定了反应器效能高低，有机容积负荷过低，不利于充分发挥 AFB 反应器的效能，有机容积负荷过高，则会导致有机酸的积累，抑制甲烷生成，破坏系统运行；水力停留时间，在进水浓度保持不变的情况下，水力停留时间长，基质去除效果好，出水水质好，水力停留时间短，COD 去除率有所下降；床层膨胀率，AFB 反应器在完成菌种驯化与富集和厌氧微生物在载体上固定化后，其运行效率与生物粒子的流化程度有关，可用床层膨胀率来表示，AFB 反应器保持一定的床层膨胀率，可以保证较高的 COD 去除率。

7.3.5 厌氧折流板反应器

厌氧折流板反应器（ABR）是一种新型的厌氧反应器，最初由斯坦福大学的 McCarty 教授于 20 世纪 80 年代中期研究开发。该技术集上流式厌氧污泥床（UASB）和分阶段多相厌氧反应技术（SMPA）于一体，大大提高了厌氧反应器的负荷、处理效率、稳定性以及对不良因素的适应性。

1. 厌氧折流板反应器原理

ABR 反应器是用多个垂直安装的导流板，将反应室分成多个串联的反应室，每个反应室都是一个相对独立的上流式污泥床系统，废水在反应器内沿导流板作上下折流流动，逐个通过各个反应室，并与反应室的颗粒或絮状污泥相接触，使废水中的有机物得到降解。厌氧折流板反应器示意图如图 7-23 所示。

从工艺上看，ABR 与单个 UASB 有显著不同：第一，UASB 可近似看做一种完全混合式反应器，而 ABR 是一种复杂混合型水力流态，且更接近于推流式反应器；第二，UASB 中酸化和产甲烷两类不同的微生物相互交织在一起，不能很好地适应底物组分及环境因子，而在 ABR 中，各个反应室中的微生物相是随流程逐级递变的，递变的规律与底物降解过程协调一致，从而确保相应的微生物相拥有最佳的工作活性。

ABR 反应器独特的分格式结构及推流式流态使每个反应室中可以驯化培养出与流至该反应室中的污水水质、环境条件相适应的微生物群落。厌氧反应产酸相和产甲烷相得到分离，使 ABR 反应器在整体性能上相当于一个两相厌氧处理系统。产酸相和产甲烷相菌群可以各自生长在最适宜的环境条件下，有利于充分发挥厌氧菌群的活性，提高系统的处理效果和运行的稳定性。

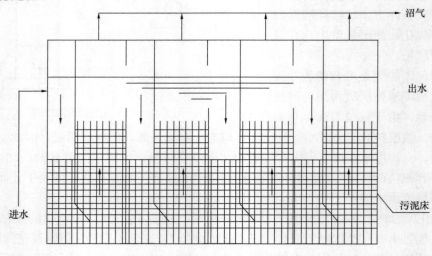

图 7-23　厌氧折流板反应器示意图

2. 厌氧折流板反应器特点

厌氧折流板反应器具有如下优点：

（1）上下多次折流，有良好的水力条件，混合效果良好，废水中的有机物与厌氧微生物充分接触，有利于有机物的分解。

（2）不需要设置三相分离器，没有填料，不设搅拌设备，反应器构造较为简单。

（3）由于进水污泥负荷逐段降低，沼气搅动也逐段减少，不会发生因厌氧污泥床膨胀而大量流失污泥的现象，出水 SS 较低。

（4）反应器内可形成沉淀性能良好、活性高的厌氧颗粒污泥，可维持较多的生物量。

（5）反应器内没有填料，不会发生堵塞。

（6）反应器中有良好的微生物种群分布，不同隔室中生长适应流入该室废水水质的优势微生物种群，有利于形成良好的微生态系统。

（7）较强的抗冲击负荷。

（8）优良的处理效果。

总的来说，厌氧折流板反应器具有结构简单、能耗低、抗冲击负荷、处理效率高等一系列优点，但也有一些不足方面，主要包括：为了保证一定的水流和产气上升速度，ABR 反应器不能太深；进水如何均匀分布也是一个问题；与单级 UASB 反应器相比，ABR 的第一室常是产酸阶段，pH 值容易下降，需采取出水回流措施，缓解 pH 值的下降程度。

7.3.6　上流式厌氧污泥床－滤层反应器（UBF）

1984 年，加拿大的 Guiot 在 AF 和 UASB 的基础上开发出了上流式厌氧污泥床－滤层反应器（简称 UBF 反应器）。UBF 反应器可充分发挥厌氧滤池和上流式厌氧污泥床这两种高效反应器的优点。

1. UBF 反应器构造

UBF 反应器由上流式污泥床（USAB）和厌氧滤器（AF）构成，反应器的下部是高浓度颗粒污泥组成的污泥床，其混合液悬浮固体浓度可达每升数十克，上部填料及其附着的生物膜组成的滤料层，其构造和处理流程如图 7-24 所示。

2. UBF 反应器工艺特点

UBF 反应器的主要特点包括以下几个方面：

（1）有机负荷高，COD 容积负荷为 $10\sim60kg/(m^3 \cdot d)$ 或 BOD 容积负荷为 $7\sim45kg/(m^3 \cdot d)$，COD 污泥负荷为 $0.5\sim1.5kg/(kg \cdot d)$ 或 BOD 污泥负荷为 $0.3\sim1.2kg/(kg \cdot d)$。

（2）污泥产量低，污泥产率为 $0.04\sim0.15kgVSS/kgCOD$ 或 $0.07\sim0.25kgVSS/kgBOD$。

（3）能耗低，溶解氧质量浓度一般为 $0\sim0.5mg/L$。

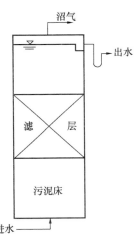

图7-24　UBF 反应器构造原理图

（4）应用范围广，可用来处理多种高浓度有机废水，对好氧微生物不能降解的有机废水也能处理。

（5）UBF 反应器极大地延长了 SRT 反应器中的污泥停留时间，一般在 100d 以上，在高负荷状态下运行，仍然保持相当高的有机物去除率。

（6）对水质的适应性高，因为反应器内的污泥浓度高，增强了反应器对不良因素的适应力，能够高效、稳定地处理高浓度难降解有机废水。

（7）厌氧反应在底部所产生的气体从底部上升到气室的过程中形成了一个污泥悬浮层，使泥水混合充分，接触面积大，有利于微生物同进水基质的充分接触，有助于形成颗粒污泥。

（8）UBF 启动速度快，处理效率高，运行稳定，管理简单。

3. UBF 反应器运行特点

UBF 反应器启动过程与一般厌氧反应器的启动过程相同，可分为启动初期、低负荷运行期和高负荷运行期 3 个阶段。

启动初期，一般进水 COD 容积负荷控制在 1~2kg/(m³·d)。该阶段为污泥培养循环阶段，开始时污泥量少，污泥活性低，去除有机物能力差。随着运行时间的延长，污泥逐渐积累，在填料层上逐渐挂膜，污泥的活性也慢慢提高，COD 的去除率也逐步达到正常运行的 70%~80%。

在低负荷运行期，进水 COD 容积负荷也提高到 4~5kg/(m³·d)。提高初期虽然 COD 去除率有所下降，但随着反应进行，去除率逐渐提高并趋于稳定，产气量也相应增加，反应器内的污泥浓度和污泥活性比启动初期有较大程度提高。由于填料层的存在，虽然反应器负荷提高，但絮体污泥并没有大量流失。

在高负荷运行期，随着反应器污泥量的增加，可进一步提高负荷，在 COD 去除率保持在 80% 以上的条件下，处理维生素 C 废水的中试表明，进水 COD 容积负荷可达到 10kg/(m³·d)。

7.3.7 EGSB 厌氧反应器

膨胀颗粒污泥床(EGSB)反应器是一种新型的高效厌氧生物反应器，是在 UASB 反应器的基础上发展起来的第三代厌氧生物反应器。1981 年 Lettinga 等人在研究常温下 UASB 反应器处理生活污水的情况时，通过设计较大高径比的反应器，同时采用出水循环来提高反应器内的液体上升流速，使颗粒污泥床层充分膨胀，保证污泥与污水的充分混合，减少反应器死角，并使颗粒污泥床中的絮状剩余污泥的积累减少，由此产生了膨胀颗粒污泥床反应器。

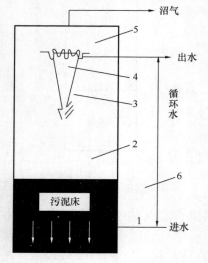

图 7-25 EGSB 反应器结构示意图

1—配水系统；2—反应区；3—三相分离器；
4—沉淀区；5—出水系统；6—出水循环部分

1. EGSB 反应器的结构和原理

EGSB 反应器是对 UASB 反应器的改进，与 UASB 反应器相比，它们最大的区别在于反应器液体上升流速的不同。对于相同容积的反应器而言，EGSB 反应器的占地面积大为减少。除反应器主体外，EGSB 反应器的主要组成部分有进水分配系统、气液固三相分离器以及出水循环部分，其结构如图 7-25 所示。

（1）进水分配系统

进水分配系统的主要作用是将进水均匀地分配到整个反应器的底部，并产生一个均匀的上升流速。与 UASB 反应器相比，EGSB 反应器由于高径比更大，其所需的配水面积会较小，同时采用了出水循环，其配水孔口的流速会更大，因此系统更容易保证配水均匀。

（2）三相分离器

三相分离器仍然是 EGSB 反应器最关键的构造，其主要作用是将出水、沼气、污泥三相进行有效分离，使污泥在反应器内有效持留。与 UASB 反应器相比，EGSB 反应器内的液体上升流速要大得多，因此必须对三相分离器进行特殊改进。改进的方法包括以下几种：

① 增加一个可以旋转的叶片，在三相分离器底部产生一股向下水流，有利于污泥的回流；

② 采用筛鼓或细格栅，可以截留细小颗粒污泥；

③ 在反应器内设置搅拌器，使气泡与颗粒污泥分离；

④ 在出水堰处设置挡板，以截留颗粒污泥。

（3）出水循环部分

出水循环部分是 EGSB 反应器不同于 UASB 反应器之处，其主要目的是提高反应器内的液体上升流速，使颗粒污泥床层充分膨胀，污水与微生物之间充分接触，加强传质效果，还可以避免反应器内死角和短流的产生。

EGSB 反应器实质上是固体流态化技术在有机废水生物处理领域应用的典范。根据载体流化态原理，当有机废水及其所产生的沼气自下而上流过颗粒污泥床层时，载体与液体间会出现不同的相对运动，床层呈现不同的工作状态。EGSB 的工作区为流化态的初期，即膨胀阶段，进水流速处于较低值，在充分保证进水基质与污泥颗粒接触的条件下，加速生化反应，有利于减轻或消除静态床中常见的底部负荷过重的情况，增加反应器对有机负荷特别是对毒性物质的承受能力。

2. EGSB 反应器的工艺特点

由于出水回流、高水力负荷及独特的三相分离结构等特点，EGSB 与 UASB 相比有如下特点：

（1）EGSB 不但能在高负荷下取得高处理效率，在低温条件下，对低浓度有机废水的处理也能取得较高处理效率。

（2）EGSB 反应器内有很高的水流表观上升流速。

（3）EGSB 的颗粒污泥床呈膨胀状态，颗粒污泥性能良好。

（4）EGSB 对布水系统要求较为宽松，但对三相分离器要求较为严格。高水力负荷使反应器内搅拌强度非常大，保证了颗粒污泥与废水的充分接触，强化了传质，有效解决了 UASB 常见的短流、死角和堵塞问题。但在高水力负荷和生物气浮力搅拌的共同作用下，容易发生污泥流失。因此，三相分离器的设计成为 EGSB 高效稳定运行的关键。

（5）EGSB 采用了处理水回流技术。对于低温和低负荷有机废水，回流可增加反应器的水力负荷，保证处理效果；对于高浓度或含有毒物质的有机废水，回流可以稀释进入反应器内的基质浓度和有毒物质浓度，降低其对微生物的抑制和毒害。

综上所述，EGSB 的主要特点为：高的液体表面上升流速；较高的 COD 负荷率；大颗粒状污泥；不需填充介质；可处理 SS 含量高的污水；可处理对微生物有毒性作用的污水；紧凑的空间设计，极小的占地面积。其不足之处在于需要培养颗粒污泥，启动时间较长，需采用出水循环，需要较高的动力。

3. EGSB 反应器的启动和运行性能

EGSB 启动初期，由于所处环境的变化，接种污泥需要经过一段时间的适应期。启动初期水力停留时间（HRT）一般为 8h，随着污泥活性的恢复，COD 去除率稳定上升，一旦去除率达到稳定，就可以提高水力负荷，一直到水力停留时间为 2h 左右，水力负荷也从初始的 $2.25m^3/(m^3 \cdot d)$ 提高到 $6m^3/(m^3 \cdot d)$，在改变水力负荷的过程中也会有少量的细小污泥絮体流出，这是因为污泥被水冲刷，少量的颗粒污泥破碎后，随水流出，在这个过程中对污泥进行了一次筛选，保留下了活性和沉淀性能都良好的污泥。

（1）EGSB 工艺对低浓度有机废水有很高的去除效率

进水低基质浓度使得反应器内有机物降解速率减小。基质去除率依赖于反应细菌和基质之间亲和力的饱和常数。饱和常数包括本征饱和常数和表观饱和常数，本征饱和常数反映了基质从废水进入处于悬浮状态的分散细菌细胞的传质过程阻力，而表观饱和常数则反映了基质先进入生物膜，而后进入细菌体内的传质过程阻力。因为仅有有限的基质进入生物膜，所以表观饱和常数比本征饱和常数的值大。这样，在进行低浓度废水厌氧处理时，就需要通过高水力湍流来获取充分的混合强度以降低表观的值。由于 EGSB 反应器中具有良好的水力湍流条件，减少了传质阻力，在处理低浓度废水时，能够获得较高的基质去除率。

（2）进水溶解氧对 EGSB 工艺处理性能影响很小

一般情况下，厌氧处理对溶解氧极为敏感，但厌氧颗粒污泥对溶解氧的承受能力却很高，主要机理在于颗粒污泥中某些兼性菌的有氧呼吸。但无基质供给时，兼性菌有氧呼吸减弱，对产甲烷产生毒害作用。但是，即使在无足够基质供给的情况下，产甲烷菌对溶解氧仍有一定的承受能力，说明产甲烷菌存在一个固有的溶解氧承受能力极限值。在正常条件下，与兼性菌消耗的生活需氧量相比，进入反应器的溶解氧非常低，EGSB 工艺试验已证实微量溶解氧是无害的。

（3）低温状态 EGSB 的处理能力

厌氧处理中，低温通常意味着低反应器性能。自从 EGSB 反应器产生以后，大部分的研究都集中于低温低浓度污水的处理。一般认为，在利用厌氧技术处理低浓度污水时，通常会遇到三个问题，即溶解氧的影响、低的基质浓度和低的水温。由于产甲烷菌通常被认为是严格厌氧菌，因此溶解氧的存在会抑制产甲烷菌的活性；低的基质浓度和低的反应温度则会导致微生物活性的降低。EGSB 反应器采用了较高的液体上升流速，污水与污泥之间可以充分接触，传质效果良好，且颗粒污泥的形成和大量兼性菌的存在，使得其在处理低浓度污水方面有很大的优势。

4. EGSB 反应器的影响因素

（1）温度对反应器的影响

温度对微生物的活性和生化反应有显著的影响，但 EGSB 反应器拥有经过较长期驯化的足够生物量，能掩盖在一定范围内温度变化对运行效果的影响。

（2）pH 值对反应器的影响

pH 值是影响厌氧生物处理过程的重要因素，是 EGSB 反应器能否正常运行的重要监测指标。因为反应器中甲烷菌对 pH 十分敏感，一般要求 pH 值控制在 6.5～8.5，pH 值低于 6.5 时甲烷菌受到抑制，活性下降；pH 值低于 6.0 时，甲烷菌已受到严重抑制，反应器内产酸菌优势生长，此时反应器会严重酸化。在利用厌氧生物处理工艺处理有机废水时，需要投加碱性物质以维持反应器内较高的碱度和中性的 pH 值。

（3）氯苯等有毒物质对颗粒污泥性质的影响

氯苯是氯代芳香族化合物中的一种，是染料、药品、农药以及有机合成的中间体，其毒性较大且难以生物降解，已被许多国家列为优先控制污染物。氯苯对 EGSB 反应器内颗粒污泥中的细菌有较强的毒害作用，连续投加低浓度氯苯 72h 后，扫描电镜观察可发现颗粒污泥表面和内部细菌均明显受到损害，颗粒污泥表面较不规则，有明显的突起和凹陷，颗粒表面的细菌仍有明显分区生长的现象，且个别细菌的竹节状顶端有破损痕迹，在颗粒污泥内部还可发现少量短杆菌，但他们大多数已被破坏。分析认为，这可能是由于氯苯对颗粒污泥中的细菌造成了伤害，导致一些细菌特别是颗粒内部的细菌破损。停止投加氯苯恢复运行 30d 和 50d 后，仍可观察到颗粒污泥内部细菌受损害的现象，且部分颗粒污泥内部还存在着明显的空洞。随着运行时间的延长，EGSB 反应器内颗粒污泥的粒径有较大程度的增大，但长期接触氯苯导致部分颗粒污泥解体，使得小粒径污泥增多，而大粒径污泥相应减少。氯苯对颗粒污泥的损害还表现在使大粒径颗粒的沉速减小，甚至导致部分颗粒污泥内部形成空洞上浮。

7.3.8　IC 厌氧反应器

内循环厌氧反应器（简称 IC 反应器）是 20 世纪 90 年代由荷兰 Paques 公司开发的专利技术，它是在 UASB 反应器的基础上开发出的第三代高效厌氧反应器，是一种具有容积负荷高、占地少、投资省等突出优点的新型厌氧生物反应器，其特征是在反应器中装有两级三相分离器，反应器下半部分可在极高的负荷条件下运行。整个反应器的有机负荷和水力负荷也较高，并可实现液体内部的无动力循环，从而克服了 UASB 反应器在较高的上升流速下颗粒污泥容易流失的不足。

1. IC 反应器的结构和原理

IC 反应器是在 UASB 反应器的基础上发展起来的技术，其工作原理为：污水直接进入反应器的底部，通过布水系统与颗粒污泥混合，在第一级高负荷的反应区内形成一个污泥膨胀床，在这里几乎大部分 COD 被转化为沼气，沼气被第一级三相分离器所收集，由于采用的负荷高，产生的沼气量很大，在其上升的过程中会产生很强的提升能力，迫使污水和部分污泥通过提升管上升到反应器顶部的气液分离器中；在这个分离器中产生的气体离开反应器，而污泥与水混合液通过下降管回到第二个反应室内进行后处理，在此产生的沼气被第二层三相分离器所收集。

IC 反应器由 5 个基本部分组成：混合区、第一反应室、内循环系统、第二反应室和出水区，其中内循环系统是 IC 反应器的核心，由一级三相分离器、沼气提升管、气液分离器和泥水下降管组成。IC 反应器的结构示意图如图 7-26 所示。

（1）混合区

废水通过布水系统泵入反应器内，布水系统使进液与从 IC 反应器上部返回的循环水、反应器底部的污泥有效混合，由此产生对进液的稀释和均质作用。为了进水能够均匀地进入 IC 反应器的流化床反应室，布水系统采用了一个特别的结构设计。

（2）第一反应室

第一反应室内，废水和颗粒污泥混合物在进水与循环水的共同推动下，迅速进入流化床室，废水与污泥之间产生强烈的接触。在流化床反应室内，废水中的绝大部分可生物降解的污染物被转化为气体。这些气体被一级沉降的下部三相分离器收集并导入气体提升器，部分泥水混合物通过这个提升装置被传送到反应器最上部的气液分离器，气体分离后从反应器导出。

（3）内循环系统

在气体提升器中，气提原理使气、水、污

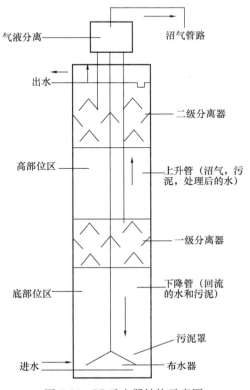

图 7-26　IC 反应器结构示意图

泥混合物快速上升，气体在反应器顶部分离之后，剩余的泥水混合物经过一个同心的管道向下流入反应器底部，由此在反应器内形成循环流。气提动力来自于上升的和返回的泥水混合物中气体含量的巨大差别，因此，这个泥水混合物的内循环不需要任何外加动力。这个循环流的流量随着进液中 COD 的量的增大而自然增大，因此，反应器具有自我调节的作用，自我调节的原因是在高负荷条件下，产生更多的气体，从而也产生更多的循环水量，导致更大程度的稀释。这对稳定运行意义重大。

（4）深度净化反应室

经过一级沉降后，上升水流的主体部分继续向上流入深度净化室，废水中残存的生物可降解的 COD 被进一步降解，因此，这个部分等于一个有效的后处理过程，产生的气体在二级沉降的上部三相分离器中被收集并导出反应器。由于在深度净化室内的污泥负荷较低、相对水力保留时间较长和接近推流的流动状态，使废水在此得到有效处理并避免了污泥的流失，废水中的可生物降解 COD 几乎得到完全去除。由于大量的 COD 已在流化床反应室中去除，深度净化室的产气量很小，不足以产生很大的流体湍动，内循环流动也不通过深度净化室，所以流体的上升流速很小，因此生物污泥能很好地保留在反应器内。由于深度净化室的污泥浓度通常较低，有相当大的空间允许流化床部分的污泥膨胀进入其中，这就防止了高峰负荷时污泥的流失。

（5）出水区

经过第一、第二反应室处理的污水经溢流堰由出水管导出，进入后续的处理工艺。经 IC 反应器处理后的污水 COD 去除率一般在 80% 以上。

2. IC 反应器的优点

IC 反应器的优点有以下 7 个方面：

（1）具有很高的容积负荷率

IC 反应器存在内循环，传质效果好，生物量大，污泥龄长，其进水有机负荷率远比普通的 UASB 反应器高，一般可高出 3 倍左右。处理高浓度有机废水，如土豆加工废水，当 COD 浓度为 10000～15000mg/L 时，进水 COD 容积负荷率可达 30～40kg/(m³·d)。处理低浓度有机废水，如啤酒废水时，当 COD 浓度为 2000～3000mg/L 时，进水 COD 容积负荷率可达 20～25kg/(m³·d)，HRT 仅为 2～3h，COD 去除率可达到 80%。

（2）节省基建投资和占地面积

由于 IC 反应器比普通 UASB 反应器有高出 3 倍左右的容积负荷率，则 IC 反应器的体积为普通 UASB 反应器的 1/4～1/3 左右，所以可降低反应器的基建投资。IC 反应器不仅体积小，而且有 4～8 倍的高径比，高度可达 16～25m，所以占地面积特别小，非常适用于占地面积紧张的厂矿企业采用。

（3）沼气提升实现内循环，不必外加动力

厌氧流化床载体的流化是通过出水回流由水泵加压实现，因此必须消耗一部分动力。而 IC 反应器是以自身产生的沼气作为提升的动力实现混合液的内循环，不必另设水泵实现强制循环，从而可节省能耗。但对于间歇运行的 IC 反应器，为了使其能够快速启动，需要设置附加的气体循环系统。

（4）抗冲击负荷能力强

由于 IC 反应器实现了内循环，处理低浓度废水时，循环流量可达进水流量的 2～3 倍。处理高浓度废水时，循环流量可达进水流量的 10～20 倍。因为循环流量与进水在第一反应室充分混合，使原废水中的有害物质得到充分稀释，大大降低有害程度，从而提高了反应器的耐冲击负荷能力。

（5）具有缓冲 pH 的能力

由于采用了内循环技术，IC 工艺可充分利用循环回流的碱度，有利于提高反应器缓冲 pH 变化的能力，从而节省进水的投碱量，降低运行费用。

（6）出水的稳定性好、启动快速

IC 反应器相当于上下两个 UASB 反应器的串联运行，下面一个 UASB 反应器具有很高的有机负荷率，起"粗"处理作用，上面一个 UASB 反应器的负荷较低，起"精"处理作用。IC 反应器相当于两级 UASB 工艺。一般情况下，两级处理比单级处理的稳定性好，出水水质较为稳定。由于内循环技术的采用，致使污泥活性高、增殖快，为反应器的快速启动提供了条件。IC 反应器启动期一般为 1～2 个月，而 UASB 的启动周期达 4～6 个月。

（7）污泥产量小

剩余污泥少，约为进水 COD 的 1%。由于厌氧菌种采用颗粒污泥，具有表面积大、沉降效果好的特点，大大提高了有机污染物 COD 与污泥接触的机会，污泥得到充分养分，维持一定的大小和沉降性，使反应器污泥产量有效减少。IC 反应器每天产生的厌氧污泥可作为厌氧反应器的生物启动菌种。

根据以上特点，对 IC 反应器进水水质特点作一简单分析。IC 反应器效能高，HRT 短，为了能形成内循环，废水 COD 值宜维持在 1500mg/L 以上；进水碱度宜高些，这样宜保证系统内 pH 值在 7 左右，维持厌氧处理的适宜环境因素；进水 SS 值不宜过高，虽然不同废水的 SS 中易降解、难降解和不可降解物质所占比例不同，但从长期运行稳定的角度看，SS 值应偏低一些。

3. IC 反应器的改进方向

IC 厌氧反应器具有高效、占地少等优点，并在土豆加工、啤酒等废水处理中有出色表现，这些资料说明该技术已经成熟。而从理论研究的角度看，IC 厌氧反应器已拥有水力模型，可用于指导设计和调试运行。但 IC 反应器也仍然有需要研究改进的地方，主要包括以下 5 个方面：

（1）构造方面

由于采用内循环技术和分级处理，所以 IC 反应器高度一般较高，而且内部结构相对复杂，增加了施工安装和日常维护的困难。高径比大就意味着进水泵的能量消耗大，运行费用高。由于 IC 反应器水力负荷较高，动力消耗需要结合实际综合考察。

（2）水力模型的合理性和适用性方面

该水力模型的原型是气升式反应器的水力模型，此模型建立的基础是不考虑循环过程中的壁面磨损以及只考虑废水从升流管向降流管和从降流管向升流管流动处的局部损失。这种简化在气升式反应器中由于升流管的直径较大，是可以接受的，但 IC 厌氧反应器的升流管和降流管直径十分有限，这种简化就不尽合理。从 IC 厌氧反应器的模型来看，Pereboom 等只考虑了气体提升作用，即升流管与降流管间的液位差 ΔH 对反应器水力特征的影响，并未做出相应的理论证明或试验验证，所以模型本身有待进一步研究。从模型的实用性上考虑，计算过程需要迭代法而比较复杂，计算参数的确定也有难度。

（3）局限于易降解有机废水

IC 厌氧反应器由于有回流的稀释作用，比 UASB 反应器更适于处理难降解有机物，但目前只有处理高含盐废水（菊苣加工废水）的报道，绝大部分 IC 厌氧反应器仍局限于处理易降解的啤酒、柠檬酸等废水，所以 IC 厌氧反应器的应用领域有待开拓。

（4）颗粒污泥在 IC 厌氧反应器中仍占有重要地位

与处理同类废水的 UASB 反应器中的颗粒污泥相比，具有颗粒较大、结构较松散、强度小等特点，对 IC 反应器颗粒污泥的研究可能会成为现有颗粒污泥理论的有力证据或有益补充，具有较大的学术价值。国内引进的 IC 厌氧反应器均采用荷兰进口颗粒污泥接种，出于降低工程造价的目的，也需要进一步掌握在 IC 厌氧反应器的水力条件下培养活性或沉降性能良好的颗粒污泥的关键技术。

（5）增加了 IC 反应器以外的附属处理设施

为适应较高的生化降解速率，许多 IC 反应器的进水需要调节 pH 和温度，为微生物的厌氧降解创造条件。从强化反应器自身功能的程度看，这无疑增加了 IC 反应器以外的附属处理设施，尽管目前大多数厌氧工艺也需要调节进水的温度和 pH 值。污泥分析表明，IC 反应器比 UASB 反应器内含有较高浓度的细微颗粒污泥，加上水力停留时间相对短和较大的高径比，所以与 UASB 反应器相比 IC 反应器出水中含有更多的细微固体颗粒，这不仅使后续沉淀处理设备成为必要，还加重了后续设备的负担。

4. IC 反应器的影响因素

（1）容积负荷

UASB 反应器在处理中、高浓度废水时最大的 COD 容积负荷只能达到 $10\sim20kg/(m^3\cdot d)$，而 IC 反应器的最大 COD 容积负荷可达到 $36.96\sim37.52\ kg/(m^3\cdot d)$，这是因为 $60\%\sim70\%$ 的有机物在第一反应室得到降解，产生的大量沼气被一级三相分离器收集后排出反应器，因此不会在第二反应室中产生很高的气体上升流速，对颗粒污泥的流失影响较小。IC 反应器在高负荷下运行仍能达到很高的 COD 去除率，这与反应器具有液体内循环密切相关，当容积负荷升高时产生的沼气量增加，推动液体形成的内循环流量增大，进水得到了更大程度的稀释和调节，第一反应室液固充分接触，传质速率增加，使有机物易于得到降解。

（2）混合液的上升流速

以颗粒污泥为主体的 UASB 的混合液上升流速宜控制在 $0.5\sim1.5m/h$，而 IC 反应器的混合液上升流速为 $2.5\sim10m/h$。研究发现，在 $2.65\sim4.35m/h$ 的上升流速下，第一反应室的沼气产量明显增加，造成气提管中的液体通量明显增大和中间回流管的流量加快，这说明通过增加进水量的方式可明显提高反应器中的循环比例。

（3）进水 COD 浓度

在进水 COD 质量浓度分别为 $1300mg/L$、$2000mg/L$、$4500mg/L$、$9897mg/L$ 的条件下，控制反应器的上升流速为 $4.0m/h$，沿反应器高度取样并测定 COD 浓度，在不同的进水浓度条件下，反应器中的 COD 浓度在高度上呈梯度分布，第一反应室中 COD 浓度下降较快，而第二反应室中 COD 浓度变化相对缓慢。因此，在设计 IC 反应器时要充分考虑进水浓度、上升流速和反应器高度间的关系。

（4）进水 pH

对比反应器在较高 COD 容积负荷（$35.0kg/m^3\cdot d$）、不同进水 pH 值条件下的去除率，当进水 pH<8.0 时，COD 去除率为 $65\%\sim75\%$，在 pH=8.5 时，COD 去除率达到最大值 89%，随着 pH 值的进一步升高 COD 去除率逐步下降，但至 pH=8.9 时下降幅度趋缓，研究得到进水最佳 pH=8.5，高于普通厌氧反应器中的最佳 pH=$7.5\sim7.8$。

7.3.9 两相厌氧生物处理技术

在传统的厌氧消化工艺中，产酸菌和产甲烷菌在同一个反应器内完成厌氧消化的全过程，由于两者的特性有较大的差异且对环境条件的要求不同，无法使他们都处于最佳的生理生态环境条件，因而影响了反应器的效率。1971 年，Ghosh 和 Pohland 根据厌氧生物分解机理和微生物类群的理论提出了两相厌氧消化的概念，将产酸菌和产甲烷菌分别置于两个串联的反应器内并提供各自所需的最佳条件，使这两类细菌群都能发挥最大的活性，有利于提高容积符合率，增加运行稳定性，提高反应器的处理效率。这两个串联的反应器分别称为产酸反应器（产酸相）和产甲烷反应器（产甲烷相）。

从国内外的两相厌氧系统研究采用的工艺形式看，主要有两种：一种是两相均采用 UASB 反应器，一种是产酸相为接触式反应器，产甲烷相采用 UASB 反应器。

1. 两相厌氧工艺的主要流程

两相厌氧工艺流程及装置的选择主要取决于所处理基质的理化性质及其生物降解性能，在实际工程和实验室的研究中经常采用的基本工艺流程主要有如下 3 种。

如图 7-27 所示的两相厌氧工艺流程主要用来处理易于降解的、含低悬浮物的有机废水，其中的产酸相反应器一般可以是完全混合式的厌氧反应器，产甲烷反应器则主要是 UASB 反应器，也可以是 AF 等。

如图 7-28 所示的两相厌氧工艺流

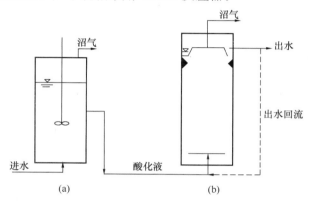

图 7-27 处理易于降解的、含低悬浮物
有机废水的两相厌氧工艺
（a）产酸相；（b）产甲烷相

程主要用来处理难降解的、高浓度悬浮物的有机废水或有机污泥，其中的产酸相和产甲烷相

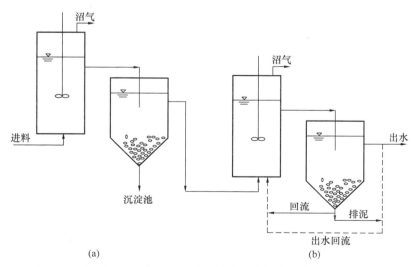

图 7-28 处理难降解的、高浓度悬浮物的有机废水的两相厌氧工艺
（a）产酸相；（b）产甲烷相

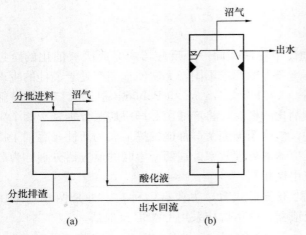

图 7-29　处理固体含量很高的农业有机废弃物
或城市有机垃圾的两相厌氧工艺
（a）产酸相；（b）产甲烷相

反应器均采用完全混合式的厌氧反应器，产甲烷反应器的出水是否需要回流，则需要根据实际运行情况而定。

如图 7-29 所示的两相厌氧工艺流程主要用来处理固体含量很高的农业有机废弃物或城市有机垃圾，其中的产酸相反应器主要采用浸出床反应器，而产甲烷相反应器则可采用 UASB 等反应器。产甲烷反应器的部分出水回流到产酸相反应器，这样可以提高产酸相反应器的运行效果。

两相厌氧工艺参数的选定主要取决于被处理废水的性质和浓度，尽可能根据实际测量结果来确定。以下参数为一些两相厌氧工艺运行的经验值：

（1）产酸反应器与产甲烷反应器容积比为 1：（3～5）；

（2）产酸反应器消化液 pH 值维持在 4.0～5.5 范围内，发酵温度为 25～35℃；

（3）产酸反应器废水停留时间为 4～16h，或 COD 容积负荷为 25～50kg/（m^3·d）；

（4）产甲烷反应器消化液 pH 值维持在 5.0～7.5，发酵温度为 35℃；

（5）产甲烷反应器废水停留时间为 12～48h，或 COD 容积负荷为 12～25kg/（m^3·d）；

（6）系统 COD 去除率为 80%～90%，BOD 去除率大于 90%；

（7）系统沼气产率为 0.45%～0.55%m^3/kgCOD。

2. 两相厌氧消化的特点

就本质而言，两相厌氧生物处理系统是一个人工构建的微生物生态系统，反应器中微生物的活性、数量、组成、代谢途径以及存在方式等因素直接影响系统的处理能力。两相厌氧消化的特点包括以下方面：

（1）两相厌氧消化工艺将产酸菌和产甲烷菌分别置于两个反应器内并为它们提供了最佳的生长和代谢条件，使它们能够发挥各自最大的活性，较单相厌氧消化工艺的处理能力和效率大大提高。

（2）两相分离后，各反应器的分工更明确，产酸反应器对污水进行预处理，不仅为产甲烷反应器提供了更适宜的基质，还能够接触或降低水中的有毒物质，改变难降解有机物的结构，减少对产甲烷菌的毒害作用，增强了系统运行的稳定性。

（3）为了抑制产酸相中的产甲烷菌的生长而有意识地提高产酸相的有机负荷，从而提高了产酸相的处理能力。产酸菌的缓冲能力较强，因而冲击负荷造成的酸积累不会对产酸相有明显的影响，也不会对后续的产甲烷相造成危害，能够有效预防在单相厌氧消化工艺中常出现的酸败现象，出现后也易于调整与恢复，提高了系统的抗冲击能力。

（4）产酸菌的世代时间远远短于产甲烷菌，产酸菌的产酸速度高于产甲烷菌降解酸的速率，在两相厌氧消化工艺中产酸反应器的体积总是小于单相产甲烷反应器的体积。

（5）同单相厌氧消化工艺相比，对于高浓度有机污水、悬浮物浓度很高的污水、含有毒物质及难降解物质的工业废水和污泥的处理，两相厌氧消化工艺具有很大优势。

3. 两相厌氧生物处理系统的适用范围

一种废水是否适宜两相厌氧生物处理可通过分析废水中的主要成分的转化途径来进行估计。

（1）适合处理富含碳水化合物而有机氮含量低的高浓度废水；

（2）适合处理有毒性的工业废水；

（3）适合处理高浓度悬浮固体的有机废水；

（4）适合处理含难降解物质的有机废水。

4. 两相厌氧生物处理系统及运行中的问题

（1）产酸相对产甲烷相的影响

产酸相对产甲烷相的影响主要有以下三个方面。

① 产酸发酵末端产物组成对产甲烷相的影响。产酸相为乙醇型发酵时，其发酵末端产物以乙醇、乙酸为主，易于被产甲烷相转化利用，没有有机酸积累现象发生；产酸相为混合酸发酵时，产甲烷相对来自产酸相的有机酸的转化不彻底，易造成有机挥发酸的积累，其中以丙酸积累最为显著。丙酸积累是导致产甲烷相酸化的最重要原因。

② 产酸相发酵类型对产甲烷相的影响。控制某些运行参数使产酸相发生乙醇型发酵，可提高产甲烷相的效能，从而提高了整个两相厌氧生物处理系统的处理效率和运行稳定性。

③ 产酸相对产甲烷相氢分压的影响。传统单相消化器由于冲击负荷或环境条件的变化，使得氢分压增加，从而引起丙酸积累。而相分离后，产酸相有效去除了大量氢，使得产甲烷相的处理效率及运行稳定性增加。

（2）产酸相的酸化产物及酸化率

由于产甲烷菌的降解速率慢于产酸菌，因此，产甲烷相成为厌氧消化过程的限制阶段。产甲烷菌的反应速率与产酸相产物的种类有关，产甲烷菌对不同基质的代谢速率是不同的。对产甲烷菌的研究表明，甲酸、甲醇、甲胺和乙酸能直接为产甲烷菌所利用，而和产甲烷菌互营共生的产氢产乙酸细菌能够很快地将乙醇、丁酸转化为乙酸供产甲烷菌利用，产甲烷菌所产生的甲烷中有 70% 左右来源于乙酸。产酸相发酵产物中应尽可能避免出现丙酸和乳酸，因为乳酸容易转化为丙酸，丙酸的积累容易导致酸败现象。

产酸相基质的部分酸化就能够有效促进产甲烷菌的活性，研究表明，产酸相酸化率与 HRT 关系密切。在某一时间段内，酸化速率达到最大值，超过这一时段虽然酸化率继续提高，但酸化速率下降。另外，温度和进水基质的浓度对酸化速率的影响也比较大。

（3）反应器内的细菌群落

尽管两相厌氧消化工艺实现了有效的相分离，但并非是绝对的，许多研究表明，产酸相中含有产甲烷菌，产甲烷相中也含有一部分产酸菌。原因如下：

① 不论采用何种方法实现两相分离，都仅仅是抑制产甲烷菌在产酸相中的生长繁殖，使产酸菌占优势，而不是将产甲烷菌全部杀死；

② 两相厌氧消化工艺的根本目的仍然是去除废水中的 COD，无论是产酸消化还是产甲烷消化都与这一目标一致。两相分离只是为了加快反应过程的进行，提高反应器性能的一种手段而已；

③ 进料基质在产酸相达到完全酸化是不现实的，那需要较长的 HRT，所以总有一部分基质要在产甲烷相中完成水解酸化作用；

④ 产酸相中存在的产甲烷菌能够消耗产酸过程中生成的氢，有利于反应器的运行。

（4）过酸状态及调控

产酸相反应器在较大负荷的冲击下，也会出现类似于产甲烷相反应器的酸化现象，产酸相的这种状态被称为"过酸状态"。当产酸相受到较大有机负荷冲击时，大量酸性末端产物的生成将导致反应混合物的 pH 值迅速降低，使产酸相微生物群体的代谢活性受到严重抑制，底物转化率显著降低，影响处理效果。产酸相过酸状态的出现，不仅影响其本身的处理效果，更为严重的是可能造成后续产甲烷相的酸化，使整个处理系统运行失败。因此，产酸相过酸状态的有效控制，对两相厌氧生物处理系统的稳定运行有着重要意义。

pH 值和碱度都是产酸相反应器运行中的重要控制参数。过酸状态发生后，为了使反应系统快速恢复，应在降低系统有机负荷的同时加强对进水碱度的调节，这一措施比仅仅降低负荷更有利于系统 pH 的迅速恢复，恢复期的适宜进水碱度为 $500\sim600\text{mg/L}$。产酸相一旦发生过酸状态，其微生物菌群有可能难以恢复到原始的状态，菌群的结构及其代谢产物将有所改变，从而可能对后续的产甲烷相的处理效率造成影响。因此避免反应器过酸状态的发生比发生后的调控更为关键。

（5）产酸相与产甲烷相的差异

在两相厌氧消化系统中，产酸相和产甲烷相在物理、化学和生物性状上都会有显著的差异，主要差异见表 7-3。

表 7-3　产酸相和产甲烷相的一些差异

相	最小倍增时间(d)	对氧反应	温度(℃)	pH	Eh 值(Mv)	VFA（mg/L）
产酸相	约 0.5	不敏感	30～40	4.0～4.5	100～−100	20000～40000
产甲烷相	2.4（球菌） 4.8（杆菌）	敏感	30～40（中温） 50～55（高温）	6.5～7.5	−150～−400	<3000

7.4　废水生物脱氮除磷

随着污水排放总量的不断增长，以及化肥、合成洗涤剂、农药的广泛应用，废水中氮、磷营养物质对环境所造成的影响日益严重。氮、磷营养盐进入水体导致水体富营养化问题，湖泊"水华"和"赤潮"经常发生，恶化水质，影响工农业生产，危及人类健康。

生物脱氮除磷是近 30 年发展起来的技术，其对氮、磷的去除较其他物理化学方法经济，能有效地去除氮、磷等营养物质。

7.4.1　废水生物脱氮

1. 生物脱氮机理

氮以无机氮和有机氮的形式存在于水体中。无机氮主要包括氨氮、亚硝氮和硝态氮；有机氮主要包括蛋白质、多肽、氨基酸和尿素等。废水中的氮主要以氨氮和有机氮的形式存在。废水生物脱氮技术是 20 世纪 70 年代中期美国和南非等国的水处理专家们在对化学、催化和生物处理方法研究的基础上，提出的一种经济有效的处理技术。废水脱氮技术可以分为物理化学脱氮和生物脱氮，通常物化法脱氮只能去除氨氮，生物脱氮通过同化过程、氨化过程、硝化过程、反硝化过程最终将氮去除。

（1）生物氨化过程

废水中的有机氮主要有蛋白质、氨基酸、尿素、胺类、氰化物和硝基化合物等。蛋白质是氨基酸通过肽键结合的高分子化合物，氨基酸是羧酸分子中羟基上的氢原子被氨基取代后的生成物，可用通式 $RCHNH_2COOH$ 表示。蛋白质可作为微生物基质，在能产生蛋白质水解酶的微生物作用下，逐步水解为氨基酸。蛋白质水解可以在细胞内进行，也可以在细胞外进行。在脱氨基酶的作用下，脱氨基后的氨基酸可以进入三羧酸循环，参与各种合成代谢和分解代谢。脱氨基作用既可以在有氧条件下进行，也能在缺氧条件下进行。

有氧条件下：

$$RCHNH_2COOH + O_2 \longrightarrow RCOOH + CO_2 + NH_3 \text{（氧化脱氨基）}$$

缺氧条件下：

$$RCHNH_2COOH + H_2O \longrightarrow RCH_2COOH + NH_3 \text{（水解脱氨基）}$$

$$RCHNH_2COOH + 2H \longrightarrow RCH_2COOH + NH_3 \text{（还原脱氨基）}$$

$$CH_2OHCHNH_2COOH \longrightarrow CH_3COCOOH + NH_3 \text{（脱水脱氨基）}$$

$$RCHNH_2COOH + R'CHNH_2COOH + H_2O \longrightarrow RCOCOOH + R'CH_2COOH + 2NH_3$$
$$\text{（氧化还原脱氨基）}$$

在上述反应中，不论在有氧还是在缺氧条件下，氨基酸的分解结果都产生氨和一种含氮有机化合物。

（2）生物硝化过程

生物硝化反应是亚硝化菌、硝化菌将氨氮氧化成亚硝酸盐氮、硝酸盐氮。氨氮氧化成硝酸盐的硝化反应是由一群自养型好氧微生物通过两个过程完成，第一步先由亚硝酸菌将氨氮转化为亚硝酸盐，称为亚硝化反应；第二步由硝酸菌将亚硝酸盐氧化成硝酸盐。亚硝酸菌和硝酸菌都统称为硝酸菌，均是化能自养菌。两相反应都需要在好氧条件下进行。

亚硝酸菌将氨氮氧化成亚硝酸盐和硝酸菌将亚硝酸盐氧化为硝酸的硝化反应可表示为：

$$NH_4^+ + 1.5O_2 \longrightarrow NO_2^- + 2H^+ + H_2O + (240 \sim 350 \text{kJ/mol})$$

$$NO_2^- + 0.5O_2 \longrightarrow NO_3^- + (65 \sim 90 \text{kJ/mol})$$

影响生物硝化过程的环境因素主要有基质浓度、温度、溶解氧浓度、pH 值以及抑制物质含量等。

C/N 比。污水中含碳有机物与未氧化含氮物质的浓度比值一般较高。可生物降解含碳有机物与含氮物质浓度之比是影响生物硝化速率和过程的重要因素。BOD_5/TNK 值的不同，将会影响到活性污泥系统中异养菌与硝化菌对底物和溶解氧的竞争，由于硝化菌比增长速率低，世代期长，使硝化菌的生长受到抑制。一般认为处理系统的 BOD 污泥（MLSS）负荷低于 $0.15g/(g \cdot d)$ 时处理系统的硝化反应才能正常进行。

温度。温度对硝化过程速率的影响类似于对异养菌好氧生长的影响，生物硝化反应可以在 $4 \sim 45 \text{℃}$ 的温度范围内进行。温度不但影响硝化菌的比增长速率，而且影响硝化菌的活性，亚硝化菌最佳生长温度为 35℃，硝化菌的最佳生长温度为 $35 \sim 42 \text{℃}$。

溶解氧。硝化反应必须在好氧条件下进行，所以溶解氧浓度也会影响硝化反应的速率，硝化菌可以忍受的极限为 $0.5 \sim 0.7 \text{mg/L}$，一般建议硝化反应中的溶解氧质量浓度大于 2mg/L。

pH 值。在硝化反应中，每氧化 1g 氨氮需要 7.14g 碱度（以碳酸钙计），如果不补充碱度，就会使 pH 值下降。硝化菌对 pH 值的变化十分明显，硝化反应的最佳 pH 值范围为

7.5～8.5，当 pH 值低于 7 时，硝化速率明显降低，低于 6 和高于 10.6 时，硝化反应将停止进行。一般污水对于硝化反应而言，碱度往往是不够的，因此应投加必要的碱量以维持适宜的 pH 值，保证硝化反应的正常进行。

抑制物质。许多物质会抑制活性污泥过程中的硝化作用，一定程度的抑制作用有可能使硝化反应完全停止。对硝化反应有抑制作用的物质有：过高浓度的 NH_3-N、重金属、有毒物质以及有机物。对硝化反应的抑制作用主要有两个方面：一是干扰细胞的新陈代谢，这种影响需长时间才能显示出来；二是破坏细菌最初的氧化能力，这在短时间里即会显示出来。一般而言，同样毒物对亚硝酸菌的影响较对硝酸菌的影响强烈。

（3）生物反硝化过程

生物反硝化反应是在缺氧条件下，将硝化过程中产生的硝酸盐或亚硝酸盐还原成气态氮或 N_2O、NO 的过程。它是由一群异养型微生物完成的生物化学过程，参与这一生化反应的微生物是反硝化菌。反硝化菌在自然环境中很普遍，在污水处理系统中许多常见的微生物都是反硝化细菌，它们多数是兼性细菌。

反硝化过程中亚硝酸盐和硝酸盐的转化是通过反硝化细菌的同化作用和异化作用来完成的。异化作用就是将 NO_2^- 和 NO_3^- 还原为 NO、N_2O、N_2 等气体物质，主要是 N_2。而同化作用是反硝化菌将 NO_2^- 和 NO_3^- 还原为 NH_3-N 供新细胞合成所用，氮成为细胞质的成分，此过程可称为同化反硝化。

硝酸盐的反硝化过程为：

$$NO_3^- \xrightarrow{\text{硝酸盐还原酶}} NO_2^- \xrightarrow{\text{亚硝酸盐还原酶}} NO \xrightarrow{\text{氧化还原酶}} N_2O \xrightarrow{\text{氧化亚氮还原酶}} N_2$$

影响生物反硝化过程的环境因素主要碳源有机物、温度、溶解氧、pH 值、C/N 比以及有毒物质等。

碳源有机物。反硝化菌在反硝化过程中在溶解氧浓度极低的条件下利用硝酸盐中的氧作电子受体，有机物作碳源及电子供体。碳源物质不同，反硝化速率也不同。甲醇是一种较为理想的反硝化碳源物质。内源代谢产物也可作为反硝化的碳源物，即在传统的有硝化作用的活性污泥曝气池和二沉池中间增加一个缺氧池，使反硝化菌利用曝气池出水中的内源代谢物质作为反硝化碳源。

温度。温度对反硝化过程的影响与对好氧异养过程的影响相似，反硝化速率与温度的关系遵循 Arrheius 方程，可以表示为：

$$q_{D,T} = q_{D,20} \theta^{T-20}$$

式中，$q_{D,T}$ 为温度为 T℃ 时 NO_3-N 的反硝化速率，g/(gVSS·d)；$q_{D,20}$ 为 20℃ 时 NO_3-N 的反硝化速率，g/(gVSS·d)；θ 为温度系数，1.03～1.15，设计时可采用 1.09。

反硝化反应的最佳温度范围为 20～40℃，低于 15℃ 时反硝化反应速率降低。为了保证在低温下有良好的反硝化效果，反硝化系统应提高生物固体平均停留时间、降低负荷率、提高废水的水力停留时间（HRT）。

溶解氧。反硝化细菌属于异养兼性厌氧菌，在无分子氧，并同时存在硝酸和亚硝酸离子的条件下，使硝酸盐还原，溶解氧会抑制硝酸盐的还原作用。同时，反硝化细菌内的某些酶系组分，只有在有氧条件下才能够合成。反硝化反应适合在厌氧、好氧交替的条件下进行。一般认为，活性污泥系统中溶解氧应控制在 0.5mg/L 以下，否则会影响反硝化的进行。

pH 值。pH 值影响反硝化菌的生长速率、反消化酶的活性和反硝化的最终产物。反硝化最适 pH＝7.0～7.5。当 pH 值低于 6.0 或高于 8.0 时，反硝化反应将受到强烈抑制。pH 值超过 7.3，反硝化最终产物为氮气，低于 7.3 时，最终产物为 N_2O。

C/N 比。反硝化细菌利用污水中的含碳有机物作为电子供体，理论上将 1g NO_2-N 还原为 N_2 需要碳源有机物（以 BOD_5 表示）2.86g。一般认为，当反硝化反应器污水的 BOD_5/TKN 值大于 4～6 时，可认为碳源充足。

有毒物质。反硝化菌对有毒物质的敏感性比硝化菌低得多，与一般好氧异养菌相同。

2. 废水生物脱氮工艺

（1）传统的脱氮工艺

传统的生物脱氮途径一般包括硝化和反硝化两个阶段。由于硝化菌和反硝化菌对环境条件要求不同，因此发展起来的生物脱氮工艺，多将缺氧区和好氧区分开，形成分级硝化、反硝化工艺。传统的生物脱氮工艺有三级生物脱氮工艺，如图 7-30 所示。

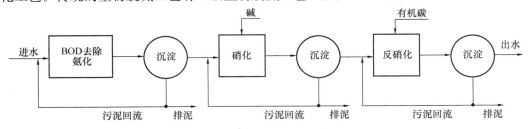

图 7-30　传统三级生物脱氮工艺

在此工艺中，含碳有机物氧化和含氮有机物氨化、氨氮的硝化及硝酸盐的反硝化，分别设在三个反应池中独立进行，并分别设污泥回流。第一级曝气池的主要功能是去除废水中的 BOD 和 COD，同时使有机氮转化为氨氮；第二级是硝化曝气池，使氨氮转化为硝态氮，由于硝化会消耗碱度，降低 pH 值，影响硝化反应速率，因此需要投加碱以维持 pH 值；第三级为反硝化反应器，维持缺氧条件，只需采用机械搅拌使污泥处于悬浮状态，与污水良好混合，硝态氮被还原为氮气。反硝化过程所需的碳源物质采用外加甲醇等外碳源。这种流程的优点是好氧菌、硝化菌和反硝化菌分别生长在不同的构筑物中，均可在各自最适宜的环境条件下生长繁殖，所以反应速度较快，可以得到相当好的 BOD_5 去除效果和脱氨效果。对于悬浮生长系统而言，由于不同性质的污泥分别在不同的沉淀池中沉淀分离而且各有独自的污泥回流系统，故运行的灵活性和适应性较好。这种流程的缺点是流程长、处理构筑物多、附属设备多，基建费用高、需要外加碳源因而运转费用较高。同时，出水中往往残留一定量的甲醇，形成 BOD_5 和 COD。

除了上述三级生物脱氮系统外，在实践中还使用两级生物脱氮系统，如图 7-31 所示。它将含碳有机物的氧化、有机氮的氨化和硝化合并在一个生物处理构筑物中进行，系统中减少了一个生物处理构筑物、一个沉淀池和一个污泥回流系统，仍利用外加碳源。所以，该系统的优缺点与三级活性污泥系统相似。为了保证出水有机物浓度满足要求，可以在反硝化池后面增加一个曝气池，去除由于残留甲醇形成的 BOD_5。

如图 7-32 所示为将部分原水作为脱氮池的碳源，一方面降低了去碳硝化池的负荷，另一方面省去了外加碳源，节约运行费用。但由于原水中的碳源成分复杂，反硝化菌利用这些碳源进行反硝化的速率将比外加甲醇碳源时要低，而且此时出水中的 BOD_5 去除效率也将有所下降。

（2）缺氧/好氧活性污泥法脱氮工艺（A/O）

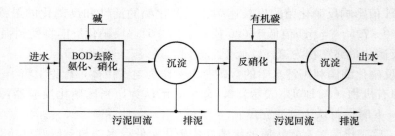

图 7-31 二级活性污泥生物脱氮工艺

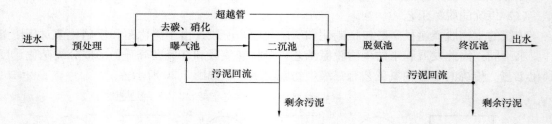

图 7-32 内源碳生物脱氮工艺

缺氧/好氧活性污泥法脱氮工艺又称为 A/O 法脱氮工艺（图 7-33）。在此系统中，反硝化段位于除碳与硝化段的前面，硝化段中的混合液以一定比例回流到反硝化段，反硝化段中的反硝化脱氮菌在无氧或低氧条件下，利用进水中的有机物作为碳源，以来自硝化池中回流液中的 NO_3^- 作为电子受体，将 NO_3^- 还原为氮气。反硝化过程中所需的有机碳源可直接来源于污水。反硝化过程产生的碱度可补偿硝化段消耗的碱度的一半左右，减少碱的投加量，降低运行费用。这是目前在生物脱氮中广泛采用的工艺。

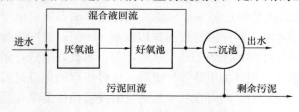

图 7-33 A/O 生物脱氮工艺

A/O 工艺的主要特点是：

① 流程简单，省去了中间沉淀池，减少构筑物，减少基建费，减少占地面积；

② 可以利用原废水中的有机物直接作为有机碳源，节省了外加碳源成本；

③ 好氧的硝化反应器设置在流程的后端，可以使反硝化过程中残留的有机物得到进一步去除，无需增加后曝气池；

④ 缺氧池在好氧池前面，减轻了好氧池的有机负荷，同时起到生物选择器的作用，有利于改善污泥的沉降性能和控制污泥膨胀。

（3）Wuhmann 脱氮工艺

Wuhmann 脱氮工艺是 1932 年由 Wuhmann 首先提出，以内源代谢物质为碳源的单级活性污泥脱氮系统，流程图如图 7-34 所示。该工艺流程由两个串联的活性污泥生化反应器组成，第一个生化反应器为好氧反应器，污水在其中进行含碳有机物、含氮有机物的氧化及氨氮的硝化反应。第二个生化反应器是缺氧反应器。在缺氧反应器中，硝酸盐氮的还原是利用第一个好氧

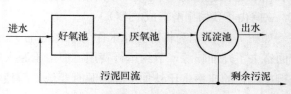

图 7-34 Wuhmann 脱氮工艺

反应器中的微生物内源代谢物质作为碳源有机物。这种脱氮工艺流程的优点是不需要投加甲醇作为外加碳源，但由于以微生物内源代谢物质作碳源，硝酸盐氮反硝化速率很低，使得缺氧池容积变大。该工艺的另一个缺点是在缺氧池中微生物内源呼吸也将有机氮和氨氮释放到污水中，这部分有机氮和氨氮会被出水带出，从而降低了系统的脱氮率。为了减小生物溶菌作用释放有机氮和氨氮的不利影响，可以在缺氧池后再增加一个曝气反应器。Wuhmann 工艺并未在生产上得到实际应用，但 Wuhmann 工艺是单级活性污泥脱氮系统的先驱。

（4）Bardenpho 脱氮工艺

1973 年，Bardenpho 首先提出在 A/O 生物脱氮工艺好氧池后再增加一套 A/O 工艺，组成两级 A/O 工艺，共四个反应池，这种工艺流程称为四阶段 Bardenpho 脱氮工艺。流程图如图 7-35 所示。

Bardenpho 脱氮工艺是一种由硝化段和反硝化段相互交替组成的工艺。原污水先进入第一缺氧池，第一好氧池混合液回流至第一缺氧池。回流混合液中的硝酸盐氮在反硝化菌的作用下利用原污水中的含碳有机物作为碳源物质在第一缺氧池中进行反硝化反应。第一缺氧池出水进入第一好氧池，在第一好氧池中发生含碳有机物的氧化、含氮有机物的氨化及氨氮的硝化作用。第一缺氧池反硝化过程产生的氮气也在第一好氧池经曝气吹脱释出。第一好氧池混合液流入第二缺氧池，反硝化菌利用混合液中的内源代谢物质进一步进行反硝化。第二缺氧池混合液进入第二好氧池，通过曝气作用吹脱释出反硝化作用产生的氮气，从而改善了污泥沉淀性能。溶菌作用产生的氨氮也可在第二好氧池内被硝化。

由于采用两级 A/O 工艺，该工艺可以达到较高的脱氮效率（90%～95%）。工艺中的硝化和反硝化可以分别在各个反应器中进行，也可将它们组合在一个传统推流式曝气池中不同区域内，后种情况则是实际工程中较多采用的运行方式。

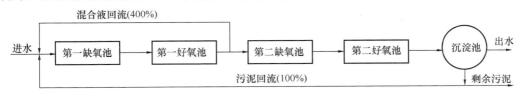

图 7-35　Bardenpho 脱氮工艺

7.4.2 废水生物除磷

1. 生物除磷机理

磷元素在生物化学过程中起着重要的主导作用，是微生物正常生长所必需的元素。所有的微生物都含有相当数量的磷，一般占灰分总量的 30%～50%（以 P_2O_5 计），活性污泥微生物也不例外。磷作为微生物细胞的重要组分，用于微生物菌体的合成，在常规活性污泥系统中，微生物正常生长时活性污泥含磷量一般为干重的 1.5%～2.3%，通过剩余污泥的排放仅能获得 10%～30% 的除磷效果。生物除磷的机理可描述如下（图 7-36）：

（1）聚磷菌的厌氧释放作用

在生物除磷污水厂中，都能观察到聚磷菌对磷的转化过程，即厌氧释放磷酸盐—好氧吸收磷，即厌氧释放磷是好氧吸收磷和最终除磷的前提条件。在厌氧区，在没有溶解氧和硝态氧存在的条件下，兼性菌将溶解性 BOD 转化为低分子发酵产物——挥发性脂肪酸（VFAS），聚磷菌在厌氧条件下其生长受到抑制，因而为了其自身的生长便依靠细胞中聚磷酸盐的水解以及细胞内糖的酵解，产生所需的能量，此时表现为磷的释放，即磷酸盐由微生物体内向废水中转移的过程。聚磷菌利用此过程中产生的能量吸收 VFAS 或来自原污水的 VFAS 合成细胞内碳能源储存物——聚-β-羟基丁酸盐（PHB）颗粒。在厌氧条件下，只要有能量来源，进入细菌细胞的乙酸盐就可转化为乙酰辅酶 A，由于细胞内的乙酰辅酶 A 数量有限，在好氧条件下，PHB 被聚磷菌氧化为乙酰辅酶 A，并进入三羧酸循环。

除磷系统的关键所在就是厌氧区的设置，厌氧区是聚磷菌的"生物最终选择器"。由于聚磷菌能在这种短暂性的厌氧条件下优先于非聚磷菌吸收低分子基质并快速同化和储存这些发酵产物，厌氧区为聚磷菌提供了竞争优势。同化和储存发酵产物的能源来自聚磷的纡解以及细胞内糖的酵解，储存的聚磷为基质的主动运输和乙酰乙酸盐（PHB 合成前提）的形成提供能量。这样，能吸收大量磷的聚磷菌群体就能在处理系统中得到选择性增殖，并可通过排除高含磷量的剩余污泥达到除磷的目的。

（2）聚磷菌的好氧聚磷作用

当污水及污泥刚进入好氧段时，聚磷菌的活力将得到充分的恢复，由于其体内贮存有大量的 PHB 而聚磷酸盐含量较低，污水中无机磷酸盐含量则很丰富。聚磷菌在好氧段中以 O_2 作为电子受体，利用胞内 PHB 作为碳源及能源进行正常的好氧代谢，从废水中大量摄取溶解态的正磷酸盐，在聚磷菌细胞内合成多聚磷酸盐，并加以积累，能量以聚磷酸高能键的形式捕积存贮。这种对磷的积累作用，大大超过微生物正常生长所需的磷量，可达细胞质量的 6%～8%。这一阶段表现为微生物对磷的吸收，即磷酸盐由废水向聚磷菌体内的转移，磷酸盐从液相中去除，产生的富磷污泥，将在后面的操作单元中通过剩余污泥的形式得到排放，将磷从系统中去除。

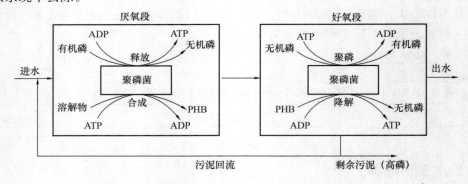

图 7-36　聚磷菌在生物除磷过程中的作用机理

在生物除磷过程中，有很多因素会影响除磷效果。影响生物除磷的因素有以下几个方面：

（1）溶解氧

由于磷是在厌氧条件下被释放、好氧条件下被吸收而得到去除，所以，溶解氧对磷的去除速率和去除量影响很大。溶解氧的影响体现在厌氧区和好氧区两个方面。首先必须在厌氧区中控制严格的厌氧条件，厌氧条件直接影响到聚磷菌在此段的生长状况、释磷能力及利用有机基质合成 PHB 的能力。厌氧区若存在溶解氧，一方面溶解氧将会作为最终电子受体而抑制厌氧菌的发酵产酸，妨碍或抑制磷的释放且利于发酵产酸菌的摄磷作用；另一方面，溶解氧的存在将会导致好氧菌的生长而发生其对进水中有机基质的降解，使可供厌氧菌利用的有机基质减少，从而导致发酵产酸菌不能产生足够的小分子低级脂肪酸等物质，减少了聚磷菌所需的脂肪酸产生量，使生物除磷效果差。

为最大限度发挥聚磷菌的摄磷作用，必须在好氧段供给足够的溶解氧，以满足聚磷菌对其贮存的 PHB 进行降解时最终电子受体的需求量，实现最大限度地转化其贮存的 PHB，释放足够的能量，供其过量摄磷所需，有效吸收废水中的磷。一般厌氧段 DO 的质量浓度应严格控制在 0.2mg/L 以下，而好氧段的溶解氧控制在 2.0mg/L 左右。

（2）硝酸盐和亚硝酸盐

与溶解氧相似，厌氧区中如果存在硝酸盐和亚硝酸盐，反硝化细菌以它们为最终电子受体而氧化有机基质，使厌氧区中厌氧发酵受到抑制而不产生挥发性脂肪酸。

（3）温度

温度对除磷效果的影响不如对生物脱氮过程的影响明显，在一定温度范围内，温度变化不是十分大时，生物除磷都能成功运行。因为在高温、中温和低温条件下，不同的菌群都具有生物脱磷的能力。

（4）pH

生物除磷系统合适的 pH 值范围与常规生物处理相同，为中性和弱碱性，生活污水中的 pH 值通常在此范围内。对 pH 值不适合的工业废水，处理前须进行调节，并设置监测和旁流装置，以避免污泥中毒。在 pH 值较高的处理装置中，尤其是生物膜的填料上，常可看到沉积的磷酸钙，这样也可去除废水中的部分磷。

（5）有机物负荷

废水生物除磷中，厌氧段有机物的种类、含量及其与微生物营养物质的比值（BOD_5/TP）是影响除磷效果的重要因素。污水中所含有机物的不同必然对污泥中生物种类、活性产生影响，从而造成生物除磷效果的差异。废水中所含的有机物对磷的释放作用有很大的影响，聚磷菌在利用不同基质的过程中，其对磷的释放速度存在明显的差异，小分子易降解的有机物诱导磷释放的能力较强，而高分子难降解的有机物诱导释放磷的能力较弱。

另外，就进水中 BOD_5 与 TP 的质量比条件而言，聚磷菌所消耗的给定数量的发酵产物，将产生一定数量的新微生物细胞，这些微生物细胞的含磷量相当高，把这些微生物排到系统之外就能达到最终除磷的目的。聚磷菌在厌氧段释放磷所产生的能量，主要用于其吸收进水中的小分子有机基质的能量，以作为其在厌氧条件下生存的基础。因此，进水中是否含有足够的有机基质，是关系到聚磷菌在厌氧条件下能否顺利生存的重要因素。

（6）污泥龄

由于生物除磷系统主要是通过排除剩余污泥去除磷，因此，处理系统中泥龄的长短对污泥摄磷作用及剩余污泥的排放量有直接影响，从而决定系统的除磷效果。泥龄越长，污泥含磷量越低，去除单位质量的磷消耗的 BOD_5 也就较多。泥龄越短，污泥含磷量高，排放的剩余污泥量也多，则可以取得较好的脱磷效果。另外，短的泥龄还有利于好氧段控制硝化作用的发生，从而利于厌氧段的充分释磷。

2. 生物除磷工艺

（1）A/O 工艺

A/O 是最基本的除磷工艺，示意图如图 7-37 所示。A/O 除磷工艺由活性污泥反应池和二沉池构成。活性污泥反应池分为厌氧区和好氧区，污水和污泥顺

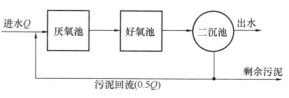

图 7-37 A/O 工艺示意图

次经厌氧和好氧交替循环流动。回流污泥进入厌氧池，微生物在厌氧条件下吸收去除一部分

有机物，并释放大量磷，然后进入好氧池并在好氧条件下摄取比在厌氧条件下所释放的更多的磷，同时废水中有机物得到好氧降解，部分富磷污泥以剩余污泥的形式排出处理系统之外，实现磷的去除。该工艺流程简单，不需要投加化学药剂，基建和运行费用低，但该工艺除磷效率低，在处理城市污水时除磷效率为 75% 左右。

（2）A²/O 工艺

A²/O 工艺是在 A/O 工艺的基础上为了能达到同时脱氮除磷的目的，增设了一个缺氧区，并使好氧区中的混合液回流至缺氧区，使之反硝化脱氮。工艺流程图如图 7-38 所示。污水首先进入厌氧池，可生物降解的大分子有机物在兼性厌氧的发酵细菌作用下转化为挥发性脂肪酸（VFA）。此时聚磷菌将体内贮存的聚磷分解，将产生的能量一部分用于维持细胞生存，另一部分供聚磷菌主动吸收环境中的 VFA 类的低分子有机物，并以 PHB 的形式在聚磷菌体内贮存起来。随后污水进入缺氧池，反硝化细菌利用好氧区中经混合液回流而带来的硝态氮作底物，同时利用污水中的有机碳源进行反硝化，达到同时降低有机物和脱氮的目的。之后，污水进入好氧池，聚磷菌在此除了吸收和利用污水中残剩的可生物降解有机物外，主要是分解体内贮存的 PHB，产生的能量一部分供自身生长繁殖，另一部分用来过量吸收环境中的溶解磷并以聚磷的形式贮存起来，使出水中溶解磷浓度降到最低。此时，好氧区中的有机物浓度很低，这又有利于硝化菌的生长，可将氨氮经硝化作用转化为硝态氮，总的去除效果是使有机物、氨氮、总氮、总磷达到较高的去处理率。

从以上分析可知，A²/O 工艺通过厌氧、缺氧、好氧交替运行，具有同步脱氮除磷的功能，基本上不存在污泥膨胀问题。该工艺流程简单，总水力停留时间少于其他同类工艺，并且不需要外加碳源，缺氧段只进行缓速搅拌，运行费用低。该工艺的缺点是同时受到污泥龄、回流污泥中挟带的溶解氧和 $NO_3\text{-}N$ 的限制，除磷效果不是很理想。

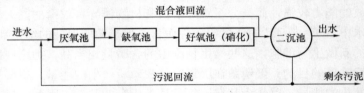

图 7-38　A²/O 工艺流程图

（3）Phostrip 工艺

Phostrip 工艺是在传统活性污泥法的污泥回流管线上增设一个除磷池及混合化学反应沉淀池构成，这是将生物除磷法和化学除磷法结合在一起。其工艺流程图如图 7-39 所示。

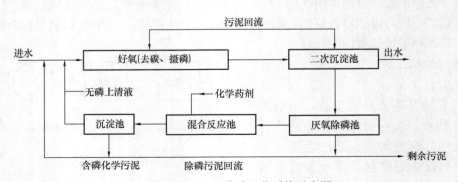

图 7-39　Phostrip 除磷工艺系统示意图

废水先进入好氧池，去除有机物，同时在好氧状态下过量地摄取磷。在二沉池中，含磷污泥与水分离，回流污泥一部分回流至曝气池，另一部分分流至厌氧除磷池。在厌氧除磷池中，回流污泥在好氧状态时过量摄取的磷得到充分释放，磷的释放与活性污泥厌氧好氧交替循环系统所发生的过程类似。释磷后的污泥回流到曝气池重新起到摄磷作用。由除磷池流出的富磷上清液进入化学沉淀池，投加化学药剂如石灰形成磷酸钙等不溶物沉淀，通过排放含磷污泥去除磷。

Phostrip 工艺的优点是：由于采用了化学沉淀使磷排出系统，这与仅仅通过剩余污泥排放除磷的其他工艺相比，其回流污泥中的磷含量较低，因而对进水水质波动的适应性较强；另外，该工艺对富含磷上清液进行化学沉淀时，石灰用量少、污泥量也少，而且由于此污泥中磷的含量很高，有可能使其进行磷的再利用；第三，该工艺比较适合于对现有工艺的改造，只需在污泥回流管线上增设小规模的处理单元即可，且在改造过程中不必中断处理系统的正常运行。

Phostrip 工艺具有物理化学的高效除磷效果，又具有生物除磷所具有的低成本和产泥量少的优点，其受外界条件的影响较小，工艺操作较灵活，对碳、磷的去除效果好且稳定，有较好的发展前景。

（4）Phoredox 工艺

Phoredox 工艺是 Bardenpho（四段）脱氮工艺的改进型，它是 Barnard 通过对 Bardenpho 工艺的研究，在 Bardenpho 工艺前端增设了一个厌氧区构成，反应器排列顺序为厌氧、缺氧、好氧、缺氧、好氧，混合液从第一个好氧区回流到第一缺氧区，污泥回流到厌氧区的进水端，此工艺在南非叫做五段 Phoredox 工艺，在美国称为改良型的 Bardenpho 工艺（图7-40）。

Bardenpho 工艺本身也具有同时脱氮除磷的功能，但 Phoredox 工艺在缺氧池前增设了个厌氧池，保证了磷的释放，从而保证在好氧条件下有更强的吸收磷的能力，提高了除磷的效率；其最终好氧段为混合液提供短暂的曝气时间，也降低了二沉池出现厌氧状态和释放磷的可能性。

Phoredox 工艺的污泥龄较长，一般设计值取 10～20d，为了达到污泥稳定，泥龄值还可取得更长，增加了碳氧化的能力。Phoredox 工艺的优点是产泥量较少，缺点是污泥回流携带硝酸盐回到厌氧池，会对除磷有明显的不利影响，且受水质影响较大，对于不同的污水除磷效果不稳定。

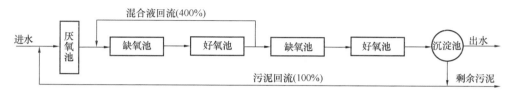

图 7-40　Phoredox 工艺

（5）UCT 工艺

在改良的 Bardenpho 工艺中，进入厌氧反应池的硝酸盐浓度直接与出水硝酸盐浓度有关，而且直接影响到磷的吸收。为了使厌氧池不受出水所含硝酸盐浓度的影响，南非的开普敦大学开发出一种类似于 A²/O 工艺的 UCT 工艺，如图 7-41 所示。

UCT 工艺是在 A^2/O 工艺的基础上对回流方式做了调整以后提出的工艺，其与 A^2/O 工艺的不同之处在于沉淀池污泥是回流到缺氧池，而不是回流到厌氧池，同时增加了从缺氧池到厌氧池的混合液回流，这样就可以防止好氧池出水中的硝酸盐氮进入到厌氧池，破坏厌氧池的厌氧状态而影响在厌氧过程中磷的充分释放。由缺氧池向厌氧池回流的混合液中 BOD 浓度较高，而硝酸盐很少，为厌氧段内所进行的发酵提供了最优的条件。在实际运行过程中，当进水中的 TKN（总凯式氮）与 COD 的质量比较高时，需要通过调整操作方式来降低混合液的回流比以防止硝酸盐进入厌氧池。但是如果回流比太小，会增加缺氧反应池的实际停留时间，而试验观测证明，如果缺氧反应池的实际停留时间超过 1h，在某些单元中污泥的沉降性能会恶化。

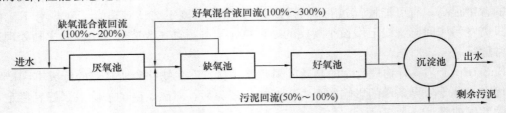

图 7-41　UCT 脱氮除磷工艺

为了使进入厌氧池的硝态氮量尽可能少，保证污泥具有良好的沉降性能，简化 UCT 工艺的操作，开普敦大学又开发了改良型的 UCT 工艺，如图 7-42 所示。在改良型 UCT 工艺中，缺氧反应池被分为两部分，第一缺氧反应池接纳回流污泥，然后由该反应池将污泥回流至厌氧反应池，污泥量比值约为 0.1。硝化混合液回流到第二缺氧反应池，大部分反硝化反应在此区进行。改良型 UCT 工艺基本解决了 UCT 工艺所存在的问题，最大限度地消除了向厌氧段回流液中的硝酸盐量对摄磷产生的不利影响，但由于缺氧段向厌氧段的回流，其运行费用较高。

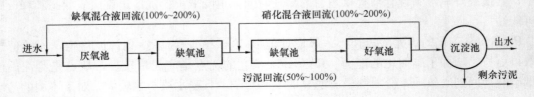

图 7-42　改良型的 UCT 工艺

7.5　污水回用

7.5.1　回用概况

1. 污水回用的必然性

水资源是指可供人类直接利用、能不断更新的天然淡水，主要是指陆地上的地表水和浅层地下水。全球目前有 60% 以上的陆地淡水不足，40 多个国家缺水，三分之一的人口得不到安全供水。我国也同样面临水资源短缺的现实。

世界上许多城市的生活用水定额在 230L/（人·d）之间，其中饮用等与健康密切相关的水量不到总量的 30％，大部分水用在与健康关系不大的冲洗厕所等方面。这些用途的水可以用水质相对较差经过处理的生活污水代替，达到节约新鲜水资源的目的。

城市废水回用就是将城镇居民生活及生产中使用过的水经过处理后回用。回用分为将废水处理到饮用水程度和非饮用水程度两种。对于处理到饮用水程度，投资较高、工艺复杂，非特缺水地区一般不常采用。多数国家将废水处理到非饮用水程度即中水。中水概念起源于日本，主要是指城市污水经过处理后达到一定的水质标准，在一定范围内重复使用的非饮用杂用水，其水质介于清洁水与污水之间。中水虽不能饮用，但可以用于一些对水质要求不高的场合。

中水回用就是利用生产和生活中应用过的优质杂排水，经过一定的再生处理后，应用于工业生产、农业灌溉、生活杂用及补充地下水。

2. 国内外污水回用概况

以色列、日本、美国和南非等国的中水回用发展很好。美国的中水回用范围很广，涉及城市回用、农业回用、娱乐回用、工业回用等多个领域。早在 1925 年，美国大峡谷旅游点就用处理后的废水来冲洗厕所和灌溉草坪。1980 年，美国已有 536 项中水回用工程，年回用水量达 9.37 亿 m^3，其中 62％用于农业灌溉，31.5％用于工业，5％用于地下水回注，1.5％用于娱乐和渔业等。1992 年，美国环保局会同有关部门提出水回用建议书，包括处理工艺、水质要求、监测项目与频率、安全距离等水回用的各个方面，为中水回用工程提供重要的指导信息。

日本是一个严重缺水的国家，因此日本成为开展污水回用研究较早的国家之一，主要以处理后的污水作为住宅小区和建筑生活杂用水。日本各大城市都拥有专门的工业用水道，形成与自来水管网并存的另一条城市动脉，再生污水约 41％用于工业冷却、32％用于环境用水、8％用于农业灌溉。

新加坡于 1998 年开始再生水工程研究，以确定新水作为天然水源弥补新加坡自身供水的可能性。2002 年，新加坡新生水技术研发成功，2003 年开始推广。新加坡将新生水英文命名为"newater"。新加坡目前共有 5 座新生水厂，每天可满足 30％的用水需求，主要用于工业。另有约全国每天用水量的 5％的新生水进入蓄水池，与蓄水池的水源混合后，经水厂加工后进入家庭。目前再生水厂日供再生水总量可达 23.62 万 m^3，占日供水量的 15％以上。

以色列是在中水回用方面最具特色的国家，其水源奇缺，人均水资源占有量仅为 476m^3。以色列采用了农业节水和城市中水回用的对策。占全国污水处理总量 46％的出水直接回用于灌溉，其余 33.3％和约 20％分别回灌于地下或排入河道，中水回用的速度世界第一。目前，以色列 100％的生活污水和 72％的城市污水得到了回用。

我国在污水回用方面的研究起步较晚。从六五、七五期间开始研究中水的利用，在 20 世纪 90 年代末开始使用，目前已经形成一定的规模，但与发达国家有不小的差距，主要还是用于居民冲厕、灌溉、景观用水、洗车，正在开发在工业和农业中的使用。北京、天津、青岛等缺水严重地区走在中水市场的最前面，这些城市都把中水回用列入城市大的总体规划之中。

北京城市总体规划要求，到 2008 年城区要建成 9 座中水厂，再生水回用率将达到 50％。天津还为此专门出台了关于住宅使用中水的规定，城市规划面积 5 万 m^2 以上的新建住宅小区，规划人口在 1 万人以上的住宅小区都要使用中水，配有中水管道。目前天津一些小区都使用中水来替换自来水用于景观用水，以及浇灌绿地。青岛市是一个典型的缺水型城市，人均水资源占有量仅是全国的 1/7，面对日益严重的水资源短缺现状，青岛中水回用工程正在大力推进。

3. 污水回用的对象

城市污水经不同程度处理后可回用于农业灌溉、工业用水、市政绿化、生活洗涤、娱乐场所、地下水回灌和补充地下水等。

污水回用于农业灌溉。污水回用常以农业灌溉作为首选对象，主要是因为：农业灌溉需要的水量很大，全球淡水总量中大约有 70%～80% 用于农业，用于工业的不到 20%，用于生活的不到 6%；污水灌溉对农业和污水处理都有好处。

污水回用于工业。一些城市的污水二级处理厂的出水经过适当深度净化处理后送至工厂用作冷却水、水利输送炉灰渣、生产工艺用水和油田注水等。我国大连春柳污水厂污水回用工程是我国第一个废水回用示范工程，处理后水质良好，出水成为附近工厂的稳定水源。

污水回用于城市生活。城市生活用水虽然只占城市用水总量的 20% 左右，其中有三分之一以上是用于公共建筑、绿化和浇洒，其余为居民生活用水。城市道路喷洒、园林绿地灌溉的用水量随着人民生活质量的不断提高在逐年加大。

污水回用于地下水灌溉。许多城市由于地下水资源过量开采，导致地下水位急剧下降。因此，城市污水厂出水用于地下水回灌，通过慢速渗滤进入地下水，既保证了水质，也补充了地下水量，是一种最适宜的地下水补充方式。利用再生水回灌地下水在控制海水入侵上也有许多优点，能增加地下水蓄水量，改善地下水质，恢复被海水污染的地下水蓄水层，节省优质地面水。

4. 污水回用的可行性

（1）污水回用技术与方法的可行性

目前，污水回用经常使用的处理技术有活性污泥法、生物膜法等。处理方法可分为：以生物处理法为主、以物理化学法为主、化学处理法、物理处理法。几种方法的比较见表 7-4 和表 7-5。

表 7-4　污水回用生物处理方法

生物处理方法	主要作用
活性污泥法	利用水中好氧微生物分解废水中的有机物
生物膜法	利用附着生长在各种载体上的微生物分解水中有机物
生物氧化塘	利用稳定塘中的微生物分解废水中的有机物
土地处理	利用土壤和其中的微生物及植物综合处理水中污染物
厌氧处理	利用厌氧微生物分解水中的有机物，特别是高浓度有机物

表 7-5　各种中水处理方法的比较

序号	项目	物理处理法	物化处理法	生物处理法
1	回收率	70%～85%	90%以上	90%以上
2	原水水质	杂排水	杂排水	杂排水、生活用水

序号	项目	物理处理法	物化处理法	生物处理法
3	负荷改变量	大	稍大	小
4	污泥处理	不需要	需要	需要
5	装置密闭性	好	稍差	不好
6	臭气产生	无	较少	多
7	运行管理	容易	较容易	复杂
8	占地面积	小	中等	大
9	回用范围	冲厕、绿地、空调用水	冲便器、空调用水	冲厕
10	运转方式	连续或间歇	间歇式	连续式

（2）污水回用的经济可行性

从我国目前实施的中水回用工程项目的实际运行情况来看，实施中水回用的经济效益是相当可观的。中水回用的效益情况见表 7-6。

表 7-6　中水回用项目经济效益分析

项目名称 工程名称	山西某机关中水工程	北京某中水工程
土建投资（万元）	54.5	4.8
设备投资（万元）	54.1	12.2
日处理量（m³）	250	160
运行成本（万元）	1.29	0.195
投资回收期（年）	6.6	1.8

7.5.2　污水回用工艺

1. 地下渗滤中水回用

（1）原理

在渗透区内，污水首先在重力作用下由布水管进入散水管，再通过散水管上的孔隙扩散到上部的砾石滤料中，然后进一步通过土壤的毛细作用扩散到砾石滤料上部的特殊土壤环境中。特殊土壤是采用一定材料配比制成的生物载体，其中含有大量具有氧化分解有机物能力的好氧和厌氧微生物。污水中的有机物在特殊土壤中被吸附、凝聚并在土壤微生物的作用下得到降解，同时，污水中的氮、磷、钾等作为植物生长所需的营养物质被地表植物根系吸收利用。经过土壤和土壤微生物的吸附降解作用，以及土壤的渗滤作用，最终使进入渗滤系统的污水得到有效净化。

（2）工艺流程和特点

地下渗滤工艺如图 7-43 所示。

污水收集和预处理系统由污水集水管网、污水集水池、格栅和沉淀池组成；地下渗滤系统由配水井、配水槽、配水管网、布水管网、散水管网、集水管网及渗滤集水池组成；过滤及消毒系统根据水质情况选择一定形式的过滤器、提升设备及加氯设备；中水供水系统由中水贮水池、中水管网及用户所需的供水形式选择的配套加压设备组成。

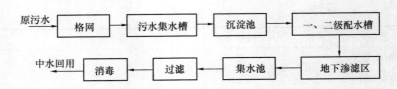

图 7-43　地下渗滤工艺流程图

地下渗滤工艺的特点主要有以下几点：

① 集水距离短，可在选定的区域内就地收集、就地处理和就地利用；

② 取材方便，便于施工，处理构筑物少；

③ 处理设施全部采用地下式，不影响地面绿化和地面景观；

④ 运行管理方便，与相同规模的传统工艺比较，运行管理人员可减少 50% 以上；

⑤ 无需曝气和曝气设备，无需投加药剂，无需污泥回流，无剩余污泥产生，可大大节省运行费用，并可获得显著的经济效益；

⑥ 处理效果好，出水水质可达到或超过传统的三级处理水平且无特殊需要，渗滤出水只需加氯消毒即可作为冲厕、洗车、灌溉、绿化及景观用水或工业用水。

2. 新型膜法 SBBR

（1）原理

新型膜法 SBBR 处理工艺路线为"水解沉淀——生物过滤——SBR 生物接触氧化——沉淀过滤"的组合工艺，适用于生活污水和可生化性好的有机废水处理。

（2）工艺流程和特点

新型膜法 SBBR 的工艺流程图如图 7-44 所示，污水经过格栅自流入水解沉淀池和生物滤池进行强化水解酸化，将污水中的不溶性有机物在微生物的作用下水解为溶解性的有机物，将大分子物质转化为易生物降解的小分子物质，经过处理的污水可生化值有较大提高，有利于后序好氧生化处理。

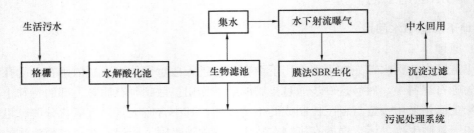

图 7-44　膜法 SBBR 工艺流程图

新型膜法 SBBR 工艺的特点有以下方面：

① 具有强化水解酸化的作用，能起到水量调节的作用，不需再设调节池；

② 处理装置由集水井中液位计根据液位的高低实现自动控制，操作简便；

③ 水下射流曝气的溶氧率高达 20%，省去了鼓风机曝气系统，无噪声污染；

④ 提升泵与射流曝气组合为一体，利用污水提升的动能同时实现了曝气功能，可节省电耗 40%，达到微动力处理要求；

⑤ 由液位计控制泵和曝气器的运行，实现运行与排水高低峰相一致，避免了不必要的

动力消耗，简化了复杂的处理设备。

⑥ 污泥主要通过厌氧硝化进行分解，多余的少量污泥定期使用环卫吸粪车抽吸外运；

⑦ 采用地埋管与高楼落雨管相接方式进行高空稀释排放，避免了臭气污染；

⑧ 生化池中投放球型悬浮填料，具有耐高冲击负荷以及污泥寿命长等优点；

⑨ 在低浓度条件下也能保持较高的去除率。

3. VTBR 生化反应塔

（1）原理

VTBR 生化反应塔由 2 个或 2 个以上塔式反应器组成，反应器内装填生物固定生长的填料。其核心工艺为 VTBR 生化反应器及微电解水净化装置。

（2）工艺流程和特点

污水经排水管网收集，进入污水处理系统，首先经过格栅去除大颗粒悬浮物，然后进入调节池，并进行预曝气，以减少臭气产生；调节池内的污水由污水泵提升进入反应塔，在塔内利用微生物完成对有机物的氧化分解过程，去除大部分有机物；经 VTBR 生化处理后的废水进入微电解水净化装置，进行深度处理，进一步分解生化处理后剩余的有机物，最终达到设计排放标准或回用。VTBR 生化反应塔流程图如图 7-45 所示。

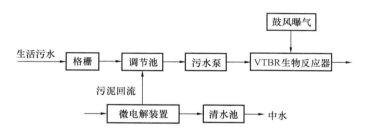

图 7-45　VTBR 生化反应塔工艺流程图

VTBR 生化反应塔的特点有以下几个方面：

① VTBR 生化反应器中气液接触时间可调整为几十分钟到 1h，气液接触间的延长使溶解氧的利用率大大提高；

② VTBR 在结构上借鉴了深井曝气的特点，技术性能上超过了深井曝气；

③ VTBR 采用密闭设备，有利于气体收集回用或高空排放；

④ 由于采用固定膜式生物反应器，生物内源呼吸过程加强，剩余污泥量减少。

4. CASS 工艺

（1）原理

CASS 是在 SBR 的基础上发展起来的，在 SBR 池内进水端增加了一个生物选择器，实现了连续进水、间歇排水。设置生物选择器的目的是使系统选择出絮凝性细菌，其容积约占整个池子的 10%。生物选择器的工艺过程遵循活性污泥的基质积累—再生理论，使活性污泥在选择器中经历一个高负荷的吸附阶段，随后在主反应区经历一个较低负荷的基质降解阶段，以完成整个基质降解的全过程和污泥再生。在 CASS 进水端增加一个设计合理的生物选择器，可有效抑制丝状菌的生长和繁殖，客服污泥膨胀，提高系统的稳定性。

（2）工艺流程和特点

CASS 工艺对污染物的降解是一个在时间上的推流过程，集反应、沉淀、排水于一体，是一个好氧—缺氧—厌氧交替运行的过程。CASS 工艺流程图如图 7-46 所示。

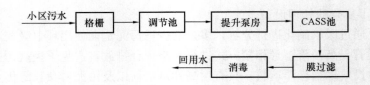

图 7-46　CASS 工艺流程图

CASS 工艺特点有以下几个方面：

① 建设费用低。省去了初沉淀池、二沉池及污泥回流设备，建设费用可节省20%～30%；

② 工艺流程简洁，占地面积小；

③ 运行费用省；

④ 管理简单，运行可靠，不易发生污泥膨胀；

⑤ 有机物去除率高，出水水质好；

⑥ 采用水下曝气机代替传统的鼓风机曝气可有效解决噪声污染。

7.5.3　污水回用的问题和前景

1. 存在问题

污水回用工程项目回收期长，短期效益不明显，在一定程度上制约了污水回用技术的推广和运用，主要原因有以下方面：

管理体制和资金问题。现阶段很多地区没有完全实行水务一体化管理体制，没有形成一个统一的管理部门来统筹考虑水资源的综合利用，无法形成水源建设经费的支撑体系。

水资源保护方面存在的问题。在污水回用问题上，政府相关部门应出台相应的鼓励政策，大力提倡污水回用，所有新建企业、小区都应该开展污水回用，必须规划有污水回用系统，推动污水回用工程技术的发展。

现行水价和宣传方面。现行水价与价值相背离，应加强制定相关政策，使水价更趋合理。

2. 前景

我国淡水资源缺乏，且分布不均，开发利用难度大，此外，有限的水资源还面临水质恶化和水生态系统破坏的威胁，这使得水资源供需矛盾日益加剧，因此，污水回用大有前景。目前，我国在污水再生回用技术的应用方面已取得了一定程度的进展，污水再生作为一种可利用的第二水源在未来的社会发展以及人们的日常生活中将发挥巨大的潜力，对保护环境、发展经济无疑将产生重大的影响。

7.6　污水生态工程处理技术

7.6.1　概论

污水生态处理技术是运用生态学原理和工程学方法而形成的生态工程水处理技术。污水生态处理系统完全不同于污水灌溉，它是根据生态学的基本原理在充分利用水肥资源的同时，科学地应用土壤—植物系统的净化功能，在将污水有节制地投配到土地上的过程中，通过土壤—植物系统的物理、化学和生物的吸附、过滤、吸收和净化作用，使污水中可生物降解的污染物得到降解，而氮、磷营养物质和水分得以再利用。因此污水生态处理技术是一类有着自然处理特色的无害化与资源化技术。

更确切地说，污水生态处理技术是一项涉及土壤污染的生物修复的一种特殊类型。它是利用生物修复原理，采用土壤中微生物对污染物的降解功能、植物根际圈的作用以及植物—微生物联合修复，以达到污水处理目标的一种半人工方法，是污水中污染物治理、污染土壤生物修复与水资源利用相结合的方法。因此，污水生态处理技术运用生态学原理的具体体现是对现代生态学的四项基本原则——循环再生、和谐共存、整体优化和区域分异的充分应用。

（1）循环再生原理

生态系统通过生物成分，一方面利用非生物成分不断地合成新的物质；另一方面又把合成物质降解为原来的简单物质，并归还到非生物组分中。如此循环往复，进行着不停顿的新陈代谢作用。这样，生态系统中的物质和能量就进行着循环和再生的过程。

污水生态治理技术就是把污水有控制地投配到土地上，利用土壤—植物—微生物复合系统的物理、化学、生物学和生物化学特征，对污水中的水、肥资源加以利用，对污水中可降解污染物进行净化的工艺技术，因此，其主要目标就是使生态系统中的非循环组分成为可循环的过程，使物质的循环和再生的速率能够得以加大。

（2）和谐共存原理

在污水的生态处理系统中，由于循环和再生的需要，各种修复植物与微生物种群之间、各种修复植物之间、各种微生物之间和生物与处理系统环境之间相互作用，和谐共存，修复植物给根系微生物提供生态位和适宜的营养条件，促进微生物的生长和繁殖，促使污水中植物不能直接利用的那部分污染物转化或降解为植物可利用的成分，反过来又促进植物的生长和发育。如果该处理系统没有它们的和谐共存，处理系统就会崩溃，就不可能进行有效的污水治理。

（3）整体优化原理

污水的生态处理技术涉及点源控制、污水传输、预处理工程、布水工艺、修复植物选择和再生水的利用等基本过程，它们环环相扣，相互不可缺少。因此，把污水的处理系统看成是一个整体，对这些基本过程进行优化，从而达到充分发挥处理系统对污染物的净化功能和对水、肥资源的有效利用。

（4）区域分异原理

不同的地理区域，气温、地质、土壤类型和微生物种群及水文条件差异很大，导致污水中污染物质在转化、降解等生态行为上具有明显的区域分异。在污水的生态处理系统设计时，必须有区别地进行布水工艺与修复植物的选择及结构配置和运行管理。

7.6.2　稳定塘

1. 概述

稳定塘又称为氧化塘或生物塘，是一种天然的或经一定人工构筑的废水净化系统。废水在塘内经过较长时间的停留、储存，通过微生物的代谢活动，以及伴随着物理、化学、生物化学过程，使废水中的有机污染物、营养元素和其他污染物质进行多级转换、降解和去除，从而使吸纳的废水无害化、资源化和再利用。

稳定塘既可作为二级处理，也可作为二级生物处理出水的深度处理。生物塘的主要优点是处理成本低，操作管理容易。此外，生物稳定塘不仅能取得良好的 BOD 去除效果，还可以有效去除氮磷营养物质及病原菌。它的主要缺点是占地面积大，处理效果受环境条件影响大，处理效率相对较低，可能产生臭味，孳生蚊蝇，不适宜建设在居住区附近。

2. 工作原理

稳定塘是一种半人工的生态系统（图 7-47），其生物相主要由分解者（细菌、真菌）、生产者（藻类和水生植物）、消费者（原生动物、后生动物以及高级水生动物）组成。三者分工协作，细菌和藻类是浮游动物的食料，而浮游动物又可被鱼类吞食，高等动物也可直接以大型藻类和水生植物为饲料，从而形成多条食物链，构成稳定塘中各种生物相互依存、相互制约的复杂生态体系，使废水中的污染物得到分级转化和利用。

废水在稳定塘内的停留，污染物质经过稀释沉淀、好氧微生物的氧化作用或厌氧微生物的分解作用而去除或稳定化。好氧微生物代谢所需要的溶解氧由大气复氧作用和藻类的光合作用提供，也可通过人工曝气提供。

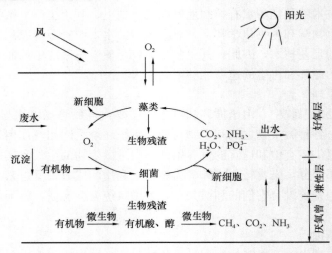

图 7-47　典型的稳定塘生态系统

3. 稳定塘类型

稳定塘按用途分可分为深度处理塘、强化塘、存储塘和综合生物塘等；根据水中溶解氧的状况又可分为好氧塘、兼性塘、厌氧塘和曝气塘。上述不同性质组合成的塘称为复合稳定塘。此外，还可以依据排放是间歇式的或连续式的、废水进塘前的处理程度或塘的排放方式来进行划分。

（1）好氧塘

好氧塘是一类在有氧状态下净化废水的稳定塘，它完全依靠藻类光合作用和塘表面风力搅动自然复氧供氧。通常好氧塘都是一些很浅的池塘，塘深一般为 $15 \sim 50cm$，至多不大于 1m，废水停留时间一般为 $2 \sim 6d$。好氧塘一般适于处理 BOD_5 小于 $100mg/L$ 的废水，其出水溶解性 BOD_5 低而藻类固体含量高，因而往往需要补充除藻处理过程。好氧塘按有机负荷的高低又可分为高速好氧塘、低速好氧塘和深度处理塘。

（2）兼性塘

兼性塘是指在上层有氧、下层无氧的条件下净化废水的稳定塘，是最常用的塘型。其塘深通常为 $1.0 \sim 2.5m$。兼性塘上部有一个好氧层，下部是厌氧层，污泥在底部进行消化，常用的水力停留时间为 $5 \sim 30d$。兼性塘运行好坏的关键在于藻类光合作用产氧量和塘表面复氧的效果。

兼性塘常用于处理小城镇的原废水以及大小城市一级沉淀处理后出水或二级生化处理后的出水。在工业废水处理中，接在曝气塘或厌氧塘之后作为二级处理塘使用。兼性塘的运行管理极为方便，较长的废水停留时间使它能经受废水水量、水质的较大波动而不致严重影响出水质量。此外，为了使 BOD_5 面积负荷保持在适宜的范围之内，兼性塘需要的土地面积很大。

储存塘和间歇排放塘属于兼性塘类型。储存塘可用于蒸发量大于降雨量的气候条件。间歇排放塘的水力停留时间长而且可控制，当出水水质令人满意的时候，每年排放一两次。

（3）厌氧塘

厌氧塘是一类在无氧状态下净化废水的稳定塘，其有机负荷高、以厌氧反应为主。当稳定塘中有机物的需氧量超过光合作用的产氧量和塘面复氧量时，该塘即处于厌氧条件，厌氧菌大量生长并消耗有机物。由于厌氧菌在有氧环境中不能生存，因而，厌氧塘常常是一些表面积较小、深度较大的塘。

厌氧塘最初被作为预处理设施使用，并且特别适用于处理高温高浓度的废水，在处理城市废水方面也取得了成功。厌氧塘的深度通常是 $2.5 \sim 5m$，停留时间为 $20 \sim 50d$。厌氧塘主要的生物反应是酸化和甲烷发酵。当厌氧塘作为预处理使用时，其优点是可以大大减少随后的兼性塘、好氧塘的容积，消除了兼性塘夏季运行时经常出现的漂浮污泥层问题，并使随后的处理塘中不形成会导致塘最终淤积的污泥层。

（4）曝气塘

通过人工曝气设备向塘中废水供氧的稳定塘称为曝气塘，这是人工强化与自然净化相结合的一种形式。适用于土地面积有限，不足以建成完全以自然净化为特征的塘系统场合。曝气塘深度一般在 $2.0m$ 以上，废水停留时间为 $4 \sim 5d$，BOD_5 的去除率为 $50\% \sim 90\%$。但由于出水中常含有大量活性和惰性微生物体，因而曝气塘出水不宜直接排放，一般需后续连接其他类型的塘或生物固体沉淀分离设施进行进一步处理。

7.6.3 土地处理

1. 概述

废水土地处理系统是指利用农田、林地等土壤—微生物—植物构成的陆地生态系统的生物、化学、物理等固定、降解作用对污染物进行综合净化处理的生态工程系统；它能在处理城市污水以及一些工业废水的同时，通过营养物和水分的生物地球化学循环，促进绿色植物生长，实现废水的资源化和无害化。废水土地处理源于废水灌溉农田。20 世纪 80 年代初，随着城市与工业生产的发展，我国先后开辟了十多个大型污水灌溉区。

废水土地处理系统的优点是：促进废水中植物营养素的循环，废水中的有用物质通过作物的生产而获得再利用；可利用废劣土地、坑塘洼地处理废水，基建投资省；使用机电设备少，运行管理简便低廉，节省能源；绿化大地，增添风景，改善小气候，促进生态环境的良性循环；污泥能得到充分利用，二次污染小。

但是如果设计不当或管理不善，废水处理系统也会造成许多不良后果，包括：污染土壤和地下水，特别是造成重金属污染、有机毒物污染等；导致农产品质量下降；散发臭味、孳生蚊蝇，危害人体健康。

2. 工作原理

结构良好的表层土壤中存在土壤—水—空气三相体系。土壤胶体和土壤微生物是土壤能够容纳、缓冲和分解多种污染物的关键因素。废水土地处理系统的净化过程包括物理过滤、物理吸附与沉积、物理化学吸附、化学反应与沉淀、微生物代谢与有机物生物降解等过程，是一个复杂的综合净化过程。

3. 土地处理类型

根据系统中水流动的速率和流动轨迹的不同，废水土地处理系统可分为慢速渗滤、快速渗滤、地表漫流和地下渗滤系统。表 7-7 为废水土地处理系统各种工艺的比较。

表 7-7　废水土地处理系统各种工艺的特征比较

工艺特性	慢速渗滤	快速渗滤	地表漫流	地下渗滤
投配方式	表面布水高压喷洒	表面布水	表面布水或高低压布水	地下布水
水力负荷（cm/d）	1.2～1.5	6.0～122.0	3.0～21.0	0.2～4.0
预处理最低程度	一级处理	一级处理	格栅筛滤	化粪池、一级处理
投配废水最终去向	下渗、蒸散	下渗、蒸散	径流、下渗、蒸散	下渗、蒸散
植物要求	谷物、牧草、森林	无要求	牧草	草皮、花木
适用气候	较温暖	无限制	较温暖	无限制
达到处理目标	二级或三级	二级、三级或回注地下水征地	二级、除氮	二级或三级
占地性质	农、牧、林	征地	牧业	绿化
土层厚度（m）	≥0.6	≥1.5	≥0.3	≥0.6
地下水埋深	0.6～3.0	淹水期：>1.0，干化期：1.5～3.0	无要求	>1.0
土壤类型	砂壤土	砂土、砂壤土	黏土、黏壤土	砂壤土、黏壤土
土壤渗透系数	≥0.15，中	≥5.0，快	≤0.5，慢	0.15～5.0，中

（1）慢渗生态处理系统

慢渗生态处理系统（slow filtering eco-treatment system，SF-ETS）是以表面布水或高压喷洒方式将污水投配到修复植物的土壤表面，污水在流经地表土壤—植物系统时得到充分净化的处理工艺类型。在该处理系统中，投配的污水一部分被修复植物吸收，一部分在渗入底土的过程中其中的污染物被土壤介质截获，或被修复植物根系吸收、利用或固定，或被土壤中的微生物转化或降解为无毒或低毒的成分。工程设计时需要考虑的场地工艺参数包括：① 土壤渗透系数为 0.036～0.360m/d；② 地面坡度小于 30%，土层厚大于 0.6m，地下水位大于 0.6m。

根据实际需要，SF-ETS 可设计为处理型与利用型两种类型，前者为了节约投资和方便水资源管理，希望在尽可能小的土地面积上处理尽可能多的污水，选择的修复植物为有较高耐水极限、较大去除氮磷和有关污染物的能力、生长季长和管理方便的植物；后者一般应用于水资源短缺的地区，希望在尽可能大的土地面积上利用污水，如灌溉林木、花草，以便获取更大的植物生产量。研究表明，草类植物最有利于使处理型 SF-ETS 的水力学负荷达到最大。

目前，SF-ETS 已发展成为替代三级深度处理的重要水处理技术之一，在一定条件下还可替代二、三级处理。

（2）快渗生态处理系统

快渗生态处理系统（rapid filtering eco-treatment system，RF-ETS）是将污水有控制地投配到具有良好渗滤性能的土壤表面，污水在重力作用下向下渗滤过程中通过生物氧化、硝化、反硝化、过滤、沉淀、还原等一系列作用而得到净化的污水处理工艺类型。其工艺目标主要包括：① 污水处理与再生水补给地下水；② 用地下暗管或竖井收集再生水以供回用；③ 通过拦截工程措施，使再生水从地下进入地表；④ 再生水季节性地储存在具有回收系统的处理场之下，在作物生长季节用于灌溉。

在系统设计时，需要考虑的场地工艺参数主要包括：① 土壤渗透系数为 0.36～0.6m/d；② 地面坡度小于 15%，土层厚大于 1.5m，地下水位大于 1.0m；③ 植物类型选择，在北方地区可以不必考虑，在南方地区一般应选择对污染物具有一定的耐受、修复能力，根系发达、根际特性明显的植物；④ 水流途径则由污水在土壤中的流动和场地地下水流的流向决定，一般通过淹水－干燥交替运行而使渗滤池表面在干燥期好氧条件得到再生，同时有利于水的下渗。

RF-ETS 对 BOD_5、SS 和大肠杆菌等具有很高的处理效率，对植物类型没有严格要求，有时甚至在没有植物覆盖的情况下也能保证出水水质。如果结合适当的化学强化处理，可以完全保证该工艺在北方地区与严寒的冬天条件下也能正常运行，并可有效地缓解干旱地区水资源严重缺乏的问题。

（3）地表漫流生态处理系统

地表漫流生态处理系统（overland flow eco-treatment system，OF-ETS）是以表面布水或低压、高压喷洒形式将污水有控制地投配到生长多年生牧草、坡度和缓、土地渗透性能低的坡面上，使污水在地表沿坡面缓慢流动过程中得以充分净化的污水处理工艺类型。该系统的工艺目标是：① 在低预处理水平达到相当于二级处理出水水质；② 结合其他强化手段，对有机污染及营养物负荷的处理可达到较高水平；③ 再生水收集与回用。

适合 OF-ETS 建设的工艺条件与参数主要有：① 地面最佳坡度为 2%～8%；② 土壤类型选择渗透性能低的土壤，以黏土、亚黏土最为适宜，或在 0.3～0.6m 处以下有不透水层；③ 土层厚度和地下水位，不受限制；④ 植物类型选择是保持系统有效运行的最基本条件，以根系发达、对污染物耐性强且具有一定吸收固定能力的植物为主，避免作物作为处理组分进入系统，因此常常采用不同类型的草类进行混合种植；⑤ 对于典型的城市污水，水力负荷率通常为 2～4cm/d；⑥ 污水投配速率，常采用 0.03～0.25m³/（h·m）；⑦ 污水投配频率 5～7d/周，污水投配时间 5～24h。由于 OF-ETS 对污水预处理要求程度较低，出水以地表径流收集为主，对地下水影响最小。在处理过程中，除少部分水量蒸发和渗入地下外，大部分再生水经集水沟回收。

（4）地下渗滤生态处理系统

地下渗滤生态处理系统（subsurface infiltration eco-treatment system，SI-ETS）是将污水投配到具有一定构造和良好扩散性能的地下土层中，污水经毛管浸润和土壤渗滤作用向周围和向下运动过程中达到处理、利用要求的污水处理工艺类型。该处理系统主要应用于分散的小规模污水处理，其工艺目标主要包括：① 直接处理污水；② 在地下处理污水的同时为上层覆盖绿地提供水分与营养，使处理场地具有良好的绿化带镶嵌其中；③ 产生优质再生水以供回收；④ 节约污水集中处理的输送费用。

保证 SI-ETS 技术有效性的工艺参数有：① 散水管最大埋深 1.5m；② 需要有专门配制的特殊土壤，土壤渗透率为 0.15～5.0cm/h，地表植物为绿化植物；③ 土层厚大于 0.6m，地面坡度小于 15%，地下水埋深大于 1.0m；④ 对预处理要求低，一般化粪池出水即可；⑤ 再生水回收，回收率在 70% 以上。

由于 SI-ETS 全部处理过程均在地下完成，是一项终年运行的实用工程，特别适用于在北方缺水地区推广应用。

7.6.4　湿地生态处理系统

1. 概述

污水湿地生态处理系统（wetland eco-treatment system，W-ETS）是将污水有控制地投配到土壤—植物—微生物复合生态系统，并使土壤经常处于饱和状态，污水在沿一定方向流动过程中在耐湿植物和土壤相互联合作用下得到充分净化的处理工艺类型。该处理系统的工艺目标包括：① 直接处理污水；② 对经人工或其他工艺处理后的污水进行再处置或深度处理；③ 利用污水营造湿地自然保护区，为野生群落提供有价值的生态栖息地和为生物多样性研究提供场地。

按照生态单元，W-ETS 可分为自然 W-ETS、人工 W-ETS 和构造 W-ETS 3 大基本类型。其中，自然 W-ETS 是在天然湿地基础上在不改变其基质的前提下辅以必要的工程措施而建成的污水处理系统，人工 W-ETS 是在人工湿地基础上在不改变其基质的前提下辅以必要的工程措施而建成的污水处理系统，构造 W-ETS 则主要是指通过工程技术手段改变湿地基质或重新建造的湿地状污水处理系统。

人工湿地是人工建造和监督控制的、工程化的湿地；是由水、永久性或间歇性处于饱和状态下的基质以及水生生物所组成，具有较高生产力和较大活性的生态系统。《湿地公约》的湿地分类，是第四届缔约国大会做出的决议，其人工湿地分类系统见表 7-8。

表 7-8　湿地公约的人工湿地分类

湿地类型	湿地型	公约指定代码	说　　明
人工湿地	鱼虾养殖塘	1	鱼虾养殖池塘
	水塘	2	农田池塘、蓄水池塘，面积小于 8hm²
	灌溉地	3	灌溉渠系与稻田
	农用洪泛湿地	4	季节性泛滥农用地包括集约管护和放牧的草地
	盐田	5	采盐场
	蓄水区	6	水库、拦河坝、堤坝形成的大雨 8hm² 的储水区
	采掘区	7	积水取土坑、采矿地
	污水处理场	8	污水场、处理池和氧化塘等
	运河、排水渠	9	输水渠系
	地下输出系统	Zk（c）	人工管护的岩溶洞穴水系等

2. 工作原理

人工湿地系统去除水中污染物的作用机理见表 7-9。湿地系统通过物理、化学、生物和植物的综合反应过程将水中可沉降固体、胶体物质、BOD_5、N、P、重金属、难降解有机物、细菌和病毒等去除，具有多功能净化能力。

表 7-9 湿地系统去除污染物的机理

反应机理		对污染物的去除与影响
物理方面	沉降	可沉降固体在湿地及预处理的酸化池中沉降去除，可絮凝固体也能通过絮凝沉降去除，并随之让 BOD_5、N、P、重金属、难降解有机物、细菌和病毒等去除
	过滤	通过颗粒间相互引力作用及植物根系的阻截作用使可沉降及可絮凝固体被阻截而去除
化学方面	沉淀	磷及重金属通过化学反应形成难溶解化合物或与难溶解化合物一起沉淀去除
	吸附	磷及重金属被吸附在土壤和植物表面而被去除，某些难降解有机物也能通过吸附去除
	分解	通过紫外辐射、氧化还原等反应过程，使难降解有机物分解或变成稳定性较差的化合物
生物方面	微生物代谢	通过悬浮的、底泥的和寄生于植物上的细菌的代谢作用将凝聚性固体、可溶性固体进行分解，通过生物硝化—反硝化作用去除氮，微生物也将部分重金属氧化并经阻截或结合而被去除
植物方面	植物代谢	通过植物对有机物的吸收而去除，植物根系分泌物对大肠杆菌和病原体有灭活作用
	植物吸收	相当数量的 N、P、重金属、难降解有机物被植物吸收而去除
其他	自然死亡	细菌和病毒处于不适宜环境中会自然腐败及死亡

近年来，湿地生态处理系统远远超出了污水处理本身的意义而成为积极营造湿地环境、涵养水源、保护野生生物与生物多样性的重要生态工程技术。特别是通过生态建设，形成美学"斑块"与功能景观，可与居民区镶嵌发展，为当地居民提供游乐场所。

3. 人工湿地类型

在进行 W-ETS 设计时，需要考虑的场地工艺参数包括：① 土壤渗透系数≤0.12m/d；② 地面坡度小于 2%，土层厚度大于 0.3m；③ 最常用的修复植物有芦苇属、灯芯草属、香蒲属和麓草属植物。

按照系统布水方式的不同或在系统中流动方式不同，一般可将人工湿地分为三类，即自由水面型、潜流型、潜流渗透型。

（1）自由水面湿地

自由水面湿地（图 7-48）的水流呈推流式前进，整个湿地表面形成一层地表水流，流至终端而出流，完成整个净化过程。湿地纵向有坡度，底部不封底，土层不扰动，但其表面需经人工平整置坡。废水进入湿地后，在流动过程中与土壤、植物，特别是与植物根茎部生长的生物膜接触，通过物理、化学以及生物的反应过程得到净化。

（2）潜流型湿地

潜流型湿地（图 7-49）由土壤、植物组成，床底有隔水层，纵向置坡度。进水端沿床宽构筑有布水沟，内置砾石。废水从布水沟投入床内，沿介质下部潜流呈水平渗滤前进，从另一端出水沟流出。在出水端砾石层底部设置多孔集水管，可与能调节床内水位的出水管连接，以控制、调节床内水位。

（3）渗滤湿地

渗滤湿地（图 7-50）实质上是潜流型湿地与渗滤型土地处理系统相结合的一种新型湿

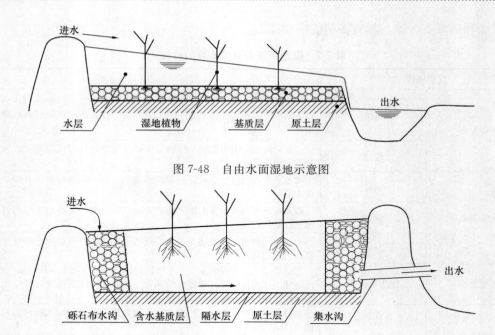

图 7-48　自由水面湿地示意图

图 7-49　潜流型湿地示意图

地。渗滤湿地采取地表布水，废水经水平渗滤、汇入集水暗管或集水沟出流。通过地表面布水，一般而言，土壤的垂直渗透系数大大高于水平渗透系数，在湿地构筑时引导废水不仅呈垂直向流动，在湿地两侧地下设多孔集水管以收集进化出水。此类湿地可延长废水在土壤中的水流停留时间，从而可提高出水水质。

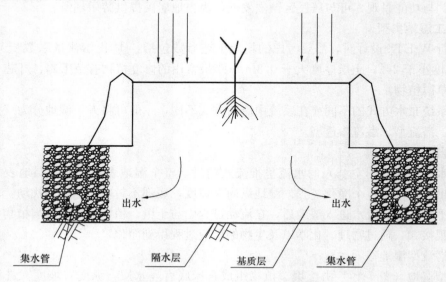

图 7-50　通过集水管出流的渗滤型湿地示意图

7.6.5　生态浮床

1. 概述

生态浮床是运用无土栽培技术，以高分子材料为载体和基质，采用现代农艺和生态工程措施综合集成的水面无土种植植物技术。采用该技术可将原来只能在陆地种植的草本陆生植物种植到自然水域水面，并能取得与陆地种植相仿甚至更高的收获量与景观效果。

20 世纪 70 年代前，国外利用水生高等植物净化污水，常常选用一般的水生杂草，如凤眼莲（*Eichhornia crassipes* Solms）、喜旱莲子草（*Alternanthera philoixeroides* Griseb.）和阔叶香蒲（*Typha latifolia* L.）等，虽然有一定的净化能力，有些也可用作饲料、燃料等，但总的经济效益不高，且有些植物，如凤眼莲，有很强的扩张能力，若控制不好极易泛滥成灾。20 世纪 80 年代，为了改善水库、湖泊、饮用水源地的水质，日本、欧美等发达国家采用了植物生态浮床技术治理污染水域，达到水质净化的目的。

20 世纪 80 年代，美国开始利用多种鱼类养殖废水水培生产生菜、西红柿、草莓和黄瓜等蔬菜及风信子等花卉。Nathalie 等用商业化深液流（NFT）水培系统飘浮栽培毛曼陀罗（*Datura innoxia* Mill.）净化修复生活污水，取得了较好的效果。德国建设公司的一座污水处理厂无土栽培了 3000m^2 芦苇群，植物根系表面积可达 120m^2/m^2，这些根系大量吸收氮、磷和重金属，再通过收割芦苇回收污水中的营养盐和重金属。

1995 年日本研究人员首先在霞浦进行了一次隔离水域实验，在隔离水域上设置人工生态浮床，一段时间后该水域水质有了明显好转，1996 年对该域水质经调查显示生态浮床起到了重要的净化作用；随后又在滋贺县琵琶湖大约 1500m^2 的水域里设置了 60 个人工生态浮床，净化水质效果良好。日本在琵琶湖、霞浦等有名的湖泊和许多水库以及公园的池塘等各种水域采用了生态浮床净化技术，不仅净化了水质，也改善了区域景观。日本的唐泽、大岛等人在渡良濑域进行了一项有意义的实验，在宽 4m、长 6m、深 2m 的 3 个隔离水域中，第一个设置了占 1/3 面积的人工浮岛，第二个在水面铺了占同样面积的木板，第三个作为对照区域，结果设有人工浮岛和木板的水域中氮、磷、叶绿素 a 显著低于对照区域，并且设有人工浮岛的水域中氮磷营养盐比只有木板的水域浓度低，这表明浮床载体的遮光效应在抑制浮游植物方面起很大的作用，且浮床的净化原理不仅仅局限于遮光效应。

近年来，中国学者对生态浮床技术也进行了不断地探索研究，在浮床技术机理研究和工程运用方面取得了丰硕的成果。20 世纪 90 年代初，宋祥甫等在自然水域无土栽培水稻，并得出自然水域栽种水稻有产量稳定、抗旱、抗涝以及病虫害轻等特点。虽然该研究的出发点是提高水稻的稳产以及水稻无土栽培的生长特征等，但是后来学者们注意到生态浮床治理富营养化水体的综合效益，开始着手于适合浮床栽培植物的筛选和生长特征研究。沈治蕊等对南京煦园采用了以水培经济植物为主的生态工程方法，种植了水芹菜、水雍菜、黄花菜、睡莲及花卉等，所占面积仅为全湖面积的 5.15%，但 1 个月前后对比，湖中 TN 比治理前降低了 46.3%，TP 降低了 48.4%，藻类密度降低了 63.2%，透明度提高了 1 倍。实施浮床工程后，修复水域的生态环境得到改善，一些只能在清洁水域生长的种类得到恢复，生物多样性得到明显提高。在无锡五里湖的湖滨饭店东侧水域，用毛竹框架和帆布等材料围隔出的 4000m^2 的试验区，开展旱伞草、美人蕉浮床工程。覆盖率为 15% 时，浮游植物以螺旋藻为主要优势种，30% 时以团藻为优势种，45% 时以色球藻和颤藻为优势种，而没有浮床的对照组以微囊藻和颤藻为优势种。相关数据表明，从 1991 年以来，我国利用生态浮床技术在大型水库、湖泊、河道、运河等不同水域，成功地种植了 46 个科的 130 多种陆生植物，累积面积 10 余平方公顷。

2. 工作原理

生态浮床技术对水环境进行生态修复的工作原理可归纳为：通过植物在生长过程中对水

体中氮、磷等植物必需营养元素的吸收利用及植物根系和浮床基质对水体中悬浮物的吸附作用，富集水体中的有害物质，同时，植物根系释放出大量能降解有机物的分泌物，加速有机污染物的分解，随着部分水质指标的改善，尤其是溶解氧的增加，为好氧微生物的大量繁殖创造条件。通过微生物对有机污染物、营养物的进一步分解，使水质得到进一步改善，通过收获植物体的形式，将氮、磷等营养物以及吸附积累在植物体内河根系表面的污染物搬离水体，使水体中的污染物大幅度减少，水质得到改善。同时也为水生生物的生存、繁衍创造生态环境条件，为最终修复水生态系统提供可能。

（1）植物吸收

水生植物在生长的过程中，需要吸收大量的氮磷等营养物质，当水生植物被移出水生态系统后，被吸收的营养物质随之从水中移出，从而达到净化水质的作用。

被植物直接吸收的污染物包括两大类：一类是氮磷等营养物质，被植物吸收后用以合成植物自身的结构组成物质；二是对水生生物有毒害作用的某些重金属和有机物，被脱毒后储存于体内或在植物体内被降解。

水生植物可直接从水层和底泥中吸收氮磷，并同化为自身的结构组成物质蛋白质和核酸等，同化的速率与生长速度、水体中营养物水平呈正相关，并在适合的环境中，以营养繁殖方式快速积累生物量，而氮磷是植物大量需要的营养物质，植物对这些物质的固定能力非常高，见表 7-10。由于水生植物的生命周期比藻类长，死亡时才会释放出营养物质，因此可通过收获种养的水生植物达到污水脱氮除磷的目的。

表 7-10　水生植物的氮磷含量和生长率

植物种类	存储量 (t/hm²)	生长率 (t/hm²/a)	组织的氮含量 (g/kg 干重)	组织的磷含量 (g/kg 干重)
凤眼莲	20～24	60～110	10～40	1.4～12
大漂	6～10.5	50～80	12～40	1.5～11.5
浮萍	1.3	6～26	25～50	4～15
槐叶萍	2.4～3.2	9～45	20～48	1.8～9
香蒲	4.3～22.5	8～61	5～24	0.5～4.0
灯心草	22	53	15	2
芦苇	6～35	10～60	18～21	2～3
沉水植物 *	5		13	

* 平均值。

植物对环境中的重金属和一些有机物有特定的生理代谢机制，例如凤眼莲具有直接吸收降解有机酚类的能力，沉水植物狐尾藻具有直接吸收降解三硝基甲苯的能力，酚及其氰化物等在植物体内能分解转变为营养物质。

（2）微生物降解

以水生植物为核心的污水处理系统中，微生物对各种污染物的降解起着重要作用。水生植物群落的存在，为微生物和水生动物提供了附着的基质和栖息场所，这些生物能大大加速截留在水生植物根系周围的有机胶体或悬浮物的分解矿化。如芽孢杆菌能将有机磷、不溶性磷降解为无机的、可溶性的磷酸盐，从而使植物能直接吸收利用。水生植物根系还能分泌促进嗜磷菌、嗜氮菌生长的物质，也有助于提高净化效率。

污水中可被生物降解的有机物主要由于微生物的代谢活动被去除。氮的去除，尽管有植物的吸收，硝化和反硝化仍然是主要的去除机制（占 40%～92%），系统中的水生植物根际区域为微生物代谢提供了所需要的微环境。水生植物为了满足淹没于水中根部的呼吸需要，可以通过体内发达的通气系统使氧从茎叶向根处转移，呼吸消耗剩余的氧气就会直接释放到水体中，在根区附近形成有氧环境，同时，根系也可以作为微生物附着的良好界面，植物的根系还可分泌一些有机物从而促进微生物的代谢，这样就为好氧微生物群落提供了一个适宜的生长环境，而根区以外则适于厌氧微生物群落的生存，进行反硝化和有机物的厌氧降解。因此，尽管微生物起着直接的作用，但植物的作用也是不可缺少的，植物的生理代谢活动直接关系到污染物的降解。

（3）物理化学作用

物理化学作用包括了挥发、吸附、过滤和沉降。水生植物发达的根系与水体接触面积大，形成密集的过滤层，当水流经过时，有机碎屑等不溶性胶体会被根系黏附或吸附而沉降下来，同时，附着于根系的细菌体在进入内源生长阶段后会发生凝聚，部分为根系所吸附，部分凝聚的菌胶团则把悬浮性的有机物和新陈代谢产物沉降下来，发达的植物根系拥有巨大的表面积，是水中悬浮态污染物和各种微生物的良好固着载体。

（4）对藻类的抑制

水生植物和藻类在营养物质和光能利用等方面是竞争者，水生植物个体大、生命周期长，吸收利用和存储营养盐的能力强，能抑制浮游藻类的生长。某些水生植物还能分泌出克藻物质，如用培植石菖蒲的水培养藻类，可破坏藻类的叶绿素 a，使其光和速率、细胞还原 TTC 的能力显著下降。水生植物的根系还可以栖息某些以藻类为食的蜗牛等小型动物。

3. 生态浮床的功能

生态浮床的主要作用可归纳为三个方面（图 7-51），一是创造植物、鸟类、鱼类、微生物等多种生物共存的生物群落，包括种植的植物为鸟类等提供了栖息繁衍的场所、植物旺盛生长吸收氮磷、植物美化景观，浮床植物为鸟类、鱼类提供了休憩、营巢和产卵的场所；二是具有水质净化功能，浮床植物吸收水体中的营养物质用于自身生长发育，植物根系拦截吸附大量的悬浮物，根系泌氧提供一定的氧量，发挥生物接触氧化的作用，同时植物遮挡阳光，抑制藻类光合生长；三是生态浮床具有消波防浪的作用，保护河岸带和湖岸带。

4. 生态浮床分类和结构

生态浮床根据水和植物是否接触可以分为湿式与干式。湿式浮床可再分为有框和无框两种，因此在构造上浮床主要分为干式浮床、有框湿式浮床、无框湿式浮床三类。

湿式有框浮床一般用 PVC 管等作为框架，用聚苯乙烯板等材料作为植物种植的床体。湿式无框浮床用椰子纤维缝合作为床体，不单独加框。因为没有框，因此无框型浮岛在景观上则显得更为自然，但是在强度及使用时间上比有框式较差。干式生态浮床的植物与水体不直接接触，因此水质净化的功能相对较差。从水质净化的角度来看，湿式有框式是比较适合的，也是目前广泛应用的。以日本的生态浮床为例，湿式有框式占目前总量的 70% 以上，而干式浮床、无框湿式浮床分别只占 20% 和 10% 左右。

典型的湿式有框浮床组成包括 4 个部分：浮床的框体、浮床床体、浮床基质、浮床植物。

（1）浮床框体。浮床框体要求坚固、耐用、抗风浪，目前一般用 PVC 管、不锈钢管、

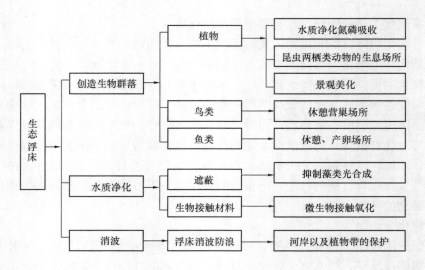

图 7-51　生态浮床的功能

木材、毛竹等作为框架。PVC 管无毒无污染，持久耐用，价格便宜，重量轻，能承受一定冲击力。不锈钢管、镀锌管等硬度更高、抗冲击能力更强，持久耐用，但缺点是质量大，需要另加浮筒增加浮力，价格较贵。木头、毛竹作为框架比前两者更加贴近自然，价格低廉，但常年浸没在水中，容易腐烂，耐久性相对较差。

（2）浮床床体。浮床床体是植物栽种的支撑物，同时是整个浮床浮力的主要提供者。目前主要使用的是聚苯乙烯泡沫板。这种材料具有成本低廉、浮力强大、性能稳定的特点，而且原材料来源充裕、不污染水质、材料本身无毒疏水，方便设计和施工，重复利用率相对较高。此外还有将陶粒、蛭石、珍珠岩等无机材料作为床体，这类材料具有多孔机构，适合于微生物附着而形成生物膜，有利于降解污染物质。但局限于制作工艺和成本的问题，这类浮床材料目前还停留在实验室研究阶段，实际使用很少。对于以漂浮植物进行浮床栽种，可以不用浮床床体，依靠植物自身浮力而保持在水面上，利用浮床框体、绳网将其固定在一定区域内。这种方法也是可行的。

（3）浮床基质。浮床基质用于固定植物植株，同时要保证植物根系生长所需的水分、氧气条件及能作为肥料载体，因此基质材料必须具有弹性足、固定力强、吸附水分、养分能力强，不腐烂，不污染水体，能重复利用的特点，而且必须具有较好的蓄肥、保肥、供肥能力，保证植物直立与正常生长。目前使用的浮床基质多为海绵、椰子纤维等，可以满足上述的要求。另外也有直接用土壤作为基质，但缺点是质量较重，同时可能造成水质污染，目前应用较少，不推荐使用。

（4）浮床植物。植物是浮床净化水体主体，需要满足以下要求：适宜当地气候、水质条件，成活率高，优先选择本地种；根系发达、根茎繁殖能力强；植物生长快、生物量大；植株优美，具有一定的观赏性；具有一定的经济价值。目前经常使用的浮床植物有美人蕉、芦苇、荻、水稻、香根草、香蒲、菖蒲、石菖蒲、水浮莲、凤眼莲、水芹菜、水雍菜等。在实际工作中要根据现场气候、水质条件等影响因素进行植物筛选。

5. 浮床植物选型的原则

植物在生态浮床技术中占主导作用，栽种的植物合适与否，直接影响到浮床系统水质净化、景观效果等功能。因此，选择合适的浮床植物显得尤为重要，选择时应该主要考虑以下因素：

（1）耐水性能好

植物浮床技术是将原来在陆地上或湿地上种植的植物种植到自然水面上，植物在更换了生存环境后必然会产生能否适应的问题。有些在陆地上生长良好的植物却因为耐水性能差而不能在水面上很好地生长，从而影响了浮床系统的综合效果。黎华寿等在浮床栽培植物生长特性的研究中发现浮床栽培的香根草的生物量明显下降，仅为常规陆生栽培的 43.2%，而美人蕉的生物量与陆生常规栽培相当甚至更高。只有能够很好地在水面上生长，才能最大限度地发挥植物对水体的净化作用。因此，良好的耐水性能是选择浮床植物的首要原则。

（2）耐污能力强、净化效果好

浮床系统的水质净化是其主要作用，因此浮床植物选择时应优先考虑对氮、磷等营养物有较强的去除能力，而且应根据不同的水体污染性质选择不同的浮床植物，如果选择不当可能会导致去污效果不佳或者植物死亡。通常，在微污染水体中，植物不能够获得生长所需的足够的 N、P 量，生长受到抑制，生物量较低，因此需要选择既在贫瘠条件下能够生长又有较强净化能力的植物；而在重度污染水体中，过高的 N、P 浓度也会对植物的生长产生抑制作用，如当污水中的凯氏氮达到 55.4mg/L（或氨氮 24.7mg/L）时香蒲叶将枯黄或致死，且短期内难以恢复。

（3）生物量大、水下根系发达

浮床系统的净化功能与其植物根系的发达程度和茎叶生长状况（密度和速度）密切相关，因此选择浮床植物时，必须全面考虑它的生物量和根系等状况。一般而言，在正常运行的植物浮床系统中，生物量越大、根系越发达，浮床的去污效果越好。而且选择根系比较发达、根系较长的浮床植物，能够大大扩展植物浮床净化污水的空间，提高其净化污水的能力。在考虑根系密度的同时，还必须充分考虑根系表面积和水下茎（引起氧扩散进入根系的结构），因为它们也是选择植物的主要衡量指标。

（4）适应性好、可操作性强

浮床植物应该对当地的气候、水文等条件具有良好的适应能力，并能够抵抗一般病虫害。最好选择当地的适生物种，否则很难达到理想的净化效果。而且，所选物种应具备繁殖、竞争能力强，栽培容易，管理、收获方便，同时有一定的经济价值和景观效应等特点。

6. 生态浮床技术应用实例

（1）台湾大学安康农场人工浮床

背景情况：台湾大学生物资源暨农学院附设农业试验场——安康分场，位于新店市涂潭山交界处，农场面积约 18.4hm²，为新店溪支流安坑溪所发育形成的平缓河阶地形，粒径分析结果，土壤组成以砂质壤土为主，同时由于农场内开发程度较低，加上维护得力，因此生物资源非常丰富。

台湾大学安康农场内有一水塘，作为农场内灌溉的蓄水池，水资源主要来自上游山沟及少部分住户排放的生活污水。蓄水池面积 0.7hm²，总储水量为 12950m³，平均水深为0.5m。水塘中水质的电导率为 532～588μS/cm，溶解氧为 5.9～6.4mg/L，pH 值为 6.89～7.21。另外，总磷浓度为 0.03～0.11mg/L，氨态氮浓度为 0.14～0.15mg/L，生活需氧量为 0.7～2.5mg/L。水质采样处为蓄水池的入水口闸门处，从 2005 年 8 月 22 日到 9 月 15日，平均每周 1 次共 4 次采样，检测方法以"环保署"公布的检测方法为标准。

人工浮岛单元配置与数量：台湾大学安康农场农塘内的人工浮岛的设置，为配合后续研究及示范推广的功能，主要考虑因素在于材料取得的方便性、经济性与施工技术性等方面。

而湿式有框的类型适用于净水型人工浮岛，经过评估后决定以 PVC 管及竹子等两种材料为浮体构造物，并以塑胶网及椰纤毯固定于浮体框架中，以作为植物生长之支撑与基质。共设置了 38 个 PVC 制的人工浮岛与 32 个竹制人工浮岛，研究 20 种水生植物生长状态，自 2005年 8～12 月进行平均每周 1 次共 4 个月的观察。

结果讨论：自 2005 年 8 月 22 日到 12 月 16 日共 12 次水生植物株高及株数的生长率，其中李氏禾、水竹叶、台湾水龙、假马齿苋以及空心菜因具有匍匐性，贴近塑胶网生长，故株高不予记录。株高单位为 cm，密度单位为株/($m^2 \cdot d$)，平均生长率为最后一次测量值扣除第一次测量值，再以试验期间 114d 来平均，株高生长率单位为 cm/d。生长状况较显著的有灯芯草，比生长速率为 0.034/d，其他植物的比生长率培地矛为 0.022/d，开卡芦为 0.030/d，莞为 0.024/d，香蒲为 0.033/d，单叶咸草为 0.034/d，甜荸荠为 0.025/d，假马齿苋为 0.024/d。

根据人工浮岛的水生植物生长记录，不论 PVC 制或竹制的人工浮岛，植物生长趋势分析上，就整体而言，大致上是呈先上升而后下降的趋势，而后又持续上升的现象。在野外的实验受到许多环境因子的影响，所得植物生长曲线无法像标注曲线那样平滑，而影响的其中一个重要时间点是在第 38 天的测量记录，植物的生长达到一个高峰，之后开始呈现下降的趋势，其主要是因为受到 10 月 1 日的龙王台风影响，除了部分植株遭风雨吹袭导致受损外，台风带来的堆积物造成水塘入水口堵塞，入水量不足使得水塘水位降低，部分以绳索固定于岸边的浮岛半悬空中，而致植物干枯死亡，但经过整理之后植物仍有持续生长的趋势。

结论与建议：人工浮岛上水生植物生长状况良好者如挺水型的香蒲及培地矛，能够缓慢且稳定地生长；灯芯草与假马齿苋在浮岛上生长旺盛，适合作为人工浮岛植物的选择，而水生植物中常见的莎草科如单叶咸草、莞等都呈现良好的生长状况。禾本科植物乳水稻、茭白及李氏禾在本研究中生长状况皆不理想。

人工浮岛上的水生植物在生长季过厚可以定期采收，可以将营养盐直接从水体中移除，避免植物枯死后营养盐再度回到水体中。

（2）淀山湖入湖口生态浮床试验工程

项目背景：淀山湖位于太湖流域下游，是上海重要的水源保护区。近年来，由于上游和环湖工农业生产及生活污水排放，淀山湖水质呈逐年恶化趋势，主要水质指标透明度、叶绿素 a、总氮和总磷均已超过富营养氧化临界值，具备了暴发大规模蓝藻水华的物质条件。为了改善淀山湖的水环境质量，上海市有关部门启动了"淀山湖富营养化防治与生态修复试验项目"。该项目以水体生态修复理论的基本原理和生态工程的基本原则为指导，在淀山湖千墩浦入湖河口开展生态浮床试验工程建设和研究，以期为削减入湖河流污染负荷、减轻淀山湖水体富营养化程度、保障饮用水安全提供科学数据和技术支持。

工程区水文水质调查分析：本项目位于淀山湖北部赵田湖千墩浦入湖河口的西侧，地处北纬 31°10′54″～31°11′24″，东经 120°53′18″～120°58′54″，具体位置如图 7-52 所示。

该区域的水下地形、水文、流速、植被、水质等基本情况简述如下：

① 本区受季风影响明显，春夏两季盛行东南风，秋季以东到东北风为主，冬季转为西北风，7～11 月多发台风，风速极值曾达到 21.8m/s。因此，首先考虑风浪对试验工程的影响。

② 调查区域范围内水深变化基本不大，范围为 1～2.5m。千墩浦入湖口区域与牛桥港闸区域沿航道方向的水深较深，但两者之间的区域范围内水深相对较浅，这样布设浮床试验

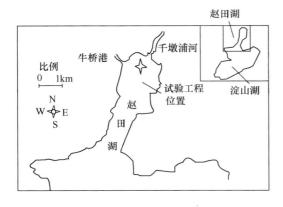

图 7-52 试验工程位置示意图

工程区既能保证对千墩浦入湖河流上游来水的拦截作用，又能避开主航道。

③ 区内水体流速较小，变动范围为 0～0.2m/s，但航道区域水深较深以及航道水域的水下地形相对复杂，对工程区域流场分布影响较大，但基本能看出有水流从淀山湖方向进入工程区域，与牛桥港和千墩浦下泻水流相遇，两者出现水体交换。

④ 本区植被以挺水植物、浮水植物和沉水植物为主，常见土著种包括芦苇、荇草、水花生、菹草、马来眼子菜，分布于千墩浦入湖口两岸浅水区及岸边陆地，也有一些优势湿生植物种类如水蓼、巴天酸模、石龙芮等，分布于岸线滨水区域。

⑤ 区域水质污染严重，超过地表水 V 类标准，以氮磷污染为主，固体悬浮物含量较高，平均含量为 46.43mg/L。

设计思路：为了科学、合理地设计试验工程，确保完成各项考核指标，课题组通过研究和踏勘，认为要建设抗风浪、运行维护方便、具有优美生态景观和良好净化效果的淀山湖河口生态浮床系统，必须考虑以下设计要素：

① 试验工程选址。充分考虑项目地区的水文、地形、航道以及水质情况，并从便于工程目标的实现和考核的角度，确定试验工程的位置。

② 浮床布局。通过浮床单元独特的排列组合形式，既防止浮床系统内部水体短流，确保良好的水质净化效果，又能适应不同的水流方向，并能达到同样的水质净化效果。同时，浮床的布局应便于植物的收获和日常的维护。

③ 浮床结构设计。如图 7-53 所示，首先，浮床材质和结构要能抵御风浪的影响，在水体流动和风浪扰动的同时能安全正常运行；其次，选择环保材料，确保不对河道湖体造成二次污染；再次，浮床设计为便于拆卸和组装的形式，且考虑到该工程是临时性设施，应尽可能在设计时考虑回收利用；最后，浮床单体设计要考虑植物收获的便利性。

④ 浮床植物筛选。首先要充分利用植物的吸收利用富集、微生物降解作用、根系过滤沉淀作用降低水体中的营养盐和有害物质含量，沉降和拦截河道中的泥砂和悬浮物等，降低河道水中的氮磷浓度；另外要利用淀山湖土著植物或本地已广泛种植的适生物种，优化浮床植物的筛选和配置，确保不同季节具有同样的景观效果和水质净化效果，达到预定的植物收获鲜重。

⑤ 防浪工程措施。通过建立防浪围隔和消浪带，保护生态浮床工程的成果。要求既与周边环境和景观相协调，又可有效防范风浪及船行波等外界干扰，同时也便于考察水质改善情况。

设计要点：主要从工程选址、浮床结构、浮床植物、浮床布局以及后期浮床的维护这几个方面来考虑。

① 工程选址。千墩浦是通航河道，往来船只运输繁忙，因此建设的浮床试验工程必须避开航道位置。同时为了发挥前置库的作用，接纳千墩浦的入湖水流，发挥去除污染、降低悬浮物的作用，工程位置必须分布在接近千墩浦入湖河口附近。综合考虑上述多种因素，前

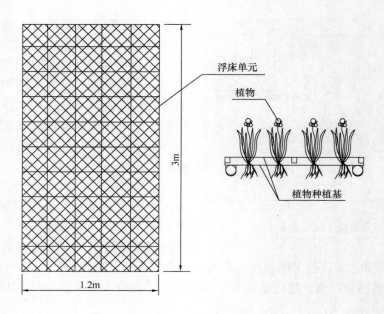

图 7-53　浮床单元及植物栽种示意图

置库定点在千墩浦入口处与牛桥港闸之间，接近千墩浦主航道。由于航道的东南侧是别墅区，靠近航道的位置目前已经建造了游艇码头，因此前置库只能布设在主航道的西侧，离岸500m布设。工程区长为200m，宽为90m，面积为 $1.8 \times 10^4 m^2$。

② 浮床结构设计。框体材质：设计以角钢为浮床单元的框体，框体上装备浮体，这样可以保证具有足够浮力，并有效抗击风浪，维护运行方便；同时浮床单体与单体之间的角钢还可拆卸，便于组装以及回收后再利用。浮床单体：浮床的单体必须容易组装，组装后要便于植物的种植、收割，布设后要方便监测通行，还要考虑单体及单体之间连接的便利性和组合后的浮床单元的经济性等。本方案采用3m×6m的长方形浮床单体形状，分10格（每格1.5m×1.2m），以满足浮床植物配置的需要。

③ 浮床植物筛选。根据现场调查可知，本区域水环境状况不容乐观，冬季和夏季污染物浓度均较高，因此浮床植物的选择必须考虑季节交替，再加上此区域夏季易受季风、台风影响，选择的浮床植物植株还必须茎杆粗壮，生长旺盛，具有较强的抗风能力。在现场踏勘的基础上，结合淀山湖千墩浦区域地理位置、环境、水质现状等情况综合考虑，最终选择美人蕉、黄菖蒲、再力花、千屈菜、水芹等5种水生植物（图7-54）作为浮床植物进行现场种植。其中，暖季型植物均于2009年4月底、5月初进行栽种，采用分株栽植方式，密度为10~20株/m²；冷季型水芹菜采用满铺的方式种植，种植时间为9~10月。

④ 浮床布局。浮床区共布设浮床109座。为了保证浮床区内水流能充分交换，减少死水区的面积，提高水质净化率，浮床按照垂直水流方向布设，每组浮床单元之间设置2~4m的间隔。同时为了加强浮床的稳定性，设计用钢丝绳从两端将所有浮床的固定桩连接起来，进一步提高所有浮床的防浪能力（图7-55）。

⑤ 浮床系统保护。试验工程区域夏秋季节风浪较大，同时该区域为固有的航道，为保护浮床系统的稳定运行，防范风浪以及来往船只的船行波对浮床整体系统的干扰和破坏，采用了"消浪排＋防浪围隔"的双重防浪设计。在试验工程区的内部与外部通过柔性橡胶围隔隔离，围隔上层缝合泡沫浮体，并用钢缆作上部拉绳，下层缝合石笼袋，以期对风浪与船行

美人蕉　　　　　　　再力花

黄菖蒲

千屈菜　　　　　　　水芹菜

图 7-54　浮床系统选择的 5 种水生植物

波起到有效的消减作用。在不透水围隔的外围，设置 W 形的消浪竹排。相比一字形竹排，W 形防浪竹排能更好地抵御风浪的冲击。而且钢桩之间又用钢管连接，更进一步加大抗风浪能力。布设的竹排高为 1.8m，能有效消减波浪能量，保护浮床区内部设施（图 7-55～图 7-58）。

图 7-55　浮床内部布局

工程实施效果监测分析：

① 监测结果。2009 年 7～12 月，分别针对千墩浦来水（1♯监测点）、浮床区进水（2♯）和浮床区内（3♯、4♯、5♯）等 3 类采样点，以每月 2 次的频率开展试验工程水质净化效果监测，监测指标包括化学需氧量（COD）、氨氮、总氮（TN）、总磷（TP）、悬浮物（SS）、叶绿素 a 和透明度等（图 7-59）。

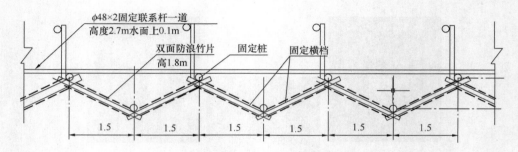

图 7-56　外围防浪竹排俯视图（单位：m）

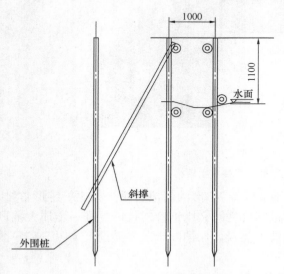

图 7-57　防浪竹排纵向图（单位：cm）

从 COD、氨氮、总氮、总磷平均浓度来看，污染物浓度分布都为千墩浦来水＞浮床区进水＞浮床区。浮床区距离千墩浦河口为 500m，河道来水到达浮床前端时，受到途中的湖水稀释，污染物浓度降低。水体进入浮床区后，受到浮床植物吸收、微生物降解后，污染物浓度进一步降低。从水体 SS 含量来看，浮床区前端 SS 含量要比千墩浦来水还要高，这主要是由于受风浪、航道船只扰动等影响，但水体进入浮床区受生态浮床的净化后，SS 含量明显降低。

② 植物生长及收获。由于工期延后等原因，在 4 月底才开始种植植物，已过了植物最佳种植期，但在课题组和现场工人的精心维护下，千屈菜、美人蕉、再力花等浮床植物的生长仍然非常繁茂。10 月份再力花和美人蕉的株高都达到 1.5m 以上，收割后的千屈菜也再次长到 40cm 左右。在工程监理到场监督下，课题组分别于 2009 年 9 月 3 日和 11 月 27 日开展了植物样方测定，结果见表 7-11。

表 7-11　浮床植物收获量

种类	采样时间	样方面积（m²）	质量（kg）	收获量（t/hm²）
再力花	2009/09/03	3.6	19.0	52.8
	2009/11/27	3.6	39.0	108.3
美人蕉	2009/09/03	3.75	35.5	94.7
	2009/11/27	3.60	46.3	128.4
千屈菜	2009/09/03	18.0	34.5	19.2

由表 7-11 可见，三种浮床植物的收获量达到 19.2～128.4t/hm²，其中除千屈菜受病虫害影响，收获量偏低外，再力花和美人蕉的收获量均具有良好表现（图 7-60）。

③ 防护系统的抗风浪效果。为验证防浪系统的抗风浪效果，采用 NortekAWAC（浪龙）对围隔内外进行了波浪观测，结果如图 7-61 所示。

由图 7-61 可见，10：00～11：00 时段的风速（4.45m/s）比 9：00～10：00 的风速（4.35m/s）稍高，但围隔内风浪（平均波高为 0.14m）要比围隔外（平均波高为 0.18m）

图 7-58　浮床区外的防撞桩

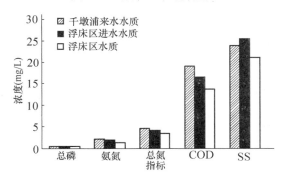

图 7-59　浮床区内外水质监测结果

(a)　　　　　　　　　　　　　　　(b)

(c)　　　　　　　　　　　　　　　(d)

图 7-60　现场植物生长情况
（a）黄菖蒲；（b）再力花；（c）美人蕉；（d）千屈菜

低 22％。因为波浪能量与浪高的平方成正比，通过计算可得出，通过围隔消浪后，波浪能量消减了 39％，说明本设计采用的波浪防护系统消浪效果显著。本工程在"消浪排＋防浪围隔"防护系统的保护下,顺利度过台风频发的 7、8 月份,并经受了"莫拉克"台风的考验。

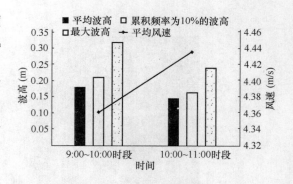

图 7-61 淀山湖千墩浦工程围隔消浪效果

结论:① 本项目综合考虑了淀山湖千墩浦河口区域的地形、水文、水质、植被、航道等环境因素和工程实施的总体目标,从工程选址、浮床结构设计、浮床植物筛选、浮床布局以及浮床系统保护等方面开展了生态浮床试验工程研究与设计,并通过实践进行了效果验证,为在淀山湖大规模开展浮床工程建设积累了宝贵的技术参数和运行经验。② 淀山湖千墩浦河口生态浮床试验工程运行以来的经验表明,浮床技术可有效削减富营养化水体中的 COD、TN、氨氮和 TP 浓度,并提高水体透明度,为后续的生态修复工程奠定良好基础。在淀山湖实施富营养化治理工程时,应特别注意风浪和船行波的影响,科学合理地设计防风消浪设施。在应用浮床技术时,除考虑环境因素外,要特别关注浮床植物的选择、配置和种植,尽量选择抗风浪、抗病虫害、便于种植、水质净化效率高、生物量适中、四季有景的植物品种。

 复习思考题

1. 水体中微生物的来源有哪些?
2. 简述废水好氧生物处理的基本原理。
3. 废水好氧生物处理的工艺类型有哪些?
4. 活性污泥法的基本流程是什么?
5. 活性污泥法的基本生物相是什么?
6. 活性污泥有哪些指标?这些指标如何用来判定活性污泥的性能?
7. 什么是生物膜?生物膜是如何形成的?
8. 生物膜对污水的净化机理是什么?
9. 生物膜法的主要工艺类型有哪些?
10. 污水厌氧处理的微生物有哪些?
11. 污水厌氧处理的工艺类型有哪些?
12. 生物脱氮的机理是什么?
13. 生物脱氮的基本工艺有哪些?
14. 生物除磷的基本原理是什么?
15. 生物除磷的基本工艺有哪些?
16. 简述污水回用的必然性和可行性。
17. 稳定塘可分为哪几种类型?
18. 废水土地处理的类型有哪几种?
19. 人工湿地的类型有哪几种?
20. 生态浮床的作用机理是什么?

第8章 环境污染物的生物修复——大气

学 习 提 示

　　本章主要介绍了大气中微生物的分布、废气微生物处理的原理、参与废气处理的微生物、废气生物处理的方法；详细讲述了大气污染物硫化氢、氨气、氮氧化物等的微生物处理原理以及参与处理的微生物种类；讲述了植物对气态污染物的指示。

8.1 概　　述

8.1.1 空气中的微生物

　　空气中有较强的紫外辐射，空气温度变化大，营养物质缺乏，空气并不是微生物良好的生活场所。虽然空气中也有一定量的微生物，但都只是在空气中停留和传播，在风力、气流、雨、雪等气象条件下，微生物最终沉降到土壤、水体、动植物和建筑物等地面物体上。

　　空气中存在的各种微生物主要来源于土壤尘埃、水、动植物。空气中的微生物来源众多，例如尘土飞扬可将土壤中的微生物带到空中，小水滴飞溅将水中的微生物带至空中，人和动物身体干燥脱落物，呼吸道、口腔中的微生物分泌物通过咳嗽、打喷嚏等方式进入空气中。敞开式的污水处理系统的微生物通过机械搅拌、鼓风曝气等进入空气中。

　　空气中的微生物没有固定的类群，随地区、时间而有较大的变化，但那些在空气中能存活较长时间的种类广泛存在，如芽孢杆菌、产孢子的霉菌、放线菌和野生酵母菌以及产孢囊的原生动物等。霉菌和酵母菌在空气中广泛存在，在某些地区甚至超过细菌。室外空气中最常见的细菌是由土壤带来的需氧芽孢杆菌，例如枯草芽孢杆菌，此外产碱杆菌、八叠球菌、小球菌也比较常见；而室内空气存在多种致病微生物，包括葡萄球菌、绿脓杆菌、沙门氏菌、大肠杆菌等；在医院及附近地区的空气中，病原菌特别是耐药菌的种类多、数量大，对免疫力低的人群十分有害。

　　空气中微生物的数量随地区、季节、气候、空气湿度、土壤植被状况、人口与动物密度及活动状况、空气流动程度和高度等因素的变化而发生显著变化。在室外，环境卫生状况好，绿化程度高，尘埃颗粒少，空气中微生物数量也少；反之，人口密集及活动剧烈的公共场所，如医院、候车室、教室、办公室和集体宿舍等，微生物数量较大。城市空气中的微生物数量比农村多，而海洋、森林、雪山和高纬度地区等人迹罕至的地区的空气中的微生物数量少。空气中的微生物可借助气流传播，在太空中也有微生物存在。不同地区上空的空气中的细菌数见表8-1。

表 8-1 不同场所空气中的细菌数

场所	空气中的细菌数（个/m³）
畜舍	$(1\sim2)\times10^6$
宿舍	2×10^4
城市街道	5×10^3
公园	200
海面	$1\sim2$
北极	$0\sim1$

潮湿的空气中所含的微生物比干燥的空气中的少，这是因为潮湿空气中的小水滴可以带着微生物一起沉降。雨雪过后，空气中的尘埃和微生物随降水一起降落回地面，空气十分干净，微生物极少，尤其是大雨和大雪之后，空气中几乎检测不到微生物。从垂直分布上来看，靠近地面和水面的低空微生物含量大，而高空微生物含量少，一般认为每升高 10m，微生物的含量下降 1~2 个数量级。

8.1.2 废气微生物处理原理

废气的处理方法有物理法、化学法和生物处理方法。生物处理法实质上与废水净化过程相似，其原理是将气态污染物转移到液相或固相表面的液膜中，然后利用微生物的代谢过程将废气中各种有机物及恶臭物质降解或转化为无害或低害物质。与其他方法相比，生物处理法设备简单、运行费用低、较少形成二次污染，特别是处理低浓度、生物降解性好的气态污染物更有优势。

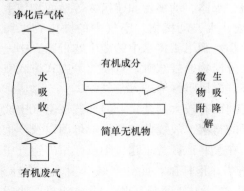

图 8-1 生物净化工业废气过程示意图

虽然人们对生物法净化处理气态污染物的机理做了很多研究工作，但至今仍没有统一认识。目前，普遍认可的是荷兰学者 Ottengraf 依据传统的气体吸收双膜理论提出的生物膜理论。按照该理论，生物法净化处理有机废气一般要经历 3 个阶段，示意图如图 8-1 所示。

气液转化：废气中的污染物与水接触并溶解，即由气膜扩散进入液膜。

生物吸附、吸收：溶解于液膜中的污染物由于浓度差推动扩散到生物膜，然后被其中的微生物捕获并吸收。

生物降解：微生物对污染物进行氧化分解和同化作用，污染物被作为能源和营养物质分解，最终转化成为无害的化合物。同时，生化反应的气态产物脱离生物膜，逆膜扩散。

8.1.3 参与废气处理的微生物

参与废气生物处理的微生物有自养微生物和异养微生物两大类。自养微生物以 CO_2、CO_3^{2-} 等无机碳为碳源，以 NH_4^+、H_2S、Fe^{2+} 等作为电子供体。自养微生物适合进行无机物转化，但是代谢较慢，负荷不是很高，适合于处理浓度不高的脱臭场合，如采用硝化、反硝化及硫酸菌去除浓度不太高的臭气如 NH_3、H_2S 等。异养型微生物则以有机物作为碳源和能源，适合于有机物的分解转化。这种异养型微生物以细菌为主，放线菌和霉菌次之。

同废水处理一样，废气处理过程中，特定的成分有特定适宜的微生物群落。在反应器生态系统中，多种微生物群落构成食物链与食物网，可同时处理含有多种成分的气体。已知目前适合于生物处理的气态污染物主要有乙醇、硫醇、硫化氢、二硫化碳、酚、甲酚、脂肪酸、乙醛、酮、氨类、氮氧化物等。

此外，近几年陆续分离筛选出了一些对难降解有机物能力非常强的微生物，包括能降解芳香族化合物的诺卡氏菌属，能降解三氯甲烷的丝状细菌和黄色细菌，能降解氯乙烯的分枝杆菌等。

8.1.4　废气生物处理方法

根据微生物在废气处理过程中的存在形式，可将处理方法分为生物洗涤法（悬浮物生长系统）和生物过滤法（附着生长系统）。生物洗涤法也叫生物吸收法，是微生物及其营养物存在于液体中，气体中的污染物通过与悬浮液接触后转移到液体中而被微生物降解。生物过滤法是指微生物附着生长于固体介质表面，废气通过由介质构成的固定床层时被吸附、吸收，最终被微生物降解，较典型的有生物滤池和生物滴滤塔两种形式。所以，废气生物处理的主要方法和工艺包括生物滤池、生物洗涤器和生物滴滤塔三种。

1. 生物滤池

生物滤池是一种装有生物填料的滤池。废气经调温、调湿后进入装有具有吸附性滤料的生物滤池，滤料表面生长着各种微生物。经润湿后的废气，通过附有生物膜的填料层时，废气中的污染物和氧气从气相扩散到介质外层的水膜，有机成分被微生物吸收、氧化分解为无害的无机物。

滤池中的过滤材料是具有吸附性的滤料，要求有均匀的颗粒、足够的孔隙度、一定的pH缓冲能力、良好的透气性、适度的通水性和持水性，以及丰富的微生物群落和较大的比表面积。由于不存在水相，污染物的水溶性不会影响去除率，因此适合于处理气水分配系数小于1.0的污染物。滤料充当微生物的载体，向微生物提供其生活必需的营养，通常营养物被耗尽后需要更换滤料。过滤滤料通常选用堆肥、土壤、泥炭以及活性炭等多孔、适宜微生物生长而且保持水分能力较强的材料。

根据滤池中滤料的不同，生物滤池可分为土壤滤池、堆肥滤池、箱式滤池等几种形式。

（1）土壤滤池

土壤滤池中滤料共由两层组成，下层为气体分配层，由粗石子、细石子或轻质陶粒骨料组成，上部由黄沙或细粒骨料组成，总厚度为0.4～0.5m；上层为土壤滤层，厚度为0.5～1.0m。土壤滤池的主要滤料是土壤，土壤中含有大量的微生物，含有能分解小分子物质的细菌，也含有能分解大分子物质的真菌。土壤滤池的示意图如图8-2所示。

土壤滤池处理废气的主要优点有：投资少，一般仅为活性炭吸附法投资的1/10～1/5；无二次污染，微生物对污染物的氧化作用完全；脱臭率高，土壤滤池适合于处理带有强烈臭味的低浓度含氨、硫化氢、乙醛、甲硫醇、二甲基硫等的废气，脱臭率达99%；有较强的抗冲击能力，土壤中的营养和微生物种类都较为丰富，微生物的种类和数量可以随废气中有机物的变化而变化；服务年限长，土壤滤池处理挥发性有机废气，使用年限可以长达数十年甚至百年以上。

（2）堆肥滤池

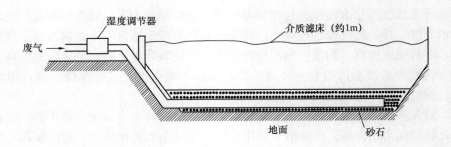

图 8-2 土壤滤池

堆肥滤池的主要滤料是堆肥，是将城市垃圾、畜粪、污泥、树皮、泥炭、木屑、草经好氧发酵、热处理而成，这些物质本身含有大量的各种微生物及其所需的无机营养成分，因此不需外加营养物。

堆肥滤池的构造是在地面挖浅坑或筑池，池底设排水管，一侧或中央铺设输气总管，总管上接上支管，管上铺设砂石等材料形成气体分配层，在分配层上在铺设堆肥过滤层，保证过滤气速。

堆肥滤池的工作原理与土壤滤池相似，也有一些不同，两者的比较见表 8-2。

表 8-2　土壤滤池与堆肥滤池的比较

项目	土壤滤池	堆肥滤池
渗透性	孔隙较小，渗透性较差	空隙较大，渗透性好
含水率	50%～70%	泥炭滤层≥25%，堆肥滤层 40%～60%
去除率	微生物多，去除效果好	微生物更多，去除效果更好
接触时间	较长，40～80s	较短，约 20s
中和酸能力	较强，可用石灰处理	较弱，不能用石灰处理
结块性能	一般不结块，无需搅动；亲水性	易结块，需定期搅动；疏水性，需要防干燥
服务年限	长	短，1～5 年更换
占地面积	较大	较小
应用范围	适合生物降解慢、废气量不大的气体	适合易于生物降解、废气量较大的气体

（3）箱式滤池

箱式滤池为封闭式装置，其结构主要由箱体、滤床、喷水器等组成。滤床由多种有机物混合制成的颗粒装载体构成，有较强的生物活性与耐用性。一部分微生物附着于载体表面，一部分悬浮于床层的水体中。滤床厚度按需要确定，一般为 0.5～1.0m。

箱式滤池的工作原理与上述两种滤池有所不同，主要表现在废气通过箱式生物滤池时，一部分被载体吸附，一部分被水吸收，之后由微生物对污染物进行降解。箱式滤池的净化过程可按需要控制，故可选择适当的条件，充分发挥微生物的作用。

生物滤池主要依靠微生物来去除气体中的污染物。因此，反应器的条件应适合微生物的生长，这些条件包括填料选择、温度、湿度、pH、营养物质和污染物浓度等。

（1）填料选择

生物滤池中的填料不仅是生物膜附着的载体，而且还能对微生物胞外酶和废气中的污染物进行吸附和富集。理想的填料应具有以下性质：充足的营养，以满足微生物生长繁殖所需；较大的比表面积；一定的结构强度，可以防止填料压实、压降升高、气体停留时间缩短；高水分持留能力；高孔隙率，保证气体有较长的停留时间；较低的体密度，可减小填料压实的可能性。

（2）填料的湿度

填料的湿度太低，微生物的生长会受到影响，甚至会死亡，并且填料会收缩破裂而产生气体短流；相反，填料的湿度太高，则不仅会使气体通过滤床的压降增高、停留时间缩短，而且会导致供氧不足，从而产生臭味并使降解速率降低。影响填料湿度的主要因素有湿度未饱和的进气、生物氧化以及与周围温度进行热交换等。

（3）温度

通常生物滤池可在 25～35℃下运行，大多研究表明，35℃是其中好氧微生物的最适温度。温度的提高会降低挥发性有机物在水中的溶解度以及在填料上的吸附，从而影响去除效果。

（4）pH

生物滤池的最佳 pH＝7～8。但是由于微生物在代谢过程中会产生一些酸性物质，例如，H_2S 和含硫有机物的氧化可导致 H_2SO_4 积累，NH_3 和含氮有机物氧化可导致 HNO_3 积累，氯代有机物氧化可导致 HCl 积累，这些物质的积累都会使得 pH 值下降。此外，高有机负荷造成的不完全氧化也可导致乙酸等有机酸的生成。通常采取在填料中添加石灰、大理石、贝壳等来增强其缓冲能力。

2. 生物滴滤塔

生物滴滤塔是一种介于生物滤池和生物洗涤器之间的处理工艺，其工艺流程如图 8-3 所示。其主体为一填充容器，内有一层或多层填料，填料表面是生物膜，从而为微生物的生长、有机物的降解提供条件。生物滴滤塔与生物滤池的最大区别在于填料上方喷淋循环液，含可溶性无机营养物的液体从塔上方均匀地喷洒在填料上，液体自上而下流动，然后由塔底排出并循环利用。有机废气从塔底进入，在上升的过程中与湿润的生物膜接触而被净化，净化后的气体由塔顶排出。启动初期，在循环液中接种了经被试有机物驯化的微生物菌种，微生物利用溶解于液相中的有机物进行生长繁殖，并附着在填料表面形成几毫米厚的生物膜。

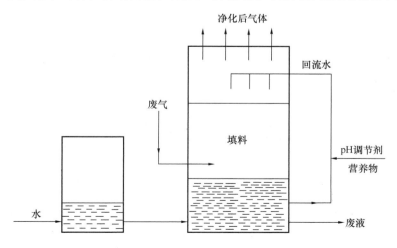

图 8-3　生物滴滤塔

进气方式分为水汽逆流和并流两种。生物滴滤塔要求水流连续地通过有孔的填料，有效地防止了填料干燥。另外，由于生物滴滤塔底部要建水池来实现水的循环运行，所以总体积比生物滤池大。而且大量的污染物质可溶解于液相中，从而提高了比去除率。但生物滴滤塔机械复杂性高，使投资和运行费用增加。因此，生物滴滤塔适于污染物质浓度高、易导致生物滤池堵塞、需要控制 pH 值的污染物和使用空间有限的地方。

另外，生物滴滤塔还有一个生物滤池不具备的优点，就是反应条件易于控制，通过调节循环液的 pH 值和温度，即可控制反应器的 pH 值和温度。因此，它比生物滤池更适合处理卤代烃及含硫、含氮等会产生酸性代谢产物及产能较大的污染物。

生物滴滤塔的特点可归纳为：设备少、操作简单，液相和生物相均循环流动，生物膜附着在惰性填料上，压降低、填料不易堵塞，去除效率高；但需要外加营养物，填料比面积小，运行成本较高，而且不适合处理水溶性差的污染物。

影响生物滴滤塔的因素有以下几个方面：

入口气体浓度。当入口气体浓度小于临界浓度时，生物滴滤塔内的微生物能有效地降解有机物；但当入口气体浓度大于临界浓度时，塔里的生物膜很快被气体饱和，去除量趋于平稳。

填料的选择。填料的性能直接关系到微生物的生长和运行的压力损失，从而影响到生物滴滤塔的去除效率。滴滤塔所用的填料应具有易于挂膜、不易堵塞、比表面积大等特点，多为粗碎石、塑料、陶瓷等。

气体流速。实验装置中生物膜的厚度主要随气体流速的变化而变化，流速越大，膜厚度越小。由于传质过程的速度取决于气相和液相的层流膜厚度，因此，气体流量越大，流速就越大，气体的湍流运动越强烈，层流膜层越薄；传质阻力越小，传质速度就越快，则会出现去除量和去除率随气体流量增加而增大的情况。

液体喷淋量和液体流速。在系统运行过程中，生物膜不断老化、脱落、再生，老化的生物膜在液体的冲刷作用下脱落并随之流出系统。液体流量过小，会造成厌氧微生物过度增长，使厌氧层与好氧层之间的平衡被破坏，同时老化脱落的生物膜不能被及时带出，生物膜不能及时更新，从而影响净化效率。因此，适当增加液体流量，会提高系统的净化效率。但如果液体流量过大，在填料转角密集处，会有液体堆积，使水膜厚度增加，影响气体向生物膜的传质速率，从而导致系统的净化效率降低。另外，液体对生物膜的冲刷作用与液体流速有关，流速越大，冲刷作用越强。过分冲刷会导致新生生物膜被冲走，影响气体、液体的湍流运动，从而出现"短流"现象。适宜的流速可以使老化生物膜的脱落速度与新生生物膜的增长速度大致相同，使系统内的生物量维持一个动态平衡。

3. 生物洗涤法

生物洗涤法也称为生物吸收法，本质上是一个悬浮活性污泥处理系统，由一个吸收室（洗涤器）和一个再生池构成，工艺流程图如图 8-4 所示。生物洗涤器内装有惰性填料，再生池为活性污泥生物反应器，两者的容积比为 1.5～2.0，出水需设二沉池。在生物洗涤器中，废气从吸收器底部进入，生物悬浮液（循环液）自吸收器顶部喷淋而下，废气与生物悬浮液接触后溶于液相中，使废气中的污染物转移至液相，实现传质过程。吸收了废气污染物的生物悬浮液流入再生池中，好氧条件下通过微生物氧化作用，最终被降解而去除。再生池出水进入二沉池进行泥水分离，上清液排出，污泥回流。再生池的部分流出液循环流入吸收器中。

洗涤器中气液两相的接触方法除液相喷淋法，还可采用气相鼓泡法。通常若气相阻力较大则用喷淋法，反之，液相阻力较大时则用鼓泡法。

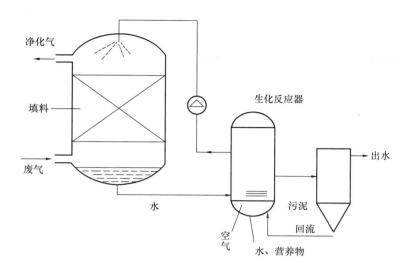

图 8-4　生物洗涤法工艺流程图

生物洗涤器的特点是：水相和生物相均循环流动，生物为悬浮状态，洗涤器有一定的生物量和生物降解作用。其优点是反应条件容易控制、压降低、填料不易堵塞。缺点是设备多、需外加营养物、成本较高、填料比表面积小，限制了微溶化合物的应用。

由于生物洗涤器包括两个过程，即污染物的吸收和生物降解，所以要注意两个过程的协调。生物洗涤法处理废气的去除率不仅与污泥的 MLSS 浓度、pH、溶解氧有关，还与污泥的驯化与否、营养盐的投加量以及投加时间有关。另外，入口气体质量浓度和填料高度也将直接影响废气的净化效果。

8.2　大气污染物的微生物处理

大气污染物的微生物处理是指利用微生物的生物化学作用，使污染物分解，转化为无害或少害的物质。目前，微生物的大气污染物处理主要特点是设备简单、处理效果好、能耗低、无二次污染等。

废气的生物处理主要包括两个阶段：一个是污染物由气相转入液相或固相表面的液膜中；二是污染物在液相或固相表面被微生物降解。采用微生物治理大气污染的主要内容包括煤炭的微生物脱硫、微生物对无机废气的处理和微生物对有机废气的处理。

8.2.1　煤炭微生物脱硫

煤炭中含有一定的硫化物，在燃烧时产生大量的二氧化硫等有害气体，在大气中经过一系列反应生成酸雨。酸雨已经成为全世界共同关注的重要环境问题之一。控制和减少酸雨的根本措施是减少二氧化硫、氮氧化物等酸雨物质的排放。煤炭中的硫约有 $60\%\sim70\%$ 为黄铁矿硫，$30\%\sim40\%$ 为有机硫，硫酸盐硫的含量极少。微生物通过自身代谢过程进行脱硫，本质上是生物硫素循环。

1. 脱硫机理

煤炭中的黄铁矿硫的微生物脱除，是由于微生物的氧化分解作用。目前一般认为微生物对黄铁矿硫的脱除机理有两方面：一是微生物直接溶化黄铁矿，即直接氧化机理；二是细菌起了类似化学上触媒剂的作用，即细菌氧化硫酸亚铁生成的硫酸高铁，与黄铁矿迅速反应，生成更多的硫酸亚铁和硫酸，这是间接作用机理。

$$2FeS_2 + 7O_2 + 2H_2O \xrightarrow{\text{微生物}} 2FeSO_4 + 2H_2SO_4 \tag{1}$$

$$2FeSO_4 + 1/2O_2 + H_2SO_4 \xrightarrow{\text{微生物}} Fe_2(SO_4)_3 + H_2O \tag{2}$$

$$FeS_2 + Fe_2(SO_4)_3 \longrightarrow 3FeSO_4 + 2S \tag{3}$$

$$2S + 3O_2 + 2H_2O \xrightarrow{\text{微生物}} 2H_2SO_4 \tag{4}$$

首先，附着在黄铁矿表面的细菌氧化黄铁矿生成亚铁（反应式1），然后氧化亚铁被氧化为高铁（反应式2），高铁作为氧化剂再氧化黄铁矿生成亚铁和硫（反应式3），后者可被细菌氧化生成硫酸。现已基本认为细菌脱除黄铁矿的过程中，上述两个作用是同时进行的，其中微生物将亚铁转变为高铁（反应式2）和将单质硫转变为硫酸（反应式4）的作用非常重要。

能进行煤炭脱硫的微生物按照所脱除的硫的形态进行分类，其中用于脱除无机黄铁矿硫的微生物有氧化亚铁硫杆菌、氧化硫硫杆菌等自养型细菌；用于脱除有机硫的微生物是靠从外界摄取有机碳生长的异养型细菌，主要有假单胞细菌、产碱菌属和大肠杆菌等。嗜酸、嗜热的兼性自养菌酸热流化叶菌既能脱除无机硫，又能脱除有机硫。

2. 脱硫方法

目前的脱硫方法主要有以下两种：

（1）细菌浸出法

利用微生物的作用把煤炭中的不同类型硫分解为可溶的铁盐和硫酸，然后滤出煤粉即可达到脱硫目的。该方法又分为堆浸法和空气搅拌法两种。堆浸法较为简便，利用地形堆积煤块，用耐酸泵将细菌浸出液喷淋到煤堆上，浸出后收集废液，除去废酸和铁离子。该方法不需要昂贵的设备和复杂的操作程序，但处理时间较长。空气搅拌法可缩短反应时间，且提高脱硫效率。此法是在一定的反应器中使含细菌的浸出液与煤粉混合反应，同时用空气搅拌，为细菌提供必要的二氧化碳和氧气，经1~2周反应期，即可获得较好效果。

（2）表面改性法

传统的煤炭微生物脱硫方法的主要缺点是脱除黄铁矿硫需用的反应时间很长，这将导致设备庞大和投资高。如果减少细菌处理时间，该工艺就可大大降低成本。鉴于传统浮选工艺中黄铁矿的亲水性弱，黏附于气泡的能力比煤中其他常见矿物要大，因而浮选工艺脱除黄铁矿能力的提高在于转变黄铁矿表面的疏水性。表面改性法就是利用细菌的氧化作用或附着作用改变黄铁矿表面性质，提高其分离能力，进而从煤中将黄铁矿脱除。由于这种方法只需将黄铁矿表面改性即可达到脱硫效果，所以表面处理时间较短（仅30min以内）。另外，该方法在把煤中黄铁矿脱除时，灰分同时沉淀，所以兼有脱除灰分的效果。

煤炭微生物脱硫技术的实际应用受诸多因素影响：如煤质结构不均匀，煤块与微生物的反应界面有限，脱硫细菌生长缓慢、难于富集、脱硫率低且不稳定。但与物理脱硫相比，微生物脱硫仍不失为一种投资少、耗能低、无污染的工艺，有着进一步研究和开发的前景。

8.2.2 微生物烟气脱硫

微生物参与自然界硫循环的各个过程，并从中获得能量，可以利用微生物的这一特点进行烟气脱硫。微生物脱硫不需要高温、高压及催化剂，均为常温常压下操作，操作费用低，设备要求简单，营养要求低（利用自养微生物）且无二次污染。

微生物烟气脱硫的原理有以下几种：

微生物间接氧化。在有氧条件下，通过脱硫微生物的间接氧化作用，将烟气中的 SO_2 氧化成硫酸，微生物从中获取能量。其反应方程式如下：

$$SO_{2(g)} \longrightarrow SO_2 \qquad O_{2(g)} \longrightarrow 2O_2^- \qquad SO_2^- + O_2^- \longrightarrow SO_3^{2-}$$

$$3SO_3^{2-} + O_2 + 2H_2O \xrightarrow{\text{微生物}} 3SO_4^{2-} + 2H^+ + 能量$$

异化硫酸盐还原。硫酸盐还原菌等微生物利用有机物作为电子供体，以亚硫酸盐和硫酸盐作为最终电子受体并将其还原为硫化物，这一过程称为异化硫酸盐还原。生成的 H_2S 等硫化物可作为硫杆菌和光合细菌的电子供体，在这些自养菌体内被氧化为元素硫和硫酸盐。以 SO_2 作为电子受体，乳酸盐作为电子供体的反应方程式如下：

$$2SO_2 + O_2 + 2H_2O \longrightarrow 4H^+ + 2SO_4^{2-}$$

$$2CH_3CHOHCOO^- + SO_4^{2-} \xrightarrow{\text{微生物}} 2CH_3COO^- + 2CO_2 + S^{2-} + 2H_2O$$

微生物和铁离子体系共同催化氧化。自然界中一些微生物例如氧化硫硫杆菌和氧化亚铁硫杆菌等可以在酸性条件下快速将 Fe^{2+} 氧化成 Fe^{3+}，将 SO_3^{2-} 氧化成 SO_4^{2-}。反应式如下：

$$2SO_2 + O_2 + 2H_2O \xrightarrow{Fe\text{离子，微生物}} 2H_2SO_4$$

$$Fe_2(SO_4)_3 + SO_2 + 2H_2O \longrightarrow 2FeSO_4 + 2H_2SO_4$$

烟气中的 SO_2 一方面以物理吸附、化学反应的形式转变为 H_2SO_4，另一方面在微生物的作用下 SO_2 被氧化为 H_2SO_4。吸收液中的微生物使 Fe^{2+} 和 Fe^{3+} 相互转化，使反应迅速发生。Fe^{3+} 是较强的氧化剂，浓度越高脱硫速度就越快。同时反应生成的 Fe^{2+} 又可被微生物利用生成 Fe^{3+}。

能还原和去除 SO_2 的微生物主要是硫酸盐还原菌，这是一类能利用各种有机物作为电子供体，以亚硫酸盐和硫酸盐作为最终电子受体，并还原其为硫化物的微生物，是一类形态和营养多样化的严格厌氧微生物。

1988 年 Kerry 将这类微生物用于 SO_2 气体的还原，开始了微生物脱除 SO_2 气体的应用研究。表 8-3 为几种主要脱硫微生物。

表 8-3　主要的脱硫微生物

种类	能源	碳源
东方脱硫肠状菌	S^{4+}、S^{6+}	氢、甲酸盐、乳酸盐
脱硫弧菌	S^{4+}、S^{6+}	氢、乳酸盐、乙醇
脱氮硫杆菌	S^{2-}、O_3、S^0	CO_2、HCO_3^-
嗜酸代硫酸盐绿菌	硫化物、硫	CO_2、HCO_3^-

自 1988 年 Kerry 开始微生物法去除二氧化硫的首次研究后，陆续有人尝试微生物法去除二氧化硫，目前的方法归纳如下：

连续发酵法。在带有搅拌装置的自动发酵罐中通入 SO_2，利用异养厌氧微生物的作用，SO_2 在几秒钟内就被还原为 H_2S，之后生成的 H_2S 进入 H_2S 氧化反应器被进一步氧化为硫和硫酸盐，最后还可回收单细胞蛋白。这是最早出现的微生物法去除 SO_2 的工艺。初期实验时，这种方法使用的菌种营养要求十分严格，影响了大规模操作的经济性。后来对这种方法进行了不断的改进和完善，诸如与多种异养厌氧微生物混合培养、活性污泥作碳源等。这种方法对 pH、温度、溶解氧等影响因素能进行严格的控制，而且去除效果较稳定。此外，还可生产高质量的单细胞蛋白，但处理量相对较小。

溶解 SO_2 生物去除法。1993 年，Buisman 对火力发电厂进行了生物去除 SO_2 的工业试验，该工艺包括以下步骤：使废气与初始溶液相接触，SO_2 溶解形成亚硫酸盐；厌氧反应器中，亚硫酸盐被硫酸盐还原菌还原为硫化物；硫化物反应器中，硫化物被硫氧化细菌氧化为元素硫；从液相中分离元素硫；剩下的滤液循环进入与废气接触的步骤。该工艺生成了可再利用硫，而且投资少，运行费用低。此外该工艺还可以去除废气中的飞灰以及气相或液相中的重金属。

固定化细胞生物法。该方法是指利用固定化细胞生物反应器对 SO_2 及亚硫酸盐进行还原。固定载体材料有卡拉胶—聚乙烯亚胺和芳香族聚酰胺包埋活性炭等。据研究，用芳香族聚酰胺包埋活性炭固定的生物柱反应器对亚硫酸盐的转化率为 $16.5 \sim 20 \text{mmol}/(\text{h} \cdot \text{L})$，其体积产率是明胶固定化的 8 倍，悬浮细胞反应器的 65 倍，同时还可降低出流中的悬浮固体浓度，使投资和运行成本降低。该工艺的处理效果与 SO_2 流速有很大关系。

化学生物处理法。该方法现将 SO_2 与呼吸器中的化学溶液接触反应，然后再进入生物反应器处理。这种方法分为两类：方法一是 SO_2 在吸收器中与硫酸铁溶液接触反应生成硫酸，其中一部分硫酸进入石灰石吸收塔生成硫酸钙副产品，另一部分吸收液直接进入真空干燥器，生成硫酸和硫酸亚铁后进入生物反应器，在氧化亚铁硫杆菌作用下，硫酸亚铁被氧化为硫酸铁后重新返回吸收器。该方法中，SO_2 的去除速率随液气比的降低而增高，生物反应器中亚铁离子的氧化速率随亚铁离子浓度的增高而增高。另一类方法是在吸收器中用缓冲液吸收 SO_2，然后进入生物反应器，亚硫酸盐和硫酸盐被微生物还原为 H_2S，而 H_2S 可通过方法一中的吸收器进行处理。此方法中的 SO_2 的去除速率与温度及反应类型有关。35℃时 SO_2 的去除率是 20℃ 的 $30 \sim 40$ 倍。在温度为 35℃时，连续流式生物膜反应器的去除率最大。化学—生物处理法运行稳定、安全且易于操作，相对于传统的物理化学法成本比较低，而且生成的石膏副产品可以再利用。

铁离子催化法。用含有脱硫菌的溶液作循环吸收液，以 Fe_2O_3 离子化后产生的铁离子作催化剂和反应介质，建立两个生化反应器，一个是吸收塔，用含微生物的吸收液作喷淋水，与进入反应器的废气进行生化反应；另一个是三层滤料生物滤池，在粒状填料表面，微生物经驯化、培育和挂膜后形成一层生物膜，与吸收塔出来的气水混合物发生反应，使废气中剩余的 SO_2 被脱除。同时

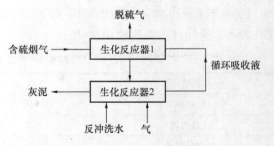

图 8-5　铁离子催化法工艺流程图

生物膜填料对循环吸收液起净化作用，防止喷淋水堵塞喷嘴。工艺流程如图 8-5 所示。

8.2.3　微生物去除 H_2S

微生物去除 H_2S 的基本原理是首先使 H_2S 溶于水，利用微生物对 H_2S 的氧化作用将之从酸性气体中去除。具体的原理有以下几种：

1. VanNiel 反应

光合硫细菌以 H_2S 作为电子供体，利用光能，依靠体内特殊的光合色素进行光合作用，同化二氧化碳生成水和单质硫，反应式如下：

$$CO_2 + 2H_2S \longrightarrow [CH_2O] + H_2O + 2S$$

2. 微生物催化氧化

脱氮硫杆菌是一种兼性厌氧型的自养菌，能在好氧或厌氧条件下将 H_2S 氧化成硫酸盐。好氧条件下，氧化反应式为

$$2O_2 + HS^- \longrightarrow H^+ + SO_4^{2-}$$

厌氧条件下，脱氮硫杆菌以 NO_3^- 为最终电子受体，将其还原成游离氮，同时把 H_2S 氧化成硫酸盐，其反应式如下：

$$5HS^- + 8NO_3^- + 3H^+ \longrightarrow 5SO_4^{2-} + 4N_2 + 4H_2O$$

3. 结合 Fe^{3+} 氧化

先用硫酸铁与含 H_2S 的酸性气体接触，高铁离子将 H_2S 氧化成单质硫，同时自身被还原成亚铁离子；然后氧化亚铁硫杆菌氧化亚铁离子生成三价铁，继续与 H_2S 反应，从而实现了循环式 H_2S 脱除及硫的回收。具体反应式如下：

$$H_2S + Fe(SO_4)_3 \longrightarrow S + 2FeSO_4 + H_2SO_4$$

$$2FeSO_4 + \frac{1}{2}O_2 + H_2SO_4 \longrightarrow Fe_2(SO_4)_3 + H_2O$$

可用以去除 H_2S 的微生物主要有丝状硫细菌、光合硫细菌和无色硫细菌三类，它们大部分属于化能自养菌。

丝状硫细菌：主要包括贝氏硫菌属和发硫菌属。它们能在有氧条件下把 H_2S 氧化为单质硫，并从中获得生长繁殖所需的能量。

光合硫细菌：这是一类光能营养细菌，可以 H_2S 等作电子供体，利用光能，以 CO_2 为碳源合成菌体细胞成分，而 H_2S 被氧化成 S 或进一步氧化成硫酸。光合硫细菌有严格光自养型的，也有兼性光能自养型。大多数光合硫细菌是体外排硫的。

无色硫细菌：无色硫细菌不是分类学名词，有些无色硫细菌的纯培养菌苔呈粉红色或棕色。无色硫细菌是化能自养菌，可以转化 H_2S、硫酸盐、单质硫以及硫代硫酸盐等，包括排硫硫杆菌、氧化硫硫杆菌、氧化亚铁硫杆菌和脱氮硫杆菌等。

8.2.4　微生物去除 NH_3

微生物处理含有 NH_3 废气时，常与含 CO_2 或 H_2S 的废气一起处理。例如，将单纯含有的 NH_3 废气与单纯含有的 CO_2 废气合在一起，调节两者的比例用硝化细菌处理。先将 NH_3 溶于水中形成 NH_4^+-N 后通入生物滴滤池。按亚硝化细菌和硝化细菌要求的 C/N 通入 CO_2，并加入无机营养盐。亚硝化细菌和硝化细菌将 NH_4^+ 氧化成 NO_2^- 和 NO_3^-，CO_2 被同化合成细胞物质。

处理含 NH_3 和 H_2S 混合气体的过程中，一方面 NH_3 先溶于液相，跟溶于液相中的 H_2S 起中和反应；另一方面，起主要作用的是生物反应，NH_3 可能作为氮源被降解 H_2S 的微生物加以利用。而生物膜中可能也存在降解氨的氧化细菌和硝化细菌，经过一段时间后，可以被大量地驯化和培养。氨的去除由一开始的物理化学反应为主，变为以生物降解为主，因此处理效果逐渐提高。

8.2.5 微生物去除甲硫醇废气

硫醇是由有机基团与硫基结合形成的一类有机硫化物（R—SH），其中 R 基团可以是脂肪族化合物、环状化合物或芳香族化合物，亦可被卤素、氮或磷酸盐取代，其中最具有代表性的是甲硫醇。甲硫醇的嗅阈值为 $3.7\mu g/m^3$，为自然界中最臭的几种物质之一。

能降解甲硫醇的微生物种类很多，主要有硫杆菌属、发硫菌属、黄单胞菌属等，其中大部分为化能自养型微生物。细胞外实验表明，甲硫醇在好氧条件下被其氧化酶氧化，在氧化过程中不需要任何其他辅酶。甲硫醇氧化酶在甲基硫化物的分解代谢过程中对 C—S 的断裂起关键作用，反应方程式表示如下：

$$CH_3SH+O_2+H_2O \Longrightarrow HCHO+H_2S+H_2O_2$$

甲硫醇在硫系恶臭气体的代谢过程中占有重要的地位，它是较复杂的硫化物（二甲基硫醚、二甲基二硫醚等）好氧分解过程中一个重要的中间代谢产物。排硫硫杆菌 E6 代谢途径如图 8-6 所示。

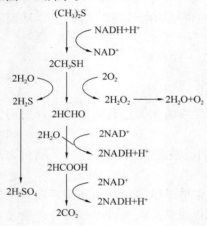

图 8-6　排硫硫杆菌 E6 代谢途径

8.2.6 微生物去除 NO_x

生物法净化含有 NO_x 废气利用了异养反硝化菌的厌氧呼吸作用，在反硝化过程中，NO_x 通过反硝化菌，经分解代谢被转化为 N_2，通过合成代谢被还原为有机氮化物，而成为菌体的一部分。

通常 NO_x 主要是指 NO 和 NO_2，由于 NO 不与水发生化学反应，且溶解度小，在生化反应器中可能的降解途径为：NO 首先溶解于水或是被反硝化细菌及固相载体吸附，然后在反硝化菌种氧化氮还原酶的作用下被还原为 N_2。而 NO_2 与水发生化学反应转化为 NO^{3-}、NO^{2-}，然后通过生化反应过程还原为 N_2。

$$NO \xrightarrow{\text{氧化氮还原酶}} N_2$$

$$NO_3^- + e \xrightarrow{\text{氧化氮还原酶}} NO_2^- \xrightarrow{\text{亚硝酸盐还原酶}} N_2$$

生物法净化 NO_x 废气同其他废气的生物处理一样，也包括两个过程：传质过程和生化反应过程，即 NO_x 由气相转移到液相或固相表面的液膜中，并且在液相或固相表面被微生物净化。

参与 NO_x 废气生物净化的微生物主要有反硝化细菌、真菌和微藻等。反硝化菌包括异养菌和自养菌，其中以异养菌居多，主要有无色杆菌属、产碱杆菌属、杆菌属、色杆菌属、棒杆菌属、螺菌属、黄单胞菌属、假单胞菌属、莫拉氏菌属、丙酸杆菌属、微球菌属等，自养菌有硫杆菌属中的脱氮硫杆菌。真菌包括头孢镰刀菌、软茄镰刀菌、毛壳菌等。

NO_x 废气生物净化的主要方法分两类：一类是固定式反应器，另一类是悬浮式反应器。固定式反应器是把微生物固定在填料上，微生物培养液在外部循环，待处理的废气在填料表面与微生物接触，并被微生物捕获去除。悬浮式反应器是把微生物培养液装填在反应器中，待处理废气以鼓泡等方式通入反应器内，再被微生物捕获并去除。

用于生物净化 NO_2 废气的主要工艺有生物洗涤法和生物滤床。Lee 等用自养型脱硫杆菌在厌氧条件下，以二氧化碳作碳源、硫代硫酸盐为能源进行生物脱硝，效果良好。蒋文举等用生物膜填料塔进行了脱硝实验，结果表明废气中的 NO_x 去除率可达到 99％以上，NO 去除率可达到 90％左右。该法最适合于 30～45℃下处理 NO 进口浓度为 50～500mg/m³ 的气体。爱德荷工程实验室的研究人员开发了用脱氮菌还原烟道气中 NO_x 的工艺，该工艺是将含有 NO（1～4）×10^{-4}mmol/L 的烟气通过一个直径 102mm、高 918mm 的塔，塔中固定堆肥，其上生长着绿脓假单胞脱氮菌，堆肥可作为细菌的营养盐，每隔 3～4d 向堆肥床层中滴加蔗糖溶液，烟气在塔中停留时间约为 1min，测得当 NO 进口浓度为 2.5×10^{-4}mmol/L 时，净化率达 99％，塔中细菌的最适温度为 30～45℃，pH 为 6.5～8.5。

8.3　植物对气态污染物的净化

早在 19 世纪中期，人们就注意到城市中地衣植物逐渐消失，在烧煤的烟囱附近，植物叶片出现"病斑"，后发现这与空气污染有关，并认为可利用植物来监测和评价空气污染状况。到 20 世纪 40～50 年代，空气污染日趋严重，对指示植物的研究也进一步开展起来。70 年代初，中国也开始了这方面的工作，例如用唐菖蒲（*Gladiolus gandavensis*）等指示植物监测大气的氟化物污染；分析加拿大白杨（*Populus canadensis*）、悬铃木（*Platanus orientalis*）等植物叶片的氟和硫的含量来监测较大范围大气中的氟化物和二氧化硫（SO_2）的污染；测定刺槐（*Robinia pseudoacacia*）、皂角（*Gleditsia sinensis*）等植物叶片中铅、镉等的含量以监测大气中的重金属污染等。同时，选择出适合于一些地区应用的指示植物，如金荞麦（*Fagopyrum cymosum*）等。

植物生长发育与周围环境有密切的联系，环境条件的变化、生态平衡的破坏都会在植物体内以某种形式表现出来。大气受到污染时，敏感的植物反应最快，最先发出污染信息，如出现污染症状，生长发育受阻，生理代谢过程发生变化和污染物在体内发生积累等。人们可以根据植物发出的各种信息来判断大气污染的状况，对大气质量作出评价。

8.3.1　植物对气态污染物的净化作用

大气中的化学污染物包括：二氧化碳、二氧化氮、二氧化硫、氟化氢、氯气、苯等，以及重金属蒸气及大气飘尘所吸附的重金属化合物。

植物对氟化物具有极高的吸收能力。据报道二氧化硫通过高宽均为 15m 的林带后，其浓度下降 25％～75％。每公顷毛白杨每年可分别吸收二氧化硫 14.07kg。女贞叶片中的硫量可占叶片干物质的 2％。桑树叶片中含氟量可达对照区的 512 倍。氟化氢气体通过 40m 宽的刺槐带后，浓度比通过间距离空气降低近 50％。加拿大杨、桂香柳可吸收醛、酮、酚等有机物蒸气，大部分高等植物均可吸收空气中的铅和汞，其能力除因树种而有很大不同外，也与大气中的铅、汞浓度有关。

树木对大气中二氧化碳和氧气的平衡也发挥着很大的作用，据测定，1hm² 的阔叶林在夏季每天可消耗 1t 的二氧化碳，释放 0.73t 的氧气，一定密度的针叶林对氧的释放量可达 30t/(hm²·a)。

根据中国科学院沈阳应用生态所研究成果，对大气中芳烃抗性较强的植物品种包括：龙柏、侧柏、臭椿、紫穗槐、圆柏、新疆杨、毛白杨、山桃、刺槐、银杏、垂柳、泡桐、大叶女贞等。对大气中烯烃污染物抗性较强的树种包括：侧柏、云杉、臭椿、垂柳、紫穗槐、毛白杨、新疆杨、刺槐、大叶黄杨等。

在选择植物对大气污染物净化时，不仅要考虑其对污染物的吸收净化能力，同时也要求其对该污染物有较强的耐性。

8.3.2 植物对气态污染物的指示作用

指示植物对大气污染的指示作用主要表现在以下四个方面：

能够综合反映大气污染对生态系统的影响强度。这种影响强度一般是无法用理化方法直接进行测定的。大气受到多种污染物复合污染时，一些污染物之间会发生协同作用，使它们的影响比它们各自单独的影响强烈；有时则产生拮抗作用，其影响要比它们各自的影响微弱。这些影响只有通过对生物各种反应进行观察、分析和测定来了解。

能较早地发现大气污染。植物对大气污染的反应比人敏感得多，人在 SO_2 浓度达 $1\sim5ppm$ 时才能嗅到，接触 $3\sim10ppm$ 超过 $8h$，才对健康有影响；而一些植物接触 $0.5ppm$，在 $2\sim4h$ 内就会出现伤害症状。因而利用植物能及时发现污染，尽早防治。

能检测出不同的大气污染物。不同污染物会使植物的叶片出现不同的受害症状。SO_2 污染常使叶片的脉间出现有色的斑点或漂白斑；氟污染常使叶片的顶端和边缘出现伤斑，受害组织与正常组织之间有明显的界线；臭氧引起的典型症状是叶表面近小叶脉处产生点状或块状伤斑，因为栅栏组织对臭氧敏感，所以症状大多出现在上表面；受到过氧乙酰硝酸酯（PAN）急性危害后，大部分双子叶植物在叶片背面出现玻璃状或古铜色伤斑。

能反映一个地区的污染历史。通过对植物进行年轮生长量的分析以及测定积累在植物体内的污染物的数量，能够推测过去的污染状况和污染的历史，对大气质量做出回顾评价。

8.3.3 指示气态污染物的植物种类

当空气中有害气体浓度达到百万分之几的时候，植物就开始"报警"，及时提醒人们采取措施，避免或将污染消除。指示化学污染物的植物种类见表 8-4。

表 8-4　指示气态污染物的植物种类

气态污染物	植物种类
二氧化硫	牵牛花、栀子花、小叶榕、中国石竹、月季花、樱花、海棠、梅花、雪松、红松、梧桐、番石榴、杜仲、腊梅、大麦、菠菜、紫花苜蓿、地衣、凤仙花、翠菊、四季海棠、天竺葵、含羞草、唐菖蒲、苔藓植物等
二氧化氮	番茄、莴苣、向日葵、杜鹃、烟草、秋海棠、菠菜、荷兰鸢尾、扶桑、美人蕉、非洲菊、万寿菊等
碳氢化合物	欧洲赤松、白菜叶
甲醛	梅花
氨	向日葵、紫藤、小叶女贞、杨树、悬铃木、杜仲、枫树、刺槐、荠菜
氟化氢	唐菖蒲、剑兰、杜鹃、郁金香、梅、桃、杏、落叶杜鹃、香蕉、葡萄、樱桃、玉米、榆树、萱草等
臭氧	地衣、花生、洋葱、萝卜、丁香、牡丹、葡萄、黄瓜、烟草、苜蓿、大麦、菜豆等
氯	唐菖蒲、苹果、桃、玉米、洋葱、雪松、广玉兰、香蕉、金盏花、天竺葵、一串红、落叶松、油松、菠菜、白菜、韭菜、葱、向日葵、木棉等

利用植物指示气态污染的优点是：指示植物种类多，取材容易，监测方法简单，费用低廉并能美化环境；它可以在一个较大的范围内，长期地观察污染的积累性影响。缺点是：环境条件的变化和植物本身生长发育的状况都会影响植物对污染的敏感性，使结果出现误差；

在污染严重时，植物本身还会受害致死，失去继续监测的能力等。

8.3.4　指示植物受害症状

1. 指示二氧化硫的植物

用牵牛花、栀子花、小叶榕等监测二氧化硫时，在二氧化硫的伤害下，一些植物叶面的叶脉间会出现斑点或不规则的坏死斑，并逐渐扩大发展，直至全叶片枯死。

用紫花苜蓿监测二氧化硫时，当空气中的二氧化硫浓度达到 0.3ppm 时，紫花苜蓿叶片从边缘开始枯死，逐渐叶脉间也会出现点状或块状的伤斑。

用天竺葵监测二氧化硫时，当天竺葵受到伤害时，其嫩叶四周的叶缘会失水坏死。

用菊花受到二氧化硫伤害时，常在叶片的深裂处失水枯死。

当鸢尾受到二氧化硫伤害时，其叶片的先端失水枯死，并逐渐向后发展，直至全部枯死。

当牵牛花受到二氧化硫伤害时，叶片出现坏死区呈灰色，其边缘镶嵌黄色条纹。

当玉米、小麦等受到二氧化硫伤害时，叶片的先端先受害，叶片中的平行叶脉间常呈条状枯死。

当美人蕉受到二氧化硫伤害时，叶片逐渐由绿色变为白色，叶片中的平行叶脉间常呈条状枯死。

当牡丹受到二氧化硫伤害时，牡丹叶片表现出色泽不一。

2. 指示氟化物的植物

当玉簪受到氟化物伤害时，常在叶片的先端和叶边缘出现半圆形黄色症状，黄色受伤部分与绿色组织之间会出现棕色带的症状，而后逐渐向中部和基部蔓延，直至全叶黄化。

当剑兰受到氟化物伤害时，氟化物浓度为 0.4ppm 时，剑兰的叶子尖端和边缘部分会出现环状或带状的伤斑。

当香蒲、玉米、美人蕉、鸢尾、大叶黄杨等受到氟化物伤害时，以上植物的叶子及就会表现出受害症状。开始时，这些植物的叶子尖端发焦，接着周缘部分枯死，叶片逐渐褪去绿色，部分变成褐色或黄褐色，开始逐渐落叶。由于植物梢头的嫩叶比较敏感，因此会首先枯死。

萱草对于氟化物比较敏感，叶片受到伤害时，叶子尖端常变成褐红色。

当唐菖蒲受到氟化物伤害时，几小时至几天内，唐菖蒲的叶片就会出现先端黄化的受害反应。

3. 指示硫化氢的植物

当虞美人受到硫化氢侵袭时，叶子会发焦或者有斑点。

4. 指示氯气的植物

当海桐、丁香等受到氯气伤害时，其叶中的叶绿素因受到破坏，会形成不规则的褪色黄色伤斑，直至发展到全叶呈现白色而脱落。

当绣球花、樟叶槭、华南朴、梧桐等受到氯气伤害时，其叶的先端或叶缘就呈现病症。

当马兰、结缕草等受到氯气伤害时，其叶的先端或叶缘就呈现白色病斑，并逐渐向全叶蔓延，最后叶片呈现白色、干枯而脱落。

当女贞、杜仲受到氯气伤害时，其叶片呈现灰褐色伤斑。

当广玉兰受到氯气伤害时，其叶片呈现红棕色伤斑。

当美人蕉、桃花受到氯气伤害时，其叶子会失去绿色，而呈现白色，并导致花果脱落。

当百日草、蔷薇、郁金香、秋海棠等受到氯气伤害时，其叶脉间会出现白色或黄褐色斑点，并很快落叶。

5. 指示二氧化氮的植物

当矮牵牛、杜鹃、扶桑受到二氧化氮伤害时，其叶脉间会出现白色或褐色不规则的斑点，并提早落叶。

当金荞麦受到二氧化氮伤害时，叶脉间会呈现出不规则状的白色、黄色、棕色的伤斑，或全叶呈现斑点状伤斑。

6. 指示臭氧的植物

当矮牵牛、秋海棠、香石竹、菊花、万寿菊等受到臭氧危害时，叶表呈蜡状，呈棕色或黄褐色的坏死斑点状，干后变成白色或褐色，叶片产生红、紫、黑、褐等颜色，并提早落叶。

7. 指示氨气的植物

当悬铃木、杨树、桂花、女贞、杜仲、玉米等受到氨气危害时，叶脉间有点状、块状褐黑色斑块，斑块四周界限分明。矮牵牛、向日葵等植物在氨气浓度为17ppm的环境中经过4h后会变成白色，叶缘部分会出现黑斑及紫色条纹，并提早落叶。

 复习思考题

1. 简述微生物废气净化的基本原理。
2. 废气生物处理的方法主要有哪些？
3. 煤炭微生物的脱硫机理和方法是什么？
4. 针对不同的气态污染物，有哪些指示植物？

第9章 环境污染物的生物修复——污染场地

学 习 提 示

　　本章介绍了堆肥、生物通风、植物修复、自然降解等 4 种常见的污染场地中生物修复技术，主要介绍了其定义、原理、工艺、影响因素等，部分技术提供了案例供参考。

　　污染场地土壤修复技术可按暴露情景和处置地点分类。可以按"污染源—暴露途径—受体"将土壤修复技术分成三类，污染源处理技术、暴露途径阻断技术和制度控制措施。对污染源进行处理的技术有生物修复（植物修复、生物通风、自然降解、生物堆等）、化学氧化、土壤淋洗、电动分离、气提技术、热处理、挖掘等；对暴露途径进行阻断的技术有稳定/固化、帽封、垂直/水平阻控系统等；降低受体风险的制度控制措施有增加室内通风强度、引入清洁空气、减少室内外扬尘、减少人体与粉尘的接触、对裸土进行覆盖、减少人体与土壤的接触、改变土地或建筑物的使用类型、设立物障、减少污染食品的摄入、工作人员及其他受体转移等。

　　按照土壤是否需要挖掘，可分为原位（insitu）修复技术和异位（exsitu）修复技术。原位修复技术又可分为原位处理技术和原位控制技术。异位修复技术可分为挖掘和异位处理处置技术。异位处理处置技术按照土壤修复工程是在场地内还是将污染土壤转移到场地外进行修复，可以分为现场（onsite）修复技术和离场（offsite）修复技术。

　　图 9-1 和图 9-2 分别给出了按两种分类方法的场地土壤修复技术的应用情况。表 9-1 给出了土壤修复技术参数。

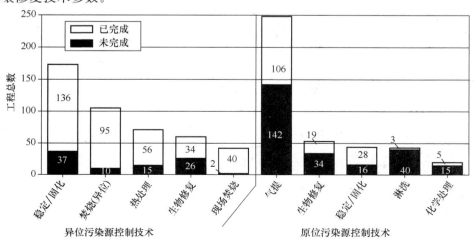

图 9-1　超级基金场地中修复技术按处置地点分类完成情况（1982～2005）

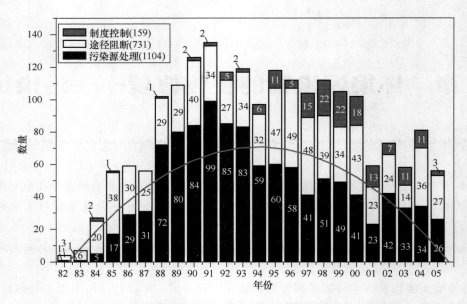

图 9-2　超级基金场地中修复技术按暴露情景分类完成情况（1982~2005）

表 9-1　土壤修复技术评价参数表

分类方法	技术	成熟性①	适合的目标污染物②	适合的土壤类型③	治理成本④	污染物去除率（%）	修复时间⑤
污染源	植物修复	P	a~f	无关	¥	＜75	2年以上
	生物通风	F	b~d	D~I	¥	＞90	1~12个月
	生物堆	F	a~d	C~I	¥	＞75	1~12个月
	化学氧化（原位）	F	a~f	不详	¥¥	＞50	1~12个月
	化学氧化/还原（异位）	F	a~f	不详	¥¥	＞50	1~12个月
	热处理	F	a~f，除了c	A~I	¥¥	＞90	1~12个月
	土壤淋洗（原位）	F	a~f	F~I	¥¥	50~90	1~12个月
	土壤淋洗（异位）	F	b~f	F~I	¥¥＋	＞90	1~6个月
	电动	P	e~f	不详	¥¥¥	＞50	—⑥
	气提技术	F	a~b	F~I	¥	75~90	6个月~2年
暴露途径	挖掘	F	a~f	A~I	¥	＞95	1~3个月
	帽封	F	c~f	A~I	¥	75~90	6个月~2年
	稳定/固化	F	c，e~f	A~I	¥¥	＞90⑦	6~12个月
	垂直/水平阻控系统	F	c~f	A~I	¥¥	—	2年以上
受体	改变土地利用方式	F	a~f	A~I	¥	—	—
	移走受体	F	a~f	A~I	¥	—	—

① 成熟性：F—规模应用；P—中试规模；
② 污染物类型：a—挥发性；b—半挥发性；c—重碳水化合物；d—杀虫剂；e—无机物；f—重金属；
③ 土壤质地：A—细黏土；B—中粒黏土；C—淤质黏土；D—黏质壤土；E—淤质壤土；F—淤泥；G—砂质壤土；H—砂质肥土；I—砂土；
④ ¥ —低成本；¥¥—中等成本；¥¥＋—中等到高成本；¥¥¥—高成本；
⑤ 修复时间为每种技术的实际运行时间，不包括修复调查、可行性研究、修复技术筛选、修复工程设计等的时间；
⑥ "—"表示不确定；
⑦ 对稳定/固化技术，污染物去除率特指土壤浸出液中污染物去除率。

　　生物修复指利用微生物、植物和动物将土壤、地下水中的危险污染物降解、吸收或富集的生物工程技术系统。按处置地点分为原位和异位生物修复技术。生物修复技术适用于烃类及衍生物，如汽油、燃油、乙醇、酮、乙醚等，不适合处理持久性有机污染物。

9.1　堆肥

堆肥法（compost）是利用广泛分布的细菌、放线菌、真菌等微生物，人为地促进可生物降解的有机物向稳定的腐殖质进行生化转化的一种固体废弃物处理技术。根据其处理过程中对氧气的需求情况的不同，可以将堆肥分成好氧堆肥法和厌氧堆肥法两种。

9.1.1　好氧堆肥法

好氧堆肥法是在有氧的环境下，通过微生物的作用使有机废弃物转化为稳定的有利于作物生长的物质。目前好氧堆肥处理的物料主要有：①垃圾；②垃圾和粪水；③垃圾和脱水污泥；④脱水污泥。其理化性质分别见表 9-2、表 9-3 和表 9-4。

表 9-2　垃圾的理化性质

pH 值	水分（%）	总固体（%）	挥发物（%）	碳（%）	氮（%）	速效氮（%）	容重（t/m³）	孔隙度（%）
8	27.84	72.2	19.54	13.4	0.45	0.03	0.45	30

表 9-3　粪水的理化性质

相对密度	pH 值	水分（%）	总固体（%）	挥发物（%）	碳（%）	氮（%）	速效氮（%）
1.1	8.8	98.5	1.5	82.3	0.45	0.23	0.2

表 9-4　污水处理厂脱水污泥组成与特征

性质	含水率（%）	有机物（%）	灰分（%）	混凝剂（mg/L）	聚丙烯酰胺（‰）	气味	外观
1	70	50	50	$Al_2(SO_4)_3$	5～7	极臭	墨黑色
2	76.2	48.0	52.0	铁铝盐	5～7	刺鼻	黏稠，蚊蝇孳生

注：表 9-1、表 9-2、表 9-3 引自《环境工程微生物学》，周群英、王士芬编著。

1. 好氧堆肥原理

有机废物好氧堆肥过程实际上就是基质的微生物发酵过程。有机废物的种类繁多，组成复杂，大体上可以分成可溶性有机物、不溶性有机物和介于两者之间的有机物。在好氧堆肥过程中有机废物中的可溶性小分子有机物透过微生物的细胞壁和细胞膜而为微生物所吸收利用，固体的胶体的有机物则先附着在微生物体外，由微生物所分泌的胞外酶分解为可溶性小分子物质，再为微生物所利用。微生物通过自身的生命活动——新陈代谢过程，把一部分被吸收的有机物氧化分解成简单的无机物，并提供生命活动所需的能量，把另一部分有机物转化合成新的细胞物质，使微生物增殖，可用以下的反应式表示。

有机物的分解反应：

不含氮有机物

$$(C_xH_yO_z)+O_2 \xrightarrow{\text{好氧微生物}} \text{简单无机物}(CO_2+H_2O)+ \text{能量}$$

含氮有机物

$$C_sH_tN_uO_v \cdot aH_2O + O_2 \xrightarrow{\text{好氧微生物}} C_wH_xN_yO_z \cdot cH_2O + CO_2 + H_2O + NH_3 + \text{能量}$$

微生物细胞质的合成反应（包括有机物的氧化分解，并以 NH_3 作为氮源）

$$n(C_xH_yO_z) + NH_3 + O_2 \longrightarrow C_5H_7NO_2(\text{细胞质}) + CO_2 + H_2O + \text{能量}$$

微生物细胞质的氧化分解

$$C_5H_7NO_2(\text{细胞质}) + 5O_2 \longrightarrow 5CO_2 + 2H_2O + NH_3 + \text{能量}$$

好氧堆肥过程可以简单地用图 9-3 说明。

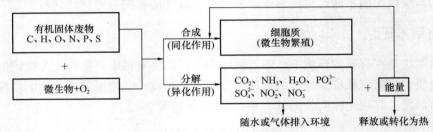

图 9-3 有机固体物的好氧堆肥过程

2. 好氧堆肥的过程

根据堆肥的升温过程，可将一个完整的堆肥过程大致分成三个阶段。

（1）中温阶段。这是堆肥化过程的起始阶段，堆层温度在 15～45℃之间。嗜温细菌、真菌和放线菌等嗜温性微生物较为活跃并利用堆肥中最容易分解的可溶性物质进行旺盛生命活动而迅速增殖，释放出能量，使堆肥温度不断升高。这些嗜温性微生物主要以糖类和淀粉类为基质。真菌菌丝体能够延伸到堆肥原料的所有部分，并会出现中温真菌的子实体，同时螨、前足虫等将摄取有机废物。腐烂植物的纤维素将维持线虫和线蚁的生长，而更高一级的消费者中弹尾目昆虫以真菌为食，缨甲科昆虫以真菌孢子为食，线虫摄食细菌，原生动物以细菌为食。

（2）高温阶段。当堆温升至 45℃ 以上时即进入高温阶段，在这一阶段，堆肥起始阶段的嗜温性微生物受到抑制甚至死亡，取而代之的是一系列嗜热性微生物。它们生长所产生的能量使堆肥温度进一步上升。堆肥中残留的和新形成的可溶性有机物继续被氧化分解，复杂的有机物如半纤维素、纤维素和蛋白质也开始被强烈分解。在高温阶段中，各种嗜热性微生物的最适宜温度也各不相同，在温度的上升过程中，好热性微生物的类群和种类是互相接替的。通常在 50℃ 左右，主要是嗜热性真菌和放线菌，如嗜热真菌属（*Thermomyces*）、褐色嗜热放线菌（*Actinomyces thermofuscus*）、普通小单细菌（*Micromonospora vulgaris*）等；当温度上升到 60℃ 时，嗜热性丝状真菌几乎完全停止活动，仅有嗜热性放线菌和细菌在继续；温度升到 70℃ 以上时，对大多数嗜热性微生物已不适宜，从而大批进入死亡或者休眠状态，只有嗜热性芽孢杆菌在活动。

高温对于堆肥的快速腐熟起着重要作用。在此阶段，堆肥开始形成腐殖质，并开始出现能溶解于弱碱的黑色物质。高温对于杀死大多数病原菌和寄生虫也是极其重要的。根据长期的经验，一般认为，堆肥在 50～60℃ 时持续 6～7d，可达到较好的杀灭虫卵和病原菌的效果。

（3）降温阶段。亦称腐熟阶段，在内源呼吸后期，剩下的是木质素等较难分解的有机物和新形成的腐殖质。此时微生物的活性下降，发热量减少，温度逐渐下降，嗜温性微生物又逐渐占优势，对残余较难分解的有机物作进一步分解，腐殖质不断积累且稳定化，堆肥进入腐熟阶段，需氧量大大减少，含水率也降低。

在冷却后的堆肥中，一系列新的微生物（主要是真菌和放线菌）将利用残余有机物（包括死掉的细菌残体）进行生殖繁殖，最终完成堆肥过程。因此，可以认为堆肥过程既是微生物生长、死亡的过程，也是堆肥物料温度上升和下降的动态过程。

堆肥中微生物的种类和数量，往往因堆肥的原料来源不同而有很大的不同。表 9-5 记录了以城市污水处理厂剩余污泥为原料的堆肥中微生物数量随时间的变化。堆肥前，脱水污泥中占优势的微生物是细菌，真菌和放线菌较少。在细菌的组成中，一个显著的特征是厌氧菌和脱氮菌相当多，这与污泥含水量多、含易分解有机物多、呈厌氧状态有关。

表 9-5　污泥堆肥中的微生物相（$\times 10^3$/g 干土）

微生物种类	堆制天数		
	0d	30d	60d
好气性细菌	801	192	113
厌气性细菌	136	1.8	0.97
放线菌	10.2	5.5	3.7
真菌	8.4	16.5	0.36
氨化细菌	34	240	44
氨氧化细菌	<43	14	0.37
亚硝酸氧化菌	0.08	>0.003	0.03
脱氮菌	1300	9900	200
好气细菌/放线菌	78.5	349	30

注：引自《微生物应用技术》，林海主编。

经 30d 堆制后（期间经过 65℃ 高温，后又维持在 50℃ 左右），细菌数有了减少，但好氧菌比原料污泥只是略微减少，仍保持着每克干物质 10^7 个数量级，厌氧菌比原料污泥减少了大约 100 倍，真菌数量并没有明显增长，氨化细菌和脱氮菌却有明显的增加，说明堆肥中发生着硝化和反硝化过程，这与堆肥污泥中既存在适于硝化细菌活动的有氧微环境，也存在适于脱氮菌活动的无氧微环境有关。堆制到 60d，可见各类微生物的数量都下降了，但此时，好氧菌仍然占优势，真菌和放线菌较少。

3. 好氧堆肥的主要影响因素

（1）有机质含量。有机质含量低的物质，发酵过程中所产生的热量不足以维持堆肥所需的温度，产生的堆肥也会因肥效低而影响销路，但过高的有机质含量又不利于通风供氧，从而产生厌氧和发臭。

（2）水分。堆肥中的水分过低，不利于微生物生长；水分过高，则会堵塞堆料中的空隙，影响通风和升温。有研究发现，无论什么堆肥系统，水分含量都不应小于 40%。

（3）温度。温度会影响生物的活性，是堆肥过程中的重要影响因素。一般认为高温菌对有机物的降解效率高于中温菌，现在的快速、高效好氧堆肥正是利用了这点。过低的温度将大大延长堆肥的时间，而过高的温度则会对微生物产生危害。

（4）碳氮（C/N）比。堆肥的关键因素是堆料的 C/N 比，一般在 20：1 到 30：1 之间比较适宜。若 C/N 比过高，不利于堆肥过程中微生物的生长；若 C/N 比过低，则堆肥产品会影响农作物生长。

（5）氧含量。一般认为堆体中的氧含量保持在 5%～15% 之间比较适宜。氧含量低于 5% 会导致厌氧发酵；高于 15% 则会使堆体冷却，导致病原菌的大量存活。

（6）pH 值。在一般情况下，堆肥过程有足够的缓冲作用，能够使 pH 值稳定在可以保证好氧分解的酸碱水平。

4. 堆肥工艺

堆肥工艺有：条垛式堆肥、高温动态二次堆肥工艺、立仓式堆肥工艺、滚筒式堆肥工艺等。

（1）条垛式堆肥：条垛堆肥是静态堆肥工艺的一种，是将混合好的固体废物堆成条垛状，在好氧条件下进行分解（图 9-4）。该方法工艺简单，设备少，处理成本低，发酵周期为 50d，操作要求低。可以人工翻堆，在第 2d、7d、12d 各翻动一次；在以后 35d 的腐熟阶段每周翻动一次。在翻动的同时可喷洒适量水以补充蒸发的水分。

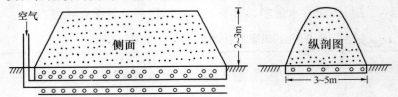

图 9-4　条垛堆肥示意图

（2）高温动态二次堆肥工艺：高温动态二次堆肥工艺如图 9-5 所示，分两个阶段：前 5～7d 为动态发酵，机械搅拌，通入充足空气，好氧菌活性强，温度高，快速分解有机物；发酵 7d 绝大部分致病菌死亡。7d 后用皮带将发酵半成品输送到另一车间进行静态二次发酵，垃圾进一步降解稳定，20～25d 完全腐熟。

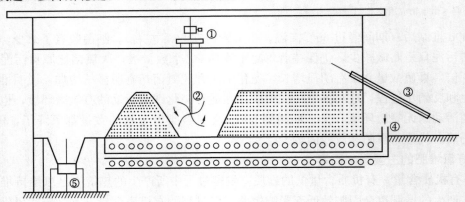

图 9-5　高温动态二次堆肥工艺简图
①—吊车；②—抛料翻堆机；③—进料皮带运输机；④—供气管；⑤—出料皮带运输机

（3）仓立式堆肥工艺：仓立发酵仓高 10～15m，分隔 6 格，如图 9-6 所示。经分选、破碎后的垃圾由皮带输送至仓顶一格，受重力和栅板的控制，逐日下降至下一格。一周内全下降至底部，出料运送到第二次发酵车间继续发酵使之腐熟稳定。从顶部至以下 5 格均通入空气，从顶部补充适量水。该工艺温度高，发酵极迅速，24h 温度上升至 50℃以上，70℃可维持 3d，之后温度逐渐下降。该工艺的优点是占地少，升温快，垃圾分解彻底，运行费用低；缺点为水分分布不均匀。

（4）滚筒式堆肥工艺：滚筒式堆肥工艺又称"达诺"生物稳定法，如图 9-7 所示。滚筒直径 2～4m，长度 15～30m，滚筒转速 0.4～2.0r/min；滚筒横卧稍倾斜。经分选、粉碎的垃圾送入滚筒，旋转滚筒，垃圾随着翻动并向滚筒尾部移动。在旋转过程中完成有机物生物降解、升温、杀菌等过程。5～7d 后出料。该工艺的优点是出料方便、处理量大，但如果管理不善，其渗滤液可能污染土壤和地下水。

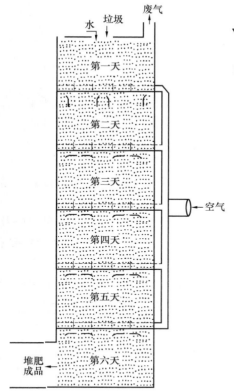

图 9-6　仓立式堆肥工艺简图

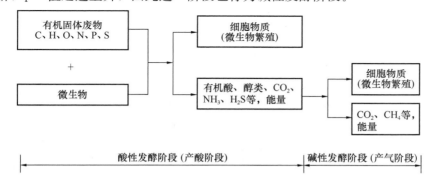

图 9-7　滚筒式堆肥工艺简图

9.1.2　厌氧堆肥法

厌氧堆肥是在缺氧的条件下利用兼性厌氧微生物和专性厌氧微生物进行的一种腐败发酵分解，将大分子有机物降解为小分子的有机酸、腐殖质和 CO_2、H_2O、NH_3、H_2S、CH_4 等，其中 NH_3、H_2S 及其他还原性产物有令人讨厌的异臭。厌氧堆肥的堆制温度低（一般为常温），分解不够充分，成品肥中氮素保留较多，但堆制周期长，完全腐熟往往需要几个月的时间。传统的农家堆肥就是厌氧堆肥。

厌氧堆肥主要分成两个阶段，如图 9-8 所示。

第一阶段是产酸阶段，产酸菌将大分子有机物降解为小分子的有机酸和醇类等物质，并提供部分能量因子 ATP。在此阶段，由于有机酸大量积累，pH 值随之下降，所以也叫酸性发酵阶段，参与的细菌统称为产酸细菌。

第二阶段为产气阶段。在分解后期，由于所产生的氨的中和作用，pH 值逐渐上升；同时产甲烷菌开始分解有机酸和醇，产物主要是 CH_4 和 CO_2 气体。随着甲烷菌的繁殖，有机酸迅速分解，pH 值迅速上升，因此这一阶段也称为碱性发酵阶段。

```
┌──────────────────┐        ┌──────────────┐
│ 有机固体废物      │───────▶│ 细胞物质      │
│ C、H、O、N、P、S  │        │ (微生物繁殖)  │
└──────────────────┘        └──────────────┘
         +                                      ┌──────────────┐
┌──────────────────┐        ┌──────────────┐───▶│ 细胞物质      │
│                  │───────▶│ 有机酸、醇类、CO₂、│   │ (微生物繁殖)  │
│ 微生物            │        │ NH₃、H₂S等，能量 │   └──────────────┘
└──────────────────┘        └──────────────┘   ┌──────────────┐
                                            └──▶│ CO₂、CH₄等，  │
                                                │ 能量          │
                                                └──────────────┘

│─── 酸性发酵阶段(产酸阶段) ───│── 碱性发酵阶段(产气阶段) ──│
```

图 9-8　有机固体废物的厌氧堆肥分解示意图

以纤维素为例，堆肥的厌氧分解过程为：

$$(C_6H_{12}O_6)_n \xrightarrow{\text{微生物}} nC_6H_{12}O_6(\text{葡萄糖})$$

$$nC_6H_{12}O_6 \xrightarrow{\text{微生物}} 2nC_2H_6OH + 2nCO_2 + \text{能量}$$

$$2nC_2H_5OH + nCO_2 \xrightarrow{\text{微生物}} 2nCH_3COOH + nCH_4$$

$$2nCH_3COOH \xrightarrow{\text{微生物}} 2nCH_4 + 2nCO_2$$

$$\text{总反应:} (C_6H_{12}O_6)_n \xrightarrow{\text{微生物}} 3nCH_4 + 3nCO_2 + \text{能量}$$

厌氧过程没有氧分子参加,酸化过程中产生的能量较少,许多能量保留在有机酸分子中,在甲烷菌作用下以甲烷气体的形式释放出来,厌氧堆肥的特点是反应步骤多、速度慢、周期长。

9.1.3 案例

北京市南宫堆肥厂的堆肥工艺即为典型的好氧堆肥工艺,该厂运行稳定、效果良好,是值得参考的典型案例。

北京市南宫堆肥厂是由德国政府赠款建设的北京市的固体废物处理项目之一,是中国及亚洲地区高度自动化、大规模、现代化垃圾堆肥厂之一。它位于北京市大兴区瀛海乡南宫村,总面积约 $6.6hm^2$,总建筑面积 2.16 万 m^2,其中厂房面积 1.5 万 m^2。

南宫堆肥厂日处理 $15\sim60mm$ 的生活垃圾 $400t$,年处理量 12.4 万 t。年产 $12mm$ 以下及 $12\sim25mm$ 堆肥 4 万 t。该厂采用先进的强制通风隧道式发酵技术,工艺流程如图9-9所示。

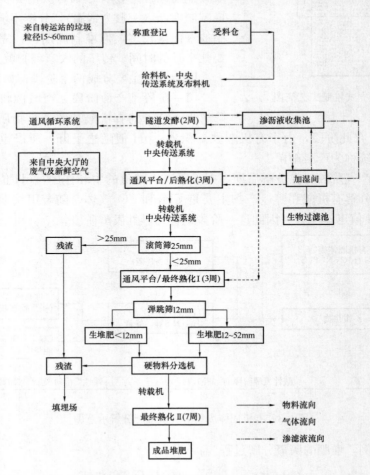

图 9-9 南宫堆肥厂的堆肥工艺示意图

9.2 生物通风

9.2.1 定义

土壤气相抽提（soil vapor extraction，SVE）是一种通过强制新鲜空气流经污染区域，将挥发性有机污染物从土壤中解吸至空气流并引至地面上处理的原位技术，该技术被认为是一个"革命性"的修复技术。在美国，自 1970 年，SVE 已经被用于现场土壤修复中，到 80 年代，由于其修复大量挥发性有机污染物（VOCs）的有效性、成本低廉及操作简单等优势，SVE 曾认为是最流行和最具发展前途的不饱和区土壤原位修复技术。生物通风（bioventing，BV）是在 SVE 基础上发展起来并很快应用至现场。BV 实际上是一种生物增强式 SVE 技术，将空气或氧气输送到地下环境以促进生物的好氧降解作用。SVE 的目的是在修复污染物时使空气抽提速率到达最大，利用污染物挥发性将其去除；而 BV 的目的是优化氧气的传送和氧的使用效率，创造好氧条件来促进原位生物降解。因此，BV 使用相对较低的空气速率，以增加气体在土壤中的停留时间，促进微生物降解有机污染物。生物通风和 SVE 都使用注入井和抽提井在地下产生对流的气流，这使得受污染土壤中的有机物挥发速率和生物降解速率都有可能增加，即注射井和抽提井可去除气相污染物，也可以向污染区提供氧源增加微生物活性，而生物通风首要目标是增强氧气的传送和使用效率来促进生物降解。生物通风系统使用与 SVE 相同或者相近的设施，但系统结构与设计目的有很大不同：SVE 系统井被放在被污染区域的中心，而生物通风操作中井放在被污染区域的边缘往往更有效。生物通风使用的基本设施包括：鼓风机、真空泵、抽提井、注入井和供营养渗透至地下的管道等，如图 9-10 所示。其实际操作过程是在待治理的土壤中打至少两口井，安装鼓风机和抽真空机，将空气（空气中加入氮、磷等营养元素，为土壤的降解菌提供营养物质）强行排入土壤中，然后抽出，土壤中的挥发性毒物也随之去除。大部分低沸点、易挥发的有机物直接随空气一起抽出，而那些高沸点的重组分主要是在微生物的作用下，彻底矿化为 CO_2、H_2O。

9.2.2 发展史

第一个生物通风技术用于 1988 年底，在美国犹他州的空军基地，是为了处理约 90t 航空燃料油的泄露污染。在修复过程的前 9 个月，一直用 SVE 技术进行操作，共去除 62.6t 污染物。经检测和研究，发现在去除的污染物中部分是由于微生物的降解完成的，大约占所去除污染物的15%～20%。可见，土壤中的微生物具有很大的降解活性。随后改变 SVE 系统，增加气流路径和气体在土壤中的停留时间，结果尾气的量明显减少，由原来的90～180kg/d降到 9kg/d，

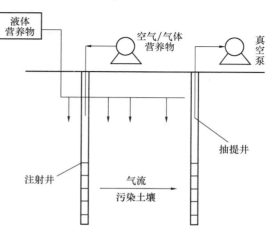

图 9-10 生物通风系统示意图

处理的石油污染物的量也随之增加，从 32kg/d 增加到 45kg/d，生物降解率达到了 85％～90％。美国从 1992～1994 年间，在美国 50 个空军基地的 130 多个地点应用生物通风技术进行了土壤修复实验。在美国希尔空军基地利用生物通风修复燃油污染场地，1 年半后石油烃中碳氢化合物的浓度从 900mg/kg 降低到 5mg/kg。1995 年以后，BV 现场应用更加广泛，已成为原位土壤修复技术中最为有效和流行的一种方法。欧洲、澳洲及加拿大、日本、南非、以色列、印度等地也先后进行了与生物通风修复有关的研究和应用。

中国于 20 世纪 90 年代中期才对生物通风法逐步进行研究，其研究和应用刚刚起步，大部分的研究还处于实验室和中试试验阶段，实际的修复或工程示范极少，缺乏工程应用经验和范例。

9.2.3 影响生物通风的因素

影响生物通风技术的因素很多，除污染物本身的性质外，还包括土壤的结构、环境因子以及微生物的性质等。

1. 土壤因素

包括土壤的气体渗透率、土壤含水率、土壤的氧气含量、土壤温度、土壤 pH 值、土壤中营养物的含量和电子受体类型。

（1）土壤的气体渗透率：土壤的气体渗透率是影响生物通风最重要的土壤因素，土壤必须有足够的渗透性使土壤中的空气流动，从而为生物降解提供足够多的氧气。土壤的渗透性与土壤结构、颗粒大小和土壤湿度有关。一般来说土壤的渗透率应该大于 0.1darcy，否则流动就很小，为微生物提供的氧气量就少。其次，在渗透性好的土壤中营养物质和电子受体的传质速度快，有利于生物降解反应的进行。

（2）土壤含水率：土壤微生物需要水以维持其基本的代谢活动。在生物通风现场有两种不同的结论：增加湿度使通风现场的生物降解速率增大；湿度增加太大效果并不明显，甚至由于有效毛细孔隙空间被水充满，阻止了氧气的传递而使生物通风特性消失。一般认为含水率达到 15％～20％时生物修复的效果最佳。当土壤含水率为其最大持水量的 30％～90％时，石油类的生物降解速率较大。

（3）土壤中氧的含量：对于石油污染物的降解来说，氧气是生物通风最重要的环境影响因素。充足的氧是最主要的微生物活性因子，是降解石油污染物质的关键。土壤气中氧的最小浓度应为 2％～5％。根据 Malina 等的研究结果，土壤气中氧的浓度低至 4％时就会限制微生物生长。

（4）土壤温度：温度不但直接影响微生物的生长，而且通过改变污染物的物理化学性质来影响整个生物降解过程。Dupont 发现当嗜温微生物在土壤温度是 15～45℃时生物降解效果最佳；Brook 和 Zytner 等认为生物降解的温度范围是 2～25℃，而且生物降解率随温度的升高而增加。考虑到充分挥发生物酶的降解活性和石油类污染物的溶解度与挥发特性，一般认为石油类物质适宜的降解温度为 15～30℃。

（5）土壤 pH 值：土壤 pH 值也影响微生物的降解活性，因为微生物需要在一定的 pH 值范围生存，大多数微生物生存的 pH 值范围为 5.0～9.0。Dibble 等认为当 pH 值为 7.0～7.8 时烃类的生物降解速率最快，可以通过添加酸碱或酸碱缓冲液的方法将 pH 值控制在 7.0～7.8 范围内。

（6）营养物含量：在被污染的土壤和地下水中，石油污染物含有大量的碳和氢，是微生物可以利用的大量底物，但它不能提供其他营养物，因而氮、磷元素的缺乏往往是影响细菌生长繁殖的主要原因。室内实验和现场应用都表明，适当添加营养物可以促进生物降解。Lindhardt 等在实验研究中增加了氮盐和磷酸盐以利于生物通风操作；Breedreld 等在实验室土柱及现场规模下研究了加入营养物对生物通风的影响，证实了添加营养物对生物降解的促进作用；Radwan 等通过实验证明，土著烃类降解菌降解污染土壤速度很慢，添加水、营养物质能提高微生物的降解速度；Bulman 等在一个柴油污染基地设计了生物通风系统，通风操作 6 个月，有机污染物浓度减少了 10％～30％，去除深度达到了 3.5m；张海荣、李培军阐述了向污染土壤中增加复合肥料加快石油的降解率。但营养物的添加还要按一定的比例，并非越多越好，只有在一定量的范围内，才能具有促进作用。McMillen 等研究了原油在土壤中泄漏后的生物降解能力，发现当添加营养物的 C∶N∶P＝100∶5∶1.7 并为缓慢释放形式时效果最佳，并且得出结论：营养比例对烃类生物降解速率的影响既可以是正向的也可以是负向的。

（7）电子受体类型：微生物的活性除了受营养盐的限制，土壤中污染物氧化分解的最终电子受体的种类与浓度也极大地影响着生物修复的速度和程度。生物通风是对被污染土壤中通过真空或加压进行土壤曝气，使土壤中的氧气浓度增加，从而促进好氧微生物的活性，提高土壤中污染物的降解效果。林力等应用一种固体产氧剂提供游离氧，发现微生物的数量增加了 10～100 倍，其活性也有很大增加。此外，Fe^{3+} 也可以作为生物降解地下石油污染物时的受体。

2. 污染物因素

（1）污染物浓度：Atlas 和 Khan 曾报道，降解烃类的微生物一般不到微生物群落总数的 1％，而当有石油污染物存在时，降解菌的比例增加到 10％。适当的油浓度可以促进微生物的活性，但油浓度高又会对微生物产生毒性而抑制微生物的活性。Dibble 等报道，当向土壤中添加油使土壤中烃浓度达到 1.25％～5％时，土壤的呼吸强度下降，表明油浓度太高将抑制微生物的活性。Brink 对石油浓度对其降解率的显著影响作了很好的论述，也指出高浓度的某些化合物可能因缩短了适应时间或使微生物种群快速增加而加快降解。

（2）可生物降解性：污染物的可生物降解性决定了污染物治理的难易和程度。首先，污染物的轻组分或是重组分以及污染物组成和结构的特性，都会导致微生物对其降解的难易程度不同。结构越简单，分子量越小的组分越容易被降解；污染物的挥发性不同，生物通风去除的效果也不同，一般来说，挥发性强的污染物通过生物通风会使其挥发的量多一些。其次，污染物的疏水性与土壤颗粒的吸附以及微孔排斥都会影响污染物的生物可利用性，低水溶性的物质形成独立的非水相，微生物不能够直接利用，而且这种非水相的污染物容易产生生物毒害作用。疏水性的物质容易被土壤吸附，目前的研究表明，被吸附的污染物通常很难被微生物降解。

3. 微生物因素

土壤中石油污染物的生物降解与土壤中可降解菌的含量有密切关系，土壤中加入石油降解优势菌能大大提高生物降解速度。Gruiz 等将生物通风与高效菌应用相结合，效果十分明显。近来很多学者致力于从土壤中分离出对烃类有很强分解能力的降解菌，制成干菌剂；或利用遗传工程方法，使微生物的遗传基因发生变异，以得到降解能力强的变异菌种。在需要时，向污染土壤接种，以提高对石油烃的降解能力。

9.2.4 生物通风技术的强化

1. 热通风

热通风可以增加生物降解的活性并提高石油组分的挥发度，对石油污染土壤修复中微生物降解和物理脱除具有双重强化效果。热通风通常是寒冷地区石油污染土壤修复的必要手段。在污染土壤修复的现场操作中，热通风至少可以采用以下三种方式：热空气注射、蒸汽注射和电加热。热空气注射对微生物影响比较温和，但由于空气比热容较小而使传热效率不高。蒸汽注射潜在的热量大，但也容易杀伤土壤中的微生物，其应用受到很大的限制。电加热通常在土壤中填埋电极，通入高频电流对介质进行均匀加热，是一种有较好应用前景的强化技术，目前在加拿大具有较成熟的应用。

2. 提供氧源

在土壤中，特别是石油污染浓度较高时，氧的供应就成为生物降解的控制因素。对石油污染土壤的治理，除了采用注入空气来提供氧气外，还可用 H_2O_2 作为氧源。H_2O_2 可提供 47.1% 的氧，可满足污染环境中已存在的降解菌生长的需要，以便使土壤中的降解菌能通过代谢将污染物彻底矿化成 CO_2 和 H_2O。Kaempfer 向石油污染的土壤中连续注入适量的氮、磷营养物质和 H_2O_2 等电子受体，经过 2d 的运转后，对土壤的样品进行微生物和化学分析，随着实验时间的延长，采集到的样品中菌量有所增加，分离到的细菌多于 70 种，其中大多数为烃降解细菌。

3. 添加高效降解菌

土壤中石油污染物的生物降解与土壤中可降解油细菌的含量有密切关系。在土壤中加入石油降解菌能大大提高生物降解的速率，如白腐真菌对许多有机物污染都有很好的降解效果。Gruiz 等将生物通风与应用高效降解菌相结合，运转 2 个月后，土壤中污染物明显下降，土壤中的细菌数量增加了 10 倍以上。同时，观察到在实验运转期间，CO_2 产生量提高了 10 倍以上，表明污染物矿化作用相当活跃，实验停止一个月后，CO_2 产生量才逐步下降。

9.2.5 生物通风的优势和应用限制

1. 生物通风的优势

（1）生物通风不涉及土壤挖运，不破坏土壤结构，对地下水的扰动小，且设计、安装简便易行；相对于其他处理技术其费用较低。

（2）应用范围较宽，不仅能用于轻组分挥发性有机物，如汽油和柴油；还能用于重组分挥发性有机物，如燃料油等；另外也可用于其他挥发或半挥发组分；同时该技术还能修复低渗透性、高含水率的土壤。

（3）操作灵活，可以与其他技术复合使用，如给土壤注入纯氧气、添加表面活性剂或添加工程菌等，也可与修复地下水的空气搅拌或生物曝气技术相结合。

（4）环境副作用小，该项技术中为主的微生物处理只是一个自然过程的强化，最终产物是二氧化碳、水和脂肪酸，如果中间产物是污染物的话，在出口处安装气体净化装置就可以避免二次污染。

2. 生物通风应用限制

（1）高浓度污染初始会对微生物有毒性作用；

（2）对于某些现场条件不适用（如土壤渗透性低、黏土含量高）；

（3）不是总能达到非常低的净化标准；

（4）只能够修复不饱和区土壤；

（5）不能够修复不可降解的污染组分。

9.2.6 生物通风理论研究

1. 非生物过程

影响 BV 的非生物过程包括单相中的传质（对流、扩散等）和相间传质（气-NAPL、气-水、气-固等）等。NAPLs（non-aqueous phase liquids，非水相液体）对流可能是由于气相或液相中的压力差产生的，也可能是由于气相中密度差异及梯度造成。在 BV 模型中，一般认为对流迁移机理只发生在气相，因为水相和 NAPL 相被假定为是不动的。扩散是由于系统中污染物的浓度梯度引起的，污染物的扩散可发生在气相也可发生在水相，但气相中的扩散比水相中的要明显得多。对于相间传质，众研究者（Corapcioglu，1987；Johnson，1990；Rathfolde，1991；Ho，1992）先后提出和发展了局部相平衡（Local Equilibrium）理论，采用亨利模型的计算，使气相与液相和固相中的浓度为相平衡关系，事实证明在一些场合利用局部相平衡假设与真实情况比较吻合。但后来人们发现采用局部相平衡假设太过于简单化，因此，在所观测的许多情况下，不得不考虑相平衡过程。Comez-Lahoz（1994）在研究 BV 中既采用了局部相平衡假定，又采用拟稳态（stedy-state）假设（即认为在 BV 过程中，气相中各组分的浓度是不变的），因 BV 过程空气流速小，水相中传质系数不大，采用拟稳态假设更符合真实情况。

因为在生物降解动力学中一个重要变量是基质浓度，能明显降低基质浓度的过程必然会影响生物降解速率，例如扩散和吸附。在模拟实验室条件下 BV 的模型中没有考虑到扩散和吸附动力学过程，由于该模型描述现场误差较大，吸附通常被看作是快速平衡的可逆过程，但是动力学研究表明：吸附被描述为两个阶段过程更合适，即初始的快速阶段和随后较长的慢速阶段，溶质向内部吸附位点的扩散控制着第二阶段。较慢的扩散和吸附速率与生物降解速率相似，因此这些非生物过程可能会与生物对基质的利用产生竞争作用。虽然吸附和解吸对污染物的降解有很大的影响，但对分子的动力学研究还较少。Shelton 和 Doherty（1997）提出一模型，考虑了吸附和生物降解，也考虑了向土壤内部位点的扩散，用 Monod 动力学描述生物降解，用一级动力学描述吸附和扩散过程。扩散也影响着许多有机基质被生物的利用和降解速率，许多有机物因在死孔隙内而不能被生物利用。土壤包含了不同大小的孔隙，其中很大一部分孔隙直径 $< 1\mu m$，而大部分土壤微生物大小在 $0.5 \sim 0.8\mu m$ 之间，因此污染有机物进入这些孔隙和从孔隙中出来的扩散便会影响污染物的生物降解速率。

2. 生物降解

（1）降解动力学

因为生物降解在生物修复中的重要作用，模拟生物降解的研究非常普遍，最近几年已发展了各种形式的生物降解模型，从较简单的零级、一级反应动力学到复杂的 Monod 或 Michaelis-Menten 表达式，但是对于如何更好地来描述地下微生物降解过程的争论仍在进行。零级反应动力学最简单，但是没有考虑各组分浓度的变化，使用受到限制。一级反应动力学曾被广泛使用，但只有当基质浓度远小于半饱和常数时，一级动力学假设才是正确的。许多文献似乎没有核实此条件就使用了一级动力学方程，通过比较受污染现场所观测的基质最大浓度和其半饱和常数显示，在大多数受污染现场，使用一级动力学方程是不正确的。

Monod 动力学方程跨越了零级、混和级到一级的生物降解过程，考虑了现场、污染物和微生物条件，能够更好地反映实际微生物转化过程。当不知道哪种组分（如基质、电子受体、营养物）是限制因素时，普遍使用多项 Monod 表达式。

实际 BV 修复现场一般为多组分污染物并存，已有大量文献报道了多种基质之间作用对生物降解过程的影响。Chang 等（1992）总结了多种基质存在下的生物降解方式：竞争性抑制作用，同时被微生物利用以及基质之间的共代谢作用。目前为止，已公开发表文献由于所用菌株及研究体系不同，研究结果很不一致。Oh 等研究表明：无论是纯菌株还是混合菌，以苯为碳源的生长符合 Monod 动力学模型，以甲苯为碳源的生长符合抑制性（Andrew）动力学模型，然而，两者都不能以对二甲苯作为生长的碳源。苯和甲苯同时存在时符合竞争性抑制动力学关系，另外，苯或者甲苯的存在都可以使对二甲苯被微生物共代谢利用。Oh 等用下面表达式描述密闭容器中多种基质存在下的质量守恒：

$$\frac{\mathrm{d}b}{\mathrm{d}t} = \sum_{j=1}^{N} \mu_j(C_{Ij})b \qquad j=1,\cdots,N$$

$$\frac{\mathrm{d}M_j}{\mathrm{d}t} = -\frac{1}{Y_j}\mu_j(C_{Ij})bV_L \qquad j=1,\cdots,N$$

$$M_j = V_L C_{Ij} + V_g C_{gj} \qquad j=1,\cdots,N$$

式中，b 为生物浓度，mg/L；C_{Lj} 和 C_{gj} 分别为污染物 j 在液相和气相中的浓度，mg/L；M_j 为密闭容器中污染物 j 的总质量，mg；Y_j 为生物得率，mg/mg；$\mu_j(C_{Lj})$ 为基于 j 的特定生长速率，1/h；V_L 和 V_g 分别为液相体积和气相体积，mL。

假定所有污染物在气-水相的分配可用亨利定律描述：

$$C_{gj} = m_j C_{Lj} \qquad j=1,\cdots,N$$

式中，m_j 为污染物 j 的气/液分配系数。

如果液相体积不受取样的影响，则污染物浓度变化和生物降解过程可用下面三个方程描述：

$$\frac{\mathrm{d}C_{gj}}{\mathrm{d}t} = -\frac{m_j V_L}{V_L + m_j V_g}\frac{1}{Y_j}\mu_j(C_{Lj})b \qquad j=1,\cdots,N$$

$$b = b_0 + \frac{1}{V_L}\sum_{j=1}^{N}\left[Y_j M_{0,j} - \frac{Y_j(V_L + m_j V_g)C_{gj}}{m_j}\right] \qquad j=1,\cdots,N$$

$$Y_j = \frac{m_j(b-b_0)V_L}{(C_{g0,j} - C_{gj})(V_L + m_j V_g)} \qquad j=1,\cdots,N$$

式中，b_0 为初始生物浓度，mg/L；$M_{0,j}$ 为密闭容器中污染物 j 的初始总质量，mg；$C_{g0,j}$ 为污染物 j 的初始气相浓度，mg/L。

两种污染组分之间的相互抑制和竞争作用仍可用上面方程描述，只是特定生长速率的表达式要有如下变化：

$$\mu_j(C_{Lj}) = \frac{\mu_{mj}C_{Lj}}{K_{sj} + C_{Lj} + K_{jq}C_{Lq}} \qquad j \neq q$$

$$\mu_q(C_{Lq}) = \frac{\mu_q^* C_{Lq}}{K_q + C_{Lq} + \dfrac{C_{Lq}^2}{K_{Lq}} + K_{qj}C_{Lj}} \qquad j \neq q$$

式中，$\mu_q(C_{Lq})$ 为基于 q 的特定生长速率，1/h；C_{Lq} 为污染物 q 在液相和气相中的浓度，mg/L；μ_{mj} 为最大特定生长速率，1/h；K_{sj} 为半饱和常数，mg/L；K_{jq} 为由于 q 的存在对于 j 的特定生长速率的相互作用常数；μ_q^* 为 Andrews 表达式中的动力学常数，1/h；K_q 为 Andrews 表达式中的动力学常数，mg/L；K_{Lq} 为 Andrews 抑制常数，mg/L。

在 Alvzrez 和 Vogel (1991) 的研究中所用微生物是两种分离的纯菌，在用 *Pseudomonas sp.* Strain CFS-215 的情况下，甲苯的存在对苯及对二甲苯的降解有促进作用，当只有苯和二甲苯存在时没有生物降解发生，对二甲苯的存在增加了苯和甲苯的降解滞后期；在使用 *Arthrobacter sp.* Strain HCB 时，BTX 同时存在时，经过 4～5d 的滞后期后，苯和甲苯开始降解，但是对二甲苯没有明显的降解发生。在没有苯存在的情况下，甲苯不被 HCB 降解，对二甲苯在单独存在及和甲苯同时存在的情况下也不能被 HCB 降解，但是对二甲苯和苯同时存在时对二甲苯可以被 HCB 所利用。Deeb 和 Alvarez-Cohen (1999) 研究了在好氧降解 BTEX 混合物时，温度对基质相互作用的影响。

以上文献使人们对多组分混合污染物的相互作用有了更清晰的认识。然而，所有文献都是针对饱和体系的间歇实验研究。BV 过程中还没有模型描述包含了生物降解中多种基质的相互作用。

（2）Monod 参数

在模拟原位生物降解中遇到的最大问题就是获得可信的动力学参数。污染物生物降解一般被描述为一级动力学，取用能与现场试验数据拟合最好的一套系数。然而，如此简化并不能反应复杂的生物过程，如吸附、抑制、对某基质的优先利用和微生物数量的增加。但是这些影响可以被包含在扩展的 Monod 方程中。因为基质与生物之间的相互作用对污染物的降解方式影响很大，Monod 方程同时考虑到了基质和微生物情况。先前研究发现，如果生物得率没有单独测量，很难从单一基质的降解曲线来获得 Monod 参数。Guha 和 Jaffe (1996) 用统计方法中得到最大似然方程（Maximum Likelihood Equation）来预测参数而解决了上述问题。然而，在 Guha 和 Jaffe 研究中只有一个初始基质浓度，只使用一个初始基质浓度使得基质的最大利用速率 k_{max} 和半饱和常数 K_s 不能够被唯一确定，所以计算的生物得率只适应与这个特定初始基质浓度下的系统，而不能够在其他初始浓度下使用。Alvarez 等 (1991) 提出一种方法用几种初始浓度来确定 Monod 参数，但他们的方法只能在微生物数量增长不明显的情况下适应。

如前所述，许多研究者已经注意到现场应用中，零级和一级近似都不能代表生物转化速率，认为跨越了零级到一级反应速率的 Monod 动力学更具代表性。但是大部分文献中还是使用一级动力学参数来估计好氧生物降解速率，对 Monod 动力学参数进行估计研究的报道数量不多。表 9-6 列出了报道中的 Monod 生物降解参数。这些参数主要代表饱和体系的好氧生物种群和动力学过程相似，将其应用到不饱和体系。

表 9-6　饱和体系、不饱和体系的生物降解参数

参数	范围	方法	参考文献
K_1(1/d)	0.01～4	饱和体系中的甲苯降解	Chen(1996)
	0.01～9.9	有机物好氧生物降解	Essaid 等(1995)
K_{sl}(mg/L)	0.56～0.87	现场自然扩散的气相浓度数据拟合 饱和体系中的甲苯降解	Ostendorf 和 Kampbell(1991)
	0.044～20.0	有机物好氧生物降解	Chen(1996)
	0.03～15.9	饱和体系有机物降解	Essaid 等(1995)
K_{so_2}(mg/L)	0.01～8.0	饱和体系中的甲苯降解	Chen(1996)
Y_1(g/g)	0.4～0.6	有机好氧生物降解	Chen(1996)

参数	范围	方法	参考文献
$F_{O_{21}}$	0.01~1.56	饱和体系有机物降解	Essaid 等(1995)
	1.85~3.19	饱和体系有机物降解	Chen(1996)
$K_d(1/d)$	0.01~0.2	甲苯浓度,在此浓度下,活性污泥中的生物活性减少 50%	Chen(1996)
X_{a1}^{max}	290	甲苯为污染物的土柱通风实验	Sun 等(1994)
	390		
$X_{bo_2}^{min}$(mg/L)	1~2	在微测试体系中降解芳香烃	Malina 等(1995)
X(cells/g soil)	$1×10^4$~$1×10^6$	饱和体系中的甲苯降解	Chiang 等(1989)
	$3×10^5$~$1×10^8$	现场测试单元中柴油机燃料油的 BV 过程研究	Chen(1996) Moller 等(1996)
	$1×10^3$~$7×10^9$	用各种不同土壤和污染物所做的 BV 过程研究	Lee 和 Swindoll(1993)
	$2×10^7$~$1.1×10^8$	含柴油和电动机油的 BV 土柱实验研究	Gruiz 和 Kriston(1995)
	$2×10^5$~$5×10^7$	民用燃料油的 BV 现场研究	Gruiz 和 Kriston(1995)

表中，K_1 为最大基质利用速率，$1/T$；K_{s1} 为基质半饱和常数，M/L^3；K_{SO_2} 为氧气半饱和常数，M/L^3；Y_1 为生物得率，M/M；$F_{O_{21}}$ 为氧气利用速率常数，—；K_d 为生物衰亡速率常数，$1/T$；X_{a1}^{max} 为水相中基质最大浓度，—；$X_{bo_2}^{min}$ 为氧的最小可测浓度，—；X 为单位质量土壤中的生物量，cells/M。

9.3　植物修复

9.3.1　定义

植物修复是利用植物及其根际微生物体系的吸收、挥发、转化和降解的作用机制来清除环境中污染物质的一项新兴的环境污染治理技术，是以植物忍耐和超量积累某种或者某些污染物的理论为基础。广义植物修复包括利用植物净化空气（如室内空气污染和城市烟雾控制等），利用植物及其根际微生物体系净化污水（如污水的湿地处理系统等）和治理污染土壤（包括重金属及有机污染物质等）。狭义的植物修复主要指利用植物及其根际微生物体系清洁污染土壤，而通常所说的植物修复主要是指利用重金属超积累植物的提取作用去除污染土壤中的重金属。

9.3.2　基市类型

一般来说，植物对土壤中的有机和无机污染物都有不同程度的吸收、挥发和降解等修复作用。有的植物甚至同时具有上述几种作用。但修复植物不同于普通植物的特殊之处在于其在某一方面表现出超强的修复功能，如超积累植物等。根据修复植物在某一方面的修复功能和特点可以将植物修复分为以下 5 种基本类型。

1. 植物提取修复

植物提取技术（Phytoextraction）又称植物萃取技术，是指利用金属积累植物或者超积累植物从污染土壤中超量吸收、积累重金属元素，富集并搬运到植物根部可收割部位和地上茎叶部位（Kumar 等，1995）的过程（图 9-11）。等植物成熟之后将植物整体（包括部分根）收获并集中处理，然后再继续种植超积累植物，如此循环重复耕种以使土壤重金属含量降低到可接受水平。植物提取修复是目前研究最多且最有发展前途的一种植物修复技术。

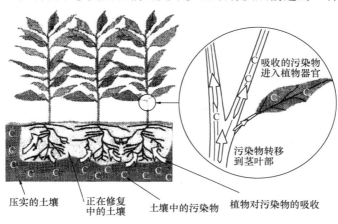

图 9-11　植物萃取技术示意图

(ITRC. 2001)

适用植物萃取技术的污染物包括：

（1）各种金属：银、镉、钴、铬、铜、汞、锰、钼、镍、铅和锌。

（2）类金属：砷和硒。

（3）放射性核素：^{90}Sr、^{137}Cs、^{239}Pu、^{238}U、^{234}U 等。

（4）非金属：硼等。

（5）各种有机物质。

由于植物地上茎叶部积累的金属离子存在潜存的毒性，应避免各种动物靠近有毒的植物器官，尤其应注意采取措施限制放牧动物的进入，并对收割的植物器官进行适当的处理。

植物萃取技术对土壤的条件要求较高，土壤一定要适合植物生长，也要有利于污染物向植物转移。种植植物时土壤 pH 应适合植物的生长，必要时可加入螯合剂以增加金属的生物可获得性和植物对金属的吸收。

2. 植物挥发修复

植物挥发（Phytovolatilization），这是一种通过植物蒸发作用将挥发性化合物或者新陈代谢产物释放到大气中的过程（图 9-12）。羟基是光化学循环中形成的一种氧化剂，地下环境中许多难处理的有机化合物进入大气后可很快与羟基氢氧基产生化学反应。然而，将污染物从土壤或地下水转移到大气中并不容易。植物中的硝酸盐还原酶（Nitroreductase）和树胶氧化酶（Laccase）可分解弹药废弃物如 TNT（2，4，6-三硝基甲苯），并将降解后的环形结构物结合到新的植物组织或有机碎片中，成为有机物质的组成部分，从而达到去毒的目的。去毒机制是将母体化合物转化成无植物毒性的新陈代谢产物储存在植物器官中（Schnoor 等，1995）。对酶作用途径和产物的深入研究无疑会丰富和发展现有的植物修复

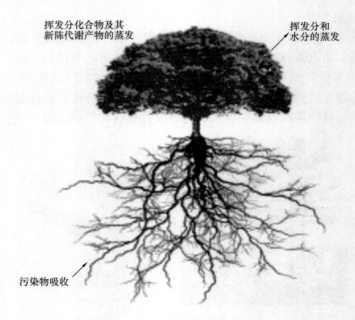

挥发分化合物及其
新陈代谢产物的蒸发

挥发分和
水分的蒸发

污染物吸收

图 9-12　植物挥发技术示意图

（美国 EPA，2000）

理论。

目前发现，能用于植物挥发技术的植物包括：白杨木、紫花苜蓿（alfalfa）、刺槐（black locust）、印度芥菜、油菜（canola）、洋麻（kenaf）、苇状羊茅（tall fescue）、某些通过拟南芥属植物（*Arabidopsis thaliana*）进行过基因重组的杂草等。

适合于植物挥发技术处理的污染物有两大类：一类是有机污染物，包括 TCE、TCA、四氯化碳等氯化溶剂；另一类是无机污染物，如硒、汞以及砷。由于植物挥发技术涉及污染物释放到大气的过程，因此，污染物的归趋及其对生态系统和人类健康的影响是必须注意的问题之一。要保证植物挥发技术系统的正常运转，土壤一定要能够给植物提供足够的水分。气候因素如温度、降水量、湿度、日照以及风速等也会影响到植物的蒸发速率。

3. 植物固化修复

植物固化技术（Phytostabilization），也称原地惰性化技术（Inactivation）或植物恢复技术（Phytorestoration）。它是一种实地固化技术，该技术首先用土壤添加剂（Soil amendments）诱导土壤介质中的污染物形成难溶化合物，使其迁移活化性能降低，然后通过种植耐重金属的植物在污染土壤表层形成绿色覆盖层，以减少污染物在土壤剖面的淋滤，使表层土壤避免因地表径流的侵蚀作用引起污染物扩散（图 9-13）。

用植物固化污染土壤，首先对拟治理的土壤进行翻耕，准备苗床，再在翻耕过的土壤中加入石灰、适量的化肥和土壤添加剂以使金属污染物惰性化，然后再种植植物，可采用植物苗插播也可用植物种子直播的方式形成植物修复系统。为保证植物正常生长，拟修复的场地还必须具备较好的灌溉条件。

植物固化技术主要目的不是将土壤中的污染物剔除出去，而是通过土壤添加剂和植物的双重作用控制污染物的迁移和扩散，降低金属污染物的生物可获得性和植物对金属污染物的吸收，进而防止污染物对环境和人类自身的健康产生不良影响。该技术实用性很强，特别适合大面积污染场地的治理，如废弃矿山的复垦工程，铅锌尾矿的植被重建等。

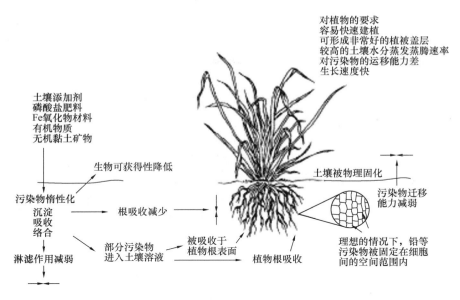

图 9-13　重金属污染土壤植物固化过程中添加剂和植物的作用

（Berti 和 Cunningham，2000 修改而成）

4. 植物转化修复

植物转化技术（Phytotransformation）是指植物从土壤和水体中吸收有机污染物和无机营养物，通过新陈代谢作用将这些污染物降解的过程。植物转化技术取决于植物能否直接从土壤溶液中吸取污染物以及植物器官中新陈代谢产物的积累情况。从环境角度讲，植物中积累的新陈代谢产物必须无毒或者其毒性明显低于母体化合物，某些植物积累的新陈代谢产物的毒性可能更强一些。因此，在实施植物转化技术时应关注污染物转化产物的毒性对生态环境或人类健康的影响。植物转化技术可用于处理石化产品生产和储藏地、军用炸药废弃地、燃料溢出地、氯化溶剂（TCE 和 PCE）、营养物（硝酸盐、氨、磷酸盐）、填埋场淋滤物和农业化学品（杀虫剂和化肥）等。不同植物对氧、水和碳的搬运机制差异很大。植物可为土壤圈供氧，因为根呼吸的同时也需要氧。根的周转对土壤中有机碳的含量增加的贡献不可小视。实验研究发现，幼苗能将相当数量的氧搬运到根圈内的根部（每天 $0.5 mol\ O_2$/平方米土壤表面积）（Shimp 等，1993）。植物能直接从土壤溶液或根际分泌物中吸收污染物，通过根圈内的新陈代谢作用降解有机污染物。植物还能直接吸收大量的有机物，该特性可用来清除土壤中的有机污染物，尤其是中等程度厌水有机化合物（辛醇-水分配系数 $lgK_{ow}=1\sim3.5$）引起的浅层污染土壤的修复，如二甲苯（dimethylbenzene）化合物、氯化溶剂短链脂肪族化合物。厌水化合物（$lgK_{ow}>3.5$）与根表面土壤结合非常紧，不易在植物体内迁移；水溶性较好的化合物（$lgK_{ow}<1.0$）被根表面吸收性差，也不易搬运通过植物膜（Briggs 等，1982）。因此，用植物转化技术处理这两类有机化合物都不太合适。厌水性很强的化合物（$lgK_{ow}>3.5$）可作为植物固化技术处理对象。化合物通过植物根系直接吸收到植物体内的过程与植物的吸收效率、蒸发速率和土壤溶液中化合物的浓度有关（Burken 等，1996），而植物吸收效率又取决于污染物的物理化学性质、化学形态以及植物本身的特点。蒸发速率是决定化合物吸收速率的关键因素，它与植物类型、叶面积、养分供给状况、土壤水分、温度、风力条件和相对湿度等因素关系密切。一旦有机物被吸收到植物体内，植物便通过木质化作用将这些化合物及其碎片储藏在新的植物组织中（化合物及其碎片被共价键合到植物木质素内）。据报道，氯化脂肪族化合物如三氯乙烯（TCE）可以矿化形成二氧化碳和毒性低的喜氧新陈代谢产物（如三氯乙酚 Trichloroethanol、三氯乙酸和二氯乙酸）（Newman 等，1997）。这些产物与人肝脏内发现的细胞色素 P450 降解 TCE 的产物一致，这种细胞色素是一种酶，它不仅大量存在于人体当中，植物体内的含量也非常丰富。因此，从酶生物化学角度看，植物可看成是大自然的绿色肝脏。

5. 根际圈生物降解修复

通过植物根际分泌物和根际脱落物作用刺激细菌和真菌的生长，并使污染物矿化的过程称为根圈的植物修复技术（Rhizosphere bioremediation），也称植物刺激技术（Phytostimulation）、植物辅助修复技术（Plant-assisted bioremediation），或称根圈降解技术（Rhizodegradation）（图 9-14）。

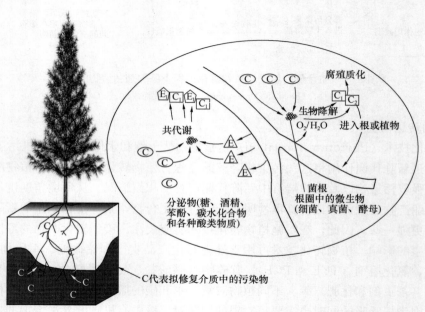

图 9-14　根圈生物修复技术示意图

(ITRC，2001)

微生物转化污染物的过程中植物起着十分重要的作用，表现为：① 与植物根共生的菌根真菌能新陈代谢掉有机污染物；② 根际分泌物可刺激细菌的转化；③ 有机碳的积累可增加微生物矿化率；④ 植物可使细菌群落数量大幅度增加，并为细菌群落的活动提供栖息地。据研究，植物根圈内微生物组合相当丰富，每克风干土壤中微生物群落数为：细菌 5×10^6、放射菌 9×10^5、真菌 2×10^3。据 Foth（1990）研究，细菌群落可覆盖 4%～10% 的根表面，对植物与土壤之间的物质交换起着不可忽视的作用；⑤ 植物可将氧泵吸到根部，以确保有氧转化。植物根部附近（1mm）的根圈土壤中酶活性很高，有利于有机污染物的转化，缺乏植被的地方该现象不常见。植物根系的存在为土壤创造了一种适合于植物修复的生态环境。当植物种植在污染土壤或沉积的淤泥中时，pH 值得到缓冲，金属离子被植物吸收或螯合。一般说来，植物及其根系可适应多种复合污染物（有机和金属污染物）的存在和其他较恶劣的条件。

9.3.3　植物对重金属超常吸收的机制

1. 根部吸收

植物根际环境（Rhizosphere）在化学元素从根部向植物茎叶器官的转移过程中发挥着极为重要的作用。植物在生长发育和生理代谢活动过程中在根际环境范围内形成一个不同于非根际土壤的微生态系统，它是土壤、植物、微生物相互作用的场所，也是土壤水分、养分、污染物进入植物体的初始通道。根系一方面从生长介质中摄取养分和水分，另一方面也向生长介质（土壤、营养液等）中分泌质子、离子和大量的有机物质。根际的物理、化学和生物学性质与非根际土壤存在极大的差异，从而影响到根际土壤重金属的存在形态、分布、迁移和生物有效性，使得重金属污染物在根际土壤中表现出一些特殊的化学行为。根际中各类物理与化学反应复杂，包括酸碱反应、氧化还原反应、络合解离反应、生化反应、活化固定、吸附解吸等，这些都能改变重金属的生物有效性和生物毒性。

超积累植物能大量吸收重金属是由于它们有强大的根部金属吸收系统，它们不仅可以从金属浓度很高的介质中吸收和蓄积重金属，而且可从金属浓度较低的介质中积累金属，其地上部分的重金属浓度比普通植物高 50～100 倍以上。一种可能的解释是超积累植物具有活化根际土壤中重金属的特殊机制。超积累植物从正常土壤中富集重金属能力远胜于非超积累植物，部分原因可能是超积累植物的根系能向根际圈释放出金属螯合分子（如植物高铁载体、植物螯合素等），这些螯合分子能螯合和溶解土壤中各种结合态重金属，从而促进金属的溶解。McGrath 等（1997）研究表明，锌超积累植物遏蓝菜可从污染土壤非活性部分萃取更多的锌。Whiting 等（1997）研究发现，将锌超积累植物遏蓝菜与非锌超积累植物薪蒉栽培在一起，可以观察到薪蒉茎叶器官对锌的蓄积量增加，表明锌超积累植物遏蓝菜能改变根际微域环境，增加金属的溶解性。据 Lasat 等（1996）研究，每克新鲜的锌超积累植物遏蓝菜根部似乎比非锌超积累植物薪蒉含有更多的锌搬运子（锌搬运蛋白），说明两者根部的锌搬运子表达水平存在本质上的差异，或者在细根系统结构方面存在本质的不同。无论是锌超积累植物还是非超积累植物，它们的根部对锌的吸收都有同样的亲和力，在功能上没什么太大的差异。超积累植物对根际土壤重金属的活化途径可能还包括：① 植物根系分泌质子使根际环境酸化，促进重金属溶解；② 植物根系分泌出促进土壤重金属溶解的特殊有机化合物；③ 根细胞质膜上存在的专一性金属还原酶作用使土壤中高价金属离子还原，从而增加金属的溶解性。

超积累植物对金属的吸收具有明显的选择性，它们可从介质中选择性吸收某种或某些特定的金属。如镍超积累植物 *Alyssum bertolonii* 的茎叶器官优先蓄积 Ni 而不是 Co、Zn；水培条件下，锌超积累植物遏蓝菜能超常富集锌、锰、钴、镍、镉、钼（Baker 等，1994）。超积累植物对金属的选择性吸收机制可能与金属被吸收进入共质体或者输送到木质部的过程中金属搬运穿过根质膜有关，选择性吸收的过程可能发生在木质部输入水平。

2. 转运

虽然超积累植物吸收的金属从根部向茎叶部搬运的速率不比相关的非超积累植物高多少，但它们之间在金属搬运能力方面的差异是明显的：超积累植物缺少限制金属运移到茎部的能力。研究表明，镍、锌、钴、铜等超积累植物的金属元素茎叶/根比大于 1，表明蓄积的金属大部分都已从根部搬运到茎叶部，且搬运系统效率高（Shen 等，1997）。金属离子从根部向茎叶部搬运主要受两个因素的影响：进入木质部和从木质部流出的容积流量。后者与根压和蒸腾作用有关。当然，一定程度的循环是有可能的：茎叶部的金属离子通过韧皮部回流到根部。金属离子一定要进入根细胞内并通过根内皮才能进入木质部。也有证据表明，存在较为次要的非原质体通道、水及金属离子沿着此通道进入根的木质部。植物很可能通过木质部软组织细胞溶解物的释放、吸收与调控作用使溶解物沿木质部进入茎叶部。

木质部输入的过程与离子吸收进入根细胞的过程不一样。质子泵 ATPases 运输过程中木质部软组织细胞内产生的负膜电位可强化木质部的输入，因此，离子的木质部输入与离子-质子逆向转运体、离子-ATPases 或离子通道有关（Roberts 等，1997）。

Kramer（1996）研究表明，镍超积累植物 *Alyssum lesbiacum* 中镍的木质部搬运速率很高，因为含镍在 μmol 级浓度的水培溶液中生长，植物木质部汁液中可检测到 mmol 级浓度的镍。用超积累植物遏蓝菜进行试验，也可观察到镍输入木质部速率增加的现象，当遏蓝菜暴露于锌污染环境数天时间后，锌超积累植物遏蓝菜茎叶部积累锌的速率比非超积累植物荠菜高得多，锌在遏蓝菜木质部汁液中的浓度比荠菜高出 7～10 倍（Lasat 等，1998）。镍超积累植物 *Alyssum bertolonii* 离体根对镍、钴或锌的积累量基本相同，但在整个幼苗期，茎叶部积累的镍含量最高，其次是钴，最低是锌。

据 Kramer 等（1996）研究，*Alyssum* 属内几种镍超积累植物木质部自由组氨酸与镍含量呈线性关系，说明组氨酸可能通过形成镍-组氨酸络合物的形式强化镍的木质部输入，因为较其他二价阳离子如锌和钴来说，组氨酸更有利于镍的键合。自由组氨酸对镍的螯合作用可用来解释为什么镍会被 *Alyssum* 属镍超积累植物选择性吸收并转移到植物茎叶部。*Alyssum montanum* 不是镍超积累植物，但如果将 L-组氨酸加入到该植物的离体根中，可以看到镍流入木质部的流量实际上比镍超积累植物 *A. lesbiacum* 高。组氨酸的主要作用可能是通过与毒性镍的络合使镍的毒性降低，反映出组氨酸对非耐性正常植物的正常木质部输入作用具有保护性效果。组氨酸在木质部汁液中与镍的络合作用可能有利于镍向木质部搬运过程的化学平衡，因此组氨酸对镍的膜搬运具有直接影响。

水培实验表明，如果非锌超积累植物荠菜不受镍毒性的影响，那么镍在超积累植物 *Thalspi goesingense* 和非锌超积累植物荠菜中的根-茎叶转移速率是一样的（Kramer 等，1997）。植物对金属的耐性是植物超积累富集金属的关键。在金属污染土壤上，许多与超积累植物肩并肩生长在一起的植物是耐重金属植物，但不是超积累植物，因此，对耐金属的非积累型植物来说，存在另一种金属耐性策略，即限制金属从根向茎叶部转移。实际上，许多的耐性非积累型植物在它们的生长-开花季节，它们只是将金属固定在植物的根部。

3. 金属的螯合与区室化作用

超积累植物的表皮和下表皮的组织器官（包括叶毛状体）蓄积的金属量最高。金属的储存部位可能为质外体和液泡。研究表明，金属的高亲和性螯合作用对超积累植物耐性起关键作用。仅用于与金属的耐性有关的植物酶难以解释超积累植物器官承受的金属胁迫现象，超积累植物叶部的细胞和器官都有储存金属离子的可能性。多相萃取技术研究表明，大多数的金属以水溶性的离子形式存在，镍主要存在于液泡中。多花鼠鞭草叶部水提取的镍含量最低，其中 43％ 的镍与细胞壁果胶酸盐（或脂）关系密切。据 Severne（1974）研究，镍主要储藏在多花鼠鞭草表皮和下表皮的叶部组织中。Vazquez 等（1994）使用能散 X 射线微区分析（EDAX）研究发现，遏蓝菜表皮和下表皮叶细胞中液泡锌的浓度很高，叶部质外体中也有一定量的锌。能散 X 射线微区分析（EDAX）表明，遏蓝菜属的 *Thlaspi montanum* var. *siskiyouense* 叶部的镍主要储藏在叶保卫细胞周围的副卫细胞中（Heath 等，1997）。如果直接将未破坏的原生质体和液泡分离出来进行单独分析，可以发现，超积累植物 *T. goesingense* 叶片中细胞间的 Ni 有 75% 位于液泡内，它能把 2 倍的镍分配给液泡，且分配效率比非超积累植物薪蓂高得多。超积累植物茎叶部中金属分配给液泡的高效性与其根部金属的液泡分配低效性形成鲜明对比。流量分析表明，非超积累植物薪蓂的根部液泡蓄积锌的效率比锌超积累植物遏蓝菜高得多。扫描质子微探针分析表明，镍超积累植物 *Senecio coronatus* 和 *A. lesbiacum* 叶片中的镍主要储藏在表皮和下表皮的器官组织中。覆盖于 *A. lesbiacum* 叶面的单细胞星毛含镍量最高。在一些非超积累植物中也可观察到叶片毛状体积累镉、铜、镍和锌。

金属离子与特定的高亲和性配位体螯合或以难溶化合物形式沉淀都可使自由金属离子的活度降低，从而在细胞和亚细胞水平上防止金属对植物产生毒害。以植物中镉的耐性机制为例，镉在液泡中以镉-植物螯合蛋白形式被惰性化，高亲和性的低分子金属螯合剂可能使植物产生金属耐性，并可用来解释为什么超积累植物对金属离子的吸收有选择性。*Alyssum* 属镍超积累植物中分离出来的络合物，其镍配位体主要为苹果酸盐和丙二酸盐，而锌超积累植物遏蓝菜叶部的苹果酸盐浓度很高。Homer（1991）研究表明，新喀里多尼亚（New Cale-donian）镍超积累植物中分离出来的络合物，其镍配位体主要为柠檬酸盐和苹果酸盐以及两者的混合物。其他的金属配位体可能还有氨基酸和细胞壁果胶酸盐。芥子油配糖物也可能是其中一种配位体，但仍需进一步的深入研究。

研究表明，许多镍和锌的超积累植物的叶部器官中有机酸浓度很高。例如，超积累植物叶部发现的有机酸浓度接近或稍低于景天科酸代谢（CAM）植物中发现的有机酸浓度。超积累植物叶部有机酸浓度在多数情况下与叶部总阳离子浓度相关性很好，但与叶部超积累的金属浓度无相关性，说明植物器官蓄积的有机酸可为叶部液泡蓄积某些非特定阳离子提供电荷平衡。据 Gambi 等（1987）研究，布氏香芥根系中镍含量和钾含量增加的同时，叶部苹果酸盐含量也增加。野外采集的几种新喀里多尼亚镍超积累植物中镍的含量与柠檬酸盐含量呈线性关系，反映叶部器官积累有机酸的能力决定液泡中离子的积累能力，从而限制了植物超积累金属的范围。与金属离子形成沉淀物的有机酸如草酸盐可提供金属分隔的有效途径。然而，有机酸涉及金属超积累既不能解释植物对金属的选择性吸收也不能解释金属超积累的物种专属性。金属耐性中有机酸的作用是有争议的。胞液中检测到的氨基酸、缩氨酸和其他的代谢物，他们与金属的亲和力要比与有机酸的亲和力高得多。因此，有机酸并不能给细胞质的毒性提供保护。在植物液泡和质外体中，pH 值低于 6 时，氨基酸与金属离子结合变得不稳定，与有机酸尤其是柠檬酸的结合可降低金属离子的化学活度。据研究，*Alyssum* 属内的镍超积累植物中，作为金属螯合剂的自由组氨酸能增加金属的耐性，促进金属离子向茎叶部的转移。pH 值高于 6 时，组氨酸与镍形成的络合物稳定性比其他有机酸或氨基酸高得多。植物通过组氨酸作用使植物获得镍耐性的机制还没有完全被认可。

另一种可能的解毒机制是金属离子被化学还原或渗合到有机化合物中。以硒为例，过多的硒会对植物产生毒害作用，因为它可能被新陈代谢成为硒代半胱氨酸（Selenocysteine，Sec）和硒代甲硫氨酸（Selenomethionine，Se-Met），它们可替代蛋白质中的巯基丙氨酸和甲硫氨酸残余物。将硒输入到非蛋白氨基酸甲基硒代半胱氨酸（Methylselenocysteine）和硒代半胱氨酸（Selenocysteine，Sec）中，*Astragalus* 属内硒超积累植物能够降低进入蛋白质中硒的含量，因而能忍耐茎叶部高硒含量。人们还从硒超积累植物 *Astragalus bisculatus* 分离并鉴定出对硒代半胱氨酸（Selenocysteine，Sec）甲基化起作用的酶，这是测定植物硒耐性的分子学基础。也有些硒积累植物能通过甲硫氨酸生物合成的途径选择性地将硒排除出体外，避免毒性物质硒代甲硫氨酸的合成。

植物器官对硒的挥发作用是另一种硒的解毒机制。Lewis 等（1996）首次研究表明，硒积累植物和非积累植物都能使硒挥发。硒积累植物 *Astragalus racemosus* 释放出的挥发性硒化合物为二甲基二硒化物（Dimethyl diselenide），而非硒积累植物紫花苜蓿挥发出的化合物不同于硒积累植物 *Astragalus racemosus*，为二甲基硒化物（Dimethyl selenide）。

同步辐射技术研究表明，相当部分镍与镍超积累植物 A. *lesbiacun* 的原位（Intact）器官和木质部中的组氨酸结合，而镍螯合蛋白与镍的键合无关。研究还表明，锌超积累植物遏蓝菜和镍超积累植物 *T. goesingense* 茎叶器官和木质部分泌物中的有机酸与金属含量之间存在某种定量关系。两种植物根部锌和镍配位层明显不同，表现出组氨酸或组氨酸配位特点。

4. 分子机制

目前对植物超积累重金属的分子机制研究得不多，现有的资料表明，超积累植物超量吸收重金属的过程可能受多基因的控制。据 Lasat 等（2000）报道，他们已从遏蓝菜根和地上部筛选出一个锌（Zn）转运蛋白基因（ZNT1），遗传分析证明，该基因能调节植物对锌的吸收。cDNA 序列分析表明，ZNT1 属于一个微量元素运输体基因家族，与拟南芥中的铁运输蛋白基因（IRT1）、酵母中的高亲和性锌运输蛋白基因（ZRT1）、拟南芥中锌运输蛋白基因之一（ZIP4）具有高度同源性。其预测的氨基酸序列与 ZRT1 编码蛋白有 36％同源性，与 ZIP4 编码蛋白有 88％的同源性。ZNT1 可促进镉的吸收，反映植物体内 Cd^{2+} 通过 Zn^{2+} 转运蛋白运输。Northern 杂交表明，遏蓝菜根系和地上部的 ZNT1 表达丰度远高于荠菜，前者的 ZNT1 表达丰度与体内锌状况无关，后者 ZNT1 表达丰度在锌充足条件下很低，缺锌条件下促进其表达。显然，遏蓝菜体内锌状况与锌转运蛋白表达之间的信号传导系统发生了改变，导致编码的转运蛋白增加，从而促进植物对锌的吸收。

在酵母 Saccharomyces cerevisiae 中已发现两个可能的细胞内锌转输体，由 ZRC1 和 COT1 基因编码，当 ZRC1 或 COT1 基因过度表达时，细胞耐锌或耐锌和钴的能力增加；而 ZRC1 或 COT1 基因突变时，导致细胞对锌高度敏感；研究还证明 ZRC1 和 COT1 属于液泡蛋白，它们把锌运输到液泡中，从而起到解毒作用。ZRC1 和 COT1 基因还属于另一个金属运输体蛋白家族，称为 CDF（Cation diffuse facilitater，阳离子扩散促进子）家族。拟南芥基因库中鉴定出两个 CDF 类似物，其中一个为 ZAT1。当其在拟南芥中过度表达时，植物根系对锌的积累增加，耐锌能力增强。在超积累植物叶细胞的质膜或液泡膜上是否也存在CDF 家族的成员尚待证实。

据 Persans 等报道，Ni 超积累植物 *T. goesingense* 的 cDNAs 文库中克隆和筛选出合成组氨酸的三个酶蛋白基因：THG1、THB1 和 THD1，分别代表编码 ATP-磷酸核糖基转移酶（ATP-PRT）、咪唑甘油磷酸酯脱氢酶（IGPD）和组氨醇脱氢酶（THD1）。Northern 杂交表明，*T. goesingense* 的根系和地上部均有 THG1、THB1 和 THD1 表达，但其表达丰度与 Ni 处理水平和时间无关，而且 Ni 处理后，*T. goesingense* 的根系、地上部和伤流液中组氨酸含量并没有增加。X 射线吸收光谱分析表明，*T. goesingense* 和非超积累植物荠菜的根系和地上部组织中镍与组氨酸的共价化学有很大差异，说明 *T. goesingens* 超积累 Ni 与组氨酸的大量合成无关。

普通植物中发现的含金属基因（Metallothineins，MT）以及植物螯合蛋白（Phytochelatins，PC）是重要的重金属螯合肽。据 Schat 等（1997）研究，拟南芥中 MT2 mRNA 表达水平与其耐铜能力之间相关性极强。Evans 等（1992）研究表明，将豌豆的类 MT 基因（PsMTA）克隆到 *Arabidopsis thalliana* 和 *Escherichia coli* 中，发现植株对铜的积累增加，但对锌和镉的积累没有影响。Schat 和 Vooijs（1997）研究发现，*Silene vulgaris* 对铜、锌和镉的耐性受非多向性铜、锌和镉耐性基因的控制，而对镍和钴的耐性似乎是受控于多向性等位基因的副产物。

9.3.4　案例

湖南郴州邓家塘砷污染土壤修复示范工程

中国科学院地理科学与研究所，陈同斌带领的环境修复课题组从 1997 年开始在全国范围内进行土壤污染状况调查，1999 年在中国本土发现了世界上第一种砷的超富集植物——蜈蚣草。在国家高技术发展计划（863 项目）、973 前期专项和国家自然科学基金重点项目的支持下，2001 年陈同斌研究员在湖南郴州建立了世界上第一个砷污染土壤植物修复工程示范基地。蜈蚣草叶片富集砷达 0.5%，为普通植物的数十万倍；能够生长在 0.15%～3% 的污染土壤和矿渣上，具有极强的耐砷毒能力；其地上部与根的含砷比率为 5∶1，显示其具有超常的从土壤中吸收富集砷的能力。蜈蚣草对砷和磷的吸收并不表现为拮抗作用，而是一种协同作用，增施磷肥可增强蜈蚣草对砷的吸收能力。田间管理除水肥管理外，还需除草、冬季盖膜防冻等措施。蜈蚣草生物量大，富集砷能力强，每年去除土壤砷的效率为 10% 左右。收割的蜈蚣草通过砷的固定剂安全焚烧。

9.4　自然降解

9.4.1　定义

自然降解是指在自然状态下发生的能降低污染物浓度的一系列过程。具有成本低、生态修复效果好、无二次污染等优点。主要包括对流、扩散、稀释、吸附、沉淀、挥发、化学反应和生物降解作用等。其中对流、扩散、稀释、吸附、沉淀、挥发等作用是浓度的稀释，或是一种相转移到另一相，污染物仍然存在，属非破坏性作用；纯化学的转化一般很少见，过程也很缓慢，更常见的是有微生物参与的生物降解作用，这种作用可将污染物转化为无害物质，属破坏性作用，是污染物真正的去除作用。

9.4.2　主要类型

1. 生物降解

生物降解是指由于生物的作用将有机污染物分解代谢成无害物质或者完全矿化的过程。参与降解的生物类型包括各种微生物、高等植物和动物，其中微生物降解是最重要的，所以又可称为微生物降解。微生物对污染物的降解是通过它的代谢活动完成的，本质上是酶反应。

（1）微生物对污染物具有的强大的降解与转化能力，是因为微生物具有以下的特点：

微生物体积小，比表面积大，代谢速率快：微生物个体微小，以细菌为例，3000 个杆状细菌头尾相连仅有一粒米的长度，而 60～80 个杆菌"肩并肩"排列的总宽度，只相当于一根人头发的直径。物体的体积越小，其比表面积（单位体积的表面积）就越大。显然，微生物的比表面积比其他任何生物都大。将大肠杆菌与人体相比，前者的比表面积约为后者的 $30×104$ 倍。如此巨大的表面积与环境接触，成为巨大的营养物质吸收面、代谢废物排泄面和环境信息接收面，使微生物具有惊人的代谢活性。有人估计，一些好氧细菌的呼吸强度按重量比例计算要比人类高几百倍。

微生物种类繁多，分布广泛，代谢类型多样：微生物约有 10 万种，有人估计目前已知的种只占地球上实际存在的微生物总数的 20%。微生物的营养类型、理化性状和生态习性多种多样，凡有生物的各种环境，乃至其他生物无法生存的极端环境中，都有微生物存在，它们的代谢活动，对物质的降解转化起着至关重要的作用。

微生物具有多种降解酶：微生物能合成各种降解酶。微生物可灵活地改变其代谢与调控途径，同时产生不同类型的酶，以适应不同的环境，将环境中的污染物降解转化。

微生物繁殖快，易变异，适应性强：巨大的比表面积，使微生物对生存条件的变化具有极强的敏感性；又由于微生物繁殖快，数量多，可在短时间内产生大量变异后代。对进入环境的"新"污染物，微生物可通过基因突变产生新的后代，适应"新"的污染物并降解它。

共代谢作用：微生物在可用做碳源和能源的基质上生长时，会伴随着一种非生长基质的不完全转化。这种现象最早是由福斯特（Foster）报道的。他观察了靠石蜡烃生长的诺卡氏菌在加有芳香烃的培养基中对芳香烃的有限氧化作用，这种菌以十六烷作为唯一碳源和能源时，能很好生长，却不能利用及转化甲基萘或 1，3，5-三甲基苯，但当把甲基萘或 1，3，5-三甲基苯加进含有十六烷培养基中，这种菌就可以在利用十六烷的同时，氧化这两种芳香族化合物，并使其分别生成羧酸、萘酸和对异苯丙酸。共代谢作用使很多不能被微生物直接降解的污染物，在适合的底物和环境的条件下被降解。这扩大了微生物降解污染物的范围。

（2）微生物代谢有机物的途径

由于微生物降解有机污染物受到环境条件和生物种类的影响，因而目前还难以预测某一有机污染物在环境中的生物降解途径。概括起来，有机污染物的微生物降解有氧化、还原、水解、合成等几种类型的反应。

氧化是微生物降解有机污染物的重要酶促反应。其中有多种形式，如：羟基化、脱烃基、β-氧化、脱羧基、醚键断裂、环氧化、氧化偶联、芳环或杂环开裂等。以羟基化来说，微生物降解土壤中有机污染物的第一步是将羟基引入有机分子中，结果这种化合物极性加强，易溶于水，从而容易被生物利用。羟基化过程在芳烃类有机物的生物降解中尤为重要，苯环的羟基化常常是苯环开裂和进一步分解的先决条件。

在有机氯农药的生物降解中常常发生还原性脱氯反应。在厌氧条件下，DDT 还原脱氯与细胞色素氧化酶和黄素腺嘌呤二核苷酸（FAD，氧化还原酶辅基）有关。微生物的还原反应还常使带有硝基的有机污染物还原成氨基衍生物，如硝基苯变成苯胺类，这在某些带芳环的有机磷农药代谢中较为常见。

在氨基甲酸酯、有机磷和苯酰胺一类具有醚、酯或酰胺键的农药中，水解是常见的，有酯酶、酰胺酶或磷酸酶等水解酶参与。水解酶多为广谱性酶，在不同的 pH 和温度条件下都较为稳定，又无需辅助因子，水解产物的毒性往往大大降低，在环境中的稳定性也低于母体化合物。因此，水解酶是有机污染物生物降解中最有实用前景的酶类。生物降解中的合成反应可分为缩合和接合两类。如苯酚和苯胺类农药污染物及其转化产物在微生物的酚氧化酶和过氧化氢酶作用下，可与腐殖质类物质缩合。接合反应常见的有甲基化和酰化反应。

土壤中有机污染物的实际降解过程通常至少有两个或者多个作用的组合。如涕灭威，在土壤中可同时发生氧化、裂解与水解等作用，其在土壤中的降解途径如图 9-15 所示。

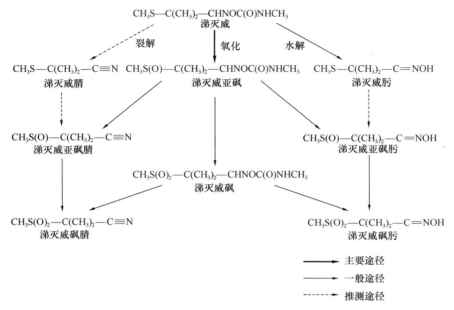

图 9-15　涕灭威在土壤中的降解途径

（3）生物降解预测模型

生物降解是自然降解的重要组成部分，对生物降解动力学方程和预测模型的研究是一个热点问题。一般来说，在自然生态系统中，许多因素都能对目标污染物的降解过程产生影响：如微生物密度、其他微生物产生的毒素积累、无机营养元素、污染物浓度等，其他基质的存在也能削弱微生物对目标污染物的利用。这些因素之间的相互作用将使对特定污染物降解动力机制的预测变得十分困难，但是当只有一种污染物存在并能引起微生物的生长、并且只考虑微生物种群密度和污染物浓度两个影响因素时，这种污染物的生物降解规律可以用 Monod 模型进行描述，其一般表达式为：

$$\frac{-\mathrm{d}c}{\mathrm{d}t} = \frac{u_{\max}C(C_0 + X_0 + C)}{K_s + C}$$

式中，$u_{\max}$ 与 K_s 都是表征微生物特性的常数，分别为微生物最大特定生长速率（Maximum specific growthrate）与微生物生长半饱和常数（Half-saturation constant）；X_0 为能产生某一特定微生物密度的基质浓度；C 为不同时刻水体中的污染物浓度；C_0 为污染物初始浓度。应用该模型，Nina 等模拟了北欧日德兰半岛中部某处地下水中 10 种除草剂的自然降解情况，得到的结果与实测降解值非常接近。其中，微生物密度和基质浓度之间的某些特定关系可使原始方程简化为 5 种特殊模型，即：零级反应模型、一级反应模型、Logistic 模型、Logarithmic 模型、Monod 无生长模型（Monod no growth，即最初存在的微生物量远大于降解反应中新产生的微生物量，降解过程中的微生物生长忽略不计）。有研究表明，安息香酸、葡萄糖等大量有机物在较低初始浓度下，生物降解可以应用一级反应模型模拟；而在较高初始浓度下，降解符合 Logarithmic 模型。

2. 光解

有机污染物在土壤表面的光解指吸附于土壤表面的污染物分子在光的作用下，将光能直接或间接转移到分子键，使分子变为激发态而裂解或转化的现象，是有机污染物在环境中去除的重要途径。由于有机污染物中一般含有 C—C、C—H、C—O、C—N 等键，而这些键的解离正好在太阳光的波长范围，因此有机污染物在吸收光子后，就变成为激发态的分子，导致上述化学键的断裂，发生光解反应。根据光作用的方式可以分为两类，第一类称为直接光解，这是化合物本身直接吸收了太阳能而进行分解反应；第二类称为敏化光解，即先由某种中间介质吸收光子，然后经过电子转移过程把能量传给污染物或者中间介质形成具有反应活性的光氧化剂再与污染物进行一系列反应，从而使污染物浓度或毒性降低。

目前，对光解的研究主要集中在土壤和水体中。相对而言，农药在土壤表面的光解速度要比在溶液中慢得多。光线在土壤中的迅速衰减可能是农药土壤光解速率减慢的重要原因；而土壤颗粒吸附农药分子后发生内部滤光现象，可能是农药土壤光解速率减慢的另一重要原因。多环芳烃（PAHs）在高含 C、Fe 的粉煤灰上光解速率明显减慢，可能是由于分散、多孔和黑色的粉煤灰提供了一个内部滤光层，保护了吸附态化学品不发生光解。此外，土壤中可能存在的光猝灭物质可猝灭光活化的农药分子，从而减慢农药的光解速率。

3. 水解

水解是无机污染物降解的另一重要转化途径。水解过程指的是有机污染物（RX）与水的反应。在反应中，X 基团与 OH 基团发生交换：

$$RX + H_2O \rightarrow ROH + XH$$

水解作用改变了有机污染物的结构。一般情况下，水解导致产物毒性降低，但并非总是生成毒性降低的产物，例如 2，4-D 酯类的水解作用就生成毒性更大的 2，4-D 酸。水解产物可能比母体化合物更易或更难挥发，与 pH 有关的离子化水解产物可能没有挥发性，而且水解产物一般比母体污染物更易于生物降解。

农药等有机污染物的水解速率主要取决于污染物本身的化学结构和土壤水的 pH、温度、离子强度及其他化合物（如金属离子、腐殖质等）的存在。

通常温度增加可使水解加快，而 pH 值与溶液中其他离子的存在既可增加也可减少水解反应的速率。但是农药的水解受 pH 值的影响较大。研究表明，农药在土壤中的水解有酸催化或碱催化的反应，同时其水解还可能是由于黏土的吸附催化作用而发生的反应。例如扑灭津的水解是由于土壤有机质的吸着作用催化的。有研究表明，吡虫啉在酸性介质和中性介质下稳定性很好，在弱碱条件下吡虫啉缓慢水解，随着碱性的增大，吡虫啉的水解速率也增大，说明吡虫啉的水解属于碱催化。另外，很多农药的水解速率随 pH 值的变化而变化，溴氟菊酯农药的水解速率随 pH 值的增大而加快，在 pH 值为 5、7、9 的溶液中，其水解半衰期分别为 15.6d、8.3d、4.2d。但并非所有的农药都可能很快水解，如丁草胺在纯水中黑暗放置 30d，发现丁草胺的浓度并无变化，说明该农药在水体中的稳定性很高，而且污染地下水的贡献也很大。

4. 化学降解

化学降解是指污染物能通过化学反应（主要是氧化还原反应）达到降解的目的。氧气是分布广泛的一种天然氧化剂，一些酚类和苯胺类农药能被空气中的氧气缓慢氧化，还能被一些金属氧化物（铁、锰氧化物）等固体氧化剂氧化。

9.4.3　优点和限制

1. 优点

和其他传统的工程修复措施相比，自然修复有许多优点，特别是在生物修复发生的情况下。

（1）在生物修复过程中，污染物最终被转化为无害的物质（例如：含氯溶剂最终产物为二氧化碳、乙烯、氯化物和水；石油烃类的最终产物为二氧化碳和水），而不仅仅是从一个相转移到另一个相中或者被环境吸附固定起来。

（2）自然修复是非干涉的，在修复期间可以继续使用修复场地。

（3）自然修复不会产生新的污染或者使污染物转移。

（4）自然修复相对于现有修复技术来说修复费用低廉。

（5）自然修复可以和其他修复技术联用也可以作为其他修复技术的后续修复手段。

（6）自然修复对污染产地的修复是全天候的，不受仪器等因素的限制。

2. 限制

（1）对污染场地进行完全修复的时间会很长。

（2）自然修复受自然或人为引起的水文地质条件变化（包括地下水流向和流速，电子受体和供体的浓度，以及未来释放潜力）的限制。

（3）适合进行自然降解的水文、地球化学条件有可能随着时间的推移发生变化，导致以前稳定的污染物（例如锰和砷）重新流动并且可能对修复效果产生不利影响。

（4）生物降解中间产物的毒性可能比原污染物的强。

复习思考题

1. 堆肥的分类和主要工艺流程是什么？
2. 生物通风技术应用的主要影响因素是什么？
3. 植物对重金属超常吸收的机制是什么？
4. 自然降解的机理是什么？有哪些优点？

参 考 文 献

[1] Reddy K. R. Debusk T. A. State of the art utilization of aquatic plants in water pollution control[J]. Wat. Sci. Tech. 1987，19(10)：61-79.

[2] 何池全. 石菖蒲克藻效应的研究[J]. 生态学报，1999，(5)：754-758.

[3] 沈治蕊. 南京煦园太平湖富营养化及其防治[J]. 湖泊科学，1997，9(4)：377-379.

[4] 陈家长，胡庚东，吴伟. 浮床陆生植物对水体生态环境影响的研究[J]. 河海大学学报（自然科学版）.

[5] 唐志坚，张平，左社强等. 植物修复技术在地表水处理中的应用[J]. 中国给水排水，2003，19(7)：27-29.

[6] 张冬冬，肖长来，梁秀娟等. 植物修复技术在水环境污染控制中的应用[J]. 水资源保护，2010，26(1)：63-65.

[7] GAO J，CARRISON A W，HO C C，et al. Uptake and phyto transformation of p DDT and p，p DDT by axenically cultivated aquatic plants[J]. J Agric Food Chem，2000，48：6121-6127.

[8] DENYS S，ROLLIN C，GUILLOT F，et al. Insituphytoremediation of PAHs contaminated soils following abioremediation treatment[J]. Water Air and Soil Pollution：Focus，2006，6：299-315.

[9] 曹勇，孙从军. 生态浮床的结构设计[J]. 环境科学与技术，2009，32(2)：121-124.

[10] 孙从军，高阳俊，曹勇等. 淀山湖河口生态浮床试验工程设计与效果研究[J]. 中国给水排水，2010，26(18)：1-5.

[11] 高阳俊，阮仁良，孙从军等. 生态浮床技术对淀山湖千墩浦河口净化效率研究[J]. 水资源保护，2011，27(6)：28-31.

[12] 高阳俊，孙从军. 2种浮床植物对滇池入湖河流净化效果的研究[J]. 安徽农业科学，2009，37(7)：3183-3185.

[13] 高阳俊，赵振，孙从军. 组合生态浮床在滇池入湖河流治理中的应用[J]. 中国给水排水，2009，25(15)：46-48.

[14] 任照阳，邓春光. 生态浮床技术应用研究进展[J]. 农业环境科学学报，2007，26(增刊)：261-263.

[15] 倪丙杰. 好氧颗粒污泥的培养过程、作用机制及数学模拟[D]. 合肥：中国科学技术大学，2009.

[16] 孔繁祥. 环境生物学[M]. 北京：高等教育出版社，2010.

[17] 王国惠. 环境工程微生物学[M]. 北京：科学出版社，2011.

[18] 吕炳南，陈志强. 污水生物处理新技术[M]. 哈尔滨：哈尔滨工业大学出版社，2005.

[19] 罗固源. 水污染控制工程[M]. 北京：高等教育出版社，2006.

［20］ C. P. Leslie Grady，Jr.，Glen T. Daigger，Henry C. Lim. 废水生物处理［M］. 北京：
化学工业出版社.

［21］ 郭茂新. 水污染控制工程学［M］. 北京：中国环境科学出版社，2005.

［22］ 韦革宏，王卫卫. 微生物学［M］. 北京：科学出版社，2008.

［23］ 张利平. 微生物学［M］. 北京：科学出版社，2012.

［24］ 诸葛健，李华钟. 微生物学［M］. 北京：科学出版社，2004.

［25］ 胡长龙等. 室内植物净化与设计［M］. 北京：机械工业出版社，2013.

［26］ 沈伯雄. 大气污染控制工程［M］. 北京：化学工业出版社，2007.

［27］ 叶明. 微生物学［M］. 北京：化学工业出版社，2010.

［28］ 雄治廷. 环境生物学［M］. 北京：化学工业出版社，2010.

［29］ 郝吉明，马广大. 大气污染控制工程［M］. 北京：高等教育出版社，2010.

［30］ 贝尔迪克特·布达苏. 植物净化术-60 种消除污染植物养护指南［M］. 北京：电子工业出版社.

［31］ 李永峰，唐利，刘鸣达. 环境生态学［M］. 北京：中国林业出版社，2012.

［32］ 盛连喜. 环境生态学导论［M］. 北京：高等教育出版社，2002.

［33］ 孔繁翔. 环境生物学［M］. 北京：高等教育出版社，2000.

［34］ 胡金良. 王庆亚. 普通生物学［M］. 第二版. 北京：高等教育出版社，2014.

［35］ 钟福生. 环境生物学的研究现状与发展趋势［J］. 湖南环境生物职业技术学院学报，2004.

［36］ 孔繁翔. 环境生物学［M］. 北京：高等教育出版社，2000.

［37］ 王翔，王世杰，张玉等. 生物堆修复石油污染土壤的研究进展［J］. 武汉：环境科学与技术，2012.

［38］ 常勤学，魏源送，夏世斌. 堆肥通风技术及进展［J］. 武汉：环境科学与技术，2007.

［39］ 余群，董红敏，张肇鲲. 国内外堆肥技术研究进展［J］. 合肥：安徽农业大学学报，2003.

［40］ 刘沙沙，董家华，陈志良. 生物通风技术修复挥发性有机污染土壤研究进展［J］. 环境科学与管理，2012.

［41］ 孙铁珩，周启星，李培军. 污染生态学［M］. 北京：科学出版社，2001.